新工科（化工）工程实践通识教育丛书

DIANXING HUAGONG GONGYI

典型化工工艺

任海伦 | 主编

天津大学出版社
TIANJIN UNIVERSITY PRESS

图书在版编目（CIP）数据

典型化工工艺 / 任海伦主编. -- 天津 : 天津大学出版社, 2025. 4. --（新工科（化工）工程实践通识教育丛书）. -- ISBN 978-7-5618-7962-7

Ⅰ. TQ02

中国国家版本馆CIP数据核字第2025F6E203号

出版发行 天津大学出版社
地　　址 天津市卫津路92号天津大学内（邮编：300072）
电　　话 发行部：022-27403647
网　　址 www.tjupress.com.cn
印　　刷 廊坊市瑞德印刷有限公司
经　　销 全国各地新华书店
开　　本 787mm×1092mm　1/16
印　　张 18.75
字　　数 445千
版　　次 2025年4月第1版
印　　次 2025年4月第1次
定　　价 79.00元

《典型化工工艺》编委会

主　编： 任海伦

副主编： 李伟宏　房玉真　张旭斌　房岩朝
郑云菲　吕桂才

编　委：（按姓氏音序排列）

方　钊　房　峰　贵来全　郝鹏鹏
姜修义　刘　腾　刘　再　刘振学
栾　波　牛瑞兴　伞　影　孙　健
王　录　王　玥　王启超　王耀伟
吴文雷　张　骞　张　强　张承贺
张健林　赵立秋

前　言

化学工业作为国民经济的支柱产业之一，在现代社会的发展进程中发挥着举足轻重的作用。从日常生活中的衣食住行，到高端科技领域的前沿探索，化工产品无处不在，化工技术的创新与进步已成为推动各行业发展的关键力量。化工工艺，作为化学工业的核心组成部分，其重要性不言而喻。它不仅决定了化工产品的质量、产量和生产成本，更直接影响着化学工业的可持续发展以及对环境的友好程度。

随着全球经济的快速发展和科技的日新月异，化工工艺领域也在不断迎来新的机遇与挑战。一方面，市场对化工产品的需求日益多样化和高端化，尤其国内众多高端精细化学品还需进口、被国外“卡脖子”，这需要化工人员进行研发，进行小试、中试和工业化试验等，在这一过程中工程放大显得非常重要，工程放大要求相关人员具有丰富的工艺经验和装置现场经验。另一方面，项目工程放大过程中的安全、环境保护意识不断增强，促使化工工艺必须加快向安全、绿色、低碳、可持续方向转型。在这样的大背景下，深入研究和掌握典型化工工艺，对提升化工行业的整体竞争力，实现资源的高效利用和环境的有效保护具有极为重要的现实意义。

《典型化工工艺》一书正是在这样的时代需求下应运而生的。本书旨在为广大读者提供一本系统、全面、深入且具有实用性的化工工艺参考书籍。希望通过对各种典型化工工艺的详细阐述和分析，帮助读者深入了解化工工艺的基本原理、工艺流程、操作条件以及相关的技术要点和发展趋势，从而为他们在实际工作、学习和科研中提供有力的支持和指导。

本书的编写力求做到以下几点。一是系统性。本书从化工工艺的基础知识入手，逐步深入到各种典型化工工艺的具体介绍，涵盖化工原料的选择与预处理、化学反应过程、产品分离与提纯、工艺条件的优化以及“三废”处理等各个环节，形成了一个完整的知识体系。二是全面性。本书广泛收集了国内外化工工艺领域的最新研究成果和实践经验，对众多具有代表性的典型化工工艺进行了详细介绍和分析，力求使读者能够全面了解化工工艺领域的现状和发展趋势。三是实用性。本书注重理论与实践相结合，在阐述化工工艺基本原理的同时，详细介绍了各种工艺的实际应用案例、操作要点和注意事项，使读者能够将所学知识快速应用到实际工作中。四是前瞻性。本书密切关注化工工艺领域的前沿技术和发展动态，对一些具有潜在应用价值的新技术、新工艺进行了展望和探讨，为读者提供了更广阔的思考空间和发展方向。

本书的编写得到了众多业内专家、学者和企业技术人员的大力支持和帮助。他们凭借丰富的实践经验和深厚的专业知识，为本书的内容提供了宝贵的意见和建议，在此表示衷心感谢。同时，衷心感谢山东省自然科学基金对本书的大力支持[重大基础研究项目“超高纯电子级氯化氢的纯化工艺及理论研究”(ZR2023ZD22)]。

相信《典型化工工艺》一书的出版，将为化工行业的发展贡献一份力量，为广大读者提供一个学习和交流的平台。希望本书能够成为化工领域从业者、高校师生以及对化工工艺感兴趣的各界人士的良师益友，共同推动化工工艺领域不断创新与发展，为实现化学工业的可持续发展目标做出贡献。本书在撰写过程中参考和吸收了理论界已有的一些成果，在此向其作者表示诚挚的谢意。本书的出版得到了国内多所高校、企业(山东京博控股集团等)和天津大学出版社的大力支持，在此深表感谢！由于时间仓促，书中难免存在疏漏和不足之处，敬请读者不吝批评指正！

本书编写组
2025 年 3 月

目 录

第 1 章

绪论

进入 21 世纪，我国经济发展取得巨大成就，跃居世界第二大经济体。作为我国国民经济重要支柱产业之一的化学工业，对推动我国工业化、现代化进程和提升人民生活质量具有不可替代的作用。

首先，化学工业的范畴十分广泛，包括石化基础原材料的加工及煤化工、盐化工、生物化工及精细化工等领域，这些领域的发展为工农业生产提供了必要支撑。此外，化学工业还肩负着为国防领域生产配套高技术材料的任务，并提供常规战略物资，显示出其在国家安全和经济建设中的双重作用。

其次，化学工业与其他行业的发展关系密切。依托现代科学技术的发展，化学工业不仅在规模上，更在技术创新、产品多样性和绿色可持续发展方面取得了显著成就，如新材料技术、生物技术、纳米技术、催化技术等在化工行业中的应用，使一批高性能、高附加值的新产品得以问世。

再次，化学工业的发展不仅提高了社会整体生产力水平，还促进了高效、节能、绿色生产过程的实现，这对于完成单位国内生产总值（GDP）能耗降低和废弃物排放减少等发展目标至关重要。

最后，中国化学工业在国际上的竞争力进一步提高。近年来，通过引进消化吸收再创新和技术升级改造，中国化学工业的整体技术水平显著提升，产品质量和竞争力不断增强。

总之，化学工业对国民经济发展、人民生活水平提高具有十分重要的意义。化学工业的发展离不开国家、地方政府、企业和化工从业者的共同努力。国家层面上要继续加强规划、引导和监管，完善化学工业各项政策，充分发挥其在国民经济发展中的作用；地方政府要进一步加大对化学工业的政策和资金支持，大力推广和鼓励绿色工艺、先进技术、先进设备等的研发投入；企业和化工从业者作为直接参与者，要不断提升环保意识，采用先进节能技术与环保设备，实现生产过程的清洁化、高效化。此外，建立健全现代化工生产经营管理体系，是提升行业竞争力、实现可持续发展的关键。要不断优化资源配置，加强安全生产管理，提升产品质量与服务水平，以确保化学工业在促进经济增长的同时，有效保护生态环境，实现经济效益与环境效益的双赢。相信通过国家、地方政府、企业及社会各界的共同努力，化学工业必将在推动低碳经济发展、构建绿色生态文明的道路上发挥更加积极的作用。

1.1 现代化工工艺概述

化工工艺和化学工程的发展深刻改变了我国传统的生产状况，尤其是随着人民生活水平的不断提高，很多种类的化工产品在生活中发挥着重要的作用。化工生产工艺的创新、优化和应用能有效提高化工产品的生产效率和质量，而优质的化工产品也是保证高水平的社会生产与高质量的人民生活的重要基础，因此，加大化工生产工艺的研究与应用是社会发展的新趋势。

生物技术行业、化工行业、钢铁行业、制药行业、造纸行业、冶金行业等的产品制造与生产，都离不开化工技术的应用。如果在应用化工技术进行生产的过程中产生的污染物超出相关标准，不仅会对自然环境造成一定的威胁，而且会影响企业的可持续发展。为有效解决此类环境污染，必须落实绿色环保理念，对化工技术进行优化与创新，依据生产规范与生产标准积极探索和应用绿色化工技术，减少生产过程中产生的污染物质，实现对化工产业的绿色防控，进而推动化工环保事业的开展。

化工企业的生产与制造过程往往依赖大量化学反应，并在化学反应开展的基础上对产品进行物理加工，进而完成化工产品的制造。在化学反应过程中投入的大量原材料，在经历一系列化学反应后，经常产生固体、气体和液体形态的污染物，同时也存在污染物泄漏的安全隐患，不仅影响化工企业的生产安全，而且给周边环境与周边居民也带来巨大威胁。

化工生产过程产生工业危害的原因主要有以下两方面。①化学原材料本身的危害。化工企业在开展产品生产与制造的过程中不仅需要应用多种多样的化工工艺技术，同样也需要使用多种多样的化学原材料。这些化学原材料本身的特性，如有毒性、易燃易爆性，都会对化学反应过程产生一定的影响，若不能对化学反应过程进行有效控制，就有可能造成次生危害。②化工工艺技术不科学或不规范带来的危害。化学反应过程往往需要采取严格的材料剂量控制、反应操作控制以及反应设备控制与环境控制等措施，若在化工工艺流程中存在不规范的生产操作行为，不仅会影响化学反应效果，而且会产生严重的安全事故隐患。

反之，科学完善的化工工艺技术在化工体系中的益处也显而易见。首先，在化工生产工艺的应用中，通过有效的化工分析可以得到较为精准的研究数据，这些数据可以降低化工生产原料的消耗量，企业就可以最大限度地为客户生产更多安全、优质的化工产品。其次，在化学工程中进行化工生产工艺研究分析，就是根据化工生产原料和产品生产数量进行精细化应用研究，这样做一方面是为了降低资源消耗，另一方面是为了提升化工企业的生产效益。最后，化学生产工艺的优化可以更好地帮助企业实现化工产品质量监督，同时还可以大幅度提升传统化工产品的检测水平。

近年来，随着我国经济结构转型的不断推进，国家已经加大了对环境污染的管控与治理，绿色生产、安全生产、健康生产已经成为时代发展的主要旋律。化工行业作为高消耗、高污染的产业之一，在实际生产环节经常会释放很多有毒、有害物质，这些高污染物质一旦被排放到大气中，不仅会危害生产者的生命安全，而且也会进一步加剧环境恶化。因此必须加强对化工生产工艺的应用研究，及时有效地监控化工生产环节和物质排放，实现企业的绿色安全生产。

1.2 化工工艺的研究内容与目的

由原料转化为化工产品的工艺流程称为化工工艺。化工工艺学是以技术先进、工艺合理为原则，研究从化工原料加工成化工产品的生产过程中所涉及的基本原理、生产方法、工艺流程及设备装置的一门工程科学，是建立在化学、物理、机械、电工电子以及工业经济等学科基础上，与生产和生活实际紧密相关，体现当代技术水平的一门科学，是化学理论与化工生产实践结合的产物，与化学工业的发展密切相关。

化工工艺研究的目的是形成化学产品的工艺流程、工艺设计，最终形成工艺软件包。工艺流程设计的成品是工艺流程图，它以图解形式形象具体地反映了化工生产由原料到产品的全部过程，既有物料和能量的变化，也有物料的流向，还包括生产中所经历的工艺过程和使用的设备、管道、阀门和仪表。

工艺流程图集中概括了整个生产过程的全貌。同一种化工产品可以采用不同原料、经过不同工艺路线而制得。即使采用同一种原料，也可采用不同的工艺路线；同一种工艺路线也可以采用不同的工艺流程。

选择工艺路线也就是选择生产方法，这是决定质量的关键。如果某产品只有一种生产方法，就无须选择；若有几种不同的生产方法，就应逐个进行分析研究，通过多方面比较，筛选出最优生产方法，作为下一步工艺流程设计的依据。

化工工艺的研究内容主要包括化工产品的研究和开发、工艺开发、化工生产过程的关键步骤以及典型无机和有机化工产品的生产工艺流程。化工产品的研究和开发涉及从科学设想到工业化生产的全过程，包括基础研究、开发研究和应用研究三个阶段。化工产品的整个产业化过程包括小试、中试和产业化实验三个阶段。化工产品和工艺的产业化过程涵盖化学工艺、化学工程、化工机械、化工过程控制、土木工程、腐蚀和防腐以及化工经济等多个方面，是范围广泛的综合性工程技术和创造性活动。

化工生产过程的关键步骤一般包括原料处理、化学反应和产品分离提纯。原料处理是对原料进行处理，使之符合进行化学反应所要求的状态和规格；化学反应是生产过程的关键步骤，通过化学反应获得目的产物或其混合物；产品分离提纯则是对化学反应得到的混合物进行分离，除去副产物或杂质，以获得符合要求的产品。

化工产品和工艺的产业化过程必然涉及化工工艺和化学工程两个专业。进一步细分，化工工艺与化学工程研究的内容包括以下方面。

(1)反应工程：研究化学反应的动力学、热力学和催化机理，设计和优化合成反应的反应器、反应条件和操作参数，实现高效、安全、环保的化学反应过程，最终确定适宜的工艺参数。

（2）分离工程：研究物质的分离、纯化和提取技术，包括蒸馏、萃取、吸附、膜分离等，以提高产品结晶度、纯度和回收率，最终确定原料及产品的适宜分离方案。

（3）传递过程：研究物质和能量的传递与转化过程，包括传热、传质和传动，优化传递过程参数，提高生产效率和能源利用率，确定与工艺流程适宜的换热网络。

（4）设备与工艺：研究化工设备的设计、操作和维护，包括反应器、分离塔、传递设备等，进行装备选型、工艺流程设计和优化，确保工艺的稳定性和可持续性，确保运行设备的安全性和可靠性。

（5）过程控制：研究自动化技术在化工过程中的应用，设计和优化过程控制系统，实现过程参数的监测调节和优化，确保工艺的稳定性和安全性。

（6）应用与开发：将化工工艺和化学工程技术应用于实际生产中，改进现有产品和开发新产品，解决生产过程中的技术难题和瓶颈，提高产品质量和生产效率。

在实验室阶段，化工工艺研究的内容涵盖化学反应、分离、传递、设备、过程控制等方面，旨在提高化工生产的效率、安全性和可持续性。在生产实践阶段，化工工艺的研究内容不仅包括从实验室到工业规模的技术开发过程，还涵盖化工生产的具体步骤和典型化工产品的生产工艺流程，以及绿色化学和生物技术的应用。

1.3 化工产品生产工艺流程的原则

早期的化工生产以实践经验为依据，随着生产实践经验的丰富和化工科学理论的发展，化工工艺逐渐从手工技术向以科学理论为基础的现代生产技术转变。化学工业的各个部门都有各自的工艺，同一种化工产品可以用不同的原料生产，用同一种原料生产某一特定的化工产品可以采用不同的生产工艺技术。目前，化工产品的生产工艺过程上万，这些生产工艺给人类生活带来了革命性的变化。但是，绝大部分化工产品的生产过程存在不同程度的污染问题，并具有高压、高温或低温、易燃、易爆、有毒等特点，在生产有用产品的同时也给周边环境和操作员工的人身安全造成威胁。因此，对工艺技术、机械设备、设备材料、仪表与控制等都应严格要求，还要考虑资源与能量的合理利用、环境保护、安全生产和污染治理等问题。

化工产品生产工艺大体分四个部分：第一部分为原材料、助剂和公用工程的准备和预处理过程；第二部分为化学反应过程或反应与分离的耦合，在这一工序中得到目的产物，同时还会产生少量的副产品和其他非目的产物；第三部分为对目的产物进行分离与精制，得到所需产品和副产品；第四部分为对产品进行包装和储运。

在化学品产业化过程中，各阶段的选择均有一定的原则。

1. 生产方法和工艺流程的选择原则

（1）可靠性：流程是否通畅，生产是否安全，工艺是否稳定，消耗定额、生产能力、产品质量和“三废”排放是否达到预定指标。

(2)适用性:与具体环境、资源和技术的消化能力相适应。

(3)技术的合理性:技术的生命周期包括投入期、成长期、成熟期和衰退期,所选技术应处于成长期,需具体情况具体分析。

(4)先进性:技术上的先进性和经济上的可行性,应选择与物料损耗小、循环量小、能量消耗少和回收利用程度高等原则相适宜的生产工艺。

2. 原料路线的选择原则

一种化工品的产业化项目可以从几种合成原料出发,首要的问题为选择哪种原料,通常可从以下方面进行思考。

(1)可靠性:必须保证在服务期限内有足够的、稳定的原料来源。例如,若以苯、甲苯为起始原料,要考虑其市场供应、原料的工艺来源等。凡以经过加工的原材料的全部或部分为原料的产业化项目,最好与供应企业达成协议,以保证供应的可靠性。

(2)经济性:在化工产品成本中,原料价格是一个重要因素,需要对各种原料投入后对单位成本的影响进行详细分析。原料价格受其供求关系变化的影响较大的,要根据供求关系对将来的价格进行预测。

(3)合理性:主要是指对资源的综合利用是否合理。例如,以煤、石油和天然气为主要起始原料,要考虑其合理利用问题。在选择原料路线时,可以采用油改煤,适当提高化工用煤的比例,以节约石油消耗。

3. 工艺技术路线的选择原则

采用一定的原材料生产某种化工产品,可能有多种生产工艺,每种生产工艺所使用的生产设备、生产工具和工艺制造过程也各不相同,也就是说,有不同的工艺技术路线。每种工艺技术路线的投资费用和日常操作费用也是不同的。在这种情况下,需要对几种不同的工艺技术路线进行技术和经济比较,确定出最适合的工艺技术路线加以采用,该过程被称为工艺技术路线的选择,简称技术路线选择。

4. 产品质量原则

尽可能采用先进设备、先进的生产工艺和成熟的流程,以保证化工产品质量符合国家标准。外销产品还必须满足销售地区的质量要求。

5. 资源利用原则

就地取材,充分利用本地资源,减少原料的组织与运输。生产工艺要具有柔韧性,开车、停车易于控制,即在不同条件(如进料组成和产品要求改变)下仍能够正常操作的能力。

6. 节能原则

选用的设备热效率要高,降低原材料消耗及公用工程(水、电、汽、气)的消耗。生产过程中尽量采用机械化和自动化程度高的设备,实现稳产、高产,努力提高原料利用率和劳动生产率,使装置建成后能迅速投产,在短期内达到设计生产能力,并做到生产稳定、安全、可靠。尽量减少"三废"的排放量,采取完善的"三废"治理措施,减少或消除对环境的污染,并做好"三废"的回收和综合利用。

7. 安全生产原则

充分预计装置生产故障，做好检维修计划，以便及时妥善处理，保证生产的稳定性。尽量采用成熟、先进的技术和设备，确保安全生产，保证员工人身和设备的安全。

8. 经济效益原则

这是一个综合性原则，即从原料性质、产品质量、品种和产业化规划、生产等多方面考虑，最终使装置或企业具有良好的经济效益。

9. 协调原则

遵循“三协调”原则，即人流物流协调、工艺流程协调、洁净级别协调，正确划分生产工艺流程中生产区域的洁净级别，按工艺流程合理布置，避免生产流程的迂回、往返和人流与物流的交叉等。

化学工业的生产技术和许多深度加工的产品更新换代快，要求化学工业必须不断发展并采用先进的工艺技术，从而提高生产效率和经济效益。不断寻求和探索技术上最先进和经济上最合理的方法、原理、流程和设备是化学工业工艺创新的具体途径，而化工新技术开发程序是一套科学的程序，它是以市场为导向，以创新为宗旨，以工业化和商业化为目的的创新过程。世界上经济发达的国家在化学工业领域的研究开发费用、科研人员以及专利和文献的数量等都位居各工业部门的前列。

1.4 化工产品工艺软件包

化工工艺的最终目的是实现产品或工艺的产业化。产业化工程设计前必须形成工艺软件包，简称工艺包。工艺包是制造过程中的重要工具，提供详细的工艺指导，指导生产人员完成产品的制造过程。

工艺包将设计图纸与加工工艺整合在一起，方便设计人员深入了解化工产品的制造流程和工艺要求。设计人员可以更加全面地考虑生产工艺对产品设计的影响，从而设计出更加合理、实用、易于制造的产品。工艺包还可以记录产品的重点加工工艺和要求，避免在加工过程中出现操作错误或者疏漏，提高产品的加工质量。

有了工艺包，设计人员就可以直接参考工艺包中的化工产品生产工艺和工序要求进行设计，不再需要反复确认和沟通，省去了不少时间和精力。设计人员还可以根据工艺包中的信息，合理安排设计的步骤和时序，避免错误和重复的设计工作，提高设计效率。

化工设计院内部不同部门之间的协作是非常重要的。有了工艺包，各个部门就可以根据工艺包中的信息进行工作，避免了各自为战的局面。设计人员可以根据工艺包中的要求进行工程设计，制图人员可以根据工艺包中的加工工艺要求进行绘图，工艺工程师可以根据工艺包中的生产工艺和要求进行工艺规划……工艺包的使用可以使各个部门之间的协作更加高效，提高工作效率。

要了解工艺包内容，首先必须清楚工艺流程的基本过程以及解决问题的思路。每一种化工产品都有其特有的工艺流程，每一个工艺包均会对应一个特定的工艺流程。对同一种化工产品，由于选定的工艺路线不同，工艺流程中各个单元过程的具体内容和相互关联的方式也不同。此外，工艺流程的组织与实施工业化的时间、地点、资源条件、技术条件等有密切关系。但是，当对一般化工产品的工艺流程进行分析和比较之后，可以发现组成整个流程的各个单元过程或工序在所起的作用上有许多共同之处，即组成流程的各个单元具有的基本功能存在一定的规律。一个完整的化工工艺流程包括以下几个基本部分。

（1）原料预处理单元，即生产准备单元，包括反应所需的主要原料、氧化剂、阻聚剂、催化剂、防老剂、溶剂和水等各种辅助原料的储存、净化、干燥等。

（2）反应单元，其是化学反应进行的场所，也是整个工艺流程的核心。以反应过程为主，附设必要的加热、冷却、反应产物输送以及反应控制等设备。

（3）催化剂准备单元，包括反应时使用的催化剂和各种助剂的制备、溶解、储存、配制以及催化剂再生等，是整个工艺流程的重中之重。

（4）目标产品分离与精制单元，其作用是将反应产物从反应系统中分离出来，经精制和提纯得到目的产品，并将未反应的原料、溶剂以及随反应物带出的催化剂、副反应产物等分离出来，尽可能实现原料和溶剂等物料的循环利用。

（5）副产品回收单元，其是对反应产生的一些副产物，或不循环利用的一些少量未反应的原料、溶剂以及催化剂等物料，进行必要的精制处理以回收使用，需要设置一系列分离、提纯操作（如精馏、萃取和吸收等）工序。

（6）加工包装单元，其是将分离过程中获得的目的产物按产品质量要求的规格、形状进行必要的加工制作，以及储存和包装出厂。

（7）辅助过程单元，是指除上述六个主要生产过程外的单元，如一般流程中为回收能量而设置的过程，如废热利用、工艺物流的热量回收；为稳定生产而设置的过程，如缓冲、稳压等；为治理“三废”而设置的过程，如废气焚烧、火炬等；原料、产品、副产品和中间产品的储存过程等。

1.4.1 化工工艺软件包的内容

化工工艺软件包（成套技术包）是化工生产的核心，在化工生产过程中发挥着举足轻重的作用。那么，化工工艺包具体包括哪些内容呢？

工艺包是指包含一种化工产品的生产技术的全部技术文件。化工成套技术的工艺包是化工工艺技术成果的文件表达，是工艺技术对工程设计、采购、建设和生产操作要求的体现，是基础设计的主要依据。

目前国内还没有编制工艺包的国家标准，行业内采用的是中国石油化工集团公司发布的《石油化工装置工艺设计包（成套技术工艺包）内容规定》（SPMP-STD-EM2001）。国外工程公司对工艺包的内容都有明确的规定，各工程公司的工艺包的内容大体相同，但并不完全一致，有时会根据用户的要求进行适当修改和补充。

工艺包一般应包括以下 15 条内容。其中前 6 条是工艺包的主体，当条件不具备时，如果仅完成前6条，可以称为基本工艺包。

1. 设计范围

设计范围要说明该工艺所包括的范围、生产规模及年操作小时。其中范围应比较具体，应指明工艺的开始和终点，可以包括辅助工艺在内。生产规模可以是年产或日产，单位通常为t、万t等。年操作小时有两种：当生产过程比较成熟时可以定为8 000 h或7 920 h，即333 d或330 d；当生产过程不太成熟或受某些条件限制时，可以定为7 200 h，即300 d。上述年操作小时涵盖连续过程和间歇过程两种情况，对于间歇过程要说明周期。

2. 设计基础

为保证生产的安全和稳定，应该说明工艺对原材料、催化剂、化学品及公用工程的规格要求，对成品规格、消耗定额、收率、转化率、“三废”排放量及组成以及“三废”处理的建议，还应说明技术保证指标和对安全生产的要求。具体要求如下。

（1）原料、燃料的规格要求中，要尽可能详细地列出设计数据和允许的波动范围。

（2）催化剂的规格要求中，要列出型号、规格、工艺性能、反应器的大小及催化剂的装填量、生产厂家。

（3）主要化学品的规格要求中，要列出用途、年消耗量、实际使用浓度等。

（4）公用工程的规格要求中，要列出全部水、电、汽（气）的规格，还要列出辅助产品的成品规格、装置能力及操作弹性，以及原材料、催化剂、化学品及公用工程的消耗定额。

（5）详细列出“三废”排放的具体规格、形式和指标以及车间的生产定员。

（6）列出技术保证指标，包括产量、质量和主要消耗。

（7）列出对安全生产的要求，主要是防火、防爆、防毒（化学）、防泄漏等内容。

3. 工艺说明

按工艺流程的顺序详细说明生产过程，包括相关化学反应机理、操作条件、主要设备特点、控制方案以及工艺物料的物化性质数据等。具体内容如下。

（1）工艺方案：详细说明工艺方案，列出主要技术特点和控制方法，特别要说明主要物料的比例。

（2）工艺原理和流程：说明各工序的有关化学反应机理、反应式和反应热等。

（3）主要工艺操作条件：详细描述各工序的操作条件，包括各反应器和塔器入口和出口的温度、压力和主要组分的浓度等指标。

（4）主要工艺操作原理：详细说明物料流向的路径，即从某一个设备到另一个设备，列出设备位号；明确说明物料的温度、压力和相态等重要指标；列出重要组分在物料中的浓度、循环物料的比例等参数。这一部分的描述应比较详细，因为其涉及操作手册的编制。

4. 物料平衡及热量平衡

这部分包括全过程的物料平衡和热量平衡数据，需要考虑负荷的波动及各主要工况的变化。这些数据一般从流程模拟中得到。流程模拟是当今化学工程中的成熟技术。流程模拟有两类：通用流程模拟和专用流程模拟。通用流程模拟软件包括Aspen Plus、Pro Ⅱ、Hysys等。这些都是商品化的软件，基本都是在烃分离的基础上发展起来的。目前国内外的主要工程公司都使用这类软件辅助设计。专用流程模拟有两种情况：在上述软件的基础上补充部分单元，使之适用于某一类工艺过程，例如 Pro Ⅱ 中的电解质、间歇蒸馏等模块；也有用户把自己开发的模块补充进去，例如合成氨流程模拟软件 SAPROSS 等。

工艺包中的物料平衡和热量平衡数据应该包括以下内容：①工艺流程中（基本上是所有的）物流的温度、压力、组成和流量；②蒸汽系统与冷凝液系统的平衡数据；③冰机系统数据；④循环冷却水的平衡数据；⑤各类换热器的热负荷；⑥压缩机、膨胀机、汽轮机和主要泵类等的功率；⑦精馏、吸收、解吸等塔器的逐板计算数据；⑧回路中返回物料的数据（必须与初始假设值契合，误差要在规定范围内）。其中，第①～④项应该单独出工艺流程图，并将数据标注在图上，第⑤～⑦项应该列表，第⑤项也可以标注在工艺流程图上。

在一个工艺装置中，物流号不宜重复。计量单位应符合国家标准的要求。

5. 工艺流程图（PFD）

工艺包中的工艺流程图是表示工艺生产物流走向及其关系的图，亦称物料流程图。该图通常需要列出主要设备（包括位号和名称）上连接的物流、特殊阀门的位置、物流数据（流量、组成、温度、压力、部分物性、热负荷等特性）以及物流间互相控制、联锁的方案等与工艺有关的信息。当工艺过程比较复杂时，可以按工序分成若干张图。

6. 主要设备的工艺规格书和计算书

本条包括主要设备规格书及特殊要求的仪表规格书。主要设备规格书应列出工艺设计和操作参数、材质要求、传动机械要求及必要的特殊、关键设备条件等。应该根据不同种类的设备编制不同的表格，例如机泵、塔器、反应器、换热器、废热锅炉等。比较重要的设备应该附有简图。

7. 管道仪表流程图（PID）

就工艺设计步骤而言，管道仪表流程图（或称为带控制点的流程图）并不属于工艺包的范畴。特别是对于刚刚完成的研究课题，在中试的基础上进行工艺包设计，更没有制作 PID 的可能和必要。确切地说，它应该在基础设计（初步设计）中进行。但是，如果是现有装置的翻版或新装置在现有技术的基础上稍加改进，就有可能在工艺包阶段就出 PID。有不少引进装置的设计就是这样，因此设计部门在引进技术时就提出需要 PID。

工艺专业和公用工程专业都有管道仪表流程图，也称 UID。公用工程专业包括装置内和装置外两种。

在 PID 中，应该标注管路尺寸、材料等级、伴管、阀门、保温等级、安全阀系统、管路编号、仪表及控制回路以及对工程设计有特殊要求的文字说明等。

PID 的设计是多版次的，也是逐步深入的。例如，可以有初步条件版、内部审核版、报建设单位审批版、设计版、施工版、竣工版等。工艺包所提供的 PID 只是初步条件版。

在 PID 的基础上，也可以提供仪表选型原则。主要说明工艺包仪表采用的标准和规范、动力供应要求、中央控制室要求、主要仪表选型、分散控制系统（DCS）的内容、紧急停车系统（ESD）、成套仪表设备供应的范围、仪表控制系统的安全保护措施和初步的仪表清单。

8. 特殊要求的配管规定

在设计压力较高（≥4 MPa）、温度较高（≥350 ℃）或较低（≤-29 ℃）、管道公称直径较大（≥100 mm）、有腐蚀性和易燃易爆等介质的条件下，需要提供配管规格书。

配管规格书的内容包括介质、工艺条件、设计条件、管路尺寸、管路等级、保温等。国内和国外规格是有差别的，应该分别提供。

特殊管道的等级规定是对工艺包所采用的管线和连接件材料（主要为碳钢、不锈钢、低合金钢、合金钢、铝材和某些非金属管材或衬里管等）提出的要求。对于特殊管道，由于工作介质种类较多，且工作温度和压力各不相同，所以有必要对管道的表示方法、工作介质、管线材料等级进行规定。需要特别注意的是，国内和国外的管材等级有差异，应分别加以标识。

9. 初步设备布置图

根据经验和用户的实际情况及需要，提供初步设备布置图供工程设计部门参考。初步设备布置图包括设备布置应遵循的主要规则和通则。

10. 生产操作和安全规定要领

生产操作和安全规定要领是工艺技术的一部分，主要指原则性的基本原理，包括首次开车、停车、正常开车、正常操作的方法和程序，以及操作人员的安全和卫生知识。

（1）首次开车：主要叙述气密试验、吹扫、工厂首次开车的方法。

（2）停车：主要叙述工厂计划和正常停车时的操作程序。

（3）正常开车：正常开车程序一般来说与首次开车一样，此处强调主要是为了适应每次停车后，对装置中各系统所处的工况进行适当调整。

（4）正常操作：叙述每一个工序的操作原则，在工艺技术手册中应该有更完整的说明。

（5）操作人员的安全和卫生知识：为了尽可能保证个人安全，减少意外事故和危害，使损失降到最小，工艺包中要说明操作人员的安全和卫生知识，特别是对于易燃易爆、有毒有害的物质的说明。其包括如下内容：涉及物质的性质和特征、贮存条件、技术要求、泄漏识别和排放识别；盛装物质的容器、设备和管道的维护和清洗；操作人员对安全和卫生知识的培训、紧急救护系统、对健康的危害和预防措施；个人防护装备；在已经发生安全事故的情况下的紧急处理、初步救护和医疗手段；测量环境中易燃易爆、有毒有害物质的浓度，设立警戒标志等。

11. 分析手册

本条主要介绍化验室根据工艺、公用工程专业提出的分析项目，承担原材料、辅助材料、燃料、半成品和产品等的质量全面分析检验，以及公用工程日常生产控制分析等。

常规分析以外的特殊仪器分析应进行特殊说明，如原子光谱、质谱、核磁共振等，应列出有特殊要求的分析项目和主要分析仪器设备一览表，还应包括受安全部门委托负责检修时的安全动火分析等。

12. 特殊要求的检修要领

工厂生产实践表明，装置的日常维护和检修作为装置管理的重要环节，不仅能保证装置的“安、稳、长、满、优”运行，而且能有效延长装置的使用寿命。

特殊要求的检修要领是指对主要工艺设备、仪表、电气等方面的检修提出相应的特殊要求，包括工业炉、反应器、塔器、各大机组和特殊换热器等主要工艺设备的检修、催化剂的更换以及自控元件的检修等方面的内容。工艺包中应该说明：①设备、管道、仪表和电气检修及验收所需遵守的标准和规范；②装置检修的基本要求；③装置检修的特点；④特殊要求的详细检修要领，包括工业炉、反应器、塔器、各大机组、特殊换热器等主要工艺设备的检修，催化剂的更换以及自控元件的检修。

13. 环境保护

本条列出工艺包中采用的环保标准，并对污染因素进行分析。此处的污染是指对人体有害的废气、废液、固体废物、噪声、光辐射、电磁波、放射线等。

应该指出污染源及污染物排放部位，并对污染源与污染物排放情况进行分析，提出污染防治的措施。

14. 有关专利文件

本条说明与本工艺有关的国内外专利检索的情况以及专利一览表，提供专利检索报告。如果与国内外的相关工艺有过联系，订立过合同，则要根据有关合同的保密条款，分析是否侵权或违约。

15. 工艺技术手册

工艺技术手册主要用于指导生产准备和编制生产、化验、维修等操作规程，是上述生产操作和安全规定要领的具体化，即对上述第 10~12 项的内容进行深入阐述。

这部分内容为采用工艺包的生产装置提供原则性的操作程序，但对操作人员培训、开车与操作仅起指导性作用，并不进行严格要求。生产企业在进行生产准备时，应该根据工艺技术手册编制更加详细的操作手册（“实施版”的操作手册）指导生产。

应该允许生产企业修改一些工艺程序以适合所规定的操作程序或修改操作程序。“实施版”的操作手册在不断修改中更加完善。经验表明，成功的开车和操作取决于开车计划和操作人员的培训，操作人员应熟悉该手册中的工艺规程、工厂的布置和设备以及各种设备的制造商所提供的使用说明，更重要的是应将以往的生产经验补充到“实施版”中，形成良性循环。

1.4.2 工艺流程和工艺包的评价

对化工产品生产的工艺流程、工艺包进行评价，旨在根据工艺流程的组织原则衡量被考察的工艺流程和工艺包是否达到最优效果。对于新设计的工艺流程或工艺包，通过评价可以不断改进和完善，使之成为一个优化组合的流程、工艺包；对于现有工艺流程或工艺包，通过评价还可以清楚该工艺流程有哪些特点，还存在哪些不合理或可以改进的地方，与国内外类似工艺过程相比又有哪些值得借鉴之处等，由此找到改进工艺流程的措施和方案，使其得到不断优化。例如吉林石化公司的乙腈法丁二烯分离技术从 20 世纪 80 年代引进，已完善、改进三次，其工艺和消耗定额均达到国际先进水平。

在化工生产中，评价工艺流程和工艺包的标准是：技术上先进，经济上合理，安全上可靠，符合国情且切实可行。因此，在工艺流程组织和工艺包组织、编制时应遵循以下原则。

1. 物料及能量的充分利用

(1)尽量提高原料的转化率和主反应的选择性，应采取先进的工艺技术、合理的操作单元、有效的设备，选用适宜的工艺条件和高效的催化剂。

(2)充分利用原料，对未反应的原料应采用分离、回收等措施提高目标产品的总收率；副反应物也应当加工成副产品，或通过反应转化成某个中间品后继续加工；对采用的溶剂、催化剂、助剂等应建立回收系统，减少废物的产生和排放；对“三废”应尽量考虑综合利用，以避免污染环境，同时也提高装置的赢利能力。

(3)认真研究换热流程及换热方案，最大限度回收工艺物流、蒸汽凝水热量，可采用交叉换热、逆流换热，安排好换热顺序，提高传热速率，如利用某些塔顶的气相潜热、回收反应器产生的反应热。

(4)充分利用设备位置的相对高低，依靠势能输送物料，如高压设备的物料可自动进入低压设备，减压设备可以靠负压自动抽进物料，高位槽与加压设备的顶部设置平衡管可有利于进料。

2. 适宜的单元操作及设备类型

确定每一个单元操作中的流程方案及所需设备的类型，合理安排各单元操作中设备的先后顺序，如根据工艺和产品情况，确定脱轻、脱重塔顺序。应考虑整个流程的操作弹性和各设备的利用率，并通过调查研究和生产实践确定弹性的适应和设计幅度，尽可能使每台设备的生产能力相匹配，避免造成浪费。

3. 工艺流程的连续化和自动化

对大批量生产的化工产品，工艺流程宜采用连续操作、大型化设备和仪表自动化控制，以提高目标产品产量，降低生产成本，提高装置的赢利能力和企业的市场抗冲击能力。若条件具备，可采用计算机控制；对精细化工产品以及小批量多品种产品，工艺流程应该具有一定的灵活性和多功能性，以便改变产量或更改产品品种。

4. 易燃易爆品工艺安全保障

对一些因原料组成或反应特性等因素而存在潜在的易燃易爆等隐患的危险品，在工艺流程中必须采取必要的安全措施，如在设备结构上或适当的管路上安装防爆装置，增设阻火器，采取氮气保护等；工艺条件也要进行相应的严格规定，安装自动报警、联锁装置和安全仪表系统，确保生产工艺安全。

1.5 现代化工工艺技术的特点和发展方向

2023 年，巴斯夫化学品销售额约为 745 亿美元，位居世界第一；中国石化的化学品销售额约为 581 亿美元，落后巴斯夫近 164 亿美元，屈居亚军；陶氏销售额约为 446 亿美元，位列第三。当前正是我国由石油化工大国向强国跨越的关键时期，一批石油化工企业正在快速做大做强，11 家中国化工企业进入 2024 年全球化工 50 强，东方盛虹和新凤鸣集团首次上榜，中国石油、荣盛石化、万华化学、恒力石化的排名均有所上升。

综合研究多年来大型化工企业的发展，可以总结出现代大型化工工艺的特点如下。

（1）生产规模的大型化。生产规模的大型化是一个重要的特点和发展趋势。因为对于大部分化工厂而言，单位年生产能力的投资及生产成本随着生产规模的增加而减少。

（2）原料和生产方法的多样性。化学工业能充分利用自然资源，同一种原料可以制造多种不同产品。如石油经过炼制可以得到各种用途的油品，进一步深度加工又可以得到石油化工的基本原料（乙烯、丙烯、芳烃等），进而可以合成纤维、塑料、橡胶等多种产品。用不同原料采用不同的生产方法也可以制得同一种产品。

（3）产品的精细化和专业化。化学工业属于技术密集型工业。近十年来，由于市场、环境和资源的导向，各国都在进行化工产品结构和布局的调整，产品的精细化、功能化和专用化已成为化学工业发展的必由之路。各国也十分重视科研工作，加强技术开发和应用的研究，实现产品的更新换代，不断开拓新用途和新市场。

（4）“三废”治理和综合利用的加强。化工生产过程往往产生大量的废气、废水和废渣，这些物质多是有害的，不仅污染环境，影响人民健康，还危害生态平衡。因此，世界各国都十分重视化工“三废”的治理，开展综合利用，合理利用资源和废弃物，开发各种无公害工艺，推行清洁生产，保护生态环境，造福人类。

现代化工工艺的发展方向主要集中在研发更加环保、高效的工艺技术，加强绿色化工和可持续发展理念的应用，促进数字化与智能化技术在化工过程中的应用，以及加强国际合作与交流。

（1）环保与高效化工工艺。现代化工工艺的发展首先注重的是环保和高效，这意味着减少对环境的影响，开发和使用更加环保的原料和处理方法，提高生产效率，减少能源消耗和废弃物的产生。

（2）绿色化工和可持续发展。加强绿色化工和可持续发展理念在化工工艺设计和生产中的应用，意味着在化工产品的研发和生产过程中，要考虑到环境的可持续性，减少对环境的负面影响，同时提高资源的利用效率。

（3）数字化与智能化技术。促进数字化与智能化技术在化工工艺、化工过程中的应用，通过引入先进的自动化和智能化技术，提高化工生产的自动化水平，优化生产流程，提高化工产品质量和生产效率。

（4）国际合作与交流。加强国际合作与交流，推动现代化工技术的全球化发展。通过与国际上的科研机构和企业合作，共享技术、资源和知识，推动现代化工技术的进步和发展。

这些发展方向共同指向了更加环保、高效、智能和全球化的化工行业的未来，旨在实现经济可持续发展和环境保护。

第 2 章

聚合级丁二烯萃取精馏分离工艺

2.1 概述

国内对丁二烯的需求量持续增长，但供应增速尚达不到预期。2023 年，全球丁二烯总产量为 1 894 万 t，消费量约 1 354 万 t；同期，中国丁二烯产量已达到 654.6 万 t，较 2022 年增长了 60 万 t。近年来，随着炼化一体化项目的建设及投产，配套的大乙烯裂解装置陆续上马，中国丁二烯产能持续扩张。国内丁二烯行业产能名列前三的企业分别是浙江石化、中海壳牌和镇海炼化，产能分别达到 70 万 t/a、35 万 t/a 和 32.5 万 t/a，占总产能的比重分别为 11.36%、5.68%和 5.28%。虽然丁二烯供应结构的紧平衡状态逐渐得到缓解，产业供应格局逐步转向宽松，但仍有一定缺口。一方面，近年来受原油价格影响，乙烯、丙烯生产利润微薄，裂解装置开工率偏低，导致丁二烯实际产量不足；另一方面，下游各种产品装置不断扩能，持续加大了对丁二烯的需求。

石脑油裂解制乙烯通常会副产干气、碳四（C4）、裂解 C4 和裂解碳五（C5）等，一般 100 万 t/a 乙烯项目能够副产 40 万 t/a 裂解 C4，其中富含 40%~50%的丁二烯、20%~25%的异丁烯，裂解 C4 产量占 C4 国内总产量的 30%左右。国内绝大多数乙烯裂解装置副产的裂解 C4 均会进一步抽提丁二烯；大多数 C4 抽余油后异丁烯的含量在 50%左右，再进入甲基叔丁基醚（MTBE）装置。随着炼化一体化程度的提高和产业结构的优化，更多的企业会在 MTBE 装置中增加 1-丁烯分离单元，提纯之后进入线性低密度聚乙烯（LLDPE）单元作为其共聚单体。

我国丁二烯的生产技术经历了酒精接触分解、丁烯或丁烷氧化脱氢和蒸汽裂解制乙烯联产 C4 抽提分离三个发展阶段。目前我国正在运行的丁二烯生产装置，绝大多数是随着乙烯工业的发展而逐步配套建设起来的。乙烯裂解 C4 抽提制得的丁二烯占丁二烯总产量的 90%以上，其余部分由丁烯氧化脱氢工艺制得。

2.2 丁二烯的性质与用途

2.2.1 丁二烯的物理性质

丁二烯的化学式为 C_4H_6，有 1，2-丁二烯和 1，3-丁二烯两种同分异构体。通常所说的丁二烯均指 1，3-丁二烯，其常压下的沸点为−4.4 ℃，是合成丁苯橡胶（SBR）、丙烯腈-丁二烯-苯乙烯（ABS）树脂的主要单体。1，2-丁二烯的沸点为 10.3 ℃，用途较少，一般可从脱重塔塔釜得到。

1，3-丁二烯在常温、常压下为无色气体，不溶于水，溶于丙酮、苯、乙酸和酯等多数有机溶剂，带有轻微芳香味，其具体物理性质如表 2-1 所示。

表 2-1 1，3-丁二烯的物理性质

<table>
<tr><th>性质</th><th>数值</th><th colspan="2">性质</th><th>数值</th></tr>
<tr><td>相对分子质量</td><td>54.09</td><td colspan="2">闪点/℃</td><td>−76</td></tr>
<tr><td>沸点（101.325 kPa）/℃</td><td>−4.413</td><td rowspan="2">爆炸极限</td><td>下限</td><td>1.1%</td></tr>
<tr><td>凝点（101.325 kPa）/℃</td><td>−108.92</td><td>上限</td><td>16.3%</td></tr>
<tr><td>熔化热/（J/g）</td><td>147.6</td><td colspan="2">气体比热容（27℃）/[J/（mol·K）]</td><td>111.8</td></tr>
<tr><td>汽化热（25 ℃）/（J/g）</td><td>386</td><td colspan="2">液体比热容（20℃）/[J/（mol·K）]</td><td>143</td></tr>
<tr><td>汽化热（在常压下的沸点时）/（J/g）</td><td>406</td><td colspan="2">燃点温度/℃</td><td>450</td></tr>
<tr><td>燃烧热（气相，25 ℃，101.325 kPa）/（kJ/mol）</td><td>−2 545</td><td colspan="2">临界温度/℃</td><td>152</td></tr>
<tr><td>生成热（气相，25 ℃，101.325 kPa）/（kJ/mol）</td><td>112.4</td><td colspan="2">临界压力/MPa</td><td>4.33</td></tr>
<tr><td>生成热（液相，25 ℃，101.325 kPa）/（kJ/mol）</td><td>88.79</td><td colspan="2">临界密度/（kg/m^3）</td><td>621（20℃）
615（25℃）
582（50℃）</td></tr>
<tr><td>生成自由能（气相，25 ℃）/（kJ/mol）</td><td>130.7</td><td colspan="2">膨胀系数（−5~20 ℃）/$℃^{-1}$</td><td>0.001 84</td></tr>
<tr><td>折射率 n（−25 ℃）</td><td>1.429 3</td><td colspan="2">—</td><td>—</td></tr>
</table>

丁二烯在加压条件下可作为液体处理，便于贮存和运输，需加入少量的阻聚剂。液体 1，3-丁二烯无色透明，极易挥发，闪点低，属易燃易爆物质。其微溶于水，易溶于乙醇、甲苯、乙醚、氯仿、四氯化碳、汽油、乙腈（ACN）、二甲基甲酰胺（DMF）和 N-甲基吡咯烷酮（NMP）等有机溶剂。1，3-丁二烯对人体有毒，低浓度下能刺激黏膜和呼吸道，高浓度下对中枢神经有麻醉作用，使人感到头痛、嗜睡、恶心、胸闷、呼吸困难，长期与丁二烯接触会造成记忆衰退。根据国家卫生标准，空气中 1，3-丁二烯的浓度应低于 100 mg/m^3。不同温度下液体

1，3-丁二烯的饱和蒸气压、汽化热、比热容和密度如表 2-2 所示，表面张力、黏度、热导率如表 2-3 所示；气体 1，3-丁二烯的比定压热容、黏度、热导率与温度的关系如表 2-4 所示；水在液体 1,3-丁二烯中的溶解度情况如表 2-5 所示。

表 2-2 液体 1,3-丁二烯的饱和蒸气压、汽化热、比热容和密度

温度/℃	饱和蒸气压/kPa	汽化热/(kJ/mol)	比热容/[J/(mol·K)]	密度/(kg/m³)	温度/℃	饱和蒸气压/kPa	汽化热/(kJ/mol)	比热容/[J/(mol·K)]	密度/(kg/m³)
-50	11.20	24.748	107.8	700.7	50	568	19.146	133.3	581.3
-40	19.73	24.279	109.8	690.1	60	729	18.418	137.0	566.8
-30	33.06	23.798	110.9	679.4	70	922	17.639	141.3	551.6
-20	62.84	23.295	112.8	668.3	80	1 151	16.797	146.1	535.6
-10	81.05	22.790	114.7	657.0	90	1 420	15.881	151.7	518.3
0	120	22.240	117.0	645.4	100	1 733	14.863	158.1	499.5
10	172	21.679	119.8	633.4	110	2 069	13.716	165.3	478.9
20	240	21.093	123.4	621.1	120	2 517	12.380	173.6	455.5
30	327	20.478	127.3	608.3	130	3 001	10.752	183.0	427.7
40	435	19.833	130.1	595.1	140	3 558	8.545	—	391.6

表 2-3 液体 1,3-丁二烯的表面张力、黏度、热导率

温度/℃	表面张力/(mN/m)	黏度/(mPa·s)	热导率/[mW/(m·K)]	温度/℃	表面张力/(mN/m)	黏度/(mPa·s)	热导率/[mW/(m·K)]
-50	22.85	0.319	171.7	50	9.91	0.126	121.4
-40	21.47	0.280	167.5	60	8.74	0.121	115.6
-30	20.11	0.247	162.4	70	7.59	0.110	109.7
-20	18.77	0.221	157.3	80	6.48	0.100	103.4
-10	17.44	0.199	152.8	90	5.39	0.091	96.7
0	16.14	0.181	148.2	100	4.35	0.081	89.5
10	14.85	0.166	143.2	110	3.35	0.073	87.5
20	13.58	0.152	137.7	120	2.40	0.065	74.6
30	12.33	0.141	132.3	130	1.52	0.057	65.3
40	11.11	0.131	126.9	140	0.72	0.050	54.2

表 2-4 气体 1,3-丁二烯的比定压热容、黏度、热导率

温度/℃	比定压热容/[J/(mol·K)]	黏度/(mPa·s)	热导率/[mW/(m·K)]	温度/℃	比定压热容/[J/(mol·K)]	黏度/(mPa·s)	热导率/[mW/(m·K)]
250	70.1	0.006 4	11.1	600	132.8	0.015 3	53.6
300	81.5	0.007 8	16.3	650	139.0	0.016 4	59.9
350	92.0	0.009 1	21.5	700	144.7	0.017 4	66.6
400	101.7	0.010 4	27.3	750	149.8	0.018 5	72.9
450	110.5	0.011 7	33.6	800	154.5	0.019 5	79.1
500	118.7	0.012 9	40.6	850	158.7	0.020 5	85.4
550	126.1	0.014 1	47.3	—	—	—	—

表 2-5 水在液体 1,3-丁二烯中的溶解度

温度/℃	水在丁二烯中的溶解度/(g/100g 溶液)	温度/℃	水在丁二烯中的溶解度/(g/100g 溶液)
10	0.045	30	0.082
20	0.065	40	0.110

2.2.2 丁二烯的化学性质

1，3-丁二烯是较简单的共轭二烯烃，其结构式为 $CH_2{=}CH{-}CH{=}CH_2$，由于结构上的共轭双键的特殊性，所以其化学性质非常活泼。在化学性质上，1，3-丁二烯除了具有碳碳双键的一般性质外，也与单烯烃和孤立的双键二烯烃有所不同，它与烯烃相似，可与卤素、卤化氢进行亲电加成反应，甚至比烯烃更容易进行亲电加成反应，不仅可以 1 位、2 位加成，也可以 1 位、4 位加成。1 位、4 位加成聚合时，既可以顺式聚合，也可以反式聚合，其反应方程式如下：

$$CH_2{=}CH{-}CH{=}CH_2 + HBr \xrightarrow{\text{1 位、2 位加成}} CH_3{-}\underset{\displaystyle Br}{\underset{|}{C}H}{-}CH{=}CH_2$$

$$CH_2{=}CH{-}CH{=}CH_2 + HBr \xrightarrow{\text{1 位、4 位加成}} CH_3{-}CH{=}CH{-}\underset{\displaystyle Br}{\underset{|}{C}H_2}$$

1，3-丁二烯显著的化学性质是易于进行聚合反应生成高分子化合物。其既可以自身聚合，也可与其他化合物发生共聚。工业上利用这一特性生产合成橡胶、合成树脂和合成纤维等。

1，3-丁二烯长时间储存时会生成乙烯基环已烯二聚体或高级聚合体，故必须在低温条件下储存；与空气接触、混合时易生成爆炸性的过氧化物和端聚物，所以在生产过程中必须加入 0.005%~0.015%的油性和水性阻聚剂，如对叔丁基邻苯二酚（TBC）等。

2.2.3 丁二烯的用途

1，3-丁二烯是生产丁苯橡胶、顺丁橡胶、丁腈橡胶和氯丁橡胶等高分子材料的主要原料。随着高分子材料的发展，利用苯乙烯与 1，3-丁二烯共聚，可生产各种用途的树脂，如 ABS 树脂、苯乙烯-丁二烯-苯乙烯（SBS）树脂、丁二烯-苯乙烯（BS）树脂和甲基丙烯酸甲酯-丁二烯-苯乙烯（MBS）树脂等，这使 1，3-丁二烯在树脂、橡胶生产中逐渐占据了重要地位。80%以上的 1，3-丁二烯被用来生产合成橡胶。此外，1，3-丁二烯还可用于生产乙丙橡胶第三单体乙叉降冰片烯、工程塑料 1，4-丁二醇、尼龙-66 单体己二腈、环丁砜、蒽酮和四氢呋喃等，因此其是重要的基础化工原料。

1. 丁苯橡胶

1,3-丁二烯与苯乙烯乳液聚合可生产丁苯橡胶和胶乳，反应方程式如下：

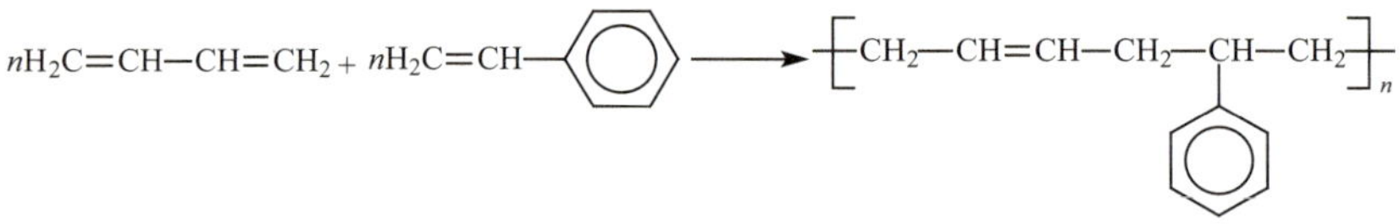

丁苯橡胶是目前合成橡胶中产量最大的通用橡胶，作为天然橡胶的替代品，可制造几乎所有的橡胶制品，最主要的用途是制造汽车轮胎。

2. ABS 树脂

ABS 树脂指丙烯腈-丁二烯-苯乙烯共聚物，是一种强度高、韧性好、易于加工成型的热塑性高分子材料，集合了丁二烯的耐冲击性、丙烯腈的刚性与耐化学腐蚀性以及苯乙烯的光泽性和易于成型等突出优点。由于其优异的综合性能，ABS 树脂广泛用于汽车工业、电子、建材等领域。

2022 年，全球 ABS 树脂的产能达到 1 370 万 t。ABS 树脂的产能集中度较高，其中，我国台湾奇美、韩国 LG 化学和跨国集团英力士的产能占比分别为 16.4 %、15.3 %和 9.9 %，位居世界前三。截至 2023 年，这三家公司 ABS 树脂的有效产能达到 783 万 t。

3. 顺丁橡胶

顺丁橡胶是顺式 1，4-聚丁二烯橡胶的简称，其分子式为（C_4H_6）$_n$。顺丁橡胶是由丁二烯聚合而成的结构规整的合成橡胶，其顺式结构含量在 95%以上。根据催化剂不同，可分为镍系、钴系、钛系和稀土系（钕系）顺丁橡胶。顺丁橡胶是仅次于丁苯橡胶的第二大合成橡胶。

与天然橡胶和丁苯橡胶相比，顺丁橡胶硫化后，其耐寒性、耐磨性和弹性特别优异，动负荷下发热少，耐老化性好，易与天然橡胶、氯丁橡胶或丁腈橡胶并用。顺丁橡胶特别适用于制造汽车轮胎和耐寒制品，还可以制造缓冲材料及各种胶鞋、胶布、胶带和海绵胶等。

我国 2023 年新增顺丁橡胶年产能 10 万 t（已投产），2024 年顺丁橡胶新增年产能 32 万 t，即 2024 年我国顺丁橡胶年产能达到 218.2 万 t，同比增长 17.2%。

以丁二烯为原料制备的精细化学品，主要集中在以下方面。

（1）与缺电子嗜双烯化合物发生第尔斯-阿尔德（Diels-Alder）反应，可制得蒽醌，其衍生物是重要染料中间体、杀菌剂和杀虫剂。

（2）与顺丁烯二酸酐（简称顺酐）反应、缩合，可制得四氢苯酐，可作为聚酯树脂、环氧树脂的固化剂和增塑剂。四氢苯酐再经硝酸氧化，可制得丁烷四羧酸，其是制造水溶性漆的原料。四氢苯酐加氢，可制得六氢苯二甲酸酐，其可用作环氧树脂的固化剂。

（3）与二氧化硫作用，生成环丁烯砜，然后配制成水溶液，在骨架镍催化剂存在下加氢，制得环丁砜，可用作芳烃萃取时的选择性溶剂。环丁砜和二异丙醇胺的混合物可用作脱二氧化碳气体。

（4）丁二烯的线性缩聚反应在工业上很有用处。线性二聚后得到八碳直链烯烃，再经醛化、加氢即可制得壬醇，在合成香料、表面活性剂、润滑油添加剂方面都有重要用途。用钴络合物作催化剂制得的丁二烯二聚、三聚、四聚体，都是合成高级醇和大环麝香的原料。

2.3 原料及产品情况

2.3.1 1,3-丁二烯的来源情况

传统的裂解混合 C4 物料是以石脑油为原料的蒸汽裂解制乙烯的重要副产物之一，其主要组分为 1, 3-丁二烯、丁烯和丁烷等 C4 馏分。近年来，随着国内蒸汽裂解制乙烯工艺的蓬勃发展，原料组成多样化，装置规模越来越大型化，裂解混合 C4 的产能大幅增加。

由于石油、石化工业的迅猛发展，以石脑油为原料的高温裂解原料变重，裂解温度也相应提高，生产乙烯同时联产的裂解 C4 馏分也随之增加，而且 C4 馏分中 1, 3-丁二烯含量也由过去的 40%增加到 50%以上，除此之外，裂解 C4 馏分中还含有丁烷、丁烯、炔烃以及少量的 C3 和 C5，组分非常复杂，具体如表 2-6 所示。

表 2-6 裂解 C4 组成和催化裂化 C4 组成

组分	沸点/℃	裂解 C4 中的质量含量/%			催化裂化 C4 中的质量含量/%		
		毫秒炉	砂子炉	管式炉	FCC1	FCC2	MGG
丙烯	-47.70	—	0.8	0.10	—	0.12	1.67
异丁烷	-10.50	0.873	7.9	0.70	35.6	1.90	42.19
正丁烷	-0.50	1.668	1.5	1.80	11.0	23.40	10.45
1-丁烯	-6.30	16.126	17.2	17.21	13.0	8.90	9.75
异丁烯	-6.96	18.181	19.0	21.59	15.5	9.50	10.69
反-2-丁烯	-0.88	2.548	8.00	5.00	14.0	31.00	14.1
顺-2-丁烯	3.72	1.928 6	7.00	3.10	10.0	23.90	10.95
1,3-丁二烯	-4.40	56.767	37.00	49.40	0.4	0.10	—
1,2-丁二烯	10.85	0.062	—	—	—	—	—
丙炔	-23.20	0.040	0.20	—	—	—	—
1-丁炔	8.10	0.175	0.22	—	—	—	—
乙烯基乙炔	5.00	1.63	0.18	—	—	—	—
C5	—	—	1.0	1.0	0.2	0.8	0.2

注：FCC 为流化催化裂化，MGG 为多产液化气及高辛烷值汽油催化裂化技术。

2.3.2 聚合级 1,3-丁二烯产品规格情况

萃取精馏工艺分离裂解 C4 得到的 1，3-丁二烯一般符合《工业用丁二烯》(GB/T 13291—2021)的要求，具体组成要求如表 2-7 所示。

表 2-7 工业用丁二烯的技术要求和试验方法

项目	指标		试验方法
	聚合级	工业级	
外观	无色透明液体，无悬浮物		目测
1,3-丁二烯含量	≥ 99.5%	≥ 99.0%	GB/T 6017
二聚物(4-乙烯基环己烯)含量/(mg/kg)	≤ 1 000	≤ 1 000	GB/T 6015
总炔含量/(mg/kg)	≤ 20	≤ 100	GB/T 6017
乙烯基乙炔含量/(mg/kg)	≤ 5	—	GB/T 6017
水含量/(mg/kg)	≤ 20	≤ 300	GB/T 6023
羰基化合物(以乙醛计)含量/(mg/kg)	≤ 10	≤ 20	SH/T 1494
过氧化物(以过氧化氢计)含量/(mg/kg)	≤ 5	≤ 10	GB/T 17828
阻聚剂 TBC 含量	供需双方商定		GB/T 6020
气相氧含量(体积分数)	≤ 0.2%	≤ 0.3%	GB/T 6022
乙腈含量/(mg/kg)	≤ 5	—	GB/T 6015
N-甲基吡咯烷酮含量/(mg/kg)	≤ 5	—	GB/T 6015
胺值/(mg/kg)	≤ 1	—	GB/T 6025

不同的萃取精馏工艺对 1，3-丁二烯产品的杂质含量要求不同，比如合成丁苯橡胶时，对 1,3-丁二烯的纯度要求不高，达到 98%以上即可满足要求，对杂质含量要求也不高。

2.4 萃取精馏分离聚合级丁二烯工艺

乙烯裂解副产的混合 C4 馏分及煤化工副产的混合 C4 中均包含多种烷烃、烯烃、二烯烃和炔烃组分，例如 1,3-丁二烯、1,2-丁二烯、异丁烯、1-丁烯、顺-2-丁烯、反-2-丁烯、丙炔、异丁烷和正丁烷等，各组分的沸点非常接近，其中关键组分丁二烯、异丁烯和 1-丁烯的沸点差小于 3℃，并且上述组分之间有些组分能形成共沸物，表 2-8 为部分双组分共沸物的组成。

表 2-8 部分 C4 混合物的共沸组成(500 kPa)

序号	共沸组分 A	共沸组分 B	组分 A 的质量含量	组分 B 的质量含量
1	1,3-丁二烯	异丁烯	0.271 8	0.728 2
2	1,3-丁二烯	正丁烷	0.909 7	0.090 3

续表

序号	共沸组分 A	共沸组分 B	组分 A 的质量含量	组分 B 的质量含量
3	1,3-丁二烯	异丁烷	0.223 8	0.776 2
4	1-丁烯	异丁烯	0.693 1	0.306 9
5	反-2-丁烯	正丁烷	0.382 1	0.617 9

由于裂解 C4 馏分中各组分沸点相近，关键组分相对挥发性接近，且二元共沸物、三元共沸物多，采用常规蒸馏难以分离，不易获得高纯度的 1，3-丁二烯，因此引入萃取精馏等特殊精馏工艺。萃取剂的存在改变了裂解 C4 各组分的相对挥发性，能分离得到高纯度的 1，3-丁二烯。工业上所用的 1，3-丁二烯溶剂抽提方法根据使用溶剂的不同主要分为三种，分别为二甲基甲酰胺（DMF）法、N-甲基吡咯烷酮（NMP）法和乙腈（ACN）法。这三种萃取精馏（抽提）方法原理相同，但由于溶剂性质的差异，具有不同特点。萃取精馏分离 1，3-丁二烯所用溶剂的主要物理性质如表 2-9 所示。

表 2-9　萃取精馏分离 1,3-丁二烯所用溶剂的物理性质

溶剂			乙腈	二甲基甲酰胺	二甲基乙酰胺	N-甲基吡咯烷酮	糠醛
相对分子质量			41.0	73.1	87.1	99.1	96.1
沸点/℃	无水萃取剂		81.6	152.7	165.8	202.4	161.7
	含水萃取剂	含 5%水	78.0	130.7	186.7	148.1	—
		含 10%水	70.7	—	125.4	—	—
熔点/℃			−46	−61	−64	−24	−34
密度（20℃）/（g/cm^3）			0.788 0	0.948 9	0.943 0	1.027 0	0.934 8
黏度（25℃）/（mPa·s）			0.35	0.80	0.92	1.65	1.70

裂解 C4 馏分在极性溶剂作用下，各组分之间的相对挥发度、溶解度变得更有规律，其相对挥发度顺序为：丁烷>丁烯>丁二烯>炔烃。各组分在溶剂中的溶解度则与此相反。根据该规律及各个工艺不同的要求，可以用萃取精馏工艺将来源不同的 C4 馏分中的丁烷与丁烯、丁烯与丁二烯、1，3-丁二烯与炔烃分别进行分离。国内丁烯氧化脱氢制丁二烯的过程中，采用以乙腈为溶剂的萃取精馏工艺，首先将来自炼油装置或其他来源的丁烷与丁烯分离，简称为前乙腈，再将丁烯氧化脱氢制丁二烯后得到的 C4 馏分中的丁烯与 1，3-丁二烯分离，简称为后乙腈。

2.4.1　萃取精馏简介

1. 萃取精馏的流程

萃取精馏是石油化学工业中重要的分离方法之一，但是任何事物都同时存在着“两面性”。一方面萃取精馏增加了被分离组分之间的相对挥发度，使分离得以进行；另一方面，萃取精馏增大了溶剂比，导致很难提高生产能力，而且生产过程能耗高。为了克服其弊端，对萃取精馏过程的研究一般从“流”和“场”两方面进行，“流”即萃取精馏流程安排、萃取精馏塔的塔板结构设计，“场”即分离剂或溶剂的选择，不断优化和完善萃取精馏分离工艺。

萃取精馏的经典流程如图 2-1（a）所示，以节能为目标改进后的新流程如图 2-1（b）所示。

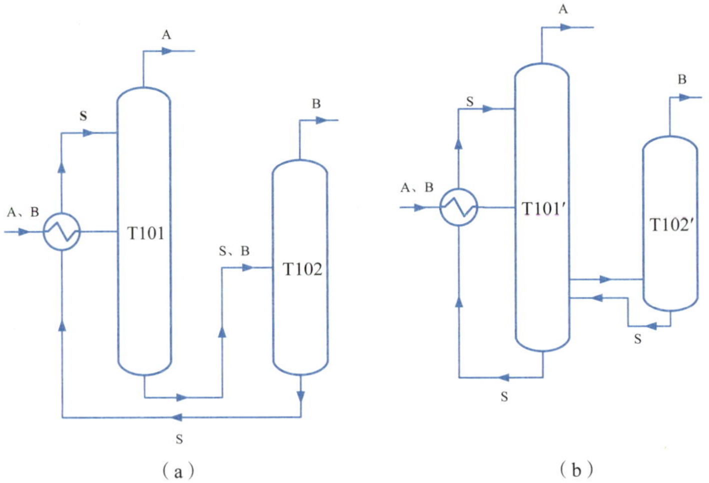

图 2-1 萃取精馏流程

（a）经典流程 （b）节能改进后的新流程

萃取精馏经典流程由两台精馏塔组成，在萃取精馏塔 T101 中上部的一段，约 10 块塔板处，送入溶剂，用于防止溶剂被带到塔顶；溶剂入口以下，待分离物料进料以上为萃取精馏段，待分离的混合物 A、B 由塔中部加入，重组分 B 与溶剂 S 一起由塔釜送出，进入溶剂解吸塔 T102，该塔的作用是将溶剂中的重组分 B 蒸出，即使重组分 B 与溶剂 S 分离，溶剂 S 经过换热冷却后循环使用。

为了降低能耗，除充分利用解吸塔塔釜溶剂的显热外，还对流程加以改进，即原萃取精馏塔增加了侧线采出，使原来的萃取精馏和溶剂解吸在同一个（T101′）塔中完成，增设一台闪蒸塔（T102′），对侧线馏分进行闪蒸，除去大部分重组分后，溶剂 S 返回萃取精馏塔。萃取精馏塔塔釜出来的溶剂是解吸干净的，可循环使用。

2. 萃取精馏溶剂选择的原则

（1）溶解性：萃取精馏溶剂应具有较高的溶解性，要求溶剂与原有组分的溶解度较大，以防塔内产生液体分层现象，然而具有高选择性的溶剂往往伴有不互溶性或较低的溶解性，因此需要权衡选取合适的溶剂，使其既具有较好的选择性，又具有较高的溶解性。

（2）稳定性：萃取精馏溶剂应具有良好的化学稳定性，能够在高温、高压等恶劣条件下保持稳定，从而确保在分离过程中不会发生副反应或降解而影响分离效果。

（3）选择性：萃取精馏溶剂应具有较高的选择性，即对目标组分具有较强的亲和力，而对其他组分的亲和力较低，可实现目标组分与其他组分的有效分离。采用高选择性的溶剂可使萃取精馏的操作成本和设备投资降到最低。

（4）温度范围：溶剂的沸点应高于原进料混合物中所有组分的沸点，以防形成溶剂-非溶剂共沸物；但也不能过高，否则会使塔釜温度过高，能耗太大，同时也使产品在高温时发生变性、聚合和结焦的危险增大，萃取剂损耗加大。

（5）可再生性：萃取精馏溶剂应具有良好的可再生性，能够在分离过程中被回收和重复使用，以降低成本，减少对环境的负面影响。

（6）安全性：萃取精馏溶剂应具有良好的安全性，不会对人体健康造成危害，还应具有低毒性、低挥发性和低燃点，以降低操作过程中的风险。

（7）环境友好性：萃取精馏溶剂应具有良好的环境友好性，不会对环境造成污染，还应具有良好的生物降解性和可再生性，以减少对自然资源的消耗，降低环境的负荷。

萃取精馏溶剂的选择取决于具体的应用需求和分离系统的特点。在实际应用中，需要根据目标组分的性质、溶剂与其他组分的亲和力差异、溶剂的可用性和成本等因素进行综合考虑。常用的萃取精馏溶剂主要有乙腈（ACN）、乙二醇、氯仿、丙三醇（甘油）、二甲基甲酰胺（DMF）、四氯化碳、N-甲基吡咯烷酮（NMP）和甲基异丁基酮（MIBK）等。

3. 萃取精馏溶剂选择的方法

目前选取溶剂主要有三大类方法：实验方法、性质约束方法和计算机优化方法。实验方法通过测定汽液平衡数据或无限稀释活度系数对溶剂进行筛选，这种方法比较准确，但是耗费较大，周期较长。性质约束方法是根据某些原则划定分离混合物系所需溶剂的大致范围，适用于溶剂的初步筛选，具体可分为经验筛选法和活度系数法。计算机优化方法是指利用各种选择指标，通过某些特定的计算机算法来选择最佳溶剂，计算机优化方法包括计算机辅助分子设计法和计算机优化筛选法。各方法详情如下。

1）实验方法

（1）平衡釜法。该法是指在一定条件下，先依据经验确定一组候选溶剂，然后测定两个相关组分在各种溶剂中的相对挥发度，并参考对溶剂的其他要求，缩小候选溶剂范围至 3~4 种，然后进行详细的多组元汽液平衡测定工作，选择较优溶剂，最后在实验室小型精馏塔上加以验证。

这种方法的优点是直接、可靠；缺点是需要丰富的个人经验，而且费时费力，开发成本较高，受试验条件和溶剂范围限制，有可能无法找到最优的溶剂。

（2）色谱法。该法直接测定无限稀释活度系数 γ^∞ 和无限稀释选择性 S^∞，与测量汽液平衡数据相比，其效率高，所需的高纯试剂用量较少。用于溶剂筛选的色谱法目前主要有三种：保留时间法、惰性气体汽提法和液上空间气相色谱法。

①保留时间法是把溶剂作为固定液均匀涂布于载体上，溶质作为样品注入色谱柱中，测定校正保留时间，并记录柱温、载气校正流速及固定液称重，然后计算得到 S^∞。通过比较使用不同固定液测得的 S^∞，就可判断哪种溶剂是较好的萃取精馏溶剂。这种方法的优点是准确、样品用量少，但该法只能用于测定溶剂沸点比溶质沸点高得多的溶质 γ^∞，对于沸点相差不大的情况则无能为力，实验过程中需频繁更换、安装色谱柱，且必须对柱温、固定液纯度和

固定液流失等进行严格控制。

②惰性气体汽提法的原理是以恒定流速将惰性气体鼓泡通入平衡釜中，使气体被分散成很小的气泡，与釜内无限稀释的溶液充分接触，溶液组分被汽提到汽相中。离开平衡釜的汽相与液相达到相平衡，通过测定汽相组成随载气通入的递变速率而求得 γ^{∞} 和 S^{∞}。这种方法与保留时间法的准确度相当，克服了保留时间法溶剂纯度要求高、过程烦琐及工作量大的缺点，更有优势。但该法主要用于测定 S^{∞}。

③液上空间气相色谱法是将液上空间气体分析与气相色谱分析联用的一种技术，其基本原理是：先配制一定浓度的溶液置于一密闭容器内，待汽液平衡后，利用气相色谱法分析液体上层气相组成，从而得到汽液平衡关系，计算出相对挥发度和选择性。这种方法的优点是试剂用量少、操作方便且结果准确。

(3)沸点计法。该法通过测定稀释液沸点随溶质浓度的变化，从而求得 γ^{∞}。该法一般不对成分进行分析，而是采用配样浓度，平衡液相浓度通常会偏离配样浓度，对于相对挥发度较大的体系更加明显。后来又有人采用斜式沸点计，通过拟静态方法来降低回流比和滞液量因子，从而改善 γ^{∞} 的测定。该法操作简单且仪器便宜，对于沸点相近的混合物，该法的准确度高于色谱法。但该法耗时久，样品用量大，测定工作量大、周期长，且测定的物系范围有限，如对于醇烃体系误差较大。

2)性质约束方法

(1)经验筛选法。该法一般用于溶剂的粗略筛选，其主要依据是不同溶剂与待分离关键组分形成的二元溶液对拉乌尔定律会产生不同的偏差。经验筛选法中应用比较广泛的有尤厄尔-哈里斯-伯格(Ewell-Harris-Berg)法、罗宾斯(Robbins)法和塔辛斯(Tassions)法。

①Ewell-Harris-Berg 法认为溶剂分子与组分分子之间的作用力主要是氢键，其他分子间力(如诱导、极化、色散)次要得多。因此，可按照分子间形成氢键的能力将液体分为五类，并将这五类液体相互混合形成的混合物对拉乌尔定律的偏差制成表格。如果溶剂与两个组元形成的两对混合物对拉乌尔定律的偏差较大，说明这种溶剂可作为萃取精馏溶剂。

②Robbins 法把主要有机物分为氢键受体、氢键供体和无氢键体三类，将它们的混合物对拉乌尔定律的偏差制成表格列出，如芳香烃氢键受体基团、醇类氢键供体基团和饱和烃无氢键基团。醇与芳香烃、饱和烃两类溶液均属对拉乌尔定律产生正偏差的体系，但后者更明显，所以可以认为醇类可作为萃取精馏溶剂分离饱和烃与芳香烃。

③Tassions 法根据同系物的特点，对非烃类物系进行分离。如在甲醇-丙酮的分离中，以甲醇的同系物为溶剂，在塔顶可得到丙酮。这是因为溶剂与甲醇形成理想溶液，而与丙酮形成非理想溶液，从而改变了丙酮与甲醇的相对挥发度，达到分离的目的。同理，加入丙酮的同系物，在塔顶可得到甲醇。

(2)活度系数法。该法通过计算欲分离物系的关键组分在各种溶剂中的活度系数，进而推断出各备选溶剂的选择性、溶解性等，然后经过比较选择合适的溶剂。活度系数法分为两类：无限稀释活度系数法和有限活度系数法。

①无限稀释活度系数法是指通过简单的经验公式预测溶质在溶剂中的无限稀释活度系

数，再通过无限稀释活度系数计算得出相对挥发度，然后选择最优溶剂。使用较多的方法有PDD 法和溶解度参数法等。

②有限活度系数法主要有 ASOG 法、UNIFAC 法等，有限活度系数方法也可以用来计算无限稀释活度系数。在众多方法中，UNIFAC 法应用得最为广泛。

3）计算机优化方法

计算机优化方法是指通过计算机利用各种选择指标，设计或选择最佳溶剂，可分为计算机优化筛选法和计算机辅助分子设计法，有时二者也结合使用。

计算机优化筛选法通过特定的计算机算法对现有的众多溶剂进行综合性质权衡，从而选出最佳溶剂。常见的计算机算法有人工神经网络（ANN）方法和模糊数学方法等。

计算机辅助分子设计法首先预选一定结构的基团，然后将其按照某种规律组合成分子，并依据所设定的分子的目标性质进行筛选，在众多有机物中逐渐缩小搜索范围，最终找到所需的优化物质。另外，该法还可以组合生成新的溶剂分子，取代现有的溶剂以获得更大的经济效益。

4. 萃取精馏的操作特点

萃取精馏的最大特点是引入萃取剂，萃取剂的量较多，一般为待分离组分的 2~15 倍，溶剂沸点高，在操作过程中每一层塔板上都要维持一定的溶剂浓度，一般为 70%~80%。而且要使被分离组分和萃取剂完全互溶，严防分层，否则会使操作恶化，破坏正常的汽液平衡，达不到预期的分离效果。根据这些特点，在进行萃取精馏操作时，应注意以下几点。

（1）严格控制溶剂比，即溶剂量与待分离物料量之比。溶剂比过小会破坏正常操作，使产品纯度达不到合格要求；溶剂比过大会显著增大能耗，而且影响处理能力。溶剂比是萃取精馏操作和工艺设计最关键的影响因素。

（2）萃取剂的进料温度对操作影响较大，萃取剂的进料温度一定要适宜且必须严格控制，一般比塔顶温度高 3~5℃为宜。因为萃取剂用量大，萃取剂温度的微小变化都会影响每层塔板上各组分的浓度分布及汽液平衡。若萃取剂温度低，会使塔内回流量增加，降低“恒定浓度”，不利于分离正常进行；温度过高则容易导致塔顶产品质量不合格。

（3）对于萃取剂含水量，一般情况下极性溶剂（如 ACN、NMP 等）含水是为了增加溶剂选择性，降低操作温度，减少聚合。但含水量不宜过多，因为含水量过多会降低 C4 溶解度，加剧对设备的腐蚀。乙腈含水量一般以 5%~10%为宜。

（4）维持适宜的回流比。有别于普通精馏塔，萃取精馏塔的回流比一般非常接近最小回流比，操作过程一定要仔细控制，精心调节。回流比过大会降低产品质量，因为增加回流量相当于直接降低了每层塔板上溶剂的浓度，不利于萃取精馏操作，使分离变得更加困难。

（5）选择待分离组分的进料状态并注意组分含量的变化。在萃取精馏操作过程中，物料一般以饱和蒸气状态加入塔内，这样可以使操作较为平稳。也有的生产装置采用液相进料，但相对能耗增加，对分离效果并无明显影响。原料中组分含量变化时，应随之改变操作条件。例如，裂解 C4 馏分中丁二烯含量由 44%增加到 50%时，萃取剂用量要随之增加，塔釜温度也要降低。

2.4.2 二甲基甲酰胺(DMF)分离丁二烯工艺

DMF 法又称 GPB 法,由日本瑞翁(Zeon)公司开发,并在 1965 年工业化投产,生产能力为 4.5 万 t/a。DMF 丁二烯抽提工艺包括四个工段,即第一萃取精馏工段、第二萃取精馏工段、产品精馏精制工段及溶剂回收工段,其工艺流程如图 2-2 所示。第一萃取精馏工段分离出在 DMF 中相对挥发度高于丁二烯的组分,比丁二烯相对挥发度小的组分则在第二萃取精馏工段获得,产品精馏精制工段则分离出沸点与丁二烯产品相差较大的组分,最终采出高纯度 1,3-丁二烯产品。

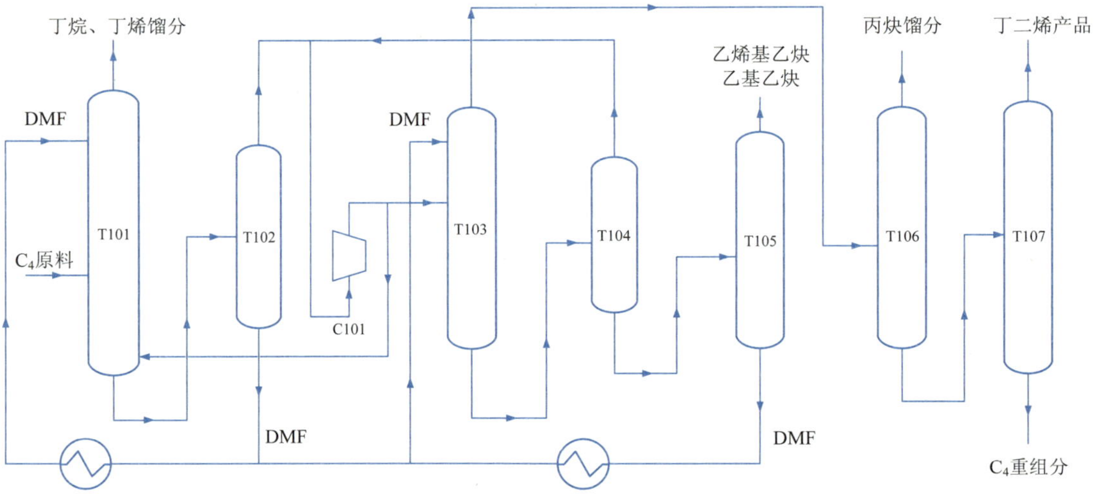

T101—第一萃取精馏塔;T102—第一汽提塔;C101—压缩机;T103—第二萃取精馏塔;T104—丁二烯回收塔;T105—第二汽提塔;T106—脱轻塔;T107—丁二烯产品塔

图 2-2 DMF 法萃取精馏分离丁二烯流程

原料裂解 C4 馏分以气态形式进入丁二烯萃取精馏塔 T101 中,溶剂 DMF 由塔顶中上部加入,在 T101 塔顶得到以丁烷、丁烯馏分为主的 C4 抽余油,直接送出装置界区,进一步加工利用或作为民用燃气使用;塔釜中溶解于溶剂的丁二烯、乙烯基乙炔和丁炔进入第一汽提塔 T102,在 T102 塔顶得到丁二烯和炔烃,经螺杆式压缩机加压后进入炔烃萃取精馏塔 T103,溶剂 DMF 由塔 T102 塔釜采出,通过热量回收实现循环利用;T103 上部加入少量的溶剂,脱除炔烃后,塔顶得到富含丁二烯的物流,进入脱轻塔 T106,含有炔烃、丁二烯的溶液,由塔 T103 釜底采出,进入丁二烯回收塔 T104,塔 T104 釜液进入第二汽提塔 T105,T105 塔顶得到含炔烃及部分丁二烯的物流,送入火炬系统;富含丁二烯的物流进入 T106,塔顶得到轻组分丙炔物流,进入火炬,塔釜得到脱除轻组分的 1, 3-丁二烯物流,进入产品塔 T107;T107 塔顶得到聚合级 1,3-丁二烯产品,塔釜得到脱除的重组分和少量丁二烯。为了净化溶剂 DMF,还需设溶剂精制系统,以脱除溶剂中的轻组分和重组分,保持溶剂的萃取性和选择性。该工艺的主要操作参数如表 2-10 所示。

表 2-10 DMF 法主要操作参数

设备		第一萃取精馏塔 T101	第一汽提塔 T102	第二萃取精馏塔 T103	丁二烯回收塔 T104	第二汽提塔 T105	脱轻塔 T106	丁二烯产品塔 T107
回流比		1.4	0.4	1.0	—	8.77	196	4.0
溶剂比		8.08	—	1.73	—	—	—	—
温度/℃	塔顶	42.8	112	41.3	87	127	44.8	40
	塔釜	130	163	135	120~145	163	62.5	40
压力/MPa	塔顶	0.39	0.025	0.35	0.015	0.01	0.42	0.65
	塔釜	0.55	0.03	0.39	0.03	0.03	0.46	0.75

DMF 工艺的特点:溶剂与裂解 C4 不形成共沸物,有利于后续工段产物的精制和回收;工艺流程中无侧线,易操作,分离效果好;虽然操作温度较高,但目前开发的复配阻聚剂阻聚效果好,装置操作稳定运行周期可达一年左右;溶剂 DMF 中不含水,无设备腐蚀问题;该溶剂对炔烃选择性好,产品 1, 3-丁二烯质量高。但 DMF 工艺存在电耗较高、设备台数较多、占地面积大、溶剂毒性相对较大、不易生化处理和焦油外排污染较重等缺点。

DMF 法适用于从裂解 C4 馏分中分离 1, 3-丁二烯,同样适用于丁烯氧化脱氢和丁烷脱氢制 1,3-丁二烯中 C4 馏分的分离。DMF 法分离裂解 C4 馏分中 1,3-丁二烯工艺的产品质量和消耗定额如表 2-11 和表 2-12 所示。

表 2-11 DMF 法的产品质量

组分	1,3-丁二烯	1,2-丁二烯	炔烃(以丙炔计)	顺-2-丁烯	C5	DMF	水
含量	≥ 0.995	$\leqslant 2\times10^{-5}$	$\leqslant 2.5\times10^{-5}$	$\leqslant 2.5\times10^{-3}$	$\leqslant 1\times10^{-4}$	$\leqslant 3\times10^{-6}$	$\leqslant 2\times10^{-5}$

注:按裂解 C4 原料中丁二烯含量为 44%计。

表 2-12 DMF 法的消耗定额

指标	丁二烯回收率/%	低压蒸汽(0.95 MPa)/(t/t)	低低压蒸汽(0.25 MPa)/(t/t)	循环水(Δt=12 ℃)/(t/t)	电/(kW·h)	溶剂消耗量/(kg/t)
数值	≥ 97	2.07	0.02	278	133	0.6

注:按裂解 C4 原料中丁二烯含量为 44%计。

萃取精馏工艺分离 1, 3-丁二烯能耗较高,故必须很好地利用各物流显热,以降低装置能耗。

(1)合理利用循环溶剂的显热。溶剂解吸塔循环溶剂 DMF 的温度高达 163 ℃且循环量大,可逐步换热,回收其中的热量,有效降低蒸汽的消耗。溶剂 DMF 循环路线如图 2-3 所示。

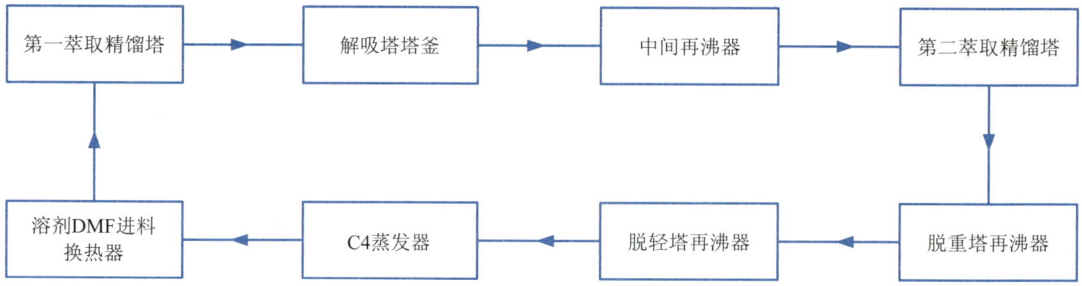

图 2-3 DMF 法循环溶剂路线

(2)DMF 法工艺中消耗了大量的蒸汽，故合理利用蒸汽凝液的显热也可显著降低脱轻、脱重精馏塔的蒸汽用量。

(3)改进优化工艺，如增加塔板数和降低回流量也是有效的节能措施。在满足产品质量和工艺指标的前提下，尽量降低回流量，可达到降低蒸汽和冷却水使用量的效果。

根据 DMF 萃取精馏分离 1,3-丁二烯工艺的特点，在生产过程中还需注意以下几点。

(1)要根据裂解 C4 馏分中丁二烯含量的变化及时调整溶剂比，保证一级萃取精馏塔塔顶的产品质量合格。若裂解 C4 馏分中丁二烯含量增加，必须相应增加溶剂比，反之亦然。

(2)保证溶剂进料温度稳定。溶剂 DMF 含量在全塔中占 70%~80%，DMF 温度的微小变化会对全塔 C4 馏分分布造成较大影响。

(3)选择适宜的萃取精馏塔回流比。回流比应尽量稳定在一个最佳值，不宜过大，否则会降低溶剂在塔板上的浓度，不利于分离，还会增加运行能耗。

(4)选择各塔适宜的操作压力和操作温度，有利于减少 1, 3-丁二烯的自聚，从而达到延长操作周期的目的。

(5)连续加入阻聚剂，是减少系统自聚的有效方法。目前市场上复配阻聚剂较多，主要通过将不同种类的阻聚剂成分按照一定比例混合，以达到更好的阻聚效果。复配阻聚剂不仅提高了阻聚效率，还降低了单一阻聚剂可能带来的副作用，具有阻聚效率高、溶解性好、毒性低和储运方便等优点。

2.4.3 乙腈(ACN)分离丁二烯工艺

乙腈法又称 ACN 法，乙腈法萃取精馏分离丁二烯工艺是以含水量为 5%~10%的乙腈为溶剂，以萃取精馏的方法分离 1, 3-丁二烯，其工艺流程与 DMF 法基本相同。该法由美国壳牌(Shell)公司研究开发，于 1965 年工业化。最具代表性的是日本 JRS 公司的 ACN 工艺，主要由萃取精馏、溶剂回收、产品精制三部分组成。该工艺具有低沸点和低操作温度的优点，能够减少大量能耗；采用连续化生产，能够实现自动化控制，提高生产效率，降低生产成本。其特点为低毒性、易回收和高效，但生产过程中容易形成共沸物，且溶剂精制环节通常较为复杂，增加了操作费用开支。

该工艺在多年的发展中通过采用热耦合技术、设置冷凝器和原料预热器等几次重大改造降低了能耗，提高了能量利用效率。通过热耦合技术，将热量转移到脱重塔中，降低塔底再沸器的热负荷，并实现提浓塔和脱轻塔的串联；在提浓塔与脱轻塔之间设置冷凝器，将提浓塔进料塔板附近上、下两段串联起来，降低了塔负荷，同时也不会改变塔的操作条件；在塔进料管线上设置原料预热器，提高了溶剂回收塔热能的利用效率，从而显著降低了生产能耗。

ACN 是一种优良的溶剂，还可应用于裂解 C5 馏分萃取精馏分离异戊二烯的工艺中。ACN 来自丙烯腈副产物，价廉易得，对人体毒性小，属于低毒化学品。ACN 化学稳定性好，在高温条件下仅有少量水解生成乙酸和氨，但对过程影响不大，腐蚀性小，故生产装置中的全部设备可采用碳钢材质。50 ℃时在乙腈存在下裂解 C4 馏分的相对挥发度如表 2-13 所示。

表 2-13　50 ℃时裂解 C4 在乙腈中的相对挥发度 α

物质	无水乙腈			含水 5%乙腈			含水 10%乙腈		
	100%	80%	70%	100%	80%	70%	100%	80%	70%
正丁烷	3.01	2.63	2.42	3.46	2.94	2.66	3.61	3.11	2.75
异丁烷	4.19	3.66	3.37	4.95	4.11	3.72	5.40	4.35	3.82
异丁烯	1.92	1.79	1.72	2.01	1.84	1.75	2.09	1.89	1.78
1-丁烯	1.92	1.79	1.72	2.01	1.84	1.75	2.09	1.89	1.78
反-2-丁烯	1.59	1.48	1.42	1.59	1.54	1.46	1.78	1.58	1.49
丙二烯	2.09	2.14	2.17	1.97	2.04	2.03	1.88	1.97	2.02
顺-2-丁烯	1.45	1.35	1.30	1.48	1.36	1.30	1.51	1.37	1.30
1,3-丁二烯	1.00	1.00	1.00	1.00	1.00	1.00	1.00	1.00	1.00
1,2-丁二烯	0.731	0.720	0.712	0.750	0.733	0.722	0.755	0.733	0.728
丙炔	1.00	1.09	1.16	0.947	1.06	1.13	0.897	1.05	1.12
1-丁炔	0.481	0.499	0.508	0.456	0.478	0.490	0.435	0.462	0.476
2-丁炔	0.296	0.303	0.303	0.278	0.288	0.293	0.267	0.279	0.287
乙烯基乙炔	0.389	0.413	0.430	0.364	0.400	0.411	0.344	0.379	0.403

注：溶剂中除乙腈外还含有烃类混合物。

ACN 法根据工艺流程不同，可以分为旧乙腈法、一级乙腈法和二级乙腈法。

（1）旧乙腈法的原理是通过加氢反应脱除裂解 C4 馏分中的 C4 炔烃，采用一级萃取精馏除去丁烷、丁烯，再经脱轻塔脱除轻组分丙炔，最后经脱重塔脱除重组分即得成品 1，3-丁二烯。此工艺较陈旧，技术经济指标落后，已被淘汰。

（2）一级乙腈法原则上是采用精馏工艺将裂解 C4 中的 C4 炔烃全部由脱重塔从 1，3-丁二烯中脱除，工艺不完善，要采用约为 10 的回流比，不经济，而且成品 1，3-丁二烯中的炔烃含量高达 2×10^{-4}，不能满足顺丁橡胶的聚合要求。

（3）二级乙腈法生产过程基本与 DMF 工艺相同，采用第二级萃取精馏脱除丁二烯中的炔烃，不同之处在于不使用压缩机。因乙腈沸点较低，又与 1，3-丁二烯共沸，必须增设用水萃取单元,脱除产品 1，3-丁二烯中的乙腈,并增加乙腈提浓系统。其工艺流程如图 2-4 所示。

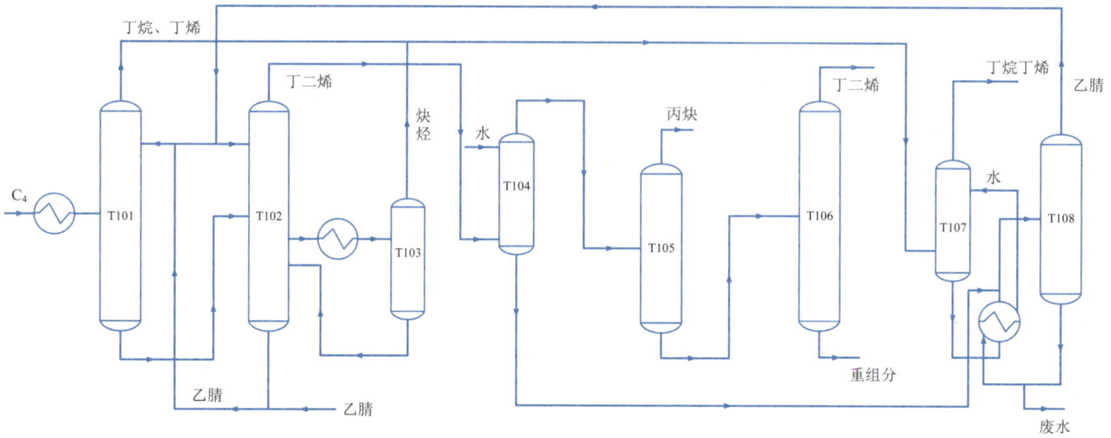

T101—第一萃取精馏塔;T102—第二萃取精馏塔;T103—溶剂解吸塔;T104—丁二烯水洗塔;T105—脱轻塔;T106—丁二烯产品塔;T107—抽余油水洗塔;T108—溶剂回收塔

图 2-4 二级乙腈工艺分离 1,3-丁二烯流程

先将乙腈和水的混合溶剂分别加入塔 T101、塔 T102 顶部,裂解 C4 经加热气化后加入塔 T101 中部;第一萃取精馏塔 T101 塔顶出的丁烷、丁烯抽余油馏分送至水洗塔 T107，C4 抽余油中的丁二烯含量可降低到 0.3%，T101 塔釜富含 1，3-丁二烯、炔烃的饱和乙腈溶液,依靠自身压力直接加入第二萃取精馏塔 T102 中部;省掉了原二级乙腈工艺中丁二烯与乙腈、炔烃与乙腈两台解吸塔,使第一、第二萃取精馏塔有机地连成一大系统。T102 变成一台非常复杂的精馏塔,其上部起到萃取精馏的作用,下部起到溶剂解吸的作用,塔顶得到的 1，3-丁二烯中总 C4 炔烃含量小于 0.003%；T102 下部炔烃浓度较高的部位增设一个侧线口,将绝大部分炔烃和重组分采出;侧线馏分中乙腈是过量的,为回收该股物流中的乙腈,增设了一台侧线塔 T103,用于分离炔烃与溶剂乙腈,使溶剂达到循环利用的要求；T103 塔釜乙腈返回 T102 下部，T103 塔顶的炔烃送至水洗塔 T107,回收其中的乙腈；T102 塔顶富含 1，3-丁二烯的物流进入水洗塔 T104,脱除物流中的乙腈,使乙腈回收,最后经过两级普通精馏脱轻塔 T105 和脱重塔 T106,分别除去 1，3-丁二烯中的轻组分丙炔和重组分顺-2-丁烯等。最后水洗塔得到的乙腈、水的混合物进入溶剂回收塔 T108,塔顶得到乙腈和水的共沸物,返回至萃取精馏系统,塔釜得到达到排放指标的废水。

兰州石油化工公司自行设计研发的 ACN 法经过多次改造后,日益完善。兰州石油化工公司和燕山石油化工公司还分别自主开发出热耦合和复杂塔技术,缩短了工艺流程,减少了相变,两者均能够大幅度降低能耗。吉林石化公司的丁二烯技术虽然是引进日本合成橡胶公司(JSR)的技术,但乙腈经过两段萃取精馏在脱重精制后生产出的聚合级丁二烯能耗较高。为此,吉林石化公司通过对引进技术的消化与吸收,开发了优化的 ACN 萃取精馏分离 1，3-丁二烯工艺技术,该技术是在国内乙腈法工艺基础上开发的集成独特流程的节能新技术,运行能耗、经济技术指标较好。其流程如图 2-5 所示。

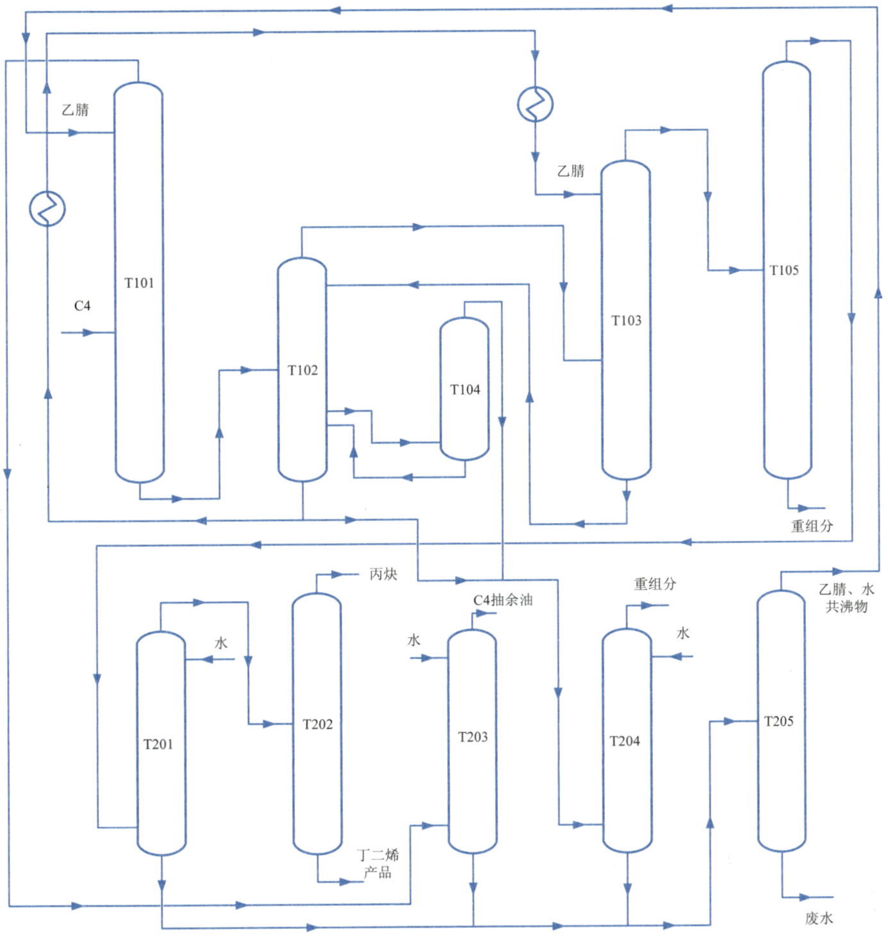

T101—第一萃取精馏塔;T102—溶剂解吸塔;T104—侧线塔;T103—第二萃取精馏塔;T105—脱重塔;T201—丁二烯水洗塔;T202—丁二烯产品塔;T203—抽余油水洗塔;T204—重组分水洗塔;T205—溶剂回收塔

图 2-5 优化的 ACN 萃取精馏分离 1,3-丁二烯工艺流程

萃取剂乙腈和水混合溶剂从第一萃取精馏塔 T101 中上部进入，T101 塔顶得到含有少量乙腈的 C4 抽余油丁烷、丁烯馏分;抽余油送往水洗塔 T203，T203 塔顶得到合格的 C4 抽余油，T203 塔釜的乙腈和水混合物流去往溶剂回收塔 T205 回收乙腈；T101 塔釜液脱除丁烷和丁烯后,富含 1,3-丁二烯和乙腈的混合液进入溶剂解吸塔 T102。

在溶剂解吸塔 T102 塔釜解吸干净的乙腈循环使用,作为 T101 和 T103 的乙腈进料;T102 塔侧线抽出的物流,进入侧线塔 T104 下部,T104 塔釜的物流返回 T102 塔,T104 塔顶得到脱除的乙烯基乙炔和 1,3-丁二烯混合物流,进入水洗塔 T204；T102 塔顶气相物流进入第二萃取精馏塔 T103 中下部,乙腈和水混合溶剂由中上部进入 T103,作为回流由 T103 塔釜打入 T102 顶部。

T103 塔顶富含 1,3-丁二烯的物流进入脱重塔 T105 中部,塔釜得到顺-2-丁烯和 1,2-丁二烯等重组分;塔顶物流进入丁二烯水洗塔 T201 以脱除 1，3-丁二烯中微量的乙腈，T201 塔顶物流进入丁二烯产品塔 T202,T201 塔釜的乙腈和水混合物流进入溶剂回收塔 T205 回收乙腈。

T202 塔釜得到合格的聚合级 1, 3-丁二烯产品，塔顶得到脱除的丙炔，直接排火炬烧掉；由于丁二烯、单烯烃和炔烃的性质较活泼、易聚合，长时间运行聚合物会在溶剂系统中累积，故需在循环乙腈中抽出一部分乙腈再生，进入重组分水洗塔 T204 以脱除溶剂中的重组分；T204 塔釜的乙腈和水混合液进入 T205 中回收乙腈；T205 塔顶得到乙腈和水的共沸物，返回第一萃取精馏塔乙腈进料处，塔釜得到达到排放指标的废水。

ACN 工艺适用于从裂解 C4 馏分中分离 1, 3-丁二烯，同样适用于丁烯氧化脱氢和丁烷脱氢制 1, 3-丁二烯工艺中 C4 馏分的分离，该工艺已产业化。ACN 萃取精馏分离裂解 C4 中 1, 3-丁二烯工艺的产品质量和消耗定额如表 2-14 和表 2-15 所示，其主要操作参数如表 2-16 所示。

表 2-14 ACN 工艺的产品质量

组分	1,3-丁二烯	总炔烃	丁二烯二聚物	羰基化合物	水	阻聚剂（TBC）	过氧化物
含量	≥ 0.995	$\leqslant 5\times10^{-5}$ （乙烯基乙炔$\leqslant 5\times10^{-6}$）	$\leqslant 1\times10^{-3}$	$\leqslant 1\times10^{-5}$	$\leqslant 2\times10^{-5}$	5×10^{-5}～ 1.5×10^{-4}	$\leqslant 1\times10^{-5}$

注：按裂解 C4 原料中丁二烯含量为 50%计。

表 2-15 ACN 工艺的消耗定额

指标	丁二烯回收率/%	低压蒸汽（1 MPa）/（t/t）	循环水（Δt=10 ℃）/（t/t）	电/（kW·h）	新鲜水/（t/t）	溶剂消耗量/（kg/t）
数值	≥ 98	2.1	167	73	0.25	0.6

注：按裂解 C4 原料中丁二烯含量为 50%计。

表 2-16 ACN 工艺主要操作参数

设备		第一萃取精馏塔 T101	溶剂解吸塔 T102	第二萃取精馏塔 T103	侧线塔 T104	脱重塔 T105	丁二烯水洗塔 T201	丁二烯产品塔 T202	抽余油水洗塔 T203	重组分水洗塔 T204	溶剂回收塔 T205
回流比		2.8	—	—	5.0	5.0	—	187	—	—	1.5
溶剂比		6.8	—	—	—	—	0.2	—	1.0	1.0	—
温度/℃	塔顶	48.3	57.7	45.2	86	40.1	35	49.8	35	35	90.2
	塔釜	108.0	138.9	57.8	107	58.5	35	55.1	35	35	116.4
压力/MPa	塔顶	0.43	0.47	0.43	0.16	0.36	0.66	0.55	0.78	0.40	0.06
	塔釜	0.49	0.53	0.46	0.19	0.45	0.85	—	0.95	0.50	0.09

ACN 抽提工艺的主要特点如下：工艺流程设计先进合理，热集成度高，工艺流程简单，全程无须采用压缩机，所需设备数量较少，厂区建设投资较低等。同时，所得的丁二烯产品质量符合要求，而且工艺具有较低的操作温度及较长的运转周期等优点。

2.4.4 N-甲基吡咯烷酮（NMP）分离丁二烯工艺

德国巴斯夫公司开发的 NMP 法抽提丁二烯工艺在 1968 年首次实现了工业化，使用的溶剂是含水量为 5%~10%的 NMP。该生产工艺主要由萃取精馏、脱气和精馏、溶剂再生三部分组成。NMP 法生产的丁二烯产品质量高,纯度达 99.7%。该工艺主要优点如下: NMP 极性较大,对丁二烯具有较好的选择性,因此抽提出的丁二烯纯度相对较高; NMP 法丁二烯抽提工艺所需的设备较为简单,只需要一个萃取塔和一个精馏塔即可完成整个生产流程; NMP 法丁二烯抽提的操作比较简单,不需要高温高压或者复杂的萃取剂再生步骤。

NMP 是一种优良的有机溶剂,除适用于 C4 馏分抽提丁二烯外,还可用于 C5 馏分抽提异戊二烯、碳八(C8)馏分抽提芳烃以及回收乙炔等工艺。NMP 对设备无腐蚀,对人身无害。NMP 法从 C4 馏分中萃取精馏分离 1, 3-丁二烯的基本流程与 DMF 法相同。不同之处在于,溶剂中含有 5%~10%的水,使其沸点降低,选择性较好,有利于抑制二烯烃、炔烃自聚。该工艺生产 1,3-丁二烯产品质量高,丁二烯回收率可达 97%。NMP 法抽提丁二烯工艺流程如图 2-6 所示。

原料裂解 C4 馏分经 T101 脱 C5 重组分后,在 T102 中加热气化,进入吸收塔 T103 底部,由塔顶加入含水的 NMP 混合溶剂,抽余油丁烷、丁烯由塔顶采出,直接作为产品送出界区; T103 塔釜的丁烯、1,3-丁二烯、总 C4 炔烃、水和 NMP 溶剂进入丁烯解吸塔 T104 顶部, T104 解吸后的气相返回 T103 塔釜,T104 中部侧线气相采出 1,3-丁二烯、炔烃馏分,进入萃取精馏塔 T105 底部; T105 上部加入溶剂,1,3-丁二烯由塔顶采出,进入 T108。T105 底部为炔烃、丁二烯和溶剂,返回 T104,T104 塔釜物流进入 T106,T106 塔顶得到 1,3-丁二烯,经压缩机压缩后返回塔 T104;脱气塔 T106 中部侧线采出的炔烃、1, 2-丁二烯经水洗塔 T107 回收溶剂后,送至火炬系统烧掉; T108 塔釜采出 C5 等重组分,下部侧线采出成品 1, 3-丁二烯,塔顶得到丙炔;为净化循环溶剂,还需设溶剂精制系统。

日本合成橡胶公司深入研究了该工艺,并进行了优化,通过改变溶剂进入吸收塔 T103 的位置,获得了较好的节能效果。溶剂加入位置由原来的第 94 块塔板(自上而下)改为第 52 块塔板, T103 总塔板数为 100 块。工艺优化后,溶剂用量比原来减少 38%,再沸器所需热量减少 26.6%。由于溶剂用量减少,脱气塔 T106 的塔顶气体进入压缩机的量也随之减少,最终可使用较小功率的压缩机,获得节能的效果。

因丙炔和丁二烯在极性溶剂中的相对挥发度几乎相等,所以不能采用萃取精馏工艺脱除,因丙炔与丁二烯的相对挥发度为 2,反而可以通过普通精馏的方法脱除。此外,在第一萃取精馏过程中,虽然顺-2-丁烯比 1,3-丁二烯"轻",但不必完全脱除,在最后采用普通精馏的方法脱除更为经济。

NMP 法的工艺特点是:溶剂化学稳定性好,对裂解 C4 馏分具有很好的溶解能力,选择性好、抗水解性好。可向溶剂 NMP 中加 5%~10%水,使其沸点由常压下的 202 ℃降低至 125.5~143.5 ℃。另外一个特点是该溶剂对碳钢设备无腐蚀,对炔烃选择性好,1,3-丁二烯产品质量好,吸收塔的溶剂比为 10~18。设备材质均为碳钢,除一台螺杆压缩机外,其余为常规塔器、容器、换热器和泵等。

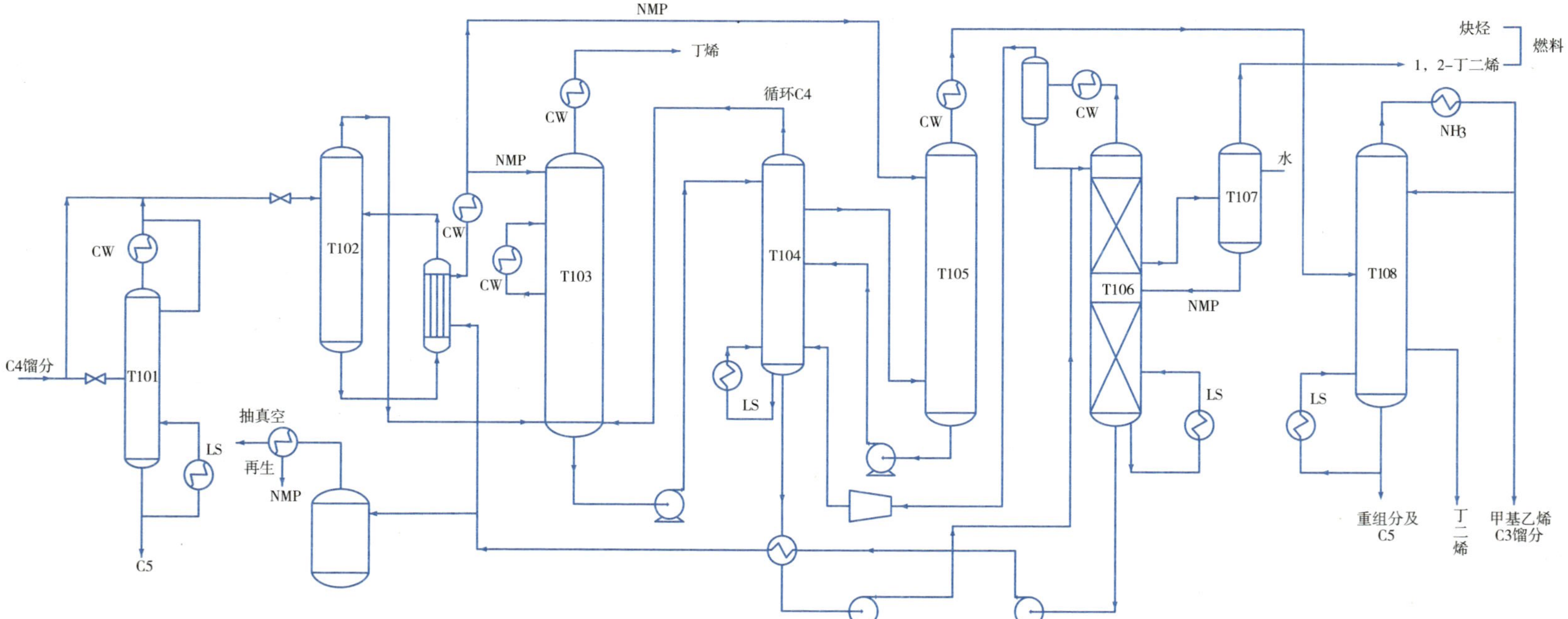

T101—脱 C5 塔；T102—汽化塔；T103—吸收塔；T104—丁烯解吸塔；T105—萃取精馏塔；T106—脱气塔；T107—水洗塔；T108—丁二烯产品塔

图 2-6　NMP 法抽提丁二烯工艺流程

2.4.5 丁二烯分离工艺对比

工业生产中利用乙烯装置联产裂解 C4 为原料生产 1，3-丁二烯工艺广泛使用的萃取精馏溶剂主要有三种，即乙腈（ACN）、二甲基甲酰胺（DMF）和 N-甲基吡咯烷酮（NMP），C4 馏分在各溶剂中的相对挥发度如表 2-17 所示。

表 2-17　50 ℃时 C4 馏分在不同溶剂中的相对挥发度

物质	溶剂浓度为 70%（含水 30%）			溶剂浓度为 100%（无水）		
	ACN	DMF	NMP	ACN	DMF	NMP
正丁烷	2.63	2.44	2.29	3.01	3.43	3.68
1-丁烯	1.78	1.82	1.80	1.92	2.17	2.38
反-2-丁烯	1.49	1.48	1.42	1.59	1.76	1.90
顺-2-丁烯	1.30	1.30	1.30	1.45	1.56	1.63
丙炔	1.12	0.97	1.13	1.00	0.70	0.806
1,3-丁二烯	1.00	1.00	1.00	1.00	1.00	1.00
1,2-丁二烯	0.728	0.700	0.712	0.731	0.720	0.737
1-丁炔	0.468	0.475	0.489	0.481	0.424	0.418
乙烯基乙炔	0.403	0.335	0.325	0.389	0.229	0.208

注：以 1,3-丁二烯为基准。

溶剂的选择性方面，当 C4 组分中不饱和烃含量“无限稀释”时，它们在 ACN 中的平均相对挥发度 α 与在 NMP 和 DMF 中相比明显偏低。但随着溶液中烃类化合物浓度的增加，ACN 中的 C4 组分的相对挥发度 α 的降幅比 NMP 和 DMF 小得多，如表 2-15 所示。因此在萃取精馏塔代表性操作浓度范围内，即 C4 馏分为 30%，溶剂恒定浓度为 70%时，顺-2-丁烯对 ACN、DMF、NMP 三者的选择性实际上是相同的，均为 1.30，反-2-丁烯在三种溶液中的相对挥发度 α 的顺序为 ACN > DMF > NMP。

在萃取精馏中塔板效率近似反比于流体黏度，三种溶剂 DMF、NMP、ACN 的黏度分别为 0.80 mPa · s、1.65 mPa · s、0.35 mPa · s（25℃），因此三种溶剂抽提工艺的塔板效率顺序为 ACN > DMF > NMP，塔板效率高，实际所需塔板数大幅减少，从而降低设备投资。

溶剂沸点直接影响萃取精馏塔和溶剂解吸塔的操作温度，常压下 DMF 和 NMP 的沸点分别为 152.7 ℃和 202.4 ℃，因此必须在常压下进行解吸。为保证解吸的 C4 组分在 40 ℃下用循环水进行冷凝，必须使用压缩机对其加压。另外，为了降低第一萃取精馏塔釜温，减少聚合物的生成，采取部分 1,3-丁二烯回流到第一萃取精馏塔塔釜的措施；同时流程中需设有除去溶剂中累积杂质的工序，导致了工艺流程的复杂化。但高沸点溶剂在操作进程中损失少，这也是 DMF、NMP 法的优势之一。

ACN 沸点较低（81.6 ℃），并能与水互溶，适合在加压条件下操作，可以使用循环水使

C4 馏分冷凝,使萃取精馏和溶剂解吸过程得以在较低的温度下进行,减轻了丁二烯、炔烃的聚合压力。解吸也可以在加压下进行,不需要压缩机,因此工艺流程大为简化,也减少了固定投资。但是 ACN 在操作过程中的损失比 DMF、NMP 多。根据资料介绍,这三种生产方法的现代工艺流程和技术经济指标相差不大。

综上, DMF、NMP 和 ACN 三种萃取精馏(抽提)工艺各有优劣,不过相比之下 ACN 抽提工艺在装置能耗、流程集成、安全环保和厂区投资等方面具备更大的优势,因此近几年 ACN 抽提工艺备受工业界的认可。

1, 3-丁二烯的分离方法除以上三种工艺外,还有其他方法,如二甲基亚砜(DMSO)、β-甲基丙烯腈法、化学吸收分离丁二烯(CAA)法,但从全球范围来看应用尚不够广泛。

第 3 章

聚合级异戊二烯萃取精馏分离工艺

3.1 概述

近年来，我国不断投产建设大型炼化一体化项目，进一步带动了国内乙烯产业的快速发展。乙烯裂解产能的不断释放，将为国内裂解碳五（C5）、碳九（C9）资源综合利用产业发展创造有利的资源条件。伴随国内产业结构调整、技术水平提升以及消费转型升级的发展趋势，我国 C5、C9 综合利用产业技术不断取得突破，由单纯的分离业务延伸到 C5 树脂、加氢树脂等相对具有高附加值的高分子合成材料领域。可见我国 C5、C9 分离及综合利用行业具有良好的发展前景。截至 2023 年，我国 C5、C9 分离及综合利用行业市场规模约为 279.54 亿元。

2023 年，我国裂解 C5 产量约为 260.3 万 t，C5 分离产品异戊二烯产量为 24.2 万 t，间戊二烯产量为 23.1 万 t，双环戊二烯为 23.1 万 t，C5 石油树脂为 47.1 万 t，异戊二烯橡胶为 5.2 万 t。2019—2023 年我国异戊二烯产量如图 3-1 所示。

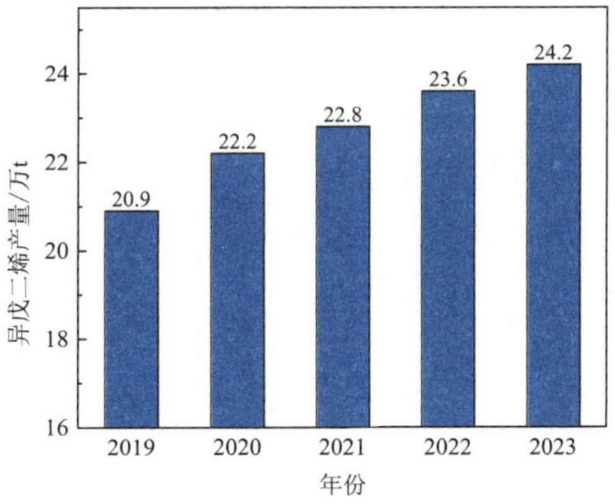

图 3-1　2019—2023 年我国异戊二烯产量

目前，全球异戊二烯产量稳步增长。根据市场研究公司的报告，2024 年全球异戊二烯产量超过 150 万 t，亚洲地区是最主要的生产地，我国是全球异戊二烯产量最高的国家。我国拥有先进的生产技术和庞大的市场需求，因此极具竞争优势。

3.2 异戊二烯的性质与用途

3.2.1 异戊二烯的物理性质

2-甲基-1，3-丁二烯，又名异戊二烯，化学式为 C_5H_8，其是一种重要的有机化合物，为无色易挥发液体，不溶于水，溶于乙醇、乙醚等多数烃类化合物，主要用于生产聚异戊二烯橡胶，也是丁基橡胶的第二单体，还用于制造农药、医药、香料及黏结剂等。

异戊二烯的物理性质如表 3-1 所示，其可与许多有机物形成二元及三元共沸物，这些共沸物的组成及沸点如表 3-2 和表 3-3 所示。

表 3-1 异戊二烯的物理性质

<table>
<tr><th>物理性质</th><th>数据</th><th colspan="2">物理性质</th><th>数据</th></tr>
<tr><td>相对分子质量</td><td>68.114</td><td colspan="2">燃烧热(25 ℃)/(kJ/mol)</td><td>-3 159.67</td></tr>
<tr><td>外观</td><td>无色液体(常温)</td><td colspan="2">汽化热(25 ℃)/(kJ/mol)</td><td>26.78</td></tr>
<tr><td>气味</td><td>有刺激性</td><td colspan="2">临界压力/MPa</td><td>3.847</td></tr>
<tr><td>沸点(常压)/℃</td><td>34.059</td><td colspan="2">临界温度/℃</td><td>211</td></tr>
<tr><td>熔点(常压)/℃</td><td>-145.95</td><td colspan="2">临界体积/(cm³/mol)</td><td>276</td></tr>
<tr><td>自燃点/℃</td><td>220</td><td colspan="2">折射率 n_0^{20}</td><td>1.422 0</td></tr>
<tr><td>闪点/℃</td><td>-48</td><td rowspan="2">爆炸极限</td><td>上限</td><td>7%~9.7%</td></tr>
<tr><td>密度(20 ℃)/(g/cm³)</td><td>0.680 95</td><td>下限</td><td>1%~1.5%</td></tr>
<tr><td>黏度(20 ℃)/(mPa·s)</td><td>0.216</td><td colspan="2">溶解性</td><td>几乎不溶于水，溶于大部分烃类，易溶于醇、醚</td></tr>
</table>

表 3-2 异戊二烯部分二元共沸物

序号	共沸组分	共沸点/℃	异戊二烯含量/%	序号	共沸组分	共沸点/℃	异戊二烯含量/%
1	甲醇	30.45	95.9	8	水	30.15	95.9
2	正戊烷	33.60	72.5	9	甲酸乙酯	32.5	76
3	二硫化碳	< 34.15	< 93	10	亚硝基异丙酯	33.5	72
4	甲酸甲酯	22.5	50	11	二甲硫	32.5	65
5	溴乙烷	32.0	> 65	12	甲缩醛	32.8	70
6	乙醇	32.65	97	13	乙醚	33.2	52
7	丙酮	30.5	80	14	乙腈	33.5~33.6	97.5

表 3-3 异戊二烯部分三元共沸物

共沸物组成						共沸点/℃
组分 A	组分 A 含量	组分 B	组分 B 含量	组分 C	组分 C 含量	
异戊二烯	94.0%	甲醇	5.4%	H_2O	0.6%	30.2
异戊二烯	92.0%	丙酮	7.6%	H_2O	0.4%	32.5
异戊二烯	96.6%	乙腈	2.32%	H_2O	1.08%	32.4

3.2.2 异戊二烯的化学性质

异戊二烯因含有共轭双键，化学性质活泼，易发生均聚和共聚反应，能与许多物质发生反应生成新的化合物，其中重要的化学反应如下。

（1）加成反应。异戊二烯可与氢、H_2O、烃类、卤素及含卤、含氮和含硫等的化合物发生加成反应，其中有应用价值的较重要的反应为异戊二烯与 HCl 加成合成氯化异戊烯，进一步和丙酮反应生成甲基庚烯酮，该化合物为合成维生素 A 和维生素 E 以及合成香料和医药的重要中间体。

（2）双烯加成反应。在光和热的作用下，异戊二烯与含双键的化合物进行双烯加成反应生成环状化合物。

（3）聚合反应。异戊二烯最重要的化学性质是能在 1 位、4 位或 1 位、2 位进行聚合，随反应条件及引发剂体系不同，产品聚异戊二烯橡胶的结构也不同，其中以顺式 1,4-聚异戊二烯为主要产品。

（4）共聚反应。异戊二烯可与其他不饱和烃发生共聚反应，如与异丁烯共聚生成丁基橡胶，与苯乙烯嵌段共聚生成苯乙烯-异戊二烯-苯乙烯（SIS）热塑性弹性体。

3.2.3 异戊二烯的用途

异戊二烯用途广泛，可以通过各种反应生产多种聚合物和精细化工产品。异戊二烯主要用于生产异戊橡胶、丁基橡胶和丁二烯共聚、二聚、三聚及其他相关精细化工产品。

1. 异戊橡胶

异戊橡胶由异戊二烯聚合制得，主要有钕系异戊橡胶 Nd-IR、钛系异戊橡胶 Ti-IR、锂系异戊橡胶 Li-IR、反式异戊橡胶 *trans*-IR、高顺式 1，4-聚异戊二烯橡胶。高顺式 1，4-聚异戊二烯橡胶是一种通用型合成橡胶，其微观结构和力学性能与天然橡胶（NR）相近，故有合成天然橡胶之称，在很多应用中可以替代 NR 或并用，具有拉伸结晶倾向、生胶强度高等特点。异戊橡胶可替代天然橡胶，用于卡车轮胎或乘用车轮胎胎面的带束层，有突出的稳定性和工艺性能，还用于卫生制品如手套等，洁净性好。世界上顺式 1,4-聚异戊二烯橡胶的生产技术有俄罗斯的雅罗斯拉夫工艺、美国的固特里奇工艺、意大利的斯纳姆工艺及荷兰的壳牌工艺。

2. 丁基橡胶

丁基橡胶是异丁烯与异戊二烯（3%~5%）的共聚体，是具有良好的耐老化性、电性能以及气密性的合成橡胶，用作轮胎、电缆的包覆材料。美国埃克森公司是世界上最大的丁基橡胶生产商，生产能力为 22.2 万 t/a，需异戊二烯 6 700 t/a。

3. SIS

SIS 主要用于黏合剂生产。随着技术的不断发展，SIS 现已成为生产热熔压敏胶很重要的基础原料，用 SIS 生产的热熔压敏胶广泛用于包装、书籍无线装订、绝缘、标志等领域。Shell 公司是世界上重要的 SIS 跨国生产商，SIS、SBS 等系列产品的生产能力达 15.9 万 t/a。SIS 的工业合成方法包括双官能引发剂工艺、三步逐段加料工艺和偶联工艺。这三种方法均能合成分子质量分布窄的 SIS 产物。双官能引发剂工艺因双官能引发剂活性末端易产生缔合，会引起聚合物凝胶化，成为国外研究的热点之一。美国道化学公司目前开发的双官能引发剂专利技术在 SIS 合成工艺上有了新的突破，近年来已出现 SIS 加氢产物。SIS 加氢后，耐热性、抗氧化性明显提高。

4. 甲基庚烯酮及其衍生物

甲基庚烯酮是制备芳樟醇、柠檬醛的主要原料，以甲基庚烯酮为起始原料可合成维生素 A、E、K 及 β-胡萝卜素、角鲨烷和抗溃疡药等。甲基庚烯酮合成工艺最早由隆波利集团的罗地亚公司实现工业化，后经可乐丽公司进行改进，氯化时采用返混反应器，及时移走反应热，保持低温，并导入 HCl 气体氧化异戊烯氯异构化，使异戊烯氯收率稳定在 90%。异戊烯氯与丙酮的羟醛缩合采用活塞流型反应器连续操作。芳樟醇在乙酰化剂（如醋酐）作用下，可得 80%收率的乙酸芳樟酯，其是具柠檬香味的重要香料。

5. 二氯菊酸乙酯

继有机氯、有机磷以后的第三代杀虫剂具有低毒、低残毒的特性，具有代表性的是含卤素菊酯，如氯苄菊酯、氯氰菊酯、溴氰菊酯，其重要中间体二氯菊酸乙酯在生产上都由异戊二烯缩合得到。

6. 二氯苯醚菊酯

二氯苯醚菊酯是二氯菊酸乙酯经皂化-缩合反应而得的高效低毒杀虫剂，用于防治棉花、水稻、蔬菜、果树、茶树等多种作物的害虫，也用于防治卫生害虫及牲畜害虫。其杀虫作用强，很低的浓度即可使害虫中毒死亡。

3.3 原料及产品情况

3.3.1 异戊二烯的来源情况

C5 馏分是石油烃类裂解生产乙烯的副产品，是一种具有潜在加工价值的化工原料。乙烯裂解原料类型和裂解深度不同，C5 馏分组分也不同。工业用裂解 C5 一般为乙烯产量的 10%~20%。工业用裂解 C5 组分较为复杂，其中异戊二烯、环戊二烯及间戊二烯含量较多，三者合计含量占 C5 馏分的 44%~54%。不同乙烯装置所得裂解 C5 的组成也不尽相同，部分乙烯装置得到的裂解 C5 组成如表 3-4 所示。

表 3-4 不同乙烯装置得到的裂解 C5 组成

<table>
<tr><th rowspan="2">序号</th><th rowspan="2">组分</th><th rowspan="2">齐鲁</th><th rowspan="2">扬子</th><th colspan="2">上海</th><th rowspan="2">燕山</th><th rowspan="2">吉林</th></tr>
<tr><th>小乙烯</th><th>大乙烯</th></tr>
<tr><td>1</td><td>C4</td><td>4.68%</td><td>6.50%</td><td>5.61%</td><td>2.75%</td><td>2.10%</td><td>1.07%</td></tr>
<tr><td>2</td><td>异戊烷</td><td rowspan="2">6.91%①</td><td rowspan="2">2.62%①</td><td rowspan="2">1.91%①</td><td>2.81%</td><td>2.10%</td><td>7.89%</td></tr>
<tr><td>3</td><td>3-甲基-1-丁烯</td><td>1.43%</td><td>1.24%</td><td>0.51%</td></tr>
<tr><td>4</td><td>正戊烷</td><td>3.73%</td><td>5.44%</td><td>4.14%</td><td>4.70%</td><td>1.43%</td><td>12.45%</td></tr>
<tr><td>5</td><td>1-戊烯</td><td>5.08%</td><td>5.60%</td><td>11.73%</td><td>7.05%</td><td>7.14%</td><td>3.10%</td></tr>
<tr><td>6</td><td>2-甲基-1-丁烯</td><td>5.81%</td><td>9.19%</td><td>5.32%</td><td>4.74%</td><td>6.67%</td><td>3.83%</td></tr>
<tr><td>7</td><td>反 2-戊烯</td><td rowspan="2">8.92%②</td><td>6.01%</td><td>4.99%</td><td>4.20%</td><td>5.71%</td><td>2.17%</td></tr>
<tr><td>8</td><td>顺 2-戊烯</td><td>2.67%</td><td>3.91%</td><td>2.62%</td><td>2.67%</td><td>1.29%</td></tr>
<tr><td>9</td><td>1,4-戊二烯</td><td>—</td><td>—</td><td>2.59%</td><td>2.30%</td><td>1.43%</td><td>2.49%</td></tr>
<tr><td>10</td><td>2-甲基-2-丁烯</td><td>2.68%</td><td>—</td><td>3.01%</td><td>2.80%</td><td>2.86%</td><td>2.79%</td></tr>
<tr><td>11</td><td>环戊烷</td><td>—</td><td>—</td><td>0.42%</td><td>0.68%</td><td>0.76%</td><td>1.15%</td></tr>
<tr><td>12</td><td>异戊二烯</td><td>23.50%</td><td>22.60%</td><td>15.10%</td><td>17.13%</td><td>20.48%</td><td>22.21%</td></tr>
<tr><td>13</td><td>环戊烯</td><td>3.79%</td><td>—</td><td>4.70%</td><td>4.78%</td><td>3.81%</td><td>2.77%</td></tr>
<tr><td>14</td><td>2-丁炔</td><td>—</td><td>—</td><td>—</td><td>—</td><td>0.32%</td><td>1.09%</td></tr>
<tr><td>15</td><td>间戊二烯</td><td>16.10%</td><td>14.71%</td><td>14.15%</td><td>16.96%</td><td>16.35%</td><td>12.27%</td></tr>
<tr><td>16</td><td>环戊二烯/双环戊二烯</td><td>16.16%</td><td>16.59%</td><td>13.87%</td><td>21.04%</td><td>18.70%</td><td>22.25%</td></tr>
<tr><td>17</td><td>1-戊炔</td><td>—</td><td>—</td><td>—</td><td>—</td><td>0.10%</td><td>0.02%</td></tr>
<tr><td>18</td><td>异丙基乙炔</td><td>—</td><td>—</td><td>—</td><td>—</td><td>0.30%</td><td>0.12%</td></tr>
<tr><td>19</td><td>2-戊炔</td><td>—</td><td>—</td><td>—</td><td>—</td><td>0.10%</td><td>0.01%</td></tr>
<tr><td>20</td><td>C6</td><td>2.64%</td><td>3.40%</td><td>—</td><td>0.37%</td><td>5.60%</td><td>—</td></tr>
<tr><td>21</td><td>其他</td><td>—</td><td>4.3%</td><td>—</td><td>—</td><td>—</td><td>—</td></tr>
<tr><td>22</td><td>二烯烃总含量</td><td>55.76%</td><td>53.9%</td><td>43.12%</td><td>55.13%</td><td>55.53%</td><td>56.73%</td></tr>
</table>

注:①异戊烷与 3-甲基-1-丁烯两者合计。
②反 2-戊烯与顺 2-戊烯两者合计。

3.3.2 聚合级异戊二烯产品规格情况

目前市场中的异戊二烯产品一般符合石化标准《工业用异戊二烯》(SH/T 1781—2016)的要求,具体指标如表 3-5 所示。

表 3-5 聚合级异戊二烯质量要求

项目	聚合级技术指标		化学级	试验方法
	一级品	合格品		
外观	清澈透明液体，无机械杂质			目测
色度（Pt-Co 色号）	≤ 30	≤ 30	≤ 100	GB/T 3143
异戊二烯含量（质量分数，下同）	≥ 99.5%	≥ 99.2%	≥ 98.5%	SH/T 1782
异戊二烯二聚物含量	≤ 0.15%	≤ 0.20%	—	
烷烃及单烯烃含量	≤ 0.50%	≤ 0.80%	—	
环戊二烯含量/（mg/kg）	≤ 3	≤ 5	—	SH/T 1783
总炔烃含量/（mg/kg）	≤ 30	≤ 50	—	
间戊二烯含量/（mg/kg）	≤ 50.0	≤ 80.0	—	
二甲基甲酰胺含量/（mg/kg）	≤ 5.0	≤ 10.0	—	SH/T 1784
乙腈含量/（mg/kg）	≤ 5.0	≤ 10.0	—	
硫含量/（mg/kg）	≤ 5.0	≤ 10.0	—	GB/T 6324.4
羰基化合物（以甲醛计）含量/（mg/kg）	≤ 5.0	≤ 10.0	—	SH/T 1788
水分含量/（mg/kg）	≤ 200	≤ 200	≤ 300	GB/T 6283
阻聚剂含量/（mg/kg）	40~200		—	GB/T 6020

3.4 萃取精馏分离聚合级异戊二烯工艺

异戊二烯可由合成和分离得到。由于异戊二烯合成工艺能耗高，工艺陈旧，这里不再赘述，本章主要讲述通过分离获得异戊二烯的工艺。分离工艺主要是把裂解 C5 馏分中的异戊二烯利用萃取精馏、共沸精馏工艺分离出来，裂解 C5 馏分是石脑油及其他重质裂解原料蒸汽裂解制乙烯过程中产生的副产物，其中异戊二烯的含量为 15%~25%。分离工艺中二甲基甲酰胺法（DMF 法）、乙腈法（ACN 法）、N-甲基吡咯烷酮法（NMP 法）和共沸精馏法已实现工业化。随着科学技术的发展，研究者们进行了化学吸附法和膜分离等方法生产异戊二烯的探讨。

韩国研究者采用化学吸收法对异戊二烯进行分离。该法利用 Ag^{+}或 Cu^{+}与二烯烃进行可逆反应，生成 Ag（或 Cu）-π 双烯电子络合物，两者的相互作用如图 3-2 所示，由于该络合物与有机物不互溶，从而可将二烯烃与烷烃分离。络合反应是可逆反应，通过改变温度或压力可将络合物中的二烯烃回收，也使吸附剂循环使用。

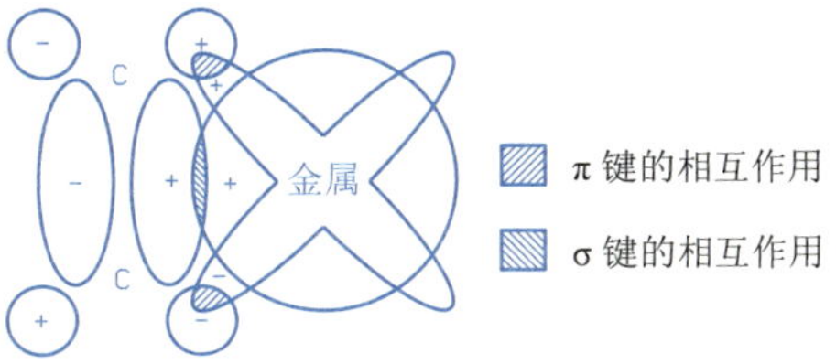

图 3-2 金属与烯烃间的相互作用

化学吸附法具有能耗低、选择性好、投资小和对环境友好等优点，发展潜力巨大，已引起研究者的兴趣。但目前该工艺未见工业化装置报道。

也有研究利用螯合 Ag^+和 Cu^+几丁聚糖薄膜分离烯烃和烷烃，膜的厚度为 0.2~20 μm，生产过程的操作温度为 20~60 ℃，操作压力为 0.1~10.7 MPa，得到的烯烃浓度可达到 99%以上。此工艺需严格控制物流中硫化物的含量，最好控制在 0.001%以下。

上述工艺中 O 和 N 等杂原子的存在，会将膜中的 Ag^+和 Cu^+还原成 Ag 和 Cu 纳米颗粒，从而使膜失效。针对此问题，有学者制备了一种含 Ag^+的苯乙烯-异戊二烯-苯乙烯膜用于烯烃和烷烃分离，这种膜易于烯烃通过，膜中 Ag 的含量为 0.2%（摩尔分数），如果再增加 Ag 的含量，则会引起 Ag^+聚集，影响膜的分离效果。

膜分离烯烃和烷烃流程具有投资少、易操作、操作温度低、环保和烯烃收率高等优点，缺点是需严格控制物流中硫的含量。膜分离可与共沸精馏法联合，从而分离出共沸精馏中形成的异戊二烯-正戊烷共沸物中的异戊二烯，可使流程大大简化，降低设备投资，同时也提供了一种分离异戊二烯的途径。

除上述分离工艺外，文献报道的溶剂萃取精馏法还有 N-甲酰吗啉法、二甲基亚砜法、苯胺法和糠醛法等。另外还有研究者开发了混合溶剂法，以按一定比例混合的 ACN、NMP、DMF、丙酮和水等作为萃取剂，但是由于这些溶剂的综合性能未超过上述四种溶剂法，至今还没有得到大规模推广应用。还有文献报道利用包含活性炭和分子筛碳的吸附剂分离异戊二烯、单烯烃和烷烃，此工艺可在 65 ℃的条件下进行，操作压力为使所有物料都呈液态的最小压力，这种分离方法选择性好，但至今没有得到产业化。

异戊二烯是裂解 C5 馏分中最重要的组成，目前工业上实际应用的分离方法仍是溶剂萃取工艺。萃取精馏的基本原理是溶剂对不同组分的溶解度不同，加入选择性溶剂改变裂解 C5 组分间的相对挥发度，进而达到分离异戊二烯的目的。不同溶剂存在下 C5 烃类的相对挥发度如表 3-6 所示。

表 3-6 不同溶剂存在下 C5 烃类的相对挥发度

组成	沸点/℃	无溶剂	二甲基甲酰胺	乙腈	N-甲基吡咯烷酮
异戊烷	27.85	1.200	3.113	2.92	3.00
3-甲基-1-丁烯	20.06	1.533	2.680	2.58	2.65
正戊烷	36.07	0.935	2.494	2.37	2.40
2-甲基-1-丁烯	31.16	1.100	1.746	1.71	1.75

续表

组成	沸点/℃	无溶剂	二甲基甲酰胺	乙腈	N-甲基吡咯烷酮
1-戊烯	29.97	1.135	1.936	1.89	1.86
反-2-戊烯	36.35	0.930	1.605	1.56	1.56
顺-2-戊烯	36.94	0.913	1.565	1.49	1.53
1,4-戊二烯	25.97	1.293	1.465	—	—
2-甲基-2-丁烯	18.57	0.867	1.396	1.38	1.40
环戊烷	49.26	0.619	1.166	—	—
异戊二烯	34.07	1.000	1.000	1.00	1.00
3-甲基-1,2-丁二烯	40.00	0.833	0.952	—	—
2-丁炔	26.99	1.290	0.92	0.96	0.997
3-甲基-1-丁炔	26.35	1.310	0.860	1.04	0.95
环戊二烯	42.50	0.811	0.623	0.62	0.62
1-戊炔	40.18	0.839	0.523	0.58	0.54
3-甲基-3-炔-1-丁烯	32.50	1.050	0.474	0.62	0.48
2-戊炔	56.07	0.481	0.439	0.42	0.67

注:① 无溶剂数据是 40 ℃下纯物质的饱和蒸气压与同一温度下异戊二烯饱和蒸气压的比值。
② 溶剂存在时的数据是 50 ℃、75%溶剂组成下测定的数据。

不管选用何种溶剂,分离过程均包括五步:炔烃的分离、环戊二烯的分离、萃取精馏、异戊二烯的精制和溶剂回收。工业上选用的溶剂有乙腈(ACN)、二甲基甲酰胺(DMF)和N-甲基吡咯烷酮(NMP),它们的物理性质如表3-7所示。

表 3-7 不同溶剂的物理性质

溶剂	DMF	ACN	NMP
相对分子质量	73.1	41.0	99.1
沸点/℃	152.7	81.6	202.4
熔点/℃	-61	-46	-24
密度(20 ℃)/(g/cm^3)	0.948 9	0.788 0	1.027 0
黏度(25 ℃)/(mPa·s)	0.80	0.35	1.65
折射率	1.470 3	1.344 0	1.430 3
比热容/[kJ/(kg·K)]	194.70	98.81	149.90

3.4.1 环戊二烯分离工艺

由于裂解C5馏分组分众多,各组分间沸点接近,组分间还可形成大量共沸物,采用普通精馏方法分离较困难,工业上一般采用先加热二聚的工艺,将环戊二烯(CPD)转化为双环戊二烯(DCPD),CPD 的沸点为 42.5 ℃,与异戊二烯的沸点 34.07 ℃接近,二者难分离,而 DCPD 的沸点为 166.6 ℃,采用普通精馏方法即可将异戊二烯和 DCPD 分离,然后通过溶剂萃取精馏分离得到聚合级的异戊二烯产品和间戊二烯。

在环戊二烯分离领域,热二聚工艺至今仍是应用最为广泛的裂解 C5 馏分工业分离工艺,该法利用 CPD 加热较其他 C5 烃类易二聚的特点,将 CPD 加热二聚为 DCPD,再利用 DCPD 的沸点(166.6 ℃)明显高于其他 C5 烃类的沸点(30~45 ℃),通过精馏从 C5 馏分中单独将环戊二烯脱除,或与其他二烯烃同时分出。

由裂解 C5 馏分单独分离 DCPD 的工艺流程如图 3-3 所示。裂解 C5 馏分首先进入二聚反应器,在 100~130 ℃的条件下,加热 1~3 h,在该过程中也会发生 CPD 与异戊二烯、CPD 与间戊二烯和异戊二烯与间戊二烯等二烯烃、单烯烃的二聚反应;二聚反应物料送入常压蒸馏塔,内置 30~40 块塔板,塔釜温度< 130 ℃,塔顶分出未反应的 C5 馏分,塔釜的二聚反应物进入真空塔,经减压精馏,在釜温< 100℃、8.0~10.7 kPa(绝压)条件下,塔釜可得粗 DCPD 产品,其为黄色液体,纯度可达 90%~95%。

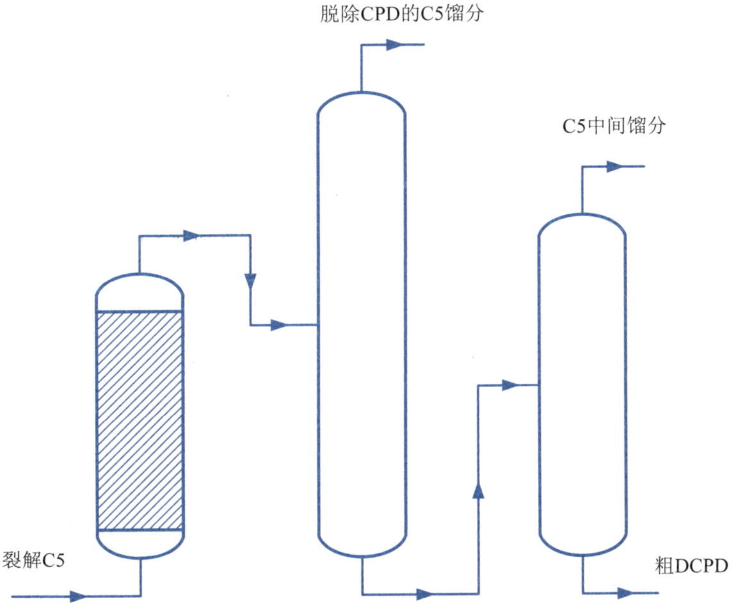

图 3-3 CPD 分离流程

若要继续提高 DCPD 的纯度,工业上可采用 DCPD 加热解聚的方法制取高纯环戊二烯,反应温度为 200~450 ℃,可加稀释剂,也可不加稀释剂。管式反应器粗 DCPD 解聚工艺、热二聚、提纯流程如图 3-4 所示。

原料粗 DCPD(纯度为 90%~95%)与后续工段富含 DCPD 的循环组分一起进入过热器 E101,大部分 DCPD 被汽化, E101 温度为 250~300 ℃,压力为 0.1~0.3 MPa,流体流速(原料体积/管道体积)为 1.5~30;由 E101 出来的原料进入闪蒸罐 V101,其底部脱除未汽化的重组分,排出界区; V101 顶部物流进入解聚炉 R101,保持炉温为 350~450 ℃,停留时间为

0.5~3.5 s，气体流速为 60~90 m^3/s；解聚后的气体进入汽提塔 T101，内设 10~15 块塔板，塔顶温度为 50~60 ℃，塔釜温度为 160~170 ℃，控制回流比为 1~5；T101 未解聚的粗 DCPD 及甲基双环戊二烯二聚体返回过热器 E101，塔顶得到的 CPD 和甲基环戊二烯进入 CPD 精制塔 T102，内有 30 块塔板，其塔顶可得到纯度≥ 99.5%的 CPD，稀释剂可采用蒸汽或氮气等惰性气体，采用稀释剂可以延长装置稳定运行周期，但可能给分离带来困难；T102 塔顶的高纯 CPD 再进入热二聚反应器 R102，在较低的反应温度条件下，将绝大部分 CPD 转化成 DCPD，进入脱 C5 塔 T103；T103 塔顶脱除少量 C5 杂质；T103 塔釜富含 DCPD 的物流进入脱轻塔 T104；T104 塔顶脱除少量二聚体 C10 轻组分，塔釜脱除轻组分的 DCPD 物流进入 DCPD 产品塔 T105，塔顶得到高纯 DCPD 产品，塔釜物流中还含有大量 DCPD，返回前端工序继续裂解以提高 DCPD 的收率。

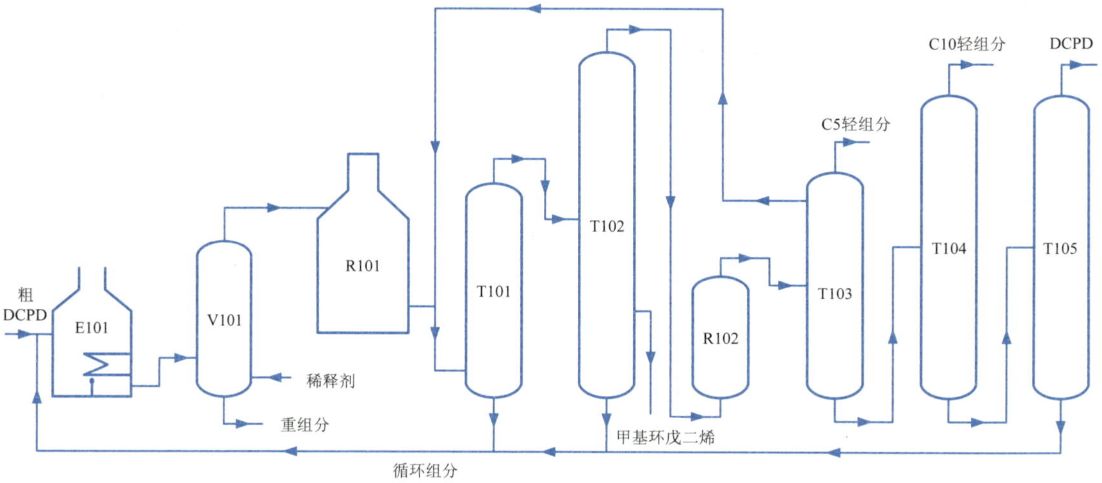

E101—过热器；V101—闪蒸罐；R101—解聚炉；T101—汽提塔；T102—CPD 精制塔；R102—热二聚反应器；T103—脱 C5 塔；T104—脱轻塔；T105—DCPD 产品塔

图 3-4 高纯 DCPD 生产工艺流程

3.4.2 二甲基甲酰胺（DMF）分离异戊二烯工艺

DMF 法由 Shell 公司和日本瑞翁公司开发成功，两公司的流程较为相似，其流程主要由两段萃取精馏和两段普通精馏组成，使用的溶剂为 DMF。C5 馏分与 DMF 在第一汽提塔内充分接触后，从塔顶蒸出戊烷和戊烯馏分，塔底的二烯烃和溶剂进入第一解吸塔；从第一解吸塔顶蒸出的二烯烃送至精馏塔，塔釜分出 1，3-戊二烯和环戊二烯，从塔顶分出的粗异戊二烯再经第二萃取塔、第二解吸塔、第二精馏塔，最后得到纯度为 99.5%的聚合级异戊二烯产品。虽然经过几十年的发展，但未见对 DMF 法生产异戊二烯进行重大改进的报道。其工艺流程如图 3-5 所示。

裂解 C5 馏分首先进入二聚反应器 R101，使 CPD 聚合为 DCPD；反应器物流进入脱 DCPD 塔 T102，塔釜脱除的 DCPD 送至 T109，T102 塔顶物料送入第一萃取精馏塔 T103，与塔顶加入的 DMF 接触，进行萃取精馏操作（控制塔顶压力为 49 kPa、温度为 40 ℃，塔釜压力为 140 kPa、温度为 140 ℃，塔板数为 87）；T103 顶部蒸出戊烷和戊烯馏分，塔釜的二烯烃和溶剂 DMF 进入第一解吸塔 T104（操作压力为常压，塔釜温度为 160℃）；T104 釜液返回第一萃取精馏塔，一部分去溶剂精制系统 T110；T104 顶部蒸出的二烯烃送至脱重塔 T105，T105 塔釜脱除的间戊二烯、CPD 和 DCPD 进入 DCPD 塔 T109，T105 塔顶分出的粗异戊二烯送至第二萃取蒸馏塔 T106，与顶部加入的溶剂 DMF 接触，进行第二次萃取精馏（顶部压力为 49 kPa、温度为 40℃，塔釜压力为 170 kPa、温度为 130 ℃，塔板数为 100）；T106 塔釜物流进入第二溶剂解吸塔 T107，回收溶剂循环使用，T106 塔顶的粗异戊二烯物流进入异戊二烯产品塔 T108，塔顶蒸出轻组分 2-丁炔等，塔釜得到纯度为 99.5%的聚合级异戊二烯产品。过程总收率为原料中异戊二烯的 90%~95%。生产含量≥99.5%的聚合级异戊二烯产品规格和消耗定额如表 3-8 和表 3-9 所示。

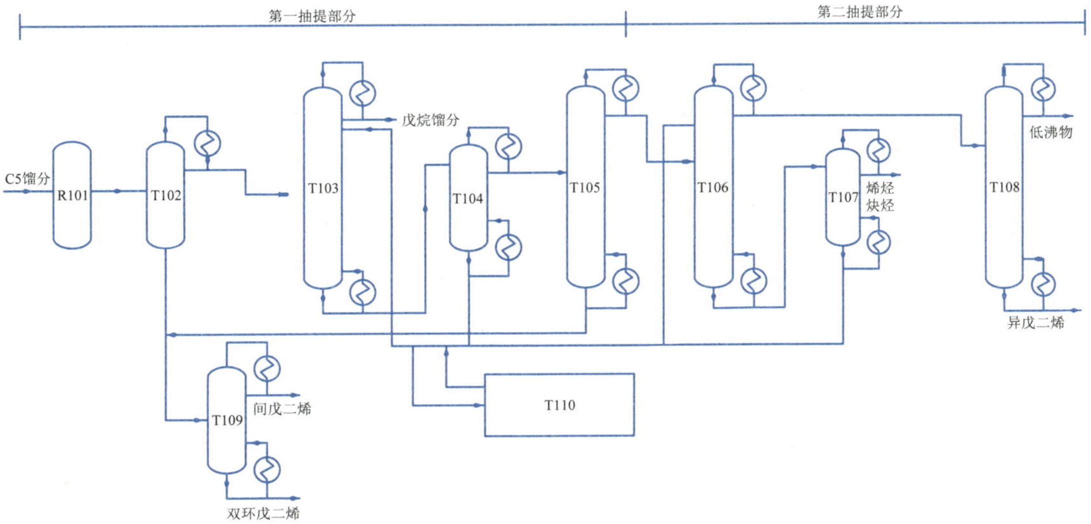

R101—二聚反应器；T102—脱 DCPD 塔；T103—第一萃取精馏塔；T104—第一解吸塔；T105—脱重塔；T106—第二萃取精馏塔；T107—第二溶剂解吸塔；T108—异戊二烯产品塔；T109—DCPD 塔；T110—溶剂精制系统

图 3-5 二甲基甲酰胺萃取精馏分离异戊二烯流程（日本）

表 3-8 DMF 法产品规格

组分	异戊二烯	环戊二烯/（mg/kg）	炔烃/（mg/kg）
含量	99.5%	0.5	10

表 3-9 DMF 法消耗定额

项目	蒸汽/（t/t）	冷却水/（m^3/t）	电/（kW·h/t）
指标	10	500	150

国内 DMF 法生产异戊二烯工艺最早由北京化工研究院开发，并于 1991 年在上海石化建成 2.5 万 t/a C5 分离工业装置，实现了工业化。经过不断改进，该装置 C5 处理能力可达

7.5 万 t/a,可同时得到异戊二烯、间戊二烯和双环戊二烯等产品。2009 年,该公司又建成 15 万 t/a C5 分离装置, C5 处理能力达到 22.5 万 t/a。近几年,北京化工研究院针对该工艺第二萃取单元能耗高、萃取溶剂消耗大等问题,采用选择性加氢工艺将化学级异戊二烯中的 2-丁炔和异戊烯炔加氢至 0.005%以下,使异戊二烯损失率小于 2%,选择性加氢过程中产生少量单烯烃轻组分和重组分,采用一个脱轻塔和一个脱重塔将这些轻组分和重组分分离出去,得到聚合级异戊二烯产品。

该工艺的特点是 DMF 对异戊二烯溶解度大,溶剂选择性高,操作费用低,溶剂对设备无腐蚀,装置可采用普通碳钢,可副产一定纯度的间戊二烯和双环戊二烯;但由于其工艺操作温度较高,二烯烃聚合问题较为严重。

该工艺优化最大的工序为热二聚和前脱重两部分,现有的 C5 分离预处理单元经常在预脱轻塔后设置管式连续反应器或釜式间歇反应器使 CPD 合成 DCPD。为了改进优化工艺流程,中石化武汉乙烯 C5 分离装置对预处理单元中的预脱重塔进行升级改造,改用新型垂直筛板,去掉了传统工艺中的反应器,使 CPD 在预脱重塔中二聚并分离,实现反应精馏。其工艺流程如图 3-6 所示。

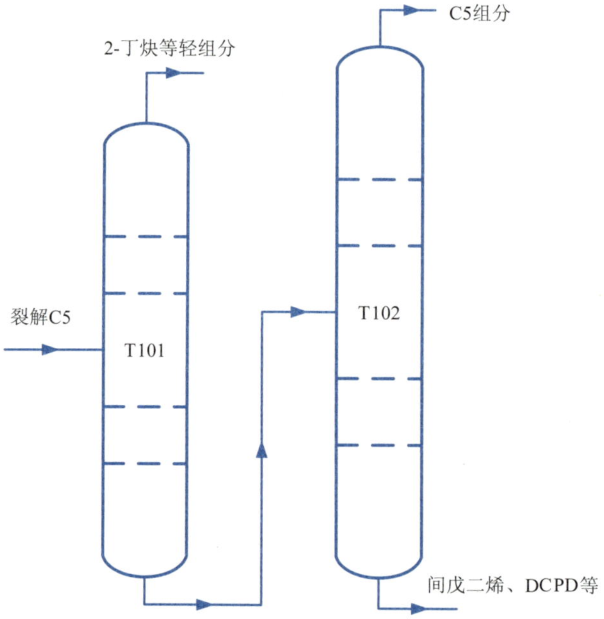

图 3-6 反应精馏脱除 CPD 流程

装置内所用反应精馏塔 T102 由中国石化工程建设有限公司设计并监督制造,塔径为 2 400 mm,塔高约为 64 m,塔板数为 110。

该反应精馏利用了 CPD 化学性质活泼这一特点,裂解 C5 馏分中的异戊二烯(IP)、间戊二烯(PIP)及 CPD。CPD 因具有两个双键,化学性质非常活泼,在一定温度下,易于发生自二聚反应和共二聚反应,但反应速率相差较大。自二聚反应,即三种二烯烃自二聚生成各自的二聚体,在相同条件下, CPD 二聚反应速率最快,约为 IP 及 PIP 二聚反应速率的 100

倍。共二聚反应，即三种二烯烃间共二聚，生成各种共二聚体，包括 CPD 与 IP、CPD 与 PIP 的共二聚反应以及 IP 与 PIP 的共二聚反应。其中，IP 与 PIP 的共二聚反应速率最慢，可以忽略；其次是 CPD 与 PIP 的共二聚反应速率；CPD 与 IP 的反应速率最快，约为 CPD 二聚反应速率的 1/4。CPD、IP、PIP 的反应活性不同，CPD 活性最高，PIP 和 IP 次之。各反应的活化能 E、指前因子 k_0 不同，详细数据如表 3-10 所示。

表 3-10 二聚反应过程各反应的动力学方程、动力学参数及反应速率

自二聚及共二聚反应	动力学方程	指前因子 k_{i0}/[m³/(kmol·s)]	活化能 E_i/(kJ/kmol)	反应速率常数 k_i(80 ℃)/[L·(mol·s)]
CPD 二聚	$-r_1 = k_1C_C^2$	1.2×10^6	1.64×10^4	8.45×10^{-5}
IP 二聚	$-r_2 = k_2C_I^2$	7.9×10^7	2.49×10^4	3.04×10^{-8}
CPD、IP 共聚	$-r_3 = k_3C_CC_I$	9.2×10^5	1.71×10^4	2.31×10^{-5}
PIP 二聚	$-r_4 = k_4C_P^2$	3.1×10^5	2.18×10^4	9.75×10^{-9}
CPD、PIP 共聚	$-r_5 = k_5C_CC_P$	2.2×10^{13}	3.42×10^4	1.48×10^{-8}

注：k_1 为 CPD 二聚反应速率常数；k_2 为 IP 二聚反应速率常数；k_3 为 CPD 与 IP 共聚反应速率常数；k_4 为 PIP 二聚反应速率常数；k_5 为 CPD 与 PIP 共二聚反应速率常数；C_C 为 CPD 摩尔浓度；C_I 为 IP 摩尔浓度；C_P 为 PIP 摩尔浓度。

在设定的反应温度和反应物浓度条件下，相对于 CPD 二聚反应，一些反应的反应速率悬殊，生成物的量很少，或者很难检测到，可以忽略这些反应，以便简化数学模型和数值计算。考虑到 IP 浓度高，而 PIP 浓度低，选取 3 个反应进行研究，分别是 CPD 二聚、IP 二聚、CPD 与 IP 共二聚反应。从理论上讲，上述反应是可逆的。但是，反应温度小于 130 ℃时，以自二聚或共二聚反应为主，温度大于 180 ℃时，才有显著的逆反应——解聚反应发生，因此在所选取的操作条件下，逆反应可以忽略。

综上所述，二烯烃二聚过程中主要存在以下三个反应。

（1）CPD 二聚反应，生成 DCPD，该反应为主反应，反应方程式如下：

$$2\text{CPD} \rightarrow \text{DCPD}$$

该反应的动力学方程如下：

$$-r_1 = 2k_1\left(0.5C_C\right)^2 = 0.5k_1C_C^2$$

（2）IP 二聚反应，主要生产 IP 二聚体 DIP，反应方程式如下：

$$2\text{IP} \rightarrow \text{DIP}$$

该反应的动力学方程如下：

$$-r_2 = 2k_2\left(0.5C_I\right)^2 = 0.5k_2C_I^2$$

（3）CPD 与 IP 共二聚反应，主要生产异丙烯基降冰片烯（PNB），反应方程如下：

$$\text{CPD} + \text{IP} \rightarrow \text{PNB}$$

该反应的动力学方程如下：

$$-r_3 = k_3C_CC_I$$

在反应物浓度对反应过程的影响方面，反应速率的浓度效应以反应级数表征。从工程角度讲，反应级数表示反应速率对组分浓度变化的敏感程度。反应级数越高，反应速率对反应物浓度的变化越敏感。CPD 二聚是二级反应，反应速率随浓度上升而增加得愈快。对于裂解 C5 中的 CPD 二聚反应，CPD 在低浓度区反应，CPD 二聚反应速率比较慢。随着反应进行，CPD 浓度逐渐降低，反应的动力越来越小，反应速率越来越慢，反应往往花费比较长的时间，而且转化率越高，反应时间增加越多，因此不宜过度追求 CPD 转化率，CPD 残余浓度满足分离要求即可（后续有第二萃取精馏工序脱除残余 CPD）。若过度追求高转化率，需要很大的反应空间，需要非常长的反应时间。提高 CPD 转化率固然有利于降低 CPD 残余浓度，提高 DCPD 收率，但是会降低反应选择性。CPD 二聚反应选择性关系如下：

$$\beta \propto \frac{-r_1}{-r_1+(-r_2)+(-r_3)}=\frac{0.5k_1C_C^2}{0.5k_1C_C^2+0.5k_2C_I^2+k_3C_CC_I}=\frac{1}{1+\dfrac{k_2C_I^2}{k_1C_C^2}+\dfrac{2k_3C_I}{k_1C_C}}$$

从选择性与浓度之间的关系可以得知，CPD 二聚反应选择性与 CPD 浓度成正比，CPD 浓度高，选择性高；与 IP 浓度成反比，IP 浓度高，选择性低。从反应过程看，随着 CPD 二聚反应过程不断进行，CPD 浓度不断降低，IP 浓度略有下降，如果把 IP 浓度看作常数，选择性随 CPD 浓度下降而降低。随着反应进行，CPD 浓度逐渐降低，三个反应中 CPD 二聚反应速率受 CPD 浓度下降影响最大，反应选择性随着 CPD 浓度下降而降低。由于 CPD 与 IP 共二聚的产物 PNB 很难与 DCPD 分离，因此不希望反应选择性低。综合反应速率、选择性以及分离塔的分离能力等因素，应设定适宜的转化率或合适的 CPD 残余浓度。

在反应温度对反应过程的影响方面，反应速率的温度效应以反应活化能表征，活化能的工程意义是表明反应速率对温度变化的敏感程度。活化能愈大，表示温度对反应速率的影响愈大，即反应速率随温度上升而增加得愈快。CPD 在低浓度区域进行二聚反应的速率很低。CPD 二聚反应的活化能最低，副反应的活化能比主反应高。如果提高反应温度，IP 与 CPD 共二聚、IP 二聚等副反应速率增加得更快，反应选择性下降。换言之，反应选择性与反应温度成反比，提高反应速率是以牺牲选择性为代价的。为了得到较为满意的选择性，一般不希望在较高的温度下进行反应，但是也不希望在较低的温度下进行反应。反应温度低，反应速率慢，故反应应在适合的温度下进行。在具体的生产实践中，进料中 CPD 浓度并非固定不变，受原料和加工负荷的影响，CPD 浓度一般在一定范围内波动。可以根据 CPD 进料浓度适当调节温度，以达到规定的残余浓度。在 CPD 浓度偏高时，宜提升反应温度；在 CPD 浓度偏低时，宜降低反应温度。

经过多年的实践，该工序采用反应精馏技术，CPD 含量低（3%~10%）的原料由于在脱除 CPD 过程中能有效地抑制除 CPD 二聚反应外的其他二聚反应，从而减少了副产物的产生，因此既提高了产品 DCPD 的质量，又减少了 C5 二烯烃的损失；当原料中 CPD 含量达到正常值（10%~16%）时，可以适当增加反应精馏塔的压力，提高 CPD 的转化率。反应精馏技术反应条件温和、产品质量好、收率高；采用反应精馏塔替代现有技术中的二聚反应器和预脱重塔，简化了工艺流程和操作。

3.4.3 乙腈(ACN)分离异戊二烯工艺

ACN法是国外广泛采用的C5馏分分离方法之一。日本合成橡胶公司、埃克森美孚公司、固特异公司等均成功开发了ACN法分离C5馏分工艺技术,并建成工业生产装置。

ACN法的特点是溶剂来源丰富,价格低廉,对设备腐蚀性小,操作温度较低,由于乙腈黏度低,故萃取精馏塔塔板效率高。

ACN法生产异戊二烯的流程基本相似,该法以乙腈作为溶剂,流程可分为两个步骤。第一步为分离环戊二烯。一般采用热二聚方法将C5馏分中的环戊二烯聚合成双环戊二烯,然后通过精馏方法得到纯度为95%的双环戊二烯产品。将粗双环戊二烯加热解聚,再精馏可得到纯度为99.5%的环戊二烯产品。第二步为萃取精馏。由第一萃取精馏塔分离出C5馏分中的烷烃与单烯烃,C5二烯烃与溶剂一起送汽提塔进行分离,溶剂循环使用;由汽提塔分出的二烯烃进入第二萃取精馏塔,塔顶得到的粗异戊二烯送水洗塔除去残余溶剂后,再经脱轻脱重后得到聚合级异戊二烯产品。其流程如图3-7所示。

裂解C5原料首先进入二聚反应器R101,在100~130℃的条件下,将大部分CPD转化成DCPD,然后分别进入脱重塔T102和脱轻塔T103脱去重、轻组分;经预处理脱除CPD后C5馏分送入萃取精馏塔T104,塔顶溶剂乙腈与原料中异戊二烯的质量比为7∶3(或7∶1),控制T104顶部压力为110 kPa,塔顶温度为50 ℃;T104塔顶得到的C5烷烃、C5单烯烃等抽余油组分去水洗塔T110,塔釜得到富含二烯烃的乙腈;富含二烯烃的乙腈送入脱溶剂塔T105,塔釜物流再生后返回萃取精馏塔T104,T105顶部解吸出的二烯烃去异戊二烯水洗塔T106,脱除乙腈后的物流进入异戊二烯脱轻塔T107;T107塔顶得到比异戊二烯轻的组分,塔釜物流送化学处理反应器R102,除去微量环戊二烯、硫、α-炔烃等杂质后,再进入异戊二烯产品塔T109;T109塔釜为重组分,塔顶获得聚合级异戊二烯,收率可达90%以上;异戊二烯水洗塔T106和水洗塔T110塔釜的乙腈水溶液送往溶剂回收塔T111,脱水后的乙腈循环返回萃取精馏塔T104。该法通常采用高级醇作为阻聚剂,所得IP产品规格和消耗定额如表3-11和表3-12所示。

表3-11 日本合成橡胶公司ACN法分离所得IP产品规格

组分	含量	组分	含量
IP	>99%	环戊二烯	1×10^{-6}
IP二聚体	0.05%	丙二烯	5×10^{-5}
β-烯烃	0.7%	羰基化合物	1×10^{-5}
α-烯烃	0.2%	过氧化物	5×10^{-6}
炔烃	5×10^{-5}	硫	5×10^{-6}
间戊二烯	8×10^{-5}	阻聚剂	2×10^{-5}~1×10^{-4}
1,4-戊二烯	1×10^{-4}	乙腈	8×10^{-6}

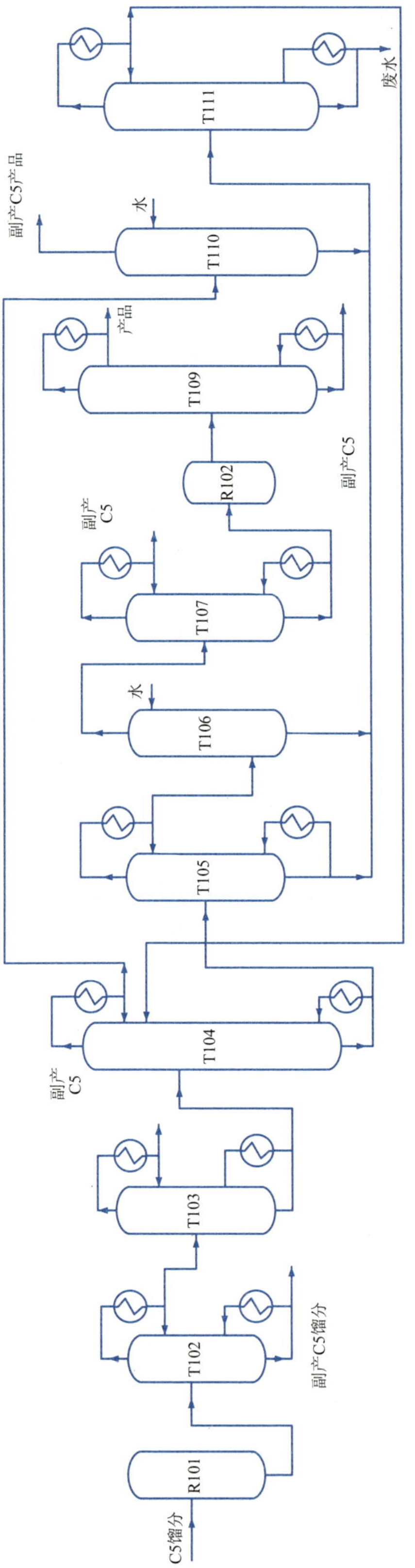

R101—二聚反应器；T102—脱重塔；T103—脱轻塔；T104—萃取精馏塔；T105—脱溶剂塔；T106—异戊二烯水洗塔；T107—异戊二烯脱轻塔；
R102—化学处理反应器；T109—异戊二烯产品塔；T110—水洗塔；T111—溶剂回收塔

图 3-7 日本合成橡胶公司 ACN 法工艺流程

表 3-12 日本合成橡胶公司 ACN 法分离 IP 消耗定额

项目	指标	项目	指标
C5 馏分(15% IP)/(t/t)	7.4	蒸汽(1.0 MPa)/(t/t)	0.2
返回 C5 馏分/(t/t)	6.4	蒸汽(0.44 MPa)/(t/t)	12.3
消耗 C5 馏分/(t/t)	1	冷却水(Δt = 10 ℃)/(t/t)	635
电/(kW·h/t)	150	钠/(kg/t)	1~6

1983 年,托马斯(Thomas)等对 C5 馏分的分离流程进行了改进,开发了热耦合式 ACN 抽提工艺流程。与传统的 ACN 法不同,该工艺采用了热耦合技术,即将第二萃取精馏塔和脱重塔进行耦合,第二萃取精馏塔的塔顶不设冷凝器,塔顶蒸汽不经冷凝直接进入脱重塔,回流则来自脱重塔;为回收第二萃取精馏塔塔顶带出的溶剂,在脱重塔的塔顶注入水,将 ACN 洗下来,并在塔釜将其回收。

同年,日本合成橡胶公司的 Masatoshi 也发表公开专利,采用热耦合 ACN 法生产异戊二烯,可大幅降低能耗。对于产量为 4 240 kg/h 的异戊二烯装置,热耦合前脱重塔再沸器热负荷为 11.8 kJ/h;热耦合后脱重塔再沸器热负荷为 4.73 kJ/h,热负荷可降低 60%。目前,日本合成橡胶公司的 ACN 法分离异戊二烯的生产工艺是较为先进的,其流程如图 3-8 所示。

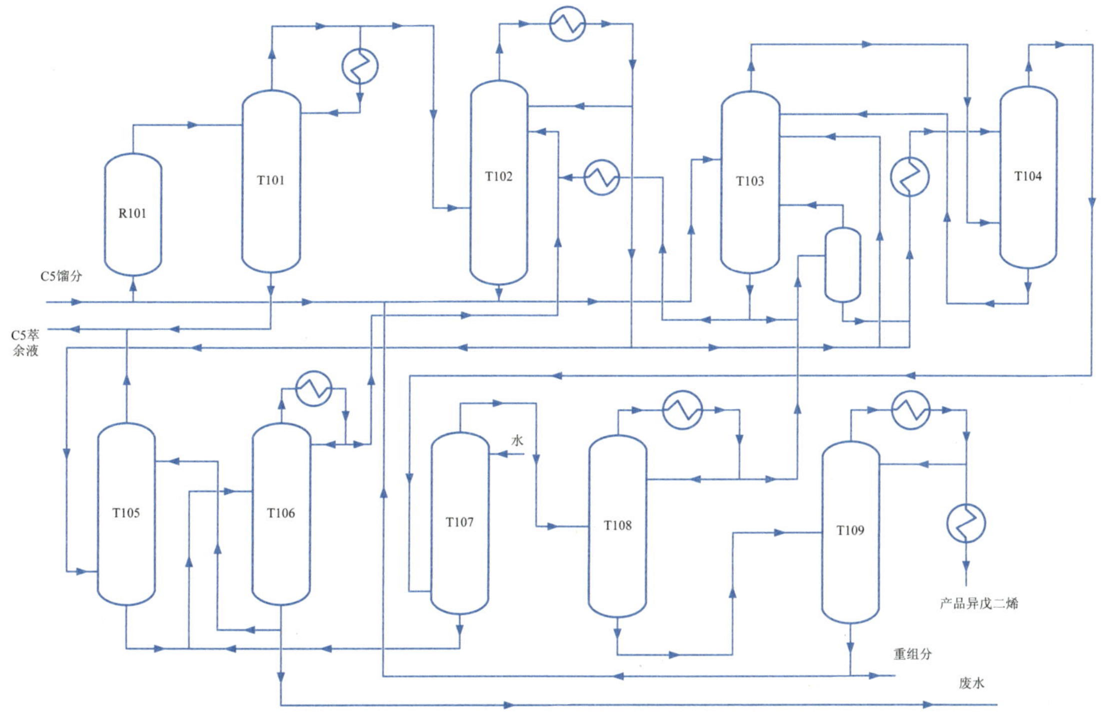

R101—二聚反应器;T101—脱重塔 I;T102—第一萃取精馏塔;T103—汽提塔;T104—第二萃取精馏塔;T105—抽余油水洗塔;T106—溶剂回收塔;T107—IP 水洗塔;T108—脱轻塔;T109—脱重塔 II

图 3-8 改进的日本合成橡胶公司 ACN 法工艺流程

该工艺采用乙腈、丙烯腈、丙酮和水混合溶剂,改用二次萃取精馏,而不使用金属钠脱除体系中微量的CPD。第一萃取精馏塔T102塔釜C5馏分中的烷烃、烯烃、二烯烃和溶剂一起送汽提塔T103进行分离，溶剂循环使用，分出的二烯烃进入第二萃取精馏塔T104，T104塔顶得到的粗IP送水洗塔T107，脱除残余溶剂乙腈后，再经脱轻塔T108和脱重塔T109，脱除轻、重组分即得到聚合级IP产品。改进后的工艺完善了能量回收系统，可充分利用溶剂回收塔T106塔顶馏出物的热量，从而降低了装置能耗。其消耗定额如表3-13所示。

表3-13 改进ACN法的消耗定额

序号	项目	指标	序号	项目	指标
1	IP/(t/a)	17 300	6	蒸汽(0.49 MPa)/(t/t)	5.23
2	年操作时间/h	8 000	7	蒸汽(1.0 MPa)/(t/t)	0.24
3	IP收率	94%	8	电/(kW·h/t)	130
4	C5裂解消耗/(t/t)	5.766	9	冷却水/(t/t)	628
5	副产C5/t	4.743	10	溶剂消耗/(kg/t)	0.65

吉林石化公司进行了大量ACN法分离异戊二烯攻关工作，并于2009年、2012年进行了两次10万t/a C5分离工业化试验，打通了全流程，突破了ACN工艺中的瓶颈。

伊科思在总结了国内外ACN法成功、失败案例的基础上，成功开发了ACN工艺萃取精馏分离裂解C5技术，并在抚顺、惠州建设了两套ACN法C5分离装置。

3.4.4 N-甲基吡咯烷酮(NMP)分离异戊二烯工艺

用NMP法分离C5馏分的工艺由德国巴斯夫公司开发成功，此工艺以含3%~10%水的NMP为溶剂，含有二烯烃的物流从萃取精馏塔的侧线采出，进入精馏塔，在精馏塔塔顶得到异戊二烯、1, 3-戊二烯及环戊二烯，饱和溶剂则返回萃取精馏塔的底部。含有1, 3-戊二烯、环戊二烯及质量分数为95%的溶剂的混合物料从萃取精馏塔底部抽出，进入加氢反应器，含钯的氧化铝为催化剂，在20~180℃的液相条件下，将1, 3-戊二烯转化为戊烯和戊烷，将环戊二烯转化为环戊烯和环戊烷。加氢后的物料返回萃取精馏塔的顶部，塔顶馏出物为戊烯、戊烷、环戊烯和环戊烷等组分。另外，该工艺C5馏分还可先进精馏塔，再进萃取精馏塔，异戊二烯则从萃取精馏塔的侧线采出。

后来巴斯夫公司又对NMP工艺进行了改进，取消了加氢反应器，采用NMP预洗方式除去环戊二烯、1,3-戊二烯和2-丁炔，异戊二烯收率可达97%以上，其流程如图3-9所示。

裂解C5进入预洗塔T101，采用NMP进行洗涤，CPD、戊二烯和丁炔等从T101塔顶侧线抽出进入水洗塔T102，T102顶部得到CPD、1,3-戊二烯和2-丁炔的混合物；T101顶部采出的不含CPD的物流进入萃取精馏塔T103，T103塔顶得到含戊烷和戊烯的C5抽余油；T103塔釜得到的二烯烃、溶剂送至汽提塔T104，T104釜液进入溶剂回收塔T106，使溶剂再生后循环使用；T104塔顶物流送入T103塔釜，T104塔中部侧线抽出的IP进入T105下部，T105塔釜溶剂和水的混合物流返回T104；T105塔顶物流进入IP产品塔，塔釜得到环戊烯，塔顶得到纯度≥ 97%的 IP 产品，其中 CPD 含量≤0.005%，炔烃含量≤ 0.01%，IP 收率≥ 95%。

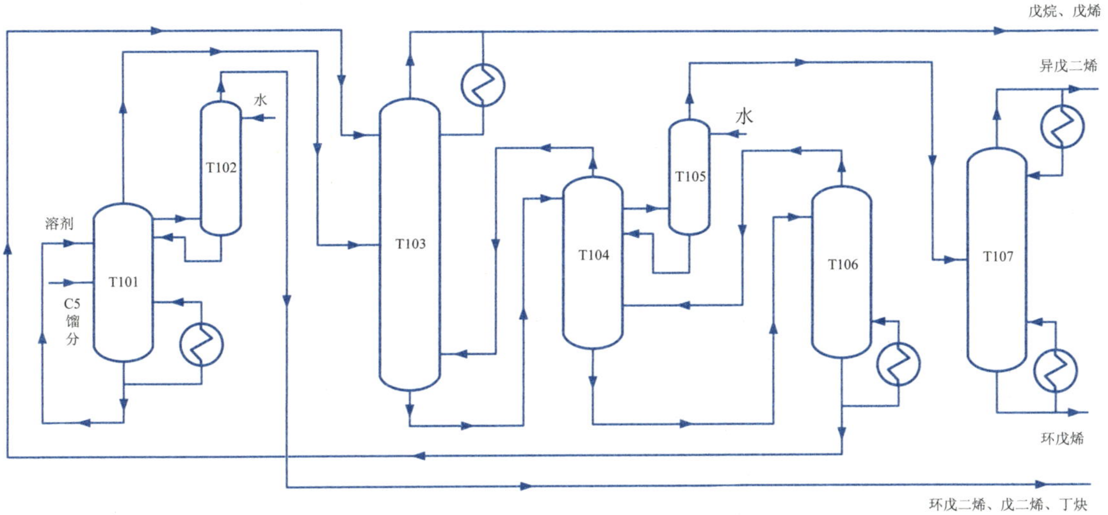

T101—预洗塔；T102—水洗塔；T103—萃取精馏塔；T104—汽提塔；T105—水洗塔；T106—溶剂回收塔；T107—异戊二烯产品塔

图 3-9 巴斯夫公司 NMP 工艺分离 C5 流程

巴斯夫公司的 NMP 法分离裂解 C5 流程简单，溶剂无毒，且因工艺中未采用热二聚脱除 CPD，故 IP 收率较高。

3.4.5 共沸精馏分离异戊二烯工艺

共沸精馏法最初由美国固特异公司开发，国内南京工业大学也开展了相关研究。此法利用异戊二烯和正戊烷可形成二元共沸物这一特性来分离出 C5 馏分中的异戊二烯，所得产品为异戊二烯-正戊烷混合物。一般情况下，该共沸物中异戊二烯的质量分数> 70%。共沸精馏整个流程仅需脱轻塔和脱重塔两个塔。为获得高纯度异戊二烯，可增设多个精馏塔，同时需要较多的塔板数和较大的回流比或者直接增加萃取精馏塔将正戊烷从混合物中脱除。

与上述萃取精馏法相比，共沸精馏法的技术优点为：避免了因使用溶剂所带来的一系列问题；操作温度低，所以没有二烯烃、炔烃等发生聚合反应堵塞塔盘和再沸器等问题；无高浓度 2-丁炔或其他炔烃爆炸的风险。缺点是无法获得纯度较高的异戊二烯（产品为异戊二烯和正戊烷的共沸混合物），进一步提纯的流程较为复杂。该工艺得到的异戊二烯和正戊烷的混合物产品适用于以正戊烷为溶剂的异戊橡胶合成工艺。

3.4.6 异戊二烯分离工艺对比

裂解 C5 馏分萃取精馏分离异戊二烯生产工艺经历了漫长的改进优化过程。国外普遍采用 ACN 法和 DMF 法，以 ACN 法为主。国内 C5 分离技术以 DMF 法为主，ACN 法为辅。C5 分离技术在国外已相当成熟，其工业应用指标对比如表 3-14 所示。

表 3-14 国外 DMF 法、ACN 法和 NMP 法工业应用指标对比

项目	DMF 法	ACN 法			NMP 法
	日本瑞翁	美国 ESSO	日本 JSR	日本石油化学	德国巴斯夫
原料规格/C5 组成	IP 为 10%~20%	IP 为 2.5%,CPD 为 1.9%,炔烃为 5.4%(摩尔分数)	IP 为 12%~16%,CPD 为 9%~13%,PIP 为 5%~9%	IP 为 15.36%,CPD 为 17.27%,炔烃为 0.22%(摩尔分数)	IP 为 13.7%,CPD 为 7.5%,2-丁炔为 0.1%
分离过程	两次萃取精馏+两次普通精馏	一次直接精馏+两次萃取精馏	一次萃取精馏	两次萃取精馏+两次普通精馏	一次萃取精馏+一次汽提
塔板数及操作条件	第一萃取精馏塔塔板 87 块、顶温 40 ℃;第二萃取精馏塔塔板 87 块、顶温 40 ℃;第一、二精馏塔塔板均为 100 块	精馏塔塔板 70 块,顶压 250 kPa,顶温 59 ℃,釜温 78 ℃;第一萃取精馏塔塔板 100 块,顶压 210 kPa,顶温 63 ℃,釜温 107 ℃;第二萃取精馏塔塔板 70 块,顶压 69 kPa,顶温 49 ℃,釜温 102 ℃	萃取精馏塔顶压 108 kPa,顶温 50 ℃	第一萃取精馏塔塔板 91 块,顶压 300 kPa,顶温 78.5 ℃,釜温 111.9 ℃;第二萃取精馏塔塔板 124 块,顶压 300 kPa,顶温 71.7 ℃,釜温 105.5 ℃	—
回流比	第一萃取精馏塔为 2.67;第二萃取精馏塔为 3.8	第一萃取精馏塔为 1;第二萃取精馏塔为 2	—	第一萃取精馏塔为 2;第二萃取精馏塔为 2	—
溶剂含水量(质量分数)	0	< 5%	5%	5%	5%~10%
溶剂比	第一萃取精馏塔为 2 : 1;第二萃取精馏塔为 1 : 8~1 : 6	第一萃取精馏塔为 1 : 1;第二萃取精馏塔为 2 : 1	7 : 3	第一萃取精馏塔为 2 : 1;第二萃取精馏塔为 2 : 1	—
IP 收率	95%	77.5%	≥ 90%	≥ 91.39%	≥ 95%
IP 纯度	> 99.5%	99.5%	> 99%	97.53%	97%

ACN 法和 DMF 法分离裂解 C5 综合指标对比如表 3-15 所示。

表 3-15 ACN 法和 DMF 法综合指标对比

序号	项目	ACN 法	DMF 法
1	热二聚反应器数量/台	8	8
2	塔数量/台	24	16
3	换热器数量/台	53	69
4	真空系统数量/套	2	3
5	溶剂消耗量/(kg/t)	0.32	0.91
6	蒸汽消耗量/(t/t)	2.67	2.65
7	循环水量/(t/t)	126	199
8	冷量/(MJ/t)	189	0

续表

序号	项目	ACN 法	DMF 法
9	综合能耗/(MJ/t)	8 711	9 754
10	运行周期/a	2.0~3.0	0.5

原料裂解 C5 馏分的价格按 7 300 元/t 计，产品 IP、DCPD 和 PIP 的价格依次按 17 000 万元/t、9 100 万元/t、7 100 万元/t 计，测算的 ACN 法和 DMF 法生产成本如表 3-16 所示。

表 3-16　ACN 法和 DMF 法生产成本对比

单元：元/t

序号	项目	ACN 法	DMF 法
1	原材料	6 238	6 222
2	辅助材料	83	90
3	燃料动力	455	453
4	人员费用	20	20
5	折旧费	95	94
6	修理费	27	54
7	管理费用	52	50
8	其他	153	150
9	合计	7 123	7 133

ACN 法具有萃取精馏塔操作温度低、易于操作和控制、自聚物产生量少、设备运行周期长和生产成本较低等优点。其无论在流程设置、产品质量、收率、能量利用、物耗、能耗，还是装置安全性和运行周期等指标方面，均优于国内同类装置，综合能耗值达到国际先进水平。同时该技术还适于多种产品方案的生产要求，与 DMF 法相比优势明显，具有较强的市场竞争力。

3.5　萃取精馏分离异戊二烯工艺难点及应对策略

3.5.1　萃取精馏分离异戊二烯工艺难点

1. 萃取精馏单元聚合物偏多

C5 分离装置开车的较短时间内，系统运行稳定，萃取精馏单元中二烯烃、炔烃聚合程度较轻，很少需要清理过滤器和再沸器。随着分离装置运行时间的延长，溶剂系统内的聚合物逐渐积累，导致清理过滤器、再沸器的频次增加，频繁清理过滤器不仅浪费溶剂，而且在打开过滤器时难免会带入氧气，氧气进入分离装置内会引发过氧化物的生成，加剧二烯烃、炔烃的聚合。萃取精馏系统聚合程度随着 IP 浓度的增加而加剧，从清理的聚合物形态来看，第一萃取单元的聚合物为黏稠状的低聚物，第二萃取单元的聚合物为胶皮状的高聚物。

2. 萃取精馏塔塔盘结焦

在 C5 分离装置停车检修时，对装置内全部 17 台精馏塔、萃取精馏塔进行检查。检查发现第一萃取单元和第二萃取单元聚合严重，较多塔盘均结焦堵塞，导致浮阀无法正常抬起，严重影响萃取精馏效果。

3. 溶剂损失

溶剂 DMF 损失过高不仅制约装置长周期稳定运行，还增加了物耗，降低了经济效益。DMF 损失的可能原因有两个方面：一方面是由于二烯烃、炔烃等聚合导致频繁清理溶剂系统的过滤器、再沸器；另一方面是循环溶剂系统内水含量过高。在正常工况下水含量应小于 0.05%，若水含量超标，在酸性或碱性条件下，系统温度达到或超过 100 ℃时，循环溶剂 DMF 和水即可发生水解反应，生成甲酸和二甲胺。甲酸将严重腐蚀设备，缩短设备寿命。设备腐蚀后生成的铁离子还会导致聚合加剧，造成恶性循环。DMF 与水互溶，因此 DMF 水解程度与水含量、系统温度、酸碱度都有关，温度越高，水含量越高，越会促进 DMF 发生水解。

DMF 水解所产生的甲酸危害较大，主要表现在以下方面。甲酸可引起设备腐蚀，产生 Fe^{2+}，易引起二烯烃聚合，同时 Fe^{2+} 也会消耗阻聚剂，形成铁盐析出，成为黑渣的一部分。更为严重的是甲酸会与 $NaNO_2$ 反应，形成甲酸钠，使阻聚剂失效，引起二烯烃聚合。同时甲酸钠易从有机体系中析出，形成黑渣，导致设备严重堵塞。甲酸还会与阻聚剂反应生成不溶物，该不溶物是黑渣的主要成分。DMF 水解量大，相应的黑渣量也增大。不溶物在溶剂 DMF 中的溶解度很小，造成黑渣在低温部位析出，溶剂进料板及萃取精馏塔中间泵处将发生堵塞。实际生产数据表明，DMF 溶剂再生釜排出的焦油黑渣的主要成分是不溶物，其次是铁盐和聚合物，从溶剂再生釜排出的黑渣呈湿润的煤块或煤粉状，呈湿润状的原因是黑渣中还含有一定量的溶剂 DMF。

3.5.2 萃取精馏分离异戊二烯难点应对策略

在裂解 C5 原料中，IP、CPD/DCPD 和 PIP 三种二烯烃含量约为 50%。在实际生产中，氧气、水以及 Fe^{2+} 是对二烯烃聚合反应进行加剧、诱发的关键因素，为保证装置长时间处于正常运行状态，在实际生产中，既需要做好控制，保证系统中的氧气、水和 Fe^{2+} 含量处于较低水平，又需要通过加入阻聚剂对聚合反应进行抑制，以此延长装置的运行周期。

1. 做好装置开车前的准备工作

在 C5 分离装置中，在开车准备阶段应做好准备工作，对系统中的氧气、水和 Fe^{2+} 的含量进行严格控制，在做好换热器打压、化学清洗、干燥置换、设备安装、气密性检查以及吹扫等准备工作的同时，控制氧气含量（≤0.2%）以及露点（≤ -60 ℃），且保证负压系统在一个月内没有发生压力减小的情况。上述措施为 C5 装置的稳定运行提供了有效保障。

2. 应用高效阻聚剂

为延长 C5 分离装置的运行周期，需将 6 种化工助剂加入分离系统中，分别为萃取精馏系统阻聚剂、普通精馏系统阻聚剂、除氧剂 $NaNO_2$、水解抑制剂、萃取精馏系统消泡剂和产品 IP 阻聚剂。除 $NaNO_2$ 以间歇方式加入，其余助剂均在生产中通过计量泵以定量的方式注入不同点位。在 C5 分离装置生产中，化工助剂的注入是关键的一环。经过大量生产摸索发现，只有在生产中以有效、连续的方式将药剂注入，并配合加入 $NaNO_2$，才能充分发挥助剂的作用。

3. 优化装置工艺参数

需严格控制第一、二汽提塔灵敏板温度。在生产系统中，汽提塔的作用为解吸溶剂中的 C5 烃，由于溶剂具有较高的沸点，汽提塔在实际运行中操作温度较高。为避免塔釜溶剂解吸不彻底，需要严格控制汽提塔温度，保证溶剂在循环使用前其中的 C5 烃解吸彻底。根据生产经验，汽提塔灵敏板温度在 155 ℃以上时，能够实现溶剂解吸彻底。在保证分析指标合格的前提下，可以适当降低第一和第二萃取塔塔釜温度，避免因温度过高导致阻聚剂失效。第一、第二萃取精馏单元中溶剂的烃含量分别控制为≤ 0.1%和≤ 0.01%时，可明显提高装置稳定运行周期。

4. 控制水含量指标

适度放宽溶剂精制塔塔釜水含量指标，提高溶剂再生进料量，可避免因新鲜溶剂中水含量过低导致亚硝酸盐析出堵塞换热器，影响精制系统长周期运行，同时严格控制溶剂系统中水的含量。

第 4 章

芳烃抽提分离工艺

4.1　概述

苯、甲苯和二甲苯（三者的混合物称为 BTX）是石油化工的重要基础原料。石化炼厂中的催化重整装置生产的重整生成油和乙烯装置副产的裂解汽油是生产 BTX 的主要原料。原料中同碳数的芳烃和非芳烃沸点接近或共沸，不能用简单蒸馏来获取纯度较高的芳烃，芳烃抽提技术因此应运而生。芳烃抽提工艺路线按原理可分为两大类：液液抽提和萃取精馏。液液抽提又称液液萃取、溶剂萃取、溶剂抽提，是利用溶剂对烃类各组分溶解度不同和相对挥发度不同，从烃类混合物中分离出高纯度芳烃的一种工艺。萃取精馏是利用选择性溶剂对烃类各组分相对挥发度影响不同，从窄馏分中直接分离某种高芳烃或芳烃混合物的工艺。一般来说，馏分较窄、芳烃含量较高的原料宜采用萃取精馏工艺；馏分较宽、芳烃含量低的原料宜采用液液抽提工艺。

4.1.1　苯

纯苯是石油炼制的重要产物，也是石油化工的重要基础原料。其作为芳烃产业链的龙头产品，属“三烯、三苯”之一。纯苯作为重要的化工中间体，下游产品种类丰富，产业链长。

苯乙烯作为纯苯最大的下游品种的地位始终没有动摇，并且是未来纯苯消费的主要增长点。苯乙烯广泛应用于下游工程塑料等产品的生产；己内酰胺作为纯苯的第二大下游品种，近 5 年来对纯苯的消耗量同样保持逐年稳步增加，其下游广泛应用于纺织行业；苯酚近年来发展较为迅速，随着山东利华益、浙江石化等新增大型项目的陆续投产，其成为纯苯第三大下游品种；苯胺是纯苯第四大下游品种，近年来为二苯基甲烷二异氰酸酯（MDI）配套的苯胺产能扩展迅速，非 MDI 配套苯胺工厂年开工率远低于 MDI 配套苯胺工厂；己二酸是纯苯的第五大下游品种，近年来发展较慢，产能增速相较于前四种下游品种并不明显。苯下游消费结构如图 4-1 所示。

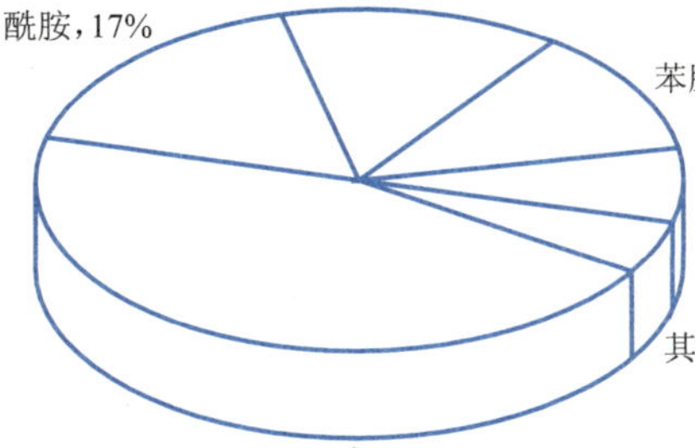

图 4-1 苯下游消费结构

4.1.2 甲苯

我国甲苯产量保持缓步增长势头。据不完全统计，2021 年国内主要石化企业的甲苯总产量达到 2 288.59 万 t，产量增速仍在提升，意味着国内需求量在不断提高，需求结构在向着更加优化的方向发展。甲苯下游消费结构如图 4-2 所示。

受国家供给侧结构性改革、成品油供应过剩以及税收等影响，未来甲苯调油应用将受到较多制约，因此调油需求会出现减量的情况。随着大量油性涂料厂的淘汰关停，甲苯溶剂类消费能力也出现了缓慢降低的趋势。近年精细化工产品利润较好，给甲苯市场带来较多支撑，未来甲苯二异氰酸酯（TDI）等精细化工需求或将以维持为主。甲苯歧化制苯和二甲苯将成为甲苯消费领域最大的增长点。从未来新增产能以及规划来看，炼化一体化将成为未来芳烃行业的主要发展方向，而甲苯歧化作为一体化装置中增产芳烃重要的一环，也将成为甲苯消费领域中最大的增长点。

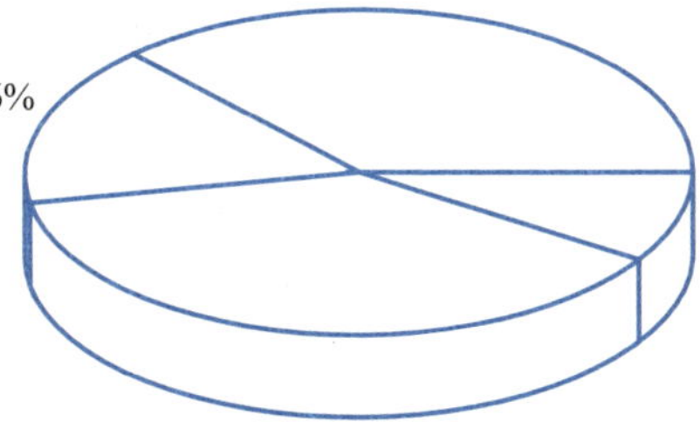

图 4-2 甲苯下游消费结构

综合来看，国内甲苯市场供需稳定，产量保持一定增长，新增的产能很快会被新增的甲苯歧化领域消耗掉。

4.1.3 混合二甲苯

2022 年底，中国对二甲苯（PX）总产能已达 3 553 万 t，总产量达 2 415 万 t。预计未来几年，中国对二甲苯产能将继续扩张，以满足国内日益增长的需求并减少对进口产品的依赖。混合二甲苯产量更大。混合二甲苯产品的溶剂类下游需求在环保政策高压下,难有增长,但精细化工下游产品整体需求良好,保障年内二甲苯产量加速提高。混合二甲苯下游消费结构如图 4-3 所示。

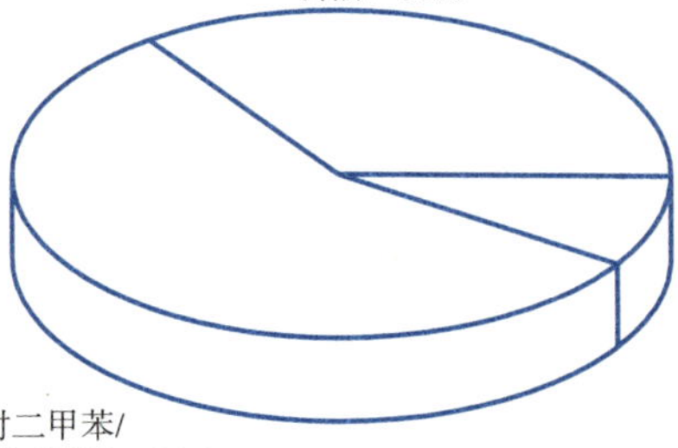

图 4-3 混合二甲苯下游消费结构

近年来国内二甲苯下游消费出现了些许变化,其中溶剂以及调油需求均不同程度减少,但是得益于聚酯行业的复苏,精细化工需求增量明显。

首先,二甲苯市场消费量最大的精细化工需求给二甲苯市场带来较多积极影响。受到供给侧结构性改革的影响,终端行业利润率出现明显回升,有效产能也出现了增长的情况,而作为连接聚酯和芳烃行业重要纽带的对二甲苯需求增量明显,对二甲苯生产企业利润快速增长,这在很大程度上提高了企业生产的积极性。其次,调油需求仍然是二甲苯商业市场的关键影响因素,但是其需求却受到较多制约,如汽油消费增速放缓、油品升级以降低芳烃含量以及成品油税改导致芳烃在调油应用中受到较多阻碍等,这使得二甲苯调油需求也出现了萎缩的迹象。最后,依然是受到环保因素的制约,二甲苯在溶剂领域的消费量仍然没有得到改善,而且随着环保力度的进一步加大,溶剂行业升级也迫在眉睫。目前尽管水性涂料在生产成本和技术升级方面面临着一定的技术壁垒,使得部分中小企业望而却步,但是日趋严峻的政策必将倒逼传统涂料行业转型发展。而随着油性涂料行业的没落,二甲苯市场也很难再从溶剂需求方面得到支撑。

综合来看,国内二甲苯市场比较乐观,需求存在一定增长趋势。

4.2 芳烃产品的性质与用途

4.2.1 苯的性质及用途

1. 苯的物理性质

苯是最简单的芳香烃,难溶于水,易溶于有机溶剂,本身也可以作为有机溶剂。苯是石油化工基本原料,其产量和生产的技术水平是一个国家石油化工发展水平的标志。苯的环系叫苯环,是最简单的芳香环。苯分子去掉一个氢后的结构叫苯基,用 Ph 表示。苯的物理性质如表 4-1 所示。

表 4-1 苯的物理性质

物理性质	数值	物理性质	数值
沸点（101.3 kPa）/℃	80.100	比定压热容（25 ℃）/[kJ/（kg·K）]	1.05
熔点/℃	5.533	临界温度/℃	288.94
相对密度（25 ℃/4 ℃）	0.873 72	临界压力/MPa	4.90
折射率	1.501 12（20 ℃）	沸点升高常数	2.53
	1.497 94（25 ℃）	电导率/（S/m）	76×10^{-9}
介电常数（20 ℃）	2.283	热导率（25 ℃）/[W/（m·K）]	0.1442
偶极矩（20~60 ℃）	0	爆炸极限 下限	1.4%
黏度（25 ℃）/（mPa·s）	0.601 0	上限	7.1%
表面张力（25 ℃）/（mN/m）	28.18	体膨胀系数/K^{-1}	0.001 21
闪点（闭口）/℃	−11.1	蒸发热（25 ℃）/（kJ/mol）	33.9
燃点/℃	562.2	熔化热/（kJ/mol）	9.872

除甘油、乙二醇、二甘醇、1，4-丁二醇等多元醇外，苯能与乙醇、氯仿、乙醚、四氯化碳、二硫化碳、冰乙酸、丙酮、甲苯、二甲苯以及脂肪烃等大多数有机溶剂混溶。除碘和硫稍溶解外，无机物在苯中不能溶解。苯能溶解松香、乳香、热带芳香脂等树脂，还能溶解甘油三松香酸酯、甘油醇酸树脂、香豆酮树脂、乙烯基树脂、苯乙烯树脂、丙烯酸树脂等合成树脂。其他物质与苯形成的部分二元共沸物如表 4-2 所示。

表 4-2 其他物质与苯形成的二元共沸物

第二组分	共沸点/℃	苯含量	第二组分	共沸点/℃	苯含量
水	69.25	8.83%	丙烯腈	73.3	47.0%
甲醇	57.5	39.1%	丙酸甲酯	79.45	52.0%
乙醇	68.24	32.4%	己烷	68.5	4.70%
正丙醇	77.12	16.9%	2，2-二甲基戊烷	75.85	46.30%
异丙醇	71.92	33.3%	2，2，3-三甲基丁烷	76.6	49.70%
2-丁醇	78.5	15.4%	甲基环戊烷	71.7	16.00%
叔丁醇	73.95	36.6%	环己烷	77.4	49.70%
1-戊醇	80.0	15.0%	乙酸乙酯	76.95	6.00%
甲酸	71.05	31.0%	丁酮	78.4	37.50%
乙腈	73.7	31.8%	—	—	—

2. 苯的化学性质

苯参与的主要化学反应有加成、取代及开环反应。在浓硫酸-硝酸作用下，容易发生取代反应生成硝基苯；与浓硫酸或发烟硫酸反应生成苯磺酸；以三氯化铁等金属卤化物为催化剂，在较低温度下发生卤化反应生成卤代苯；以三氯化铝为催化剂，与烯烃、卤代烃发生烷基化反应，生成烷基苯；与酸酐、酰氯发生酰化反应生成酰基苯；在氧化钒催化剂存在下，苯经氧或空气氧化可生成顺丁烯二酸酐；苯加热到 700 ℃发生裂解，生成碳、氢及少量的甲烷和乙烯等；用铂、镍作催化剂，可进行加氢反应生成环己烷；以氯化锌为催化剂，与甲醛和氯化氢发生氯甲基化反应生成苄基氯。但苯环比较稳定，与硝酸、高锰酸钾、重铬酸盐等氧化剂不发生反应。

3. 苯的用途

苯主要通过焦炉气和煤焦油分馏、裂解石油等方法制取，也可用乙炔人工合成。它作为有机化学合成的基本原料，可以制造苯胺、氯苯、硝基苯等化合物，进一步用于生产染料、香料、合成纤维、合成洗涤剂、聚苯乙烯塑料、丁苯橡胶、油基漆、硝基漆、炸药、农药杀虫剂等。

在医药工业中，苯用作溶剂，提取生药，生产非那西丁、磺胺噻唑、合霉素等药物。此外，苯还用于橡胶加工中作为黏合剂的溶剂，以及在印刷、油墨、照相制版等行业作为溶剂。所有机动车辆汽油中，都含有约 5%的苯，特制机动车辆的燃料中含苯量可达 30%。

由于苯具有毒性，且被世界卫生组织国际癌症研究机构列入 1 类致癌物清单中，因此在使用时需要特别注意安全。

4.2.2 甲苯的性质及用途

1. 甲苯的物理性质

甲苯是一种有机化合物，化学式为 C_7H_8，是一种无色、带特殊芳香味的易挥发液体，属芳香族碳氢化合物，有强折光性。其能与乙醇、乙醚、丙酮、氯仿、二硫化碳和冰乙酸混溶，不溶于水。甲苯易燃，其蒸气可与空气形成爆炸性混合物，混合物的体积浓度在较低范围时即可发生爆炸。甲苯的物理性质如表 4-3 所示。

表 4-3 甲苯的物理性质

物理性质	数据	物理性质	数据
沸点（101.3 kPa）/℃	110.625	表面张力（25 ℃）/（mN/m）	27.92
熔点/℃	−94.991	闪点（闭口）/℃	4.4
相对密度	0.866 94（20 ℃） 0.862 30（25 ℃）	燃点/℃	552
		比定压热容（25 ℃）/[kJ/（kg·K）]	1.126 6
折射率	1.496 93（20 ℃） 1.494 14（25 ℃）	临界温度/℃	320.8
		临界压力/MPa	4.05
介电常数（20 ℃）	2.24	沸点上升常数	3.33
偶极矩/（10^{-30} C·m）	1.23	电导率/（S/m）	1.4×10^{-14}
黏度/（mPa·s）	0.773（0 ℃） 0.586 6（20 ℃）	热导率[W/（m·K）]	$0.382\ 3 \times 10^{-3}$
		爆炸下限	1.27%

续表

物理性质	数据	物理性质	数据
表面张力/(mN/m)	30.92(0 ℃) 28.53(20 ℃)	爆炸上限	7.0%
		体膨胀系数(10~30 ℃)/K^{-1}	0.001 07

在溶解性方面,甲苯的溶解性能与苯相似,不溶于水,能与甲醇、乙醇、氯仿、乙醚、丙酮和冰乙酸、苯等多种有机溶剂混溶,对丁二醇、甘油等多元醇类几乎不溶解。甲苯能溶解甘油醇酸树脂、乙烯树脂和醇酸树脂等。在甲苯中加入甲醇、乙醇能增加醋酸纤维素和纤维素醚的溶解能力。其他物质与甲苯形成的部分二元共沸物如表 4-4 所示。

表 4-4 其他物质与甲苯形成的部分二元共沸物

第二组分	共沸温度/℃	甲苯含量	第二组分	共沸温度/℃	甲苯含量
水	84.1	86.5%	丁醇	105.5	68%
甲醇	63.8	31%	乙二醇	110.20	93.5%
乙醇	76.7	32%	甲酸	85.8	50%
异丙醇	80.6	42%	乙酸	104.95	66%
丙醇	92.6	57%	叔戊醇	100.0	44%
2-甲基庚烷	110.3	82%	异戊醇	109.95	86%
乙基环己烷	103.0	7%	异丁酸	136.4	83.7%
甲酸	94.5	17%	丙酸	132.5	57.5%

2. 甲苯的化学性质

甲苯在强氧化剂如高锰酸钾、重铬酸钾、硝酸的氧化作用下,可被氧化成苯甲酸;在催化剂存在下,用空气或氧气氧化也可得到苯甲酸;在硫酸存在的条件下,在 40 ℃以下用二氧化锰氧化可得到苯甲醛;用镍或铂作催化剂进行还原反应,生成甲基环己烷;用三氯化铝或三氯化铁作催化剂,甲苯与卤素反应生成邻位和对位卤代甲苯;在加热和光照下,与卤素反应则生成苄基卤;与硝酸反应生成邻位和对位硝基甲苯;若用混酸(硫酸+硝酸)硝化可得到 2,4-二硝基甲苯,继续硝化生成 2,4,6-三硝基甲苯(TNT);甲苯与浓硫酸或发烟硫酸发生磺化反应生成邻位和对位甲基苯磺酸;在三氯化铝或三氟化硼的催化作用下,甲苯与卤代烃、烯烃、醇发生烷基化反应,得到烷基甲苯的混合物;甲苯与甲醛和盐酸作用发生氯甲基化反应,生成邻位或对位甲基苄基氯。

3. 甲苯的用途

甲苯是一种重要的化工原料,应用范围十分广泛。

(1)作为化工原料:甲苯是制造喷漆、炸药、农药、苯甲酸、染料、合成树脂及涤纶等的重要原料;它也是汽油的组分之一,用于提高汽油的辛烷值;甲苯还可以用来生产苯和二甲苯。

(2)作为溶剂:甲苯可用作溶剂,特别是在有机合成中,能够与乙醇、乙醚、丙酮、氯仿、二硫化碳和冰乙酸混溶，但不溶于水。

（3）在医药和染料领域的应用：甲苯可用于制造医药和染料的中间体，例如通过氯化生成一氯苄、二氯苄和三氯苄，它们在工业上可作为良好的溶剂；通过硝化生成对硝基甲苯或邻硝基甲苯，它们是染料的原料；通过磺化生成邻甲苯磺酸或对甲苯磺酸。

（4）其他应用：甲苯还用于制造糖精、药物和染料等。

综上所述，甲苯在化工、医药、染料等多个领域都有重要应用，但其使用和处理需要严格遵守安全规定，从而防止潜在的危害。

4.2.3 二甲苯的性质及用途

1. 二甲苯的物理性质

二甲苯的化学式为 C_8H_{10}，无色透明液体，有芳香烃的特殊气味。在二甲苯中苯环的不同位置处连有两个甲基基团，故存在邻、间、对三种异构体，分别是邻二甲苯（CAS 号为 95-47-6）、间二甲苯（CAS 号为 108-38-3）、对二甲苯（CAS 号为 106-42-3）。二甲苯三种异构体的分子式为 C_8H_{10}，或通过半结构式 $C_6H_4(CH_3)_2$ 表示。在工业上，二甲苯即指上述异构体的混合物。邻、间、对三种异构体的结构式如图 4-4 所示。二甲苯的物理性质如表 4-5、表 4-6 和表 4-7 所示。

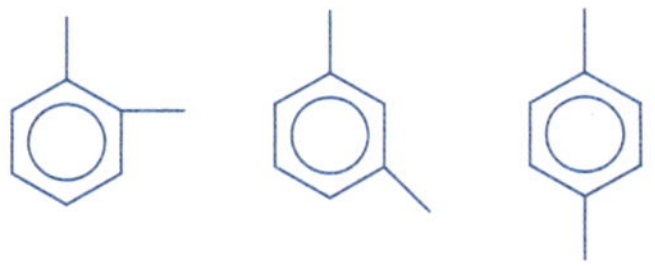

（a）　　（b）　　（c）

图 4-4 邻、间、对二甲苯的结构式

（a）邻位 （b）间位 （c）对位

表 4-5 邻二甲苯的物理性质

物理性质	数据	物理性质	数据
沸点（101.3 kPa）/℃	144.411	燃点/℃	495.5
熔点/℃	−25.182	临界温度/℃	357.1
相对密度（25 ℃/4 ℃）	0.875 99	比定压热容（25 ℃）/[kJ/（kg·K）]	1.26
折射率（25 ℃）	1.502 95	临界压力/MPa	3.73
介电常数（20 ℃）	2.266	热导率（16 ℃ $<t<$ 91 ℃）/[W/（m·K）]	（0.132 0~1.697 9）$\times 10^{-4}\ t$
偶极矩（−120~130 ℃，液体）/（10^{-30} C·m）	1.47		
黏度（25 ℃）/（mPa·s）	0.754	爆炸下限	1.09%
表面张力（25 ℃）/（mN/m）	29.48	爆炸上限	6.40%
闪点（闭口）/℃	17	蒸发热（101.3 kPa）/（kJ/mol）	36.84

表 4-6 间二甲苯的物理性质

物理性质	数据	物理性质	数据
沸点(101.3 kPa)/℃	139.103	比定压热容(25 ℃)/[kJ/(kg·K)]	1.20
熔点/℃	−47.872	临界温度/℃	343.82
相对密度(25 ℃/4 ℃)	0.859 92	临界压力/MPa	3.54
折射率(25 ℃)	1.494 64	热导率(20℃≤t<55 ℃)/[W/(m·K)]	(0.136 8~2.395 7)× $10^{-4}t$
介电常数(20 ℃)	2.374		
偶极矩(−40~120 ℃,液体)/(10^{-30} C·m)	1.134	爆炸下限	1.09%
黏度(25 ℃)/(mPa·s)	0.579	爆炸上限	6.40%
表面张力(25 ℃)/(mN/m)	28.08	燃点/℃	528
闪点(开口)/℃	25	蒸发热(101.3 kPa)/(kJ/mol)	36.38

表 4-7 对二甲苯的物理性质

物理性质	数据	物理性质	数据
沸点(101.3 kPa)/℃	138.351	比定压热容(25 ℃)/[kJ/(kg·K)]	1.20
熔点/℃	13.263	临界温度/℃	343.0
相对密度(25 ℃/4 ℃)	0.856 71	临界压力/MPa	3.51
折射率(25 ℃)	1.493 25	热导率(30 ℃≤t≤125 ℃)/[W/(m·K)]	(0.137 5~2.302)× $10^{-4}t$
介电常数(20 ℃)	2.270		
偶极矩(20 ℃,液体)/(10^{-30} C·m)	0	爆炸下限	1.08%
黏度(25 ℃)/(mPa·s)	0.603	爆炸上限	6.60%
表面张力(25 ℃)/(mN/m)	27.76	燃点/℃	529
闪点(闭口)/℃	25	蒸发热(101.3 kPa)/(kJ/mol)	36.00

在溶解性方面,二甲苯不溶于水,能与乙醇、乙醚、苯和烃类等多种有机溶剂混溶,在乙二醇、甲醇、2-氯乙醇等极性溶剂中则部分溶解。低沸点杂质的存在使混合二甲苯的沸点降低;高沸点杂质的存在使它的蒸发速度减慢,其蒸发速度与乙酸戊酯相似。在混合二甲苯中添加无水乙醇可增加它对纤维素酯、纤维素醚的溶解能力。混合二甲苯能溶解松香、达玛树脂、甘油三松香酸酯、香豆酮树脂、甘油醇酸树脂等,还可溶解大部分的油脂和蜡。二甲苯的部分二元共沸物分别如表 4-8、表 4-9 和表 4-10 所示。

表 4-8 邻二甲苯部分二元共沸物

第二组分	共沸点/℃	邻二甲苯含量①	第二组分	共沸点/℃	邻二甲苯含量①
甲酸	95.7	13.2%	环己醇	143.3	86.4%
乙二醇	140.0	75.5%	3-庚酮	142.4	59.8%
丙酸	135.4	48.1%	氯代乙酸	143.5	86.6%

续表

第二组分	共沸点/℃	邻二甲苯含量①	第二组分	共沸点/℃	邻二甲苯含量①
丁醇	117.1	17.2%	1-己醇	143.1	79.4%
丁酸	143.0	88.2%	乙酰胺	142.6	81.8%

①摩尔含量。

表 4-9 间二甲苯部分二元共沸物

第二组分	共沸点/℃	间二甲苯含量①	第二组分	共沸点/℃	间二甲苯含量①
水	92	24.3%	2-戊醇	118.3	26.2%
甲酸	92.8	14.5%	氯乙酸	139.1	92.2%
乙二醇	135.8	77.0%	乙酰胺	138.4	83.5%
乙酸	115.4	17.7%	异丁酸	136.9	82.6%
丙醇	98.1	3.4%	丁酸	138.5	93.0%

①摩尔含量。

表 4-10 对二甲苯部分二元共沸物

第二组分	共沸点/℃	对二甲苯含量①	第二组分	共沸点/℃	对二甲苯含量①
甲酸	94.5	17.0%	异丁酸	136.4	83.7%
乙二醇	135.2	77.5%	1-戊醇	131.3	53.5%
乙酸	115.2	18.8%	乙酰胺	137.8	86.5%
丁醇	116.2	24.8%	氯代乙酸	138.4	95.3%
丁酸	137.8	93.5%	氯代乙酸甲酯	128.3	15.3%

①摩尔含量。

2. 二甲苯的化学性质

邻二甲苯：经稀硝酸氧化生成邻甲苯甲酸；经高锰酸钾氧化得到邻苯二甲酸和邻甲基苯甲酸；以五氧化二钒为催化剂，480 ℃气相氧化生成邻苯二甲酸酐；将邻二甲苯在光催化下煮沸并通入氯气，生成氯代二甲苯，继续通氯，两侧链上的氢可依次被氯取代。

间二甲苯：经铬酸氧化成间苯二甲酸。与其他氧化剂的作用与邻二甲苯相似，氧化作用也相似。间二甲苯与发烟硝酸发生硝化反应，生成二硝基二甲基苯；与硫酸发生磺化反应；在三氯化铝催化作用下能发生烷基化反应。

对二甲苯：用稀硝酸氧化可生成对甲基苯甲酸，继续氧化生成对苯二甲酸。与其他氧化剂的作用和邻二甲苯类似。对二甲苯在碳酸钠水溶液和空气存在条件下，于 250 ℃、6 MPa 生成对甲基苯甲酸、对苯二甲酸、乙醛。用钴盐作催化剂，120 ℃经空气液相氧化生成对甲基苯甲酸。氯化反应与其他二甲苯类似。对二甲苯热解生成甲烷、氢、甲苯、2,6-二甲基蒽。

3. 二甲苯的用途

（1）用作硝基喷漆、涂料、胶黏剂及清漆的溶剂，并作为制造苯胺、苯酚、苦味酸、染料、人造麝香、合成纤维、医药、香料、杀虫剂等的原料及橡胶助剂。

（2）用于测定化合物中的水分。

（3）用作溶剂、精密光学仪器及电子工业用的清洗剂。

（4）用于电子工业，常用于清洗去油剂及某些光刻胶溶剂。

此外，邻二甲苯用于制造邻苯二甲酸酐、邻苯二甲腈、二甲苯酚和二甲苯胺，用作航空汽油添加剂；间二甲苯用于医药、香料和染料中间体原料及彩色电影油溶性成色剂，还可用于制造间苯二甲酸，需求量相对较少，常将其通过异构化转变成其他异构体；对二甲苯主要用于制造对苯二甲酸和对甲基苯甲酸。

4.3 原料及产品情况

4.3.1 芳烃液液抽提工艺原料和产品

芳烃液液抽提工艺待分离原料典型组成如表 4-11 所示，抽提所需的环丁砜溶剂规格如表 4-12 所示。

表 4-11 芳烃液液抽提工艺待分离原料典型组成

组分	非芳烃	苯	甲苯	对二甲苯	间二甲苯	邻二甲苯	重芳烃
含量	29.93%	5.18%	28.45%	6.20%	14.07%	10.85%	5.32%

表 4-12 芳烃液液抽提工艺所需环丁砜溶剂规格

项目	规格
外观	无色透明液体
纯度	≥ 99.0%
硫含量	26.0%~27.0%
环丁烯砜含量/（mg/kg）	≤ 500
密度（30 ℃）/（kg/m^3）	1 260~1 270
水含量	≤ 3.0%
pH 值	6~9

芳烃液液抽提工艺生产出三种产品，即苯、甲苯和混合二甲苯，其产品分别达到《石油苯》（GB/T 3405—2011）、《石油甲苯》（GB/T 3406—2010）和《石油混合二甲苯》（GB/T 3407—2019）的要求，具体指标如表 4-13、表 4-14 和表 4-15 所示。

表 4-13 石油苯技术要求

项目	质量指标		试验方法
	石油苯-535	石油苯-545	
外观	透明液体，无不溶于水及机械杂质		目测
色度（Pt-Co 色号）	≤ 20	≤ 20	GB/T 3143
苯纯度	≥ 99.80%	≥ 99.90%	ASTM D4492
甲苯含量	≤ 0.1%	≤ 0.05%	ASTM D4492
非芳烃含量	≤ 0.15%	≤ 0.10%	ASTM D4492
噻吩含量	报告	≤ 0.6 mg/kg	ASTM D1685 ASTM D4735
酸洗比色	酸层颜色不深于 1 000 mL 稀酸中含 0.20 g 重铬酸钾的标准溶液	酸层颜色不深于 1 000 mL 稀酸中含 0.10 g 重铬酸钾的标准溶液	GB/T 2012
总硫含量/（mg/kg）	≤ 2	≤ 1	SH/T 0253 SH/T 0689
溴指数/（mg/100g）	—	≤ 20	SH/T 0630 SH/T 1767
结晶点（干基）/℃	5.35	5.45	GB/T 3145
1,4-二氧己烷含量	由供需双方商定		ASTM D4492
氮含量	由供需双方商定		SH/T 0657
水含量	由供需双方商定		SH/T 0246
密度（20℃）	报告		GB/T 2013
中性试验	中性		GB/T 1816

表 4-14 石油甲苯技术要求

项目	质量指标		试验方法
	Ⅰ	Ⅱ	
外观	透明液体，无不溶于水及机械杂质		目测
色度（Pt-Co 色号）	≤ 10	≤ 20	GB/T 3143
密度（20 ℃）	—	865~868 kg/m^3	GB/T 2013
纯度	≥ 99.9%	—	ASTM D6526
苯含量	≤0.03%	≤0.10%	GB/T 6017
C8 芳烃含量	≤0.05%	≤0.10%	
非芳烃含量	≤0.1%	≤0.25%	
酸洗比色	酸层颜色不深于 1 000 mL 稀酸中含 0.20 g 重铬酸钾的标准溶液		GB/T 2012
总硫含量/（mg/kg）	≤ 2		SH/T 0253 SH/T 0689
蒸发残余物/（mg/100mL）	≤ 3		GB/T 3209
中性试验	中性		GB/T 1816
溴指数	由供需双方商定		SH/T 0630 SH/T 1767

表 4-15 石油混合二甲苯技术要求

项目	质量指标		试验方法
	3 ℃混合二甲苯	5 ℃混合二甲苯	
外观	透明液体，无不溶于水及机械杂质		目测
色度（Pt-Co 色号）	≤ 20		GB/T 3143
密度（20℃）/（kg/m³）	862~868	860~870	GB/T 2013
初馏点/℃	≥137.5	≥137	GB/T 3146.1
干点/℃	≤141.5	≤143	
总馏范围/℃	≤3	≤5	
酸洗比色	酸层颜色不深于 1 000 mL 稀酸中含 0.3 g 重铬酸钾的标准溶液	酸层颜色不深于 1 000 mL 稀酸中含 0.5 g 重铬酸钾的标准溶液	GB/T 2012
总硫含量/（mg/kg）	≤ 1		SH/T 0253
蒸发残余物/（mg/100mL）	≤ 3	≤ 5	GB/T 3209
铜片腐蚀	通过		GB/T 11138
中性试验	中性		GB/T 1816

4.3.2 芳烃萃取精馏工艺原料和产品

芳烃萃取精馏工艺待分离原料典型组成如表 4-16 所示。

表 4-16 芳烃萃取精馏工艺待分离原料典型组成

组分	含量	组分	含量
正戊烷	2.829%	正辛烷	1.345%
环戊烷	0.964%	二甲基环己烷	0.532%
C6 异构烷烃	2.676%	乙苯	6.332%
正己烷	5.119%	对二甲苯	1.143%
甲基环戊烷	3.141%	间二甲苯	2.680%
环己烷	1.408%	邻二甲苯	1.324%
苯	43.602%	C9 异构烷烃	0.350%
C7 异构烷烃	0.859%	正壬烷	0.079%
正庚烷	2.377%	三甲基环己烷	0.119%
甲基环己烷	1.947%	正癸烷	0.030%
甲苯	21.135%	重芳烃	0.009%

芳烃萃取精馏工艺也生产出三种产品，即苯、甲苯和混合二甲苯，其产品也分别达到 GB/T 3405—2011、GB/T 3406—2010 和 GB/T 3407—2019 的要求，具体指标如表 4-13、表 4-14 和表 4-15 所示。

4.4 芳烃抽提分离工艺技术

芳烃生产原料组分繁多,有多种烷烃、环烷烃、芳烃和少量烯烃,还有它们的各种同分异构体,而这些烃类物质之间的沸点差很小或形成共沸物,因此不能用简单蒸馏的方法将其分离。

轻质烃类芳构化、重质芳烃轻质化生产 BTX 芳烃技术的较快发展,推动了芳烃之间的转化和分离技术的发展。芳烃的分离技术主要包括液液抽提、萃取精馏、吸附分离、结晶分离、模拟移动床吸附分离和膜分离等工艺。目前,我国芳烃生产企业采用最多的方法主要有液液抽提技术、萃取蒸馏技术。

4.4.1 萃取精馏工艺原理简介

详见 2.4.1 节。

4.4.2 液液抽提工艺原理简介

液液抽提也称溶剂萃取、液液萃取、溶剂抽提,是分离液相混合物的重要单元操作,是依据待分离溶质 A 在两个基本互不相溶的液相(萃取相 E 和萃余相 R)之间分配的差异来实现传质分离的。也就是说,液液抽提是依据溶质的溶解特性来实现的,而与溶质的溶解特性密切相关的是溶质在两个互不相溶的溶剂中的分配关系。正是这种分配关系不同才使得溶质 A 从原料液 B 中被萃取剂分离出来。

液液抽提分离芳烃是利用溶剂环丁砜对芳烃和非芳烃选择溶解性的不同,从而达到使芳烃和非芳烃分离的目的。液液抽提装置生产的芳烃具有质量好、回收率高、原料适应性好的特点,适合芳烃和非芳烃同时分离,得到高纯度的 BTX。

芳烃液液抽提过程如下:溶剂环丁砜从塔的上部连续加入,原料从塔的中部加入,原料入口以上的溶剂自上而下流动,与原料逆流接触,实现抽提分离目的。抽提塔原料入口以上为抽提段,离开抽提段的抽提相中除溶有芳烃外,还溶有一部分非芳烃,从抽提塔下部加入的反洗液,与抽提段下来的抽提相逆流接触,根据溶剂对烃类的溶解度差异,把非芳烃置换出去,从而提高了芳烃纯度。

通常用三角相图来表达液液抽提的平衡关系,就环丁砜抽提过程而言,芳烃、非芳烃(烷烃和环烷烃)、环丁砜的溶解度曲线内为可分离的萃取操作区域,溶解度曲线外则为共相区,不能用萃取方法将芳烃和非芳烃分离。芳烃、非芳烃(烷烃和环烷烃)、环丁砜三元体系相平衡如图 4-5 所示。

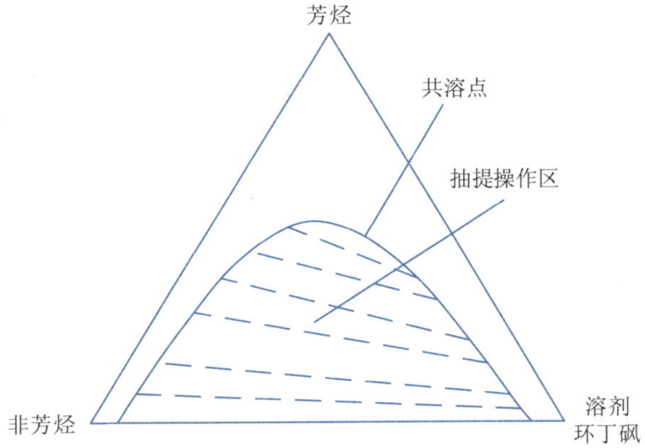

图 4-5 芳烃、非芳烃、环丁砜体系三角相图

溶剂的性能对芳烃抽提过程的技术经济起着决定性作用,选择溶剂的基本要求包括:

①对芳烃有足够的溶解能力,溶解度大,以降低溶剂比和操作费用;

②有良好的选择性,即族选择性高、轻重选择性适宜;

③与抽提原料的密度差大,即要求溶剂的相对密度大,有利于两相分离;

④与芳烃的沸点差大,易于芳烃与溶剂的分离;

⑤溶剂热稳定性强,无腐蚀性,与组分不发生化学反应;

⑥溶剂的比热容小、气化潜热小,有利于降低抽提工艺过程的热能消耗;

⑦毒性小、腐蚀性小、廉价、易得。

芳烃抽提工业装置常用溶剂对芳烃的溶解性、选择性及溶剂本身的物理性质和化学性质如表 4-17 所示。

表 4-17 芳烃抽提溶剂比较

溶剂	选择性①	溶解性②	热稳定性	化学稳定性	沸点/℃	凝固点/℃
环丁砜	10.65	0.52	良	良	285.0	28.0
四甘醇	6.22	0.60	优	良	327.0	-5.6
N-甲基吡咯烷酮	6.66	0.67	优	良	204.3	-24.0
N-甲酰基吗啉	8.15	0.64	优	优	243.0	23.0

注:①苯对环己烷在 40 ℃时的选择性。

②苯对溶剂的溶解性。

由表 4-17 中可以看出,从溶解度的角度来看,N-甲基吡咯烷酮为最佳溶剂;从选择性角度来看,环丁砜为最佳溶剂;从溶剂的热稳定性和化学稳定性来看, N-甲酰基吗啉为最佳溶剂。通常情况下,适宜的抽提溶剂应具有较高的沸点、密度,方便回收且溶剂损失少,从这个角度来讲,环丁砜为最佳溶剂。总之,环丁砜和 N-甲酰基吗啉都是芳烃抽提的适宜溶剂。

环丁砜溶剂溶解能力强、选择性好、易分离、溶剂损耗少、无毒价廉,并能从芳烃原料中经济、高回收率地获取高纯度芳烃,现已被广泛采用。截至 2003 年,世界上已建成投产的

250 多套芳烃抽提装置中，以环丁砜技术建成的装置达 200 套左右。

4.4.3 芳烃液液抽提分离工艺

芳烃液液抽提分离工艺所涉及的公用工程如表 4-18 所示。

表 4-18 公用工程指标

名称	项目	数值	备注
3.0 MPa 蒸汽	压力/MPaG	3.0	—
	温度/℃	260	过热
0.9 MPa 蒸汽	压力/MPaG	0.9	—
	温度/℃	220	过热
新鲜水	压力/MPaG	0.55~0.7	—
脱盐水	压力/MPaG	0.35~0.45	—
循环水	压力/MPaG	≥ 0.4	—
	温度/℃	≤ 31	—
仪表风	压力/MPaG	0.6~0.8	—
N_2	压力/MPaG	0.68~1.3	—
电	高压电源/V	6 000	—
	低压电源/V	380/220	—

芳烃液液抽提工艺以环丁砜为溶剂，利用环丁砜对芳烃良好的溶解性和选择性，使苯、甲苯、二甲苯从原料中溶解出来，再经分离工序分离出高纯度的苯、甲苯和二甲苯。其工艺流程如图 4-6 所示。

来自后分馏部分的 C6、C7、C8 馏分，送入抽提进料缓冲罐，作为抽提塔 T101 的进料，经抽提塔进料泵升压后送入 T101 中部第 56、65、76 块塔板，来自贫富溶剂换热器的贫溶剂送至 T101 顶部，回流芳烃从汽提塔 T103 塔顶送至 T101 下部，T101 共有 86 块筛板。当回流芳烃中积累较多烯烃时，需将部分回流芳烃改为从原料油上进料口（第 56 块塔板）入塔。当抽提进料中芳烃含量过高时，亦需将部分贫溶剂（第三溶剂）改由原料油进料口入塔。T101 塔顶压力采用补氮和放空的分程控制。塔的下界面与塔底富溶剂采出量串级控制，塔的上界面与抽余油采出量串级控制。

抽余油水洗塔 T102 共有 9 块筛板，T101 塔顶抽余油进入 T102 塔底。新鲜水进入 T102 塔顶，在水洗塔内，水与抽余油逆流接触，塔底水一部分循环到抽余油水冷器进行初步洗涤，其余部分含溶剂的水送往水汽提塔 T105。抽余油除去溶剂以后，作为副产品送出装置。在抽余油水洗塔 T102 中，油为分散相，水为连续相。为了保证水洗效果，该塔应设有油的上循环和水的下循环，应维持合理的循环量。

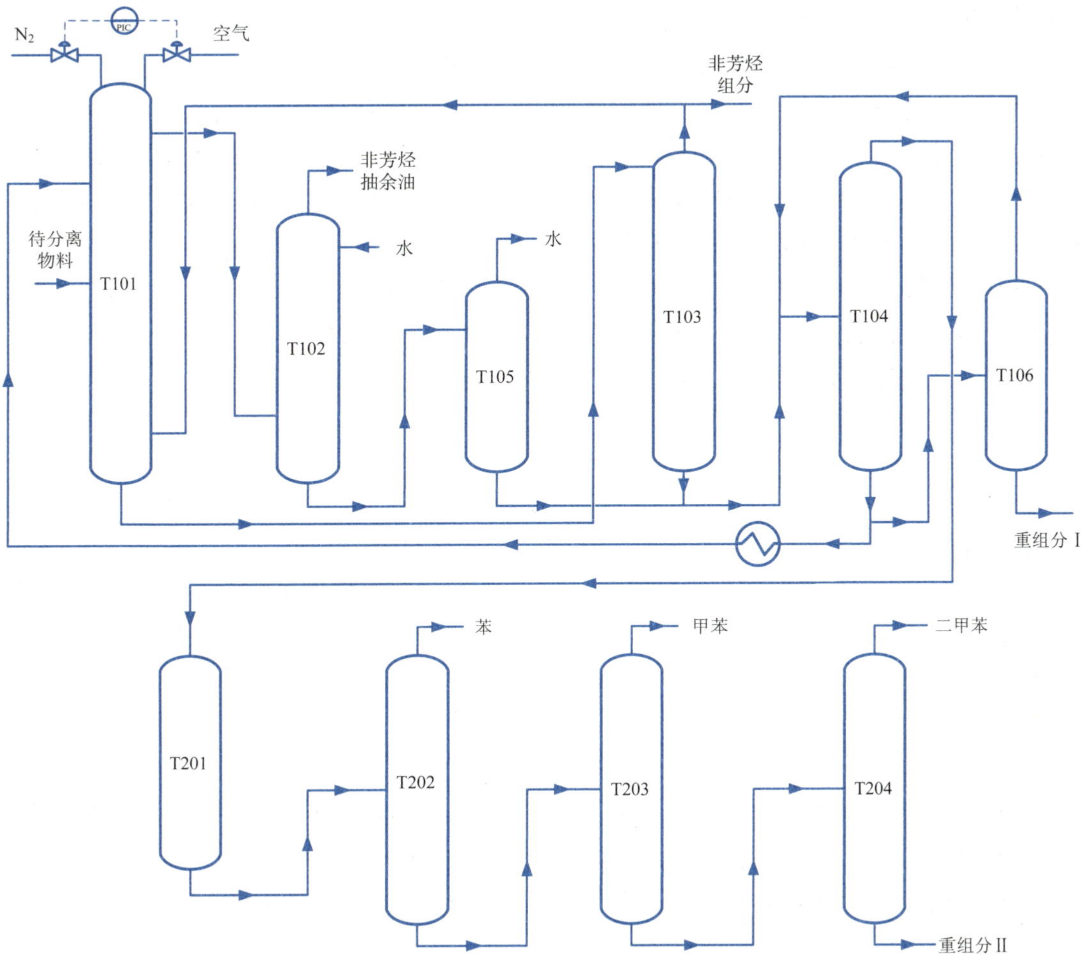

T101—抽提塔；T102—抽余油水洗塔；T103—汽提塔；T104—回收塔；T105—水汽提塔；
T106—溶剂再生塔；T201—白土塔；T202—苯塔；T203—甲苯塔；T204—二甲苯塔

图 4-6 芳烃液液抽提工艺流程

从 T101 塔底来的富溶剂送至汽提塔 T103 塔顶第 1 块塔板，T103 共有 40 块浮阀塔板。在汽提塔内，非芳烃与一定量的芳烃从 T103 塔顶蒸出。T103 塔底热源采用 2.2 MPaG 蒸汽，塔顶蒸出物采用流量控制，塔底压力与蒸汽凝水量串级控制，塔釜液面与采出量串级控制。

水汽提塔 T105 共有 5 块浮阀塔板，在 T105 中，对来自 T103 的第二富溶剂在塔底液位与流量串级控制下由汽提塔底泵送入溶剂回收塔 T104 中部第 17 块塔板。T104 共有 32 块浮阀塔板，塔顶蒸出拟回收的芳烃产品，塔釜得到解吸干净的溶剂环丁砜，经换热器调节温度后，返回 T101。

回收塔 T104 塔底贫溶剂少部分送入溶剂再生塔 T106 进行再生，除去其中的高分子聚合物及其他机械杂质，使溶剂环丁砜循环使用。

溶剂回收塔 T104 塔顶的混合芳烃进入白土塔 T201，脱除物料中残留的少量烯烃后，进入苯塔 T202，塔顶采出苯产品，塔底物料进入甲苯塔 T203，塔顶采出甲苯产品，塔底物料进入二甲苯塔 T204，塔顶采出混合二甲苯产品，塔底采出重芳烃组分。

该工艺可通过一些手段延长装置的运行周期。例如：汽提塔顶罐用氮封，防止空气进入引起溶剂氧化；汽提塔、回收塔及溶剂再生塔再沸器的加热热源采用 2.2 MPaG 蒸汽以避免溶剂超温；在抽提塔底富溶剂中加入消泡剂，用量为循环溶剂质量的 0.000 1%~0.000 3%。必要时将抗腐蚀剂单乙醇胺注入系统中，以控制溶剂的 pH 值，这些措施均可缓解发泡和腐蚀问题；抽提系统得到的芳烃产品中可能含有痕量的烯烃和其他杂质，会明显影响芳烃产品的酸洗比色和中性试验等指标。为了除去这些痕量杂质，芳烃产品需经白土处理。

芳烃液液抽提工艺中各工序的操作参数如表 4-19 所示。

表 4-19 芳烃液液抽提塔操作参数统计

塔编号	T101	T102	T103	T104	T105	T106	T201	T202	T203	T204
塔顶温度/℃	93.2	71.5	129.5	153.2	124.2	160~180	53.1	69.2	97.6	118.9
塔顶压力/kPa	102.6	103.1	105.7	27.64	104.1	—	101.8	104.3	106.9	109.4
塔底温度/℃	147.2	92.3	161.3	188.4	166.5	160~180	92.8	117.2	134.5	153
回流比	0.85	—	—	—	—	—	—	3.0	3.3	3.9
溶剂比	3.06	—	—	—	—	—	—	—	—	—

在实际生产中，芳烃抽提的生产成本还会受到多种因素的影响，包括生产规模、能源价格等。因此通过优化生产过程、提高能源利用效率、采用先进的生产工艺等措施，可以有效降低装置的运行成本，提高企业的竞争力。典型的芳烃液液抽提装置消耗定额如表 4-20 所示。

表 4-20 典型的芳烃液液抽提装置消耗定额

项目	消耗定额	项目	消耗定额
循环水/(t/t)	143.56	2.2 MPa 蒸汽/(t/t)	3.03
新鲜水/(t/t)	0.42	仪表空气/(Nm^3/t)	5.54
脱盐水/(t/t)	0.005 3	压缩空气/(Nm^3/t)	2.16
电/(kW·h/t)	40.31	N_2/(Nm^3/t)	5.54
0.9 MPa 蒸汽/(t/t)	0.28	—	—

4.4.4 芳烃萃取精馏分离工艺

以环丁砜为溶剂的抽提蒸馏工艺，利用溶剂对原料中各组分相对挥发度影响的不同，通过精馏实现芳烃与非芳烃分离。溶剂和 C6~C8 馏分在抽提蒸馏塔接触形成气液两相，由于溶剂与芳烃的作用力更强，非芳烃富集于气相，在塔顶排出，芳烃富集于液相并被提纯，在塔底排出。富集芳烃的液相进入溶剂回收塔，在塔内进行芳烃与溶剂的分离，溶剂循环使用。

芳烃萃取精馏工艺流程如图 4-7 所示。

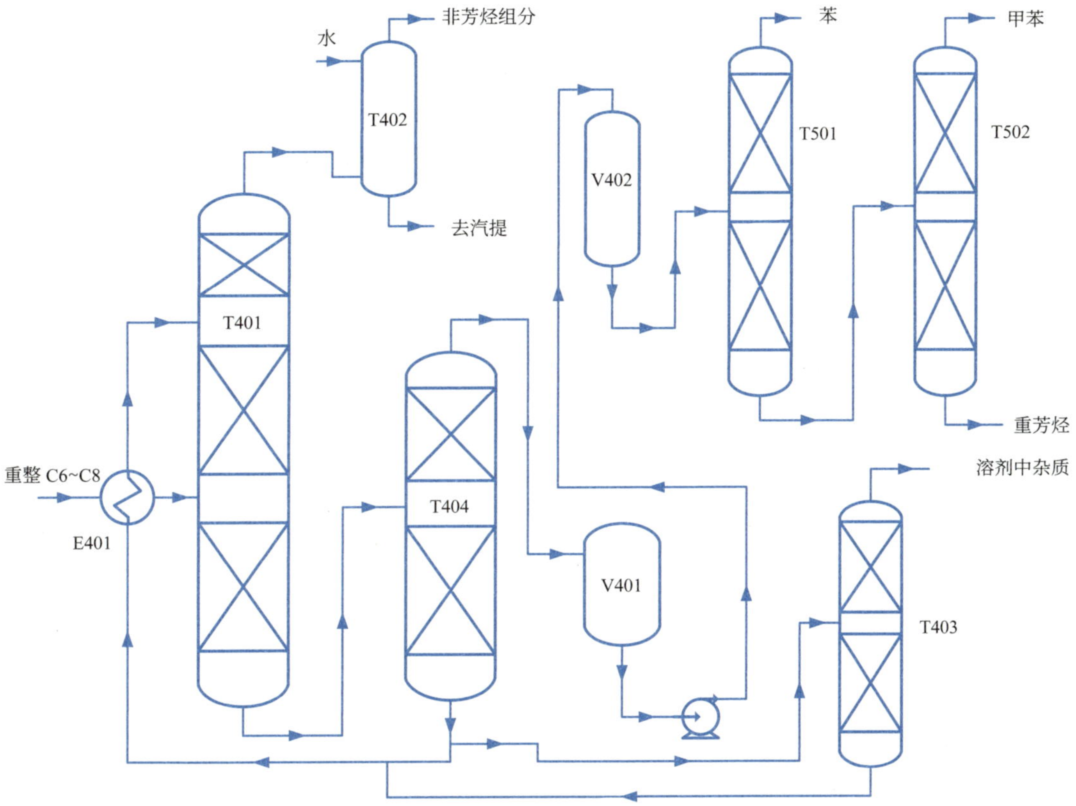

T401—萃取精馏塔；T402—非芳烃水洗塔；T403—溶剂精制塔；T404—溶剂解吸塔；T501—苯塔；T502—甲苯塔；V401—芳烃缓冲罐；V402—白土罐；E401—贫溶剂/进料换热器

图 4-7 芳烃萃取精馏工艺流程

萃取精馏部分的作用是在溶剂（环丁砜和水）作用下，通过改变组分间的相对挥发度，实现苯、甲苯与非芳烃的分离。自抽提进料缓冲罐的 C6~C8 馏分经泵加压后，进入贫溶剂/进料换热器 E401 与贫溶剂换热，而后从塔中部进入萃取精馏塔 T401，贫溶剂经换热后从塔上部进入 T401。在 T401 塔内烃蒸气物流向上流动，与向下流动的溶剂环丁砜逆向接触，利用溶剂对芳烃的选择性，使苯、甲苯和其他芳烃进入塔釜，T401 塔顶的非芳烃经萃取精馏塔的空冷器冷却后，进入抽提蒸馏塔回流罐，一部分作为回流液返回 T401；T401 塔回流罐内的一部分非芳烃经泵加压后，进入非芳烃水洗塔 T402，脱除非芳烃中少量的溶剂，作为抽余油产品送出界区。

萃取精馏塔 T401 底部的富溶剂经塔底泵送到溶剂解吸塔 T404 进行芳烃与溶剂的分离，T404 在减压下操作，塔顶残压由压力控制器控制溶剂回收塔真空泵吸入口的抽出量或氮气补入量进行调节，T404 塔顶的芳烃产品经冷却后，进入溶剂回收塔回流罐，回流罐内的产品经泵加压后，一部分返回溶剂回收塔作为回流液，另一部分送至芳烃缓冲罐 V401。T404 塔釜是含有一定量水的环丁砜溶剂，经贫溶剂泵加压后，大部分溶剂作为 T401 重沸器预热器热源，再以 E401 做热源，最后返回到 T401 作为贫溶剂循环使用。少部分贫溶剂送到溶剂精制塔 T403 进行再生，脱除溶剂中的轻重组分。

芳烃缓冲罐 V401 的芳烃经白土罐进料泵升压，进入白土罐 V402 脱除芳烃中的烯烃，后进入苯塔 T501。T501 塔顶馏出物经苯塔顶空冷器冷却后，进入苯塔回流罐，一部分回流，一部分采出经冷却后泵送至罐区。T501 塔釜采出液经苯塔底泵增压，在流量与苯塔塔底液位串级控制下送往甲苯塔 T502。T502 塔顶馏出物经甲苯塔顶空冷器冷却后，进入甲苯塔回流罐，一部分回流，一部分采出经冷却后泵送至罐区，塔釜得到重组分，也作为产品送出界区。芳烃萃取精馏塔操作参数如表 4-21 所示。

表 4-21 芳烃萃取精馏塔操作参数

塔编号	T401	T402	T403	T404	T501	T502
塔顶温度/℃	102.25	71	—	113.1	62.8	94.5
塔顶压力/kPa	89.9	29.13	—	103.2	105.4	106.1
塔底温度/℃	141	166	—	161.3	112.5	157.9
回流比	0.39	0.62	—	0	2.8	2.3
萃取剂进料量/(t/h)	125.6	—	—	—	—	—
溶剂比	3.91	—	—	—	—	—

4.4.5 芳烃抽提分离工艺对比

不同的芳烃抽提分离技术，其芳烃分离部分的流程基本相同，能耗差别不大。因此为了简化讨论范围，本节重点讨论不同芳烃抽提技术抽提部分的能耗差异。本节以重整生成油为原料，利用环丁砜为溶剂，以生产苯、甲苯为目标，对两种芳烃抽提工艺进行综合比较。液液抽提技术的数据为模拟值，抽提蒸馏技术的数据为已有基础设计文件，对比结果如下。

1. 主要操作参数的对比

以环丁砜为溶剂，液液抽提技术及抽提蒸馏技术的抽提单元的主要操作参数如表 4-22 所示。

表 4-22 芳烃抽提分离工艺主要操作参数对比

参数	液液抽提技术	萃取精馏技术
溶剂比	4.0	4.0
贫溶剂进料温度/℃	68	110
反洗比	0.45	—
回收塔回流比	0.5	0.66
回收塔操作压力/MPaG	−0.05	−0.05
回收塔釜操作温度/℃	176	176

2. 装置能耗的对比

一般认为，对于芳烃抽提装置，针对不同的原料及产品方案，液液抽提技术及萃取精馏技术有不同的优势。具体来说，对于单苯抽提的产品方案，萃取精馏工艺在设备投资及操作费用上明显低于液液抽提工艺，且装置处理量越大，经济效益越明显。对于苯、甲苯和混合二甲苯的三苯抽提方案，则液液抽提技术的能耗有优势。对于苯、甲苯的两苯抽提方案，则需要根据原料中的芳烃含量进一步比较判断。按照《石油化工设计能耗计算标准》（GB/T 50441—2016）的规定计算，进料组成和溶剂比相同的两种芳烃抽提技术的能耗值如表 4-23 所示。本装置进料规模为 100 t/h，因此两种芳烃抽提技术对每吨原料的总能耗分别为 30.64 kg 标油和 41.79 kg 标油。《炼化行业单位产品能源消耗限额》（GB 30251—2024）规定芳烃抽提装置的能耗定额为 40 kg 标油/t 进料量。因此对于本章的进料及产品方案，液液抽提技术抽提部分的能耗指标很先进，而抽提蒸馏技术的能耗则略高于此定额标准，需采用加热设备凝结水逐级闪蒸等节能方式降低能耗。

表 4-23　液液抽提工艺和萃取精馏工艺能耗对比

序号	名称	消耗单位	消耗量	能耗单位	能耗指标	液液抽提能耗	萃取精馏能耗
1	循环水	t/h	478	kg 标油/t	0.06	28.68	6.84
2	电	kW·h	990	kg 标油/（kW·h）	0.22	217.8	178.2
3	3.5 MPa 蒸汽	t/h	33.8	kg 标油/t	88	297 4	422 4
4	锅炉给水	t/h	8	kg 标油/t	6.5	52	52
5	蒸汽凝水	t/h	−42	kg 标油/t	5.5	−231	−308
6	空气	Nm^3/h	200	kg 标油/（Nm^3/h）	0.038	7.6	2.28
7	氮气	Nm^3/h	100	kg 标油/（Nm^3/h）	0.15	15	15
8	除盐水	t/h	8.5	kg 标油/t	1.0	—	8.5

抽提装置的能耗与进料中的芳烃含量密切相关。本节讨论的进料为重整生成油 C6~C7 馏分，进料总芳烃的质量分数约为 65%，而乙烯裂解汽油进料中的总芳烃质量分数可达 85%。对于萃取精馏工艺，进料中的非芳烃含量越高，意味着抽提蒸馏塔再沸器越大。而抽提蒸馏塔再沸器的能耗约占装置总能耗的 50%。因此，一般认为处理芳烃含量较高的乙烯裂解汽油进料，萃取精馏工艺具有能耗优势，而处理芳烃含量相对较低的重整进料，液液抽提工艺具有能耗优势。在所规定的条件下，液液抽提技术的能耗指标约为抽提蒸馏技术能耗指标的 75%，与已有的定性认知相符。

从表 4-23 可以看出两种芳烃抽提工艺的蒸汽能耗值均占总能耗值的绝对比重，且两种芳烃抽提工艺存在能耗差值的主要原因也是蒸汽用量的不同。在液液抽提工艺中，涉及蒸汽加热的塔及其相应的中压蒸汽消耗量分别为汽提塔 25.3 t/h、回收塔 16.1 t/h、溶剂再生塔 0.3 t/h。在萃取精馏工艺中，涉及蒸汽加热的塔及其相应的中压蒸汽消耗量分别为抽提蒸馏塔 35.9 t/h、回收塔 19 t/h、溶剂再生塔 1 t/h。因此可进一步得出结论，两种芳烃抽提工艺的能耗差值主要体现在汽提塔和萃取精馏塔的中压蒸汽耗量的区别，即进料中重质非芳烃以及总非芳烃含量的大小决定了两种芳烃抽提技术能耗指标的相对优劣。

3. 溶剂比和反洗比对能耗的影响

一般来说，影响液液抽提工艺装置能耗的主要因素是进料中的芳烃含量。芳烃含量越高，装置的能耗越高。在进料组成固定的前提下，也可以通过降低溶剂比和反洗比降低装置的能耗。下面针对相同的进料，在不同的溶剂比及反洗比条件下进行模拟计算，各条件下的能耗如表 4-24 所示。

表 4-24 不同溶剂比及反洗比下的装置能耗

序号	溶剂比	反洗比	能耗/(kg 标油/t 进料)	序号	溶剂比	反洗比	能耗/(kg 标油/t 进料)
1	4.5	0.440	30.6	7	3.6	0.378	29.1
2	4.4	0.460	31.0	8	3.4	0.360	28.7
3	4.3	0.435	30.4	9	3.2	0.380	29.0
4	4.2	0.415	30.0	10	3.0	0.400	29.4
5	4.0	0.450	30.7	11	2.8	0.360	28.7
6	3.8	0.388	29.3	—	—	—	—

从表 4-24 中可以看出，随着溶剂比及反洗比的降低，装置的能耗总体呈现下降趋势。可以看出，在溶剂比一直下降的前提下，反洗比的波动方向与能耗的波动方向一致，这说明反洗比对能耗的影响更为显著，这一点也与实际情况相符。在生产操作中，反洗比的增加或者降低意味着汽提塔重沸负荷的增加或者降低，即决定了汽提塔蒸汽用量的变化。汽提塔蒸汽能耗约占装置总能耗的 30%。溶剂比的增加或者降低意味着贫溶剂泵轴功率的增加或者降低，即决定了贫溶剂泵的用电变化。贫溶剂泵的用电能耗只占装置总能耗的 3%左右。因此反洗比降低对装置能耗降低更有意义。在保证产品及收率满足要求的前提下，应尽量降低反洗比以降低装置的能耗。

4.5 芳烃抽提分离工艺改进

4.5.1 芳烃抽提劣化环丁砜溶剂系统优化

芳烃抽提装置采用环丁砜作为循环溶剂。环丁砜为无色透明液体，属极强性物质，对芳香族的溶解度特别大。抽提工艺利用环丁砜对芳烃和非芳烃溶解能力的差异将芳烃抽提出来，得到非芳烃和芳烃。抽提过程的经济性（包括产品纯度、收率和能耗等）很大程度上取决于溶剂的性能，因此必须严格控制溶剂温度、氧含量和 pH 值等指标。

环丁砜在有氧存在或温度大于 180 ℃时发生分解和水解，产物包括 SO_2、醛类、磺酸和磺酸盐等酸性物质。在长期工业运行中,这些劣化形成的酸性物质积聚,使溶剂颜色加深,pH 值下降,设备腐蚀加剧,装置频发泄漏和设备损坏,如抽提装置汽提塔塔壁多次腐蚀泄漏,溶剂回收塔塔釜汽提蒸汽分配器、再沸器整体腐蚀损坏,溶剂再生塔再沸器腐蚀损坏,溶剂泵叶轮、单向阀腐蚀损坏,出口弯头整体减薄等,直接影响生产的平稳运行和产品的品质。

1. 环丁砜劣化的因素

对于芳烃抽提装置,引起环丁砜劣化的主要因素如下。

(1)氧气。纯净的环丁砜无色透明,在工业生产中,原料携带氧气或系统密封不严而窜入空气都会导致环丁砜中存在微量氧气,使环丁砜氧化生成某些显色基团,呈淡黄色。有研究表明,空气存在时的 SO_2 释放量比无空气时多,导致 pH 值下降也更明显,说明氧气对环丁砜稳定性的影响较大。

(2)温度。引起环丁砜劣化的一个重要因素就是温度。实验表明,低于 180 ℃时,环丁砜表现出良好的热稳定性,当温度升高,尤其是高于 220 ℃后,环丁砜分解加剧,生成 SO_2、丁二烯等,丁二烯可以发生聚合,生成固体大分子物质聚丁二烯,造成抽提塔塔盘和管线阻塞。因此生产操作造成的局部温度过高是环丁砜劣化的主要原因。

(3)水。为了改善环丁砜对芳烃的选择性,降低环丁砜在回收塔内的分压,往往会向系统中注入少量除氧水。有研究者提出的水解观点认为,环丁砜在抽提工艺条件下与水发生反应,开环生成磺酸,同时酸对环丁砜开环水解反应起催化作用,进一步加剧了水解反应,造成环丁砜劣化。

(4)氯离子。重整生成油中含有微量氯离子,进入抽提装置后,少量随抽余油带出,大量氯离子在溶剂环丁砜的强极性作用下不断富集,从而会对抽提装置造成腐蚀。

2. 生产优化手段

针对环丁砜劣化机理,根据目前抽提装置生产现状,需采取必要的优化措施,一方面抑制环丁砜分解,减少生成的酸性产物;另一方面及时将酸性物质脱除,减轻对系统的腐蚀。

(1)减少系统氧含量。抽提溶剂的氧气一部分来自原料自身,一部分由于负压系统密封不严导致空气窜入。因此需持续监控抽提原料油氧含量,及时锁紧检修期间改动过的法兰、人孔等,降低负压系统泄漏量。

(2)优化系统温度。为抑制环丁砜热解,抽提系统采用 220 ℃、2.2 MPa 过热蒸汽作为精馏塔再沸热源;溶剂回收塔采取负压水汽提操作工艺,降低环丁砜沸点。在此基础上,需继续优化回收塔热井温度,稳定系统水循环,控制汽提蒸汽和汽提水流量,在保证分离精度的基础上最大限度降低热井温度。

(3)合理注入单乙醇胺控制 pH 值。单乙醇胺是目前芳烃抽提工艺中公认的效果较好的添加剂。其作用是中和环丁砜劣化产生的酸性物质,减少设备酸腐蚀。该方法虽然在一定范围内能起一定作用,但也存在一些弊端。一方面中和反应会生成新的聚合物,阻塞塔盘和设备;另一方面添加的单乙醇胺易进入抽余相,从而影响抽余油和水的分离。因此需科学合理地控制单乙醇胺注入量。

(4)加大再生、过滤及抽真空力度。环丁砜溶剂循环中,当各种酸性产物达到一定含量时会加速溶剂劣化速度，形成恶性循环。为保证溶剂性能，将一部分溶剂进行再生，分离出重质分解产物，除去杂质；对于循环溶剂中形成的聚合颗粒，需用过滤器滤除，定期更换滤芯；对于 SO_2 等挥发性酸性不凝气，通过抽真空作业定期从回收塔顶抽出。

（5）增加脱氯设施。环丁砜中的氯离子无法通过再生塔减压蒸馏脱除，采用离子交换技术将小股环丁砜经换热冷却后送入树脂再生设施，脱除氯离子后返回装置循环使用。树脂使用一段时间后，失去活性，需要采用稀 NaOH 溶液和除盐水再生。再生后恢复活性的树脂送回系统继续使用。

在工业生产中，抽提装置环丁砜溶剂劣化无法从根本上解决，只能通过一系列优化措施抑制劣化。首先，严格控制工艺指标，降低环丁砜劣化速率，减少酸性产物对系统的腐蚀；其次，及时除去劣化产物，避免产物积累形成恶性循环；最后，科学合理地控制单乙醇胺注入量，将环丁砜溶剂稳定在弱酸性水平。

4.5.2 芳烃抽提汽提塔压差波动优化

在芳烃抽提实际生产中发现，抽提单元经常发生汽提塔压差异常波动，严重时会导致抽余油、抽出物的产品质量不合格，这对单元连续生产以及整体装置长周期运行都造成严重威胁。某企业从 2022 年完成装置检修、开车投产以来，汽提塔压差波动现象反复出现，异常现象较为相同：在正常生产时，汽提塔压差突然快速上升，超过工艺指标控制范围，进料温度快速下降；几分钟后，塔顶回流罐和分水包在短时间内快速充满，汽提塔塔底液位持续下降，塔内温度、压力大幅波动，严重影响抽提单元的正常生产，不能适应当前高负荷运行的整体生产计划。

2023 年初，汽提塔再次出现压差异常波动现象：塔顶压力突然下降，由 0.089 MPa 降至 0.084 MPa，导致顶底压差从正常值 0.020 MPa 开始上升；随后，塔顶、塔底压力快速上升，压差上升至 0.130 MPa 左右，初步判断，此时汽提塔出现发泡现象。分析发现，波动初期进料温度由 102.5 ℃小幅度增长至 103.3 ℃，塔顶温度则呈下降趋势，由 103.5 ℃降至 102.8 ℃；随后塔顶、塔底温度随着汽提塔压差波动趋势呈现相对同步的先上升后快速下降的变化。

1. 压差波动原因分析

（1）进料温度。由于进料温度过高，进料中轻组分更容易在进料板上直接汽化，增加了发泡过度的可能性，容易引起汽提塔塔顶压力波动。在实际生产过程中发现，有两种情况均会引起汽提塔进料温度升高：一种是回收塔塔底贫溶剂温度偏高，其与抽提塔塔底富溶剂经过换热后会使物料温度升高；另一种是汽提塔塔顶气相及返洗液温度偏高，这会直接导致抽提塔整体温度升高，环丁砜溶剂的溶解度增大、选择性降低，导致塔底富溶剂中非芳烃含量变高，使汽提塔气相负荷过大，容易波动，尤其夏季环境温度较高，所以压差波动现象多集中在夏季出现。另外，如果塔底再沸温度过高，会导致塔内汽化气量增大，大量气相快速上升导致塔板上出现雾沫夹带甚至液泛现象。但是进料温度降低，则会导致进料汽化率减小、塔板持液量增大，影响塔内气相正常上升，最终使塔内气液传质平衡遭到破坏。

（2）汽提压力。根据汽提塔结构特点，在第一层塔板上形成一个相对较大的闪蒸空间，因此塔顶压力对进料闪蒸程度有直接影响。压力也成为观察汽提塔是否发生异常波动的重要因素。一方面，波动初期顶部压力较低，导致闪蒸较为强烈，塔板液体量减少，降低了液体对气体的曳力，导致气体上升速率增大，然后大量组分开始挥发，使得塔底和塔顶的压力开始急剧增加；另一方面，塔顶操作压力较低时，原进料温度下戊烷组分临近泡点，因此塔压的微小波动可能造成进料状态的剧烈变化，破坏正常精馏过程。

（3）原料组分。2023 年该企业对抽提单元进行检修，开车后发现在提升负荷过程中频繁出现压差波动情况和抽出物产品不合格情况，在排除前文所述的温度、压力等因素影响后，分析此次异常原因主要在于进料中轻组分超标。

该装置抽提进料来自重整油稳定塔塔顶，主要组分为苯、甲苯，还有丁烷、戊烷、己烷等杂质组分。进料主要成分的表面张力如表 4-25 所示。

表 4-25 汽提塔进料组分表面张力

主要组分	表面张力（108 ℃）/（10^{-3} N/m）	主要组分	表面张力（108 ℃）/（10^{-3} N/m）
C5 链烃	7	甲苯	18
C6 链烃	9	环丁砜	35
苯	16	—	—

从表 4-25 中可以看出，轻质烷烃的表面张力明显小于芳烃和环丁砜溶剂的表面张力，更容易发泡。汽提塔中轻质非芳烃被先蒸出，形成气相上升至塔顶，而塔板上液相中芳烃组分被提浓，表面张力变大，正是这种由于传质导致表面张力相差较大的现象使得抽提汽提塔能够形成更加稳定持续的发泡状态。但是由于重整催化剂再生装置也于同期停车检修，相关精馏塔分离精度有所下降，导致后续抽提进料组分发生较大变化：戊烷、丁烷等轻质组分质量分数明显上升，分别达到 5.0%和 0.2%，增大了系统发泡速率，对汽提塔中的稳定发泡状态造成不利影响。

2. 压差波动优化措施

针对抽提汽提塔压差波动现象，结合操作经验与装置实际，提出一系列参数优化调整方案，并对后续参数变化与优化效果进行总结归纳。此外，该企业进行两次单元检修，排查抽提单元运行波动原因、消除抽提装置设备缺陷。通过以下方面的优化调整，有效改善了汽提塔压差波动的不利情况。

（1）提高汽提塔温度。由于操作温度会影响汽提塔内气液两相的流动状态，以及塔顶的轻组分汽化程度和最终的产品质量，因此应当保证进料温度稳定和塔底再沸稳定。

工艺要求抽提塔塔底富溶剂先与回收塔塔底贫溶剂换热升温后再进入汽提塔，因此合适的回收塔塔底温度与良好的换热效果对稳定进料温度有重要作用。回收塔塔底温度控制在 168~170 ℃时，汽提塔进料温度稳定在 102~103 ℃，各项参数指标均稳定正常。

按照“高压提温，低压降温”原则，优化调整再沸量，使汽提塔塔底的温度与压力相互匹配。波动恢复平稳后，将塔底温度由原先的 158 ℃ 提高到 163 ℃，之后两个月内继续提温，最终控制在 168 ℃,汽提塔稳定性明显增强,未再发生相似异常现象。

增设换热器后,汽提塔进料与二次溶剂进行热交换,一方面引入稳定热物流,帮助进料温度保持恒定;另一方面可用作应急处置流程,若汽提塔发现压差波动先兆,立即增大二次溶剂流量,利用短时大量的液相来压制塔顶过量汽化现象,有效避免了更严重波动的发生。

(2)提高汽提塔压力。优化汽提塔操作压力控制范围与调节手段,稳定汽提塔气液两相流动状态。

将操作压力控制在相对较高水平,能够有效抑制发泡速率,减小因温度波动、组分变化等引发发泡液泛情况的可能性,有利于稳定汽提塔工况。因此调整塔底压力控制范围,由之前的 0.09~0.1 MPa 提高到 0.13~0.14 MPa。

使用塔顶气相采出阀调节塔顶压力和汽提塔内轻组分的含量。气相采出阀开度较小有利于维持塔内较高压力,但实际调整时出现抽出物中非芳烃含量超标情况,这是因为气相采出减少导致轻组分未被完全汽提脱除,并且会导致返洗料减少、置换效果减弱,因此气相采出阀应当保持较大开度。优化后,塔顶压力范围由 0.07~0.08 MPa 提高到 0.11~0.12 MPa,返洗比(返洗料与抽提进料的质量比)由 0.27 提高到 0.30。

(3)降低进料 C5 组分含量。戊烷比芳烃的沸点低、表面张力小,若抽提进料中戊烷含量增多会导致汽提塔气相负荷偏大,操作状态不稳定,因此在生产过程中应当严格控制进料组成,确保符合设计指标。

关注上游重整单元脱戊烷塔参数和抽提原料性质,若发现偏离指标范围,应当及时要求重整单元进行调整。对检修后汽提塔的异常现象进行分析,发现原因在于进料中轻组分含量超标,立即要求调整重整脱戊烷塔灵敏板温度,由 120 ℃ 提高到(135 ± 3)℃,增大塔顶馏出量,有效降低塔底物料中戊烷等轻组分的含量,优化抽提进料组成,正戊烷、异戊烷质量分数从 1.9%和 2.5%均降至 1.5%,丁烷质量分数低于 0.1%。经过一个月的观察,抽提汽提塔运行平稳,未再发生压差波动情况。

由于戊烷、烯烃等轻质非芳烃既易溶于溶剂也易在塔顶闪蒸,所以容易在返洗料中累积,形成恶性循环,使得汽提塔塔顶气相负荷明显增加,不利于稳定操作。因此当返洗料中轻组分较多时,可以将部分返洗料送出装置,减少轻质组分累积,有利于进料、返洗料组成快速回归正常指标。

(4)加注消泡剂。为消除轻质链烷烃、烯烃等组分对系统的不利影响,可以定期向系统注入消泡剂。可以使用硅油作为消泡剂,与甲苯以 1 : 20 的质量比进行稀释,使用隔膜泵送入汽提塔进料线上,使其直接停留在液膜表面,减弱发泡趋势。在波动初期,及时引入消泡剂并适当加大消泡剂注入量,能够有效抑制汽提塔过度发泡,保持汽提塔传质平衡。

第 5 章

苯酚-丙酮生产工艺

5.1 概述

苯酚和丙酮是应用广泛的有机合成原料，在化工行业有着举足轻重的地位。苯酚俗称石炭酸，主要用于生产酚醛树脂、己内酰胺、双酚 A、水杨酸、苦味酸、五氯酚、己二酸等化工产品及中间体，在合成纤维、塑料、合成橡胶、农药、医药、染料、香料、涂料等领域都有重要应用。此外，苯酚还可以用作溶剂、试剂和消毒制剂等。丙酮又称二甲基甲酮，可用于生产环氧树脂、聚碳酸酯（PC）、有机玻璃和药物等，同时也是良好的溶剂，用于涂料、黏结剂和清洗剂等。

我国苯酚产业市场从 1952—1985 年生产技术手段落后及生产效率低下的探索时期，经过 1986—2002 年的技术引进及产能效益增长的快速发展时期，逐步实现从磺化法向异丙苯法的技术转型。同时国营控股也开始向民营、合资等投资方式方向转变，行业正处于技术资本转型加速发展阶段。

2022 年，我国苯酚产业下游需求市场的表观需求量达 382.25 万 t，同比增长 6.32%；国内苯酚产能保持稳健增长，行业新增投产装置 2 套，技改扩能 1 套，总产能提升至 421 万 t；产业产量达 344.95 万 t，同比增长 7.53%。随着下游双酚 A 行业的扩张及石化行业一体化发展战略的实施，我国苯酚产业产能稳步增长。同时随着下游需求增长及苯酚产能开工率恢复，我国苯酚产业市场总产量保持增长态势。

目前我国苯酚产品下游主要消费市场集中于双酚 A 及酚醛树脂产业，市场消费占比分别为 54%、34%。此外，壬基酚、烷基酚、医疗中间体、环己酮等领域市场需求也处于扩张阶段。数据显示，受上游纯苯、丙烯等原材料价格上涨及市场供需不平稳等因素综合影响，2021—2022 年，我国苯酚市场销售价格持续保持高位振荡运行；2022 年，国内苯酚产品市场销售均价峰值达 11 162 元/t。

2022 年，我国双酚 A 市场生产产量达 241.17 万 t，同比增长 30.36%。双酚 A 产品下游需求结构集中，主要用于 PC 和环氧树脂产业生产，应用领域市场消费占比分别为 47%、

44%。同时,我国是 PC 进口大国,迫切需要代替行业进口市场。近年来国产 PC 新产能投产较多,将不断拉动我国双酚 A 需求增长;此外国内风电行业的快速扩张以及电子材料等行业市场需求的不断增长将持续带动环氧树脂的发展,从而不断推动双酚 A 产业产能扩张,为上游原材料苯酚产业带来庞大的需求市场。

随着苯酚市场消费的日渐饱和,为提高新增生产装置的规模效益,可将上游原材料开采、中游原料加工与下游高价值产品生产进行融合,实现全产业链的覆盖,并降低上下游企业间的成本,实现全产业链利益的最大化。与此相关的一体化生产装置将成为国产苯酚企业未来产能建设的重点。

5.2 苯酚和丙酮的性质与用途

5.2.1 苯酚和丙酮的物理性质

1. 苯酚的物理性质

苯酚是最简单的酚类有机物,化学式为 C_6H_6O,为无色针状晶体;有特殊气味,见光或空气逐渐变成淡红色;能溶于乙醇、乙醚、乙酸、甘油、氯仿、二硫化碳和苯等,难溶于烷烃类溶剂;温度在 65.3 ℃以上时能与水相混溶, 65.3 ℃以下时会出现分层。其具体物理性质如表 5-1 所示。

表 5-1 苯酚的物理性质

性质	数值	性质	数值
相对分子质量	94.11	闪点(闭口)/℃	79.4
沸点(101.3 kPa)/℃	181	表面张力(50 ℃)/(mN/m)	37.77
熔点/℃	40.90	介电常数(20 ℃)	2.92
相对密度	1.05	偶极矩/(10^{-30} C·m)	5.77
折射率(41 ℃)	1.541 78	黏度(20 ℃)/(mPa·s)	11.04
蒸发热(25 ℃)/(kJ/kg)	596.7	临界温度/℃	419
熔化热(25 ℃)/(kJ/mol)	10.59	临界压力/MPa	6.13
燃烧热/(kJ/kg)	326 1	电导率/(S/m)	1×10^{-8}~3×10^{-8}

苯酚能与较多化合物形成共沸物,其形成的部分共沸物如表 5-2 所示。

表 5-2 苯酚二元共沸混合物

共沸组分	共沸点/℃	苯酚含量	共沸组分	共沸点/℃	苯酚含量
茚	173.2	45%	伞花烃	约 170.5	37%

续表

共沸组分	共沸点/℃	苯酚含量	共沸组分	共沸点/℃	苯酚含量
1,3,5-三甲苯	163.5	21%	莰烯	156.1	22%
丙苯	158.0	约 4%	α-萜二烯	169.0	40.5%
1,2,4-三甲苯	166.0	25%	α-蒎烯	152.75	19%
丁苯	175.0	46%	α-萜品烯	166.7	36%
萜品烯	171. 5	45%	佛尔酮	198.6	18%
萜品油烯	172.8	46%	2,6-二甲基-4-庚酮	183.4	80%
γ-萜品烯	172.25	40%	葑酮	196.2	25%
癸烷	168.0	35%	反丁烯二酸二甲酯	194. 85	23%
2,7-甲基辛烷	159.5	6%	草酸二乙酯	189.5	41%
邻溴甲苯	174. 35	40%	2-乙氧基乙酸乙酯	184.9	72%
间溴甲苯	175.7	43%	乳酸异丙酯	184.8	73%
对溴甲苯	176.2	44%	乳酸丙酯	约 185	约 78%
邻氯甲苯	159.0	3%	乳酸异丁酯	189.05	约 46%
对氯甲苯	161.5	约 12%	乙酸苯酯	196.6	约 12%
环已醇	183.0	87%	乳酸异戊酯	约 203.5	12%
乙二醇一丁醚	186.35	63%	异戊酸丁酯	184.0	70%
2-(2-乙氧乙氧基)乙醇	208.0	36%	庚酸乙酯	190.0	12%
2-甲基己醇	183.1	80%	丁酸异戊酯	185.0	约 58%
庚醇	185.0	72%	异戊酸异丁酯	182.8	92%
辛醇	195.4	13%	乙二醇二乙酸酯	189.9	40%
仲辛醇	184.5	50%	频哪醇	185.5	71%
苯甲醛	185.6	51%	1,3-丁二醇甲醚乙酸酯	187.0	55%
对甲基苯甲醚	177.02	约 3%	苯胺	186.2	42%
桉树脑	182.85	72%	3-皮考啉	185. 5	76%
二戊醚	180.2	78%	4-皮考啉	190	67.5%
二异戊醚	172.2	15%	苄腈	192.0	80%
环已酮	184.5	72%	苄胺	196.8	45%
苯乙酮	202.0	7.8%	2,6-二甲基吡啶	185.5	72.5%
甲基庚基甲酮	184.6	67%	N,N-二甲基邻甲苯胺	180.6	69.5%
2-辛酮	184.5	68%	碳酸二异丁酯	192.5	26%

2. 丙酮的物理性质

丙酮是一种最简单的饱和酮，分子式为 C_3H_6O，常温常压下为带有薄荷气味的无色可燃液体。丙酮能与水、乙醇、多元醇、酯、醚、酮、烃、卤代烃等极性和非极性溶剂相混溶，是一种典型的溶剂，并能溶解纤维素、聚甲基丙烯酸、酚醛、聚酯等多种树脂，对环氧树脂溶解能力较差，对聚乙烯、呋喃树脂、聚偏二氯乙烯等树脂不易溶解，对虫胶、橡胶、沥青、石蜡等则难以溶解。

丙酮能溶解少量有机酸铵盐，不能溶解氯化钠和氯化钾，25 ℃时丙酮中可溶解3.86%的氯化锂，在无水状态下丙酮几乎不溶解氢氧化钠和氢氧化钾。其具体物理性质如表5-3所示。

表5-3 丙酮的物理性质

性质	数值	性质		数值
相对分子质量	58.08	闪点（闭口）/℃		−17.8
沸点（101.3 kPa）/℃	56.12	表面张力（20 ℃）/（mN/m）		23.7
熔点/℃	−94.7	介电常数（25 ℃）		20.70
相对密度（20 ℃/4 ℃）	0.790 55	偶极矩（20 ℃，液体）/（10^{-30} C·m）		8.97
折射率（25 ℃）	1.356 28	黏度（25 ℃）/（mPa·s）		0.316
蒸发热（56.1 ℃）/（kJ/mol）	29.11	临界温度/℃		235.0
熔化热（15 ℃）/（kJ/mol）	5.72	临界压力/MPa		4.7
燃烧热（25 ℃，液体）/（kJ/mol）	1 791.0	临界密度/（g/cm^3）		0.278
生成热（25 ℃，液体）/（kJ/mol）	246.98	电导率（25 ℃）/（S/m）		5.8×10^{-8}
比定压热容（25 ℃，气体）/[（kJ/（kg·K）]	1.28	爆炸极限	下限	2.55%
热导率（室温）/[W/（m·K）]	1.976 2		上限	12.80%

丙酮也会与较多化合物形成共沸物。其形成的部分二元共沸混合物如表5-4所示。

表5-4 丙酮二元共沸混合物

共沸组分	共沸点/℃	丙酮含量	共沸组分	共沸点/℃	丙酮含量
乙酸甲酯	55.8	48.3%	碘甲烷	41.5	13%
氯丙烷	45.8	15%	甲醇	56.4	88%
二乙胺	51.39	38.21%	1,1-二氯乙烷	57.55	30%
2-甲基-1,3-丁二烯	33.8	5.3%	氯甲基甲醚	56.1	87%
1,3-二戊烯	41.4	18.1%	碘乙烷	55.5	65%
环戊烷	41.0	36%	溴丙烷	56.33	99%
戊烷	31.86	21.9%	2-溴丙烷	54.0	50%
环己烷	53.0	67.5%	亚硝酸丙酯	47.5	8%
甲基环戊烷	50.3	57%	丙硫醇	54.5	67%
己烷	49.8	59%	硼酸三甲酯	55.55	82.5%
二异丙基醚	54.2	61%	丙胺	48.5	20%
庚烷	55.85	89.5%	异丁胺	56.0	85%
四氯化碳	56.28	88.5%	乙基丙基醚	56.1	90%
二硫化碳	39.25	33%	1,5-己二烯	47.5	47%
氯仿	64.5	20.5%	—	—	—

丙酮的部分三元共沸混合物情况如表 5-5 所示。

表 5-5 丙酮的部分三元共沸混合物

第二组分	第二组分含量	第三组分	第三组分含量	共沸点/℃
水	—	2-甲基呋喃	—	55.6
	0.4%	2-甲基-1,3-丁二烯	92.0%	32.5
	1.8%	二异丙基醚	44.7%	53.8
	3%		48%	75(204.78 kPa)

5.2.2 苯酚和丙酮的化学性质

1. 苯酚的化学性质

苯酚呈弱酸性(25 ℃时 $K_a = 1.3\times10^{-10}$),可与碱作用生成盐。其大多数盐类是可溶于水的,能被碳酸($K_a = 4.3\times10^{-7}$)游离,可利用此特性区分酚类和羧酸。苯酚最主要的反应是与羰基化合物进行缩合,与甲醛水溶液反应生成酚醛树脂,与苯二甲酸酐反应生成酚酞。苯酚容易被氧化,生成多羟基衍生物、联苯和二苯醚衍生物、醌类、草酸及树脂状物质。苯酚与浓硫酸在常温即可发生磺化反应,主要生成邻羟基苯磺酸,若在 100 ℃下进行磺化,则主要产物为对羟基苯磺酸。苯酚还可与锌一起蒸馏得到苯,催化加氢生成环己醇。

苯酚容易发生亲电取代反应,例如与溴水反应生成 2, 4, 6-三溴苯酚。与稀硝酸在常温即可发生硝化反应,生成邻硝基酚和对硝基酚的混合物。苯酚也容易发生醚化或酯化反应,可以制得乙酸苯酯($C_6H_5OOCCH_3$)、水杨酸酯($C_6H_5OOC_6H_5OH$)、二苯醚($C_6H_5OC_6H_5$)等。苯酚也容易与醇或烯烃发生烷基化反应。与重氮盐发生偶合反应得到偶氮染料。苯酚与氯化铁的水溶液或醇溶液作用,呈现蓝色或紫蓝色。与大多数酚类一样,在浓硫酸中加入亚硝酸钾,苯酚会发生利伯曼(Liebermann)显色反应。

2. 丙酮的化学性质

丙酮是脂肪族酮类中最有代表性的化合物,具有酮类的典型反应。例如在还原剂作用下生成异丙醇与频哪酮。丙酮对氧化剂比较稳定,在室温以下不会被硝酸氧化。用碱性高锰酸钾或铬酸等强氧化剂氧化时,生成乙酸、甲酸、二氧化碳和水。丙酮的 α-氢原子容易被卤素取代,生成 α-卤代丙酮。与次卤酸钠或卤素的碱溶液作用生成卤仿。

丙酮在各种酸性催化剂(盐酸、氯化锌或硫酸)作用下,生成亚异丙基丙酮,再与丙酮加成(摩尔比为 2∶1),生成佛尔酮(二亚异丙基丙酮)。丙酮在浓硫酸作用下脱去水可生成 1, 3, 5-三甲苯。在酸或碱存在下,与醛或酮发生缩合反应,生成酮醇、不饱和酮及树脂状物质。与苯酚在酸存在下,缩合成双酚 A。与亚硫酸氢钠形成无色结晶的加成物;与氰化氢反应生成丙酮氰醇[$(CH_3)_2C(OH)CN$]。

此外,丙酮在 500~1 000 ℃时发生热裂,生成乙烯酮;在 170~260 ℃由硅-铝催化剂催化生成异丁烯和乙醛;300~350 ℃时生成异丁烯和乙酸等。

5.2.3 苯酚和丙酮的用途

苯酚是重要的有机化工原料，主要用于制造环氧树脂、酚醛树脂、水杨酸、己内酰胺、五氯酚、双酚A、己二酸、烷基酚、苦味酸等化工产品及医药中间体；也可用作试剂、溶剂和消毒剂等，在农药、炼油、合成纤维、合成橡胶、医药、香料、染料以及塑料、涂料等方面具有广泛的应用。苯酚的水溶液可以使动植物细胞内染色体上的DNA（脱氧核糖核酸）与蛋白质分离，便于对细胞的DNA进行染色。

丙酮是一种极具代表性的低沸点、快干性极性溶剂，溶解能力强，可溶于水，除用作涂料、清漆、硝基喷漆等溶剂外，还可用作纤维素、醋酸纤维素、照相胶片等制造时的溶剂和脱漆剂。丙酮还是重要的化工原料，用于制造乙酐、甲基丙烯酸甲酯、双酚A、亚异丙基丙酮、甲基异丁基甲酮、己二醇、氯仿、碘仿环氧树脂、维生素C等。同时丙酮也能萃取各种维生素与激素及石油脱蜡。

5.3 原料及产品情况

5.3.1 苯酚-丙酮原料指标

该工艺所用原料主要为丙烯、苯。丙烯一般符合《聚合级丙烯》（GB/T 7716—2024）的要求，具体技术指标如表5-6所示。

表5-6 工业用丙烯技术要求

项目名称	指标		试验方法
	Ⅰ型	Ⅱ型	
丙烯含量	≥ 99.6%	≥ 99.2%	GB/T 3392
烷烃含量	报告	报告	GB/T 3392
乙烯含量/（mL/m³）	≤ 20	≤ 50	GB/T 3392
乙炔含量/（mL/m³）	≤ 2	≤ 5	GB/T 3394 GB/T 3392
甲基乙炔+丙二烯含量/（mL/m³）	≤ 5	≤ 10	GB/T 3392
氧含量/（mL/m³）	≤ 5	≤ 10	GB/T 3396
一氧化碳含量/（mL/m³）	≤ 2	≤ 5	GB/T 3394 SH/T 1844
二氧化碳含量/（mL/m³）	≤ 5	≤ 10	GB/T 3394 SH/T 1844
丁烯与丁二烯含量/（mL/m³）	≤ 5	≤ 20	GB/T 3392
硫含量/（mg/kg）	≤ 1	≤ 5	GB/T 11141

续表

项目名称	指标		试验方法
	Ⅰ型	Ⅱ型	
水含量/(mg/kg)	≤10		GB/T 3727 SH/T 1549
甲醇含量/(mg/kg)	≤10		GB/T 12701
二甲醚含量/(mg/kg)	≤2	≤5	GB/T 12701

工业用纯苯一般符合《工业用纯苯》(Q/SH PRD118—2011)的要求，具体技术指标如表5-7所示。

表 5-7　工业用纯苯技术要求

项目名称	指标		试验方法
	优等品	一等品	
外观	清澈透明，无机械杂质及游离水		目测
纯度	≥99.90%	≥99.80%	ASTM D4492
非芳烃含量	≤0.10%	≤0.15%	ASTM D4492
甲苯含量	≤0.05%	≤0.10%	ASTM D4492
1,4-二氧杂环己烷含量	报告		ASTM D4492
噻吩/(mg/kg)	≤0.6	≤1.0	ASTM D1685 ASTM D4735
结晶点/℃	≥5.45	≥5.35	GB/T 3145
色度(Pt-Co色号)	≤15	≤20	GB/T 3143
总硫/(mg/kg)	≤1.0		SH/T 1147 SH/T 0253 SH/T 0689
酸洗比色	酸层颜色应不深于重铬酸钾含量为0.10 g/L的标准比色液的颜色		GB/T 2012
溴指数/(mg Br/100 g)	≤20	—	SH/T 1551 SH/T 0630
密度(20 ℃)/(kg/m³)	878~881		GB/T 2013 SH/T 0604
水分	≤0.04%	报告	SH/T 0246 ASTM E1064
中性试验	中性		GB/T 1816
氮	报告		SH/T 0657
氯	报告		SH/T 1757

5.3.2　苯酚-丙酮助剂指标

工业用氢氧化钠一般符合《工业用氢氧化钠》(GB/T 209—2018)的要求，具体技术指标如表 5-8 所示。工业用硫酸一般符合《工业硫酸》(GB/T 534—2024)的要求，具体技术指标如表 5-9 所示。工业用苯、丙烯保护床树脂技术指标如表 5-10 所示。

表 5-8 工业用氢氧化钠技术指标

项目名称	规格型号指标				
	固体工业用氢氧化钠(IS)		液体工业用氢氧化钠(IL)		
	Ⅰ	Ⅱ	Ⅰ	Ⅱ	Ⅲ
氢氧化钠含量	≥ 98.0%	≥ 70.0%	≥ 50.0%	≥ 45.0%	≥ 30.0%
碳酸钠含量	≤ 0.8%	≤ 0.5%	≤ 0.5%	≤ 0.4%	≤ 0.2%
氯化钠含量	≤ 0.05%	≤ 0.05%	≤ 0.05%	≤ 0.03%	≤ 0.008%
三氧化二铁含量	≤ 0.008%	≤ 0.008%	≤ 0.005%	≤ 0.003%	≤ 0.001%

表 5-9 工业用硫酸技术指标

项目	指标		
	优等品	一等品	合格品
硫酸(H_2SO_4)	≥ 92.5%或 98.0%	≥ 92.5%或 98.0%	≥ 92.5%或 98.0%
灰分	≤ 0.02%	≤ 0.03%	≤ 0.10%
铁(Fe)	≤ 0.005%	≤ 0.010%	≤0.10%
砷(As)	≤ 0.000 1%	≤ 0.001%	≤ 0.01%
铅(Pb)	≤ 0.005%	≤ 0.02%	≤0.10%
汞(Hg)	≤ 0.000 5%	≤ 0.005%	≤0.05%
镉(Cd)	≤0.001%	≤0.005%	≤0.01%
铬(Cr)	≤0.05%	≤0.10%	≤0.20%
铊(Tl)	≤0.000 25%	≤0.000 5%	≤0.001%
透明度/mm	≥ 80	≥ 50	—
色度	不深于标准色度	不深于标准色度	—

表 5-10 工业用苯、丙烯保护床树脂技术指标

项目名称	规格	型号	备注
外观	不透明球粒	CT-175(湿基) Amberlyst 15(湿基) T-211(湿基)	大孔酸性树脂，去除原料苯、丙烯中的碱性氮化合物
离子形态	H+型		
总交换容量/(eg/L)	≥ 1.70		
含水量	52%~57%(H+型)		
堆密度/(g/L)	770		
主要粒径/μm	660~850		
均匀系数	≤ 1.7		
比表面积/(m^2/g)	45		
平均孔径/nm	24		
收缩率	水对甲醇：4% 水对 MTBE：12%		

分子筛催化剂技术指标如表 5-11 所示。

表 5-11 分子筛催化剂技术指标

项目名称	规格		备注
	QZ-2000	JHY-F05	
外观	白色、圆柱状	白色、三叶草状	催化苯和丙烯发生烃化反应合成异丙苯；催化苯和二异丙苯反烃化制成异丙苯
规格/mm	φ(2~3)×1.6	φ(2~3)×1.6	
径向压碎强度/(N/cm)	50	70	
堆密度/(g/mL)	0.568	0.555	
比表面积/(m^2/g)	451.4	459.3	
酸强度/(mg/g)	21.59	14.07	
组分	O 为 42.41%，Si 为 40.1%，Al 为 17.3，无改质剂，Fe 为 0.08%	O 为 44.5%，Si 为 41.3%，Al 为 13.8%，改质剂为 0.10%，Fe 为 0.06%	

加氢催化剂技术指标如表 5-12 所示。

表 5-12 加氢催化剂技术指标

项目	规格		备注
	HD-103	H-5H	
外观	圆柱状、0.317 5 cm	球状、0.317 5 cm	α-甲基苯乙烯加氢生成异丙苯的催化剂
钯含量	≥0.33%	≥0.33%	
堆密度/(kg/L)	≥1.03	≥1.03	
强度/(kg/粒子)	≥2.7	≥2.7	
比表面积/(m^2/g)	80~100	80~100	

5.3.3 苯酚-丙酮产品指标

苯酚与丙酮的技术指标分别如表 5-13 和表 5-14 所示。

表 5-13 苯酚技术指标

项目	指标			试验方法
	优等品	一等品	合格品	
苯酚	≥99.95%	≥99.85%	≥99.75%	GB/T 339—2019
总有机杂质(除甲酚类杂质)/(mg/kg)	≤150	报告	报告	
甲酚类杂质/(mg/kg)	≤100	报告	报告	
结晶点/℃	≥40.6	≥40.5	≥40.2	
熔融色度(Pt-Co 色号)	≤20	—	—	
水分/(mg/kg)	≤500	≤500	报告	
蒸发残渣	≤0.005%	—	—	
铁(Fe)/(mg/kg)	≤0.5	—	—	
灼烧残渣/(mg/kg)	≤10.0	—	—	

表 5-14 丙酮技术指标

项目	质量指标			试验方法
	优级品	一等品	合格品	
色度（Pt-Co 色号）	≤5	≤5	≤10	GB/T 6026—2013
密度（20 ℃）/（g/cm^3）	0.789~0.791	0.789~0.792	0.789~0.793	
沸程（0 ℃，101.3 kPa）[①]/℃	≤ 0.7	≤ 1.0	≤ 2.0	
蒸发残渣	≤0.002%	≤0.003%	≤0.005%	
酸度（以乙酸计）	≤0.002%	≤0.003%	≤0.005%	
高锰酸钾试验时间（25 ℃）/min	≥120	≥80	≥35	
水混溶性	合格	合格	合格	
水分	≤0.3%	≤0.4%	≤0.6%	
甲醇	≤0.05%	≤0.3%	≤1.0%	
丙酮	≥99.5%	≥99.0%	≥98.5%	
苯/（mg/kg）	≤5	≤20	—	

注：①包括 56.1 ℃。

5.4 异丙苯法苯酚-丙酮生产工艺

5.4.1 苯酚-丙酮生产工艺原理

目前异丙苯法生产苯酚的方法应用最为普遍，其最大优点是可以利用石油炼制过程中副产的丙烯和苯作为原料，在生产苯酚的同时联产丙酮。异丙苯法的反应原理是：苯和丙烯反应得异丙苯，异丙苯过氧化得过氧化氢异丙苯（CHP），再分解即得苯酚和丙酮。

烃化反应主反应：苯和丙烯反应得异丙苯，反应方程式为

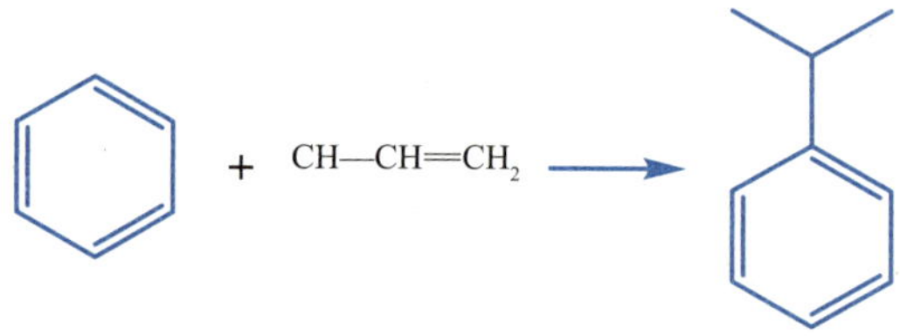

氧化反应主反应：异丙苯与氧气反应生成过氧化氢异丙苯，反应方程式为

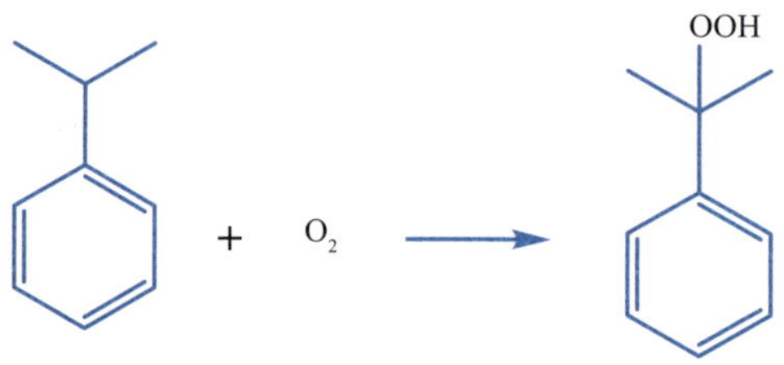

反应机理：异丙苯自由基与氧气反应生成过氧化氢异丙苯自由基，反应方程式为

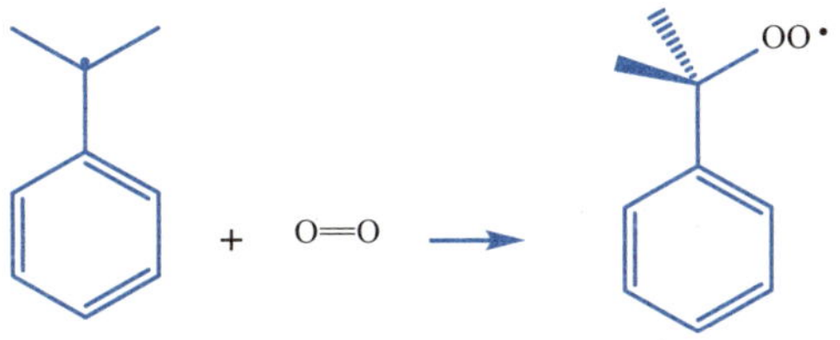

异丙苯生成过氧化氢异丙苯的氧化过程是自由基链式反应，是自动加速的反应。其反应历程大致分为以下三步。

链引发[R·代表异丙苯自由基 $C_6H_5C\cdot(CH_3)_2$]：

$$ROOH \longrightarrow RO\cdot + HO\cdot \text{ 或 } 2ROOH \longrightarrow ROO\cdot + RO\cdot + H_2O$$

$$RO\cdot + RH \longrightarrow ROH + R\cdot$$

$$HO\cdot + RH \longrightarrow H_2O + R\cdot$$

链增长：

$$RO\cdot + O_2 \longrightarrow ROO\cdot$$

$$ROO\cdot + RH \longrightarrow ROOH + R\cdot$$

链终止：

$$R\cdot + R\cdot \longrightarrow R—R$$

$$R\cdot + ROO\cdot \longrightarrow ROOR$$

$$ROO\cdot + ROO\cdot \longrightarrow ROOR + O_2$$

链的终止是多种原因引起的，比如自由基很容易在器壁上反应生成稳定分子，它们彼此碰撞也能合成稳定分子。阻化剂的存在也是链终止的一个重要原因。阻化剂的结构不同，链终止的反应形式也不同，一般可以分为两种情况：阻化剂分子提供氧原子促成链终止；阻化剂分子与自由基化合。

主要副反应：①异丙苯（IPB）与氧气反应生成二甲基苄醇（DMPC），反应方程式为

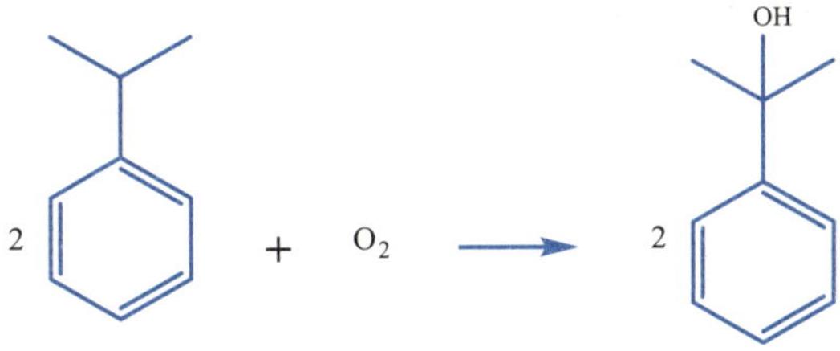

②IPB 与氧气生成苯乙酮（ACP）和甲醇，甲醇进一步氧化为甲醛、甲酸，反应方程式为

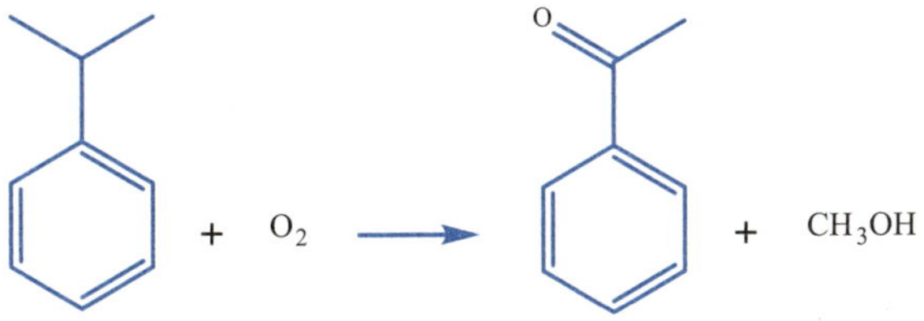

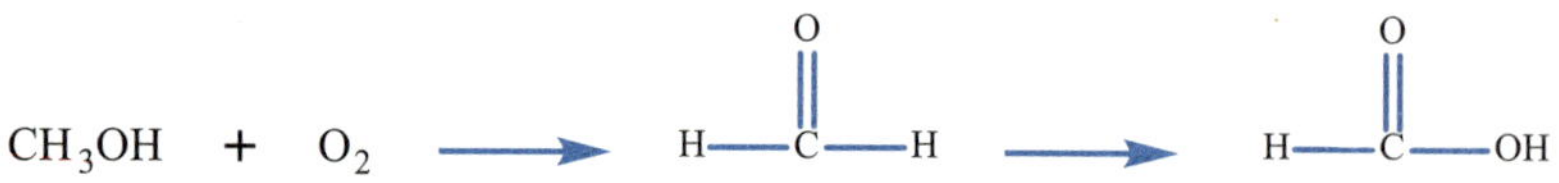

酸解反应（提浓后 CHP 含量为 79%~86%，70~80℃，硫酸浓度为 0.04%，CHP 转化率为 85%~90%，1 mol 反应放热为 53.5 kJ）主反应：CHP 在酸存在的条件下分解成苯酚和丙酮，反应方程式为

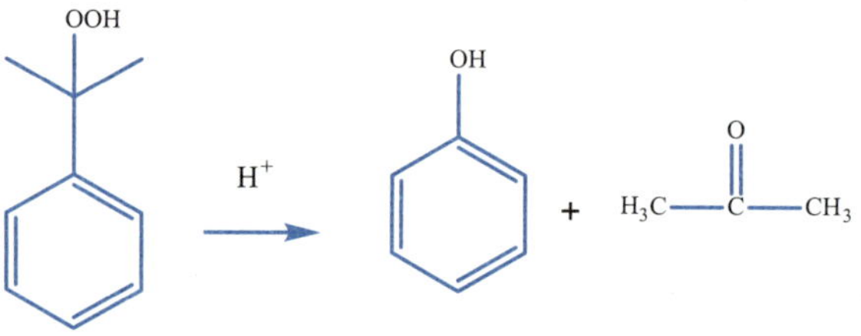

其反应机理主要是 CHP 加氢、脱水、电子转移和分解，具体反应方程式为

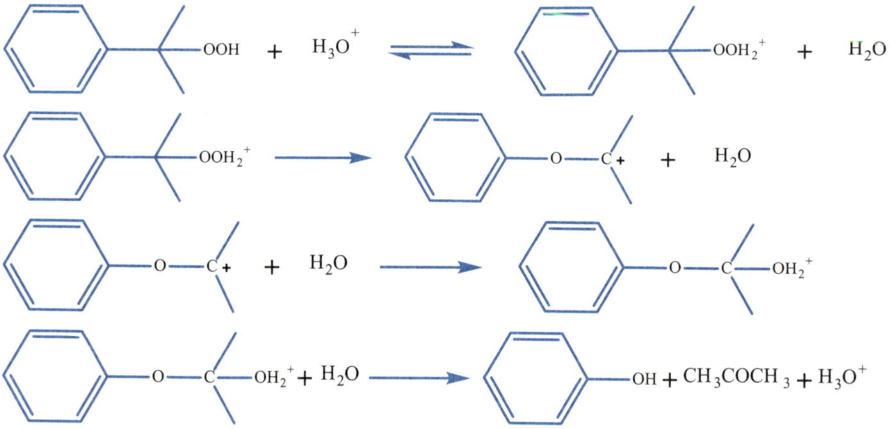

酸解过程主要副反应：①DMPC 分解为 α-甲基苯乙烯（AMS）和水，反应方程式为

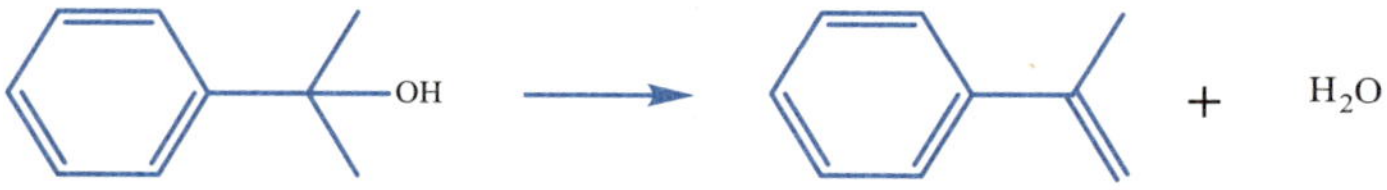

②DMPC 和 CHP 反应生成过氧化氢二异丙苯（DCP）和水，反应方程式为

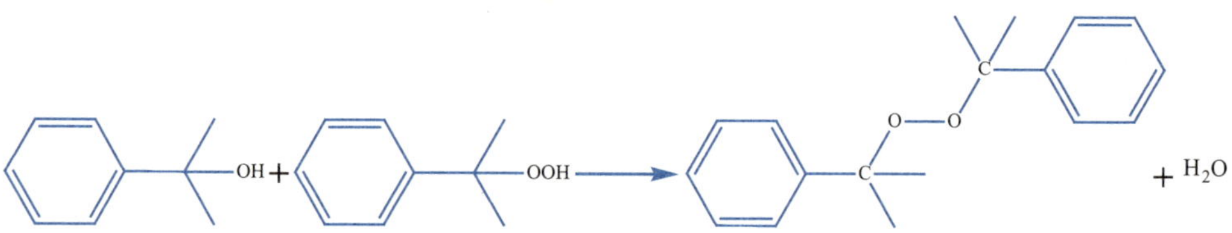

③DCP 受热分解成苯酚、丙酮和 AMS，反应方程式为

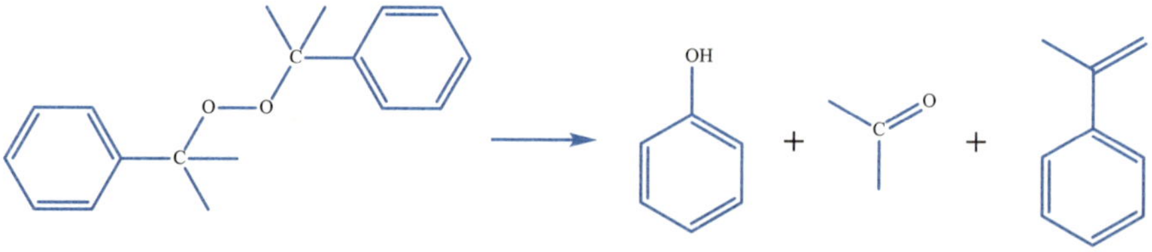

④AMS 和苯酚反应生成枯基苯酚（CP），反应方程式为

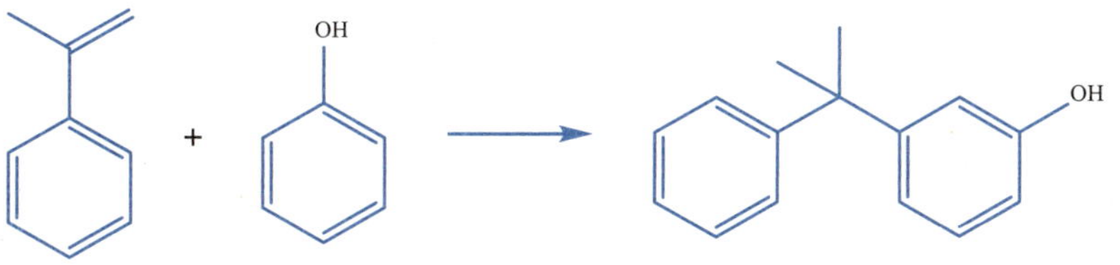

⑤AMS 加氢反应，反应方程式为

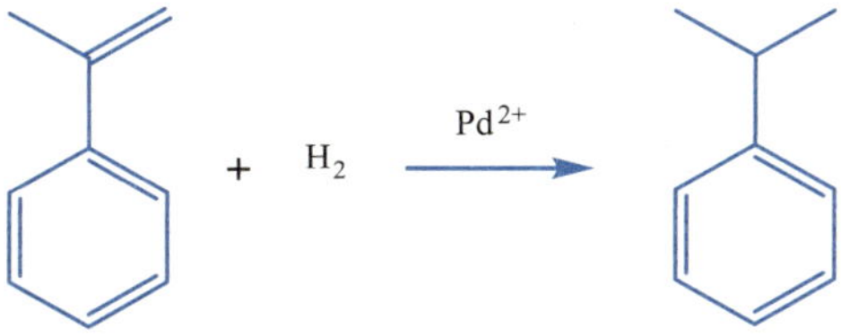

5.4.2 苯酚-丙酮生产工艺技术

异丙苯法生产苯酚和丙酮的装置由多个单元组成，各个单元采用的工艺和设备有所不同，从而形成了不同的工艺技术，主要有 UOP 工艺技术、KBR 工艺技术、英力士工艺技术和 ILLA 工艺技术。

1. UOP 工艺技术

美国 UOP 公司在异丙苯合成方面的开发工作已有多年历史。传统的固体磷酸法是 UOP 公司开发的生产技术，该工艺流程简单，但催化剂反应效果差、反应周期短，仅能用于烷基化反应，产品质量较差。20 世纪 90 年代初 UOP 公司开发了 Q-MAX 工艺技术，采用固定床反应器，丙烯由四段催化剂床层间进料，苯从反应器入口进入，反应在多层绝热床中以液相形式进行，部分产物进行循环来移走产生的热量，异丙苯的收率接近 99.7%。氧化单元采用低压氧化+双反应器的流程，两个氧化反应器对液流来说是串联的，对空气流来说是并联的，可以提高装置的生产能力，同时降低运行成本。提浓单元由预闪蒸罐和闪蒸塔两部分构成，从预闪蒸罐出来的物料中 CHP 含量为 50%~60%，该物料经过膜式蒸发器进入闪蒸塔，从闪蒸塔出来的物料中 CHP 含量为 80%~85%。分解单元分为两步：第一反应器是全返混反应器，温度控制在 60~80℃，CHP 的转化率约为 98%；第二反应器实际上是脱水器，是在高温条件下将剩余的 CHP 分解，同时将二甲基苄醇分解成 AMS，转化率约为 90%。中和阶段采用的是胺类或碱，中和生成的氨盐随着酚焦油排出系统。

该工艺具有以下优点：①异丙苯氧化反应的副产物二甲基苄醇在裂解中具有高选择性生成 AMS，AMS 可以直接出售或者加氢后生成异丙苯；②可以生产纯度高的苯酚，来满足聚碳酸酯生产的需要。

2. KBR 工艺技术

采用 KBR 工艺生产的苯酚占世界苯酚生产总能力的 53%左右。该工艺采用丝光沸石分子筛催化剂，在 170 ℃多段催化床层固定床反应器中进行烷基化反应。反应热被热交换器回收，经过反应条件优化后，丙苯等副产物含量降低，反应生成的 CHP 经过反应残余回收进入第二个反应器；第二个反应器中 AMS 加氢生成的异丙苯回到第一个反应器中，循环利用。该工艺第一级反应器中，异丙苯被氧化成 CHP 的效率达到 95%以上，CHP 经过提浓单元提浓后，在硫酸的催化作用下，分解为苯酚和丙酮，产率达到 99%以上。该方法得到的苯酚、丙酮纯度较高，AMS 可再次使用，苯的利用率高，具有低消耗、低污染的优点。

3. 英力士工艺技术

英力士创新专利技术在分解阶段对异丙苯法的工艺条件进行了改进。图 5-1 为传统分解工艺流程。在一级分解反应器中，CHP 经催化剂作用生成丙酮和苯酚。分解反应器的形式可以是一种带循环装置的管式反应器，或者是一种带回流的装置，也可以由多个串联反应器组成。

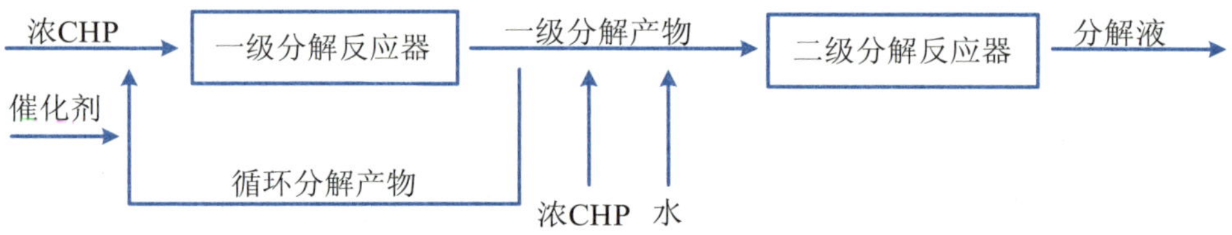

图 5-1 传统分解工艺流程

英力士对传统工艺进行了改进，如图 5-2 所示，浓 CHP 先进入混合器中，与一级分解反应器的分解产物按一定比例混合，混合器按照不同的混合比例送出两股 CHP 浓度不同的物料，分别进入一、二级分解反应器进行低温和高温分解，进入二级反应器中的 CHP 浓度为 6.4%，因此在进行二级分解反应时不需要加入额外的 CHP 浓缩物，便可达到与传统工艺相同的最高温度 115 ℃。

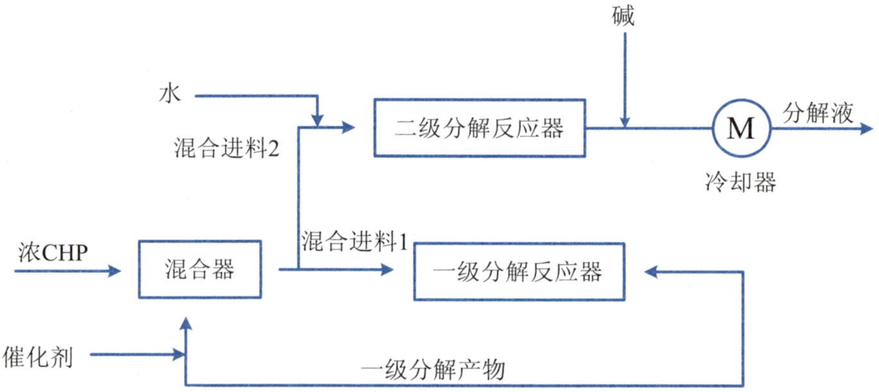

图 5-2 英力士改进分解工艺流程

4. ILLA 工艺技术

ILLA 工艺技术在氧化过程用氨代替其他工艺所使用的氢氧化钠，既避免了 CHP 的分解，也有效抑制了 CHP 钠盐的生成。另外氧化器内采用气升式分布板，提高了塔内溶解氧气的量，故氧化反应的选择性达到 94%。

CHP 分解分为两个反应器，分别添加不同质量比的丙酮和水。一级反应器中优化硫酸浓度，降低反应温度，增加异丙苯的含量，保证过程的安全性，使 CHP 定量地转化为 DCP 和

ACP；二级反应器中，提高反应温度，使用 NH_4HSO_4 增加丙酮和异丙苯的含量，提高 DCP 和 DMPC 转化为目的产物的选择性。

5.4.3 苯酚-丙酮生产工艺公用工程情况

苯酚-丙酮生产工艺公用工程技术指标如表 5-15 所示。

表 5-15 苯酚-丙酮生产工艺公用工程指标

名称	项目	指标
4.2 MPa 蒸汽	压力/MPa	3.90~4.50
	温度/℃	290~310
1.8 MPa 蒸汽	压力/MPa	1.55~1.95
	温度/℃	230~270
0.4 MPa 蒸汽	压力/MPa	0.32~0.48
	温度/℃	150~180
0.15 MPa 蒸汽	压力/MPa	0.08~0.21
	温度/℃	115~125
循环水	压力/MPa	0.40~0.60
	温度/℃	10.0~30.0
专用循环水	压力/MPa	0.50~0.60
	温度/℃	10.0~30.0
激冷水	压力/MPa	0.50~0.60
	温度/℃	−5.0~10.0
氮气	压力/MPa	1.00~2.00
仪表空气	压力/MPa	0.50~0.80
	露点温度/℃	< −40

5.4.4 苯酚-丙酮生产工艺流程

异丙苯法生产苯酚和丙酮的生产工艺流程包括苯与丙烯烃化单元、异丙苯氧化单元、氧化液提浓单元、CHP 分解单元、中和单元、精馏单元和 AMS 加氢及精制单元。

1. 苯与丙烯烃化单元

原料苯经过精制后得到纯苯，然后与丙烯进入烃化器，在催化剂作用下进行烃化反应，生成异丙苯及副产品（多异丙苯）。苯与丙烯烃化单元工艺流程如图 5-3 所示。

苯由界区送至苯缓冲罐 V101，经苯进料保护床 F101 除去微量杂质（硫离子和碱性氮），然后进入苯脱丙烷塔 T101 中脱水，从 T101 塔底排出，与第一床层丙烯混合，然后从顶部进入烃化反应器 R101。T101 塔顶采出的丙烷，作为火炬燃料气或作为副产品出售。

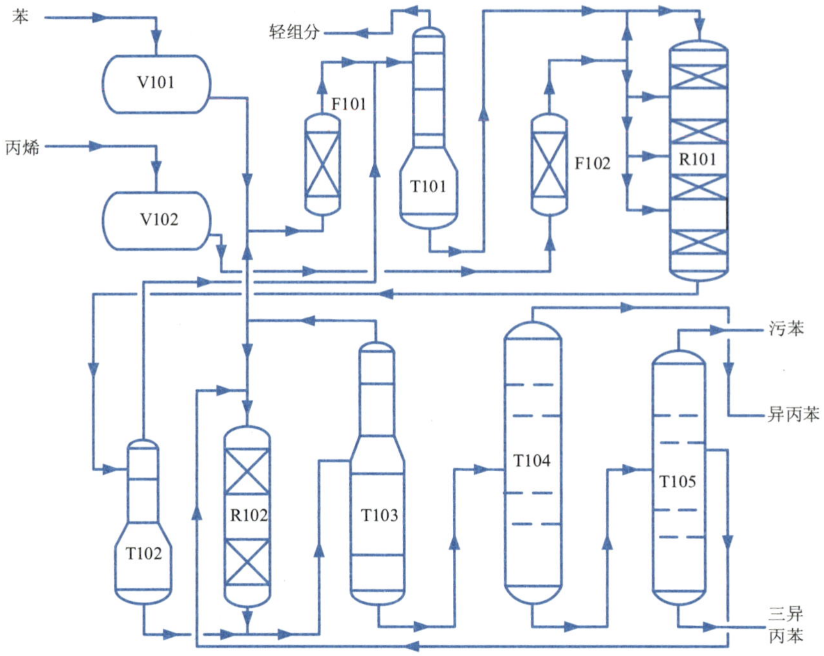

V101—苯缓冲罐;V102—丙烯缓冲罐;F101—苯进料保护床;F102—丙烯进料保护床;T101—苯脱丙烷塔;R101—烃化反应器;T102—烃化汽提塔;R102—反烃化反应器;T103—苯分离塔;T104—异丙苯塔;T105—二异丙苯塔

图 5-3 苯与丙烯烃化单元工艺流程

丙烯由界区送至丙烯缓冲罐 V102,然后由丙烯泵打出进入丙烯进料保护床 F102,以除去微量杂质(硫离子和碱性氮)。F102 出料经丙烯加料泵分四股:其中一股与苯混合,从顶部进入烃化反应器 R101;另外三股分别从烃化反应器 R101 的第二、第三、第四床层进入反应器内。丙烯与苯在烃化反应器 R101 中反应生成富含异丙苯的烃化液,然后从反应器底部流出,直接进入烃化液汽提塔 T102。

加入烃化液汽提塔 T102 的烃化液,从烃化液汽提塔顶进入;经汽提后,丙烷和少量苯从烃化液汽提塔顶直接进入苯脱丙烷塔 T101,而汽提后烃化液汽提塔塔釜液主要为苯、异丙苯和二异丙苯。

烃化液汽提塔 T102 的釜液进入苯分离塔 T103。T103 塔顶馏出物主要为苯,苯循环回烃化系统。T103 塔底采出富含异丙苯的釜液,进入异丙苯塔 T104。T104 塔顶得到高纯度的异丙苯。T104 塔釜液的主要成分是二异丙苯,输送至二异丙苯塔 T105 进行精制。二异丙苯塔 T105 侧线得到高纯度的二异丙苯,进入反烃化反应器;塔顶采出轻组分含量较高的污苯;塔釜为三异丙苯以上的重组分。

由苯分离塔 T103 塔顶采出的循环苯及由二异丙苯塔 T105 侧线采出的二异丙苯,在反烃化进料管线内混合后,从反烃化反应器 R102 顶部加入;在反烃化反应器内,二异丙苯转烷基重新生成异丙苯,最后从反烃化反应器底部采出,进入苯分离塔 T103。

2. 异丙苯氧化单元

异丙苯在低压条件下与空气氧化生成 CHP。异丙苯氧化单元工艺流程如图 5-4 所示。

新鲜的异丙苯与来自加氢工段和提浓工段的循环异丙苯混合后去异丙苯碱洗塔 T201 除去其中少量的酸和微量苯酚。T201 塔顶采出碱洗后的异丙苯，进入碱沉降罐 V201；塔釜采出酚钠盐等。异丙苯在碱沉降罐 V201 进行分层，分层后的碱液进行循环套用，与新鲜碱液在碱液进料管线混合进入异丙苯碱洗塔 T201。分层后的异丙苯进入氧化反应器 R201，异丙苯在氧化反应器内与空气氧化生成 CHP，反应结束后，氧化液进入提浓工段的氧化液闪蒸塔 T202。

氧化反应器排出的废气，经尾气处理罐 V202 处理后放空。

3. 氧化液提浓单元

利用减压闪蒸原理将异丙苯与 CHP 分离，使氧化物中 CHP 的浓度提高到足以分解出苯酚及丙酮的浓度，同时异丙苯被送回氧化单元。氧化液提浓单元工艺流程如图 5-4 所示。

氧化液进入氧化液闪蒸塔 T202 进行浓缩，浓缩后的 CHP 被输送至分解反应器 R301；塔顶采出的物料被输送至异丙苯碱洗塔 T201。

4. CHP 分解单元

CHP 在酸性催化剂的作用下被分解成苯酚、丙酮，选择性地使中间产物 DCP 脱水生成 AMS、苯酚和丙酮。CHP 分解单元工艺流程如图 5-4 所示。

浓缩后的 CHP 浓度达 80%~87%。高浓度的 CHP 从分解反应器 R301 的顶部进入，定量注入 98%的硫酸作为催化剂，同时定量注入工艺水以维持分解反应所需要的水量。分解液脱水后进入中和单元静态混合器 M301。

分解反应为强放热反应，易发生事故，所以分解工序的安全措施很重要。除了紧急状态自动停工外，在事故状态下会用冷的异丙苯冲洗进料管线和分解器，以便降低 CHP 浓度和反应温度。分解器设有收集罐 V301，事故状态下接收分解器冲出的物料。

5. 中和单元

粗产品用 2-甲基-1，5-戊二胺（或己二胺）中和除去分解液中的硫酸。中和单元工艺流程如图 5-4 所示。

从分解单元来的粗产品被输送至静态混合器 M301，中和剂甲基戊撑二胺（或己二胺）注入静态混合器入口管道的物料中，在静态混合器中，甲基戊撑二胺（或己二胺）将物料中的硫酸中和掉，静态混合器后的在线 pH 计显示中和效果。中和后的物料去精馏单元。

6. 精馏单元

粗产品利用精馏原理进行分离、提纯，得到苯酚、丙酮产品。精馏单元工艺流程如图 5-4 所示。

来自中和单元的物料进入精馏单元的粗丙酮塔 T401。T401 塔顶物料去精丙酮塔 T402，T401 塔釜物料输送至异丙苯拔顶塔 T403。

向精丙酮塔 T402 中加碱和水，除去物料中的醛，产品丙酮由塔顶侧线采出。T402 塔顶物料（丙酮及少量的醛）经过精丙酮塔冷却器冷凝后，一部分回流，另一部分打回 T402 处理醛。T402 塔釜物料（异丙苯、水）输送至异丙苯碱洗塔 T501。

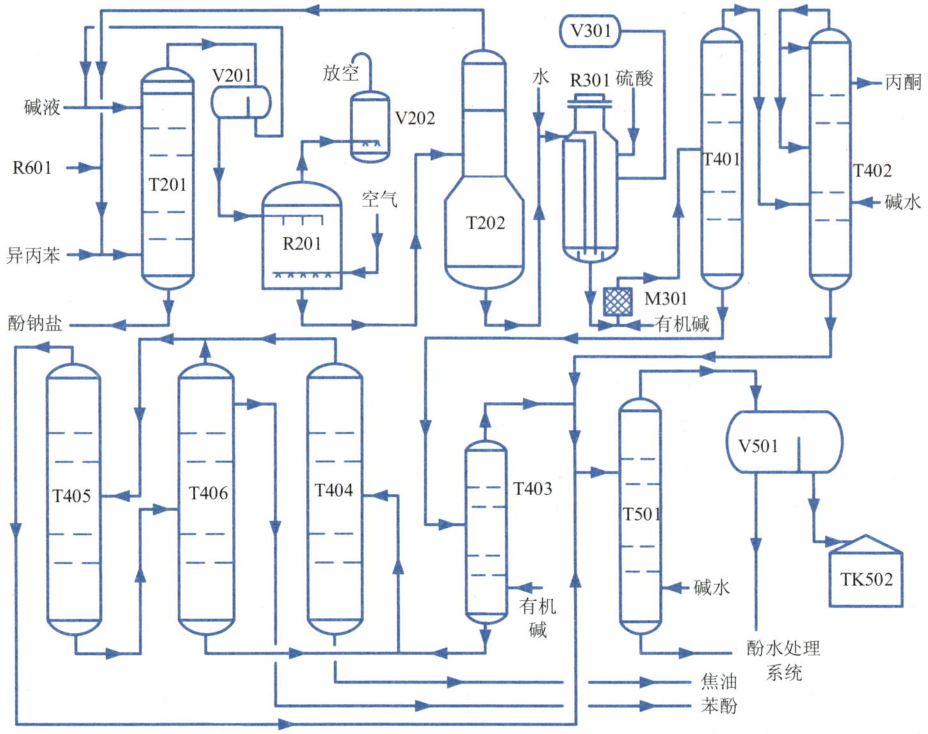

T201—异丙苯碱洗塔;V201—碱沉降罐;R201—氧化反应器;V202—尾气处理罐;T202—氧化液闪蒸塔;R301—分解反应器;V301—收集罐;M301—静态混合器;T401—粗丙酮塔;T402—精丙酮塔;T403—异丙苯拔顶塔;T404—焦油塔;T405—α-甲基苯乙烯塔;T406—苯酚精馏塔;T501—异丙苯碱洗塔;V501—碱沉降罐;TK502—加氢给料罐

图 5-4 氧化、提浓、分解、中和、精馏单元工艺流程

异丙苯拔顶塔 T403 塔釜液经定量加入 2-甲基-1, 5-戊二胺(或已二胺)处理后,输送至焦油塔 T404。T404 塔顶物料输送至异丙苯碱洗塔 T501。

进入焦油塔 T404 的物料在精馏塔的作用下,将焦油等重组分分离。T404 塔釜液采出焦油进入焦油储罐;塔顶采出物料(异丙苯、苯酚、α-甲基苯乙烯等)输送至 α-甲基苯乙烯塔 T405。

进入 α-甲基苯乙烯塔 T405 的物料在精馏塔的作用下,将 α-甲基苯乙烯等轻组分分离。T405 塔顶物料输送至异丙苯碱洗塔 T501; T405 塔釜液(苯酚及杂质)输送至苯酚精馏塔 T406。

进入苯酚精馏塔 T406 的物料(苯酚及杂质)在精馏塔的作用下,将苯酚分离。T406 塔釜采出物料输送至焦油塔 T404;塔顶采出物料输送至 α-甲基苯乙烯塔 T405;侧线采出产品苯酚。

精丙酮塔 T402 塔釜液、异丙苯拔顶塔 T403 塔顶物料和 α-甲基苯乙烯塔 T405 塔顶物料在异丙苯碱洗塔 T501 中由碱液洗去微量苯酚,在碱沉降槽 V501 中沉降分离出有机相,然后去加氢给料罐 TK502。T501 塔釜采出含酚盐水,进入酚回收系统。

7. AMS 加氢及精制单元

α-甲基苯乙烯与氢在 AMS 加氢单元反应生成异丙苯。粗 α-甲基苯乙烯通过精制单元，可得到产品 α-甲基苯乙烯。AMS 加氢及精制单元工艺流程如图 5-5 所示。

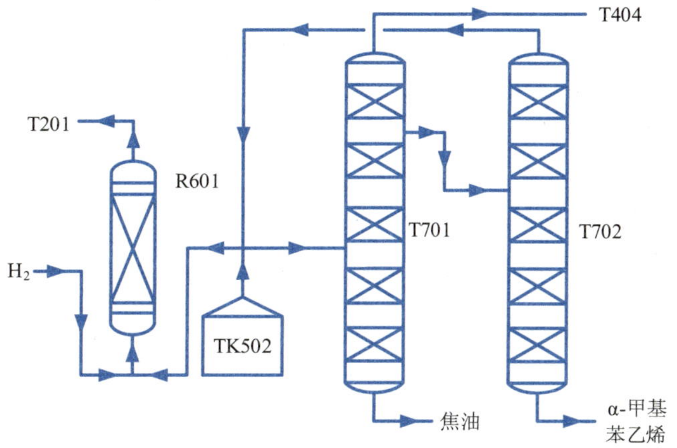

R601—加氢反应器；TK502—加氢给料罐；T701—粗 α-甲基苯乙烯塔；T702—α-甲基苯乙烯塔

图 5-5 AMS 加氢及精制单元工艺流程

加氢给料罐 TK502 中的粗 α-甲基苯乙烯大部分输送至粗 α-甲基苯乙烯塔 T701。T701 塔顶物料（主要含异丙苯及轻组分杂质）进入焦油塔 T404，塔釜物料（焦油）输送至焦油罐，侧线采出物料进入 α-甲基苯乙烯塔 T702。

α-甲基苯乙烯塔 T-702 塔顶物料（含异丙苯）输送至加氢给料罐 TK502；T702 塔釜采出 α-甲基苯乙烯。

加氢给料罐 TK502 中的物料与氢气混合后输送至加氢反应器 R601，在催化剂的作用下，α-甲基苯乙烯转化为异丙苯。加氢反应器 R601 采出的物料进入异丙苯碱洗塔 T201。

5.4.5 苯酚-丙酮生产工艺原料及公用工程消耗定额

苯酚、丙酮的生产过程中，原料的消耗定额是一个重要的经济指标，直接关系到生产成本。原料消耗情况如表 5-16 所示。公用工程消耗情况如表 5-17 所示。

表 5-16 苯酚-丙酮生产工艺原料消耗情况

名称	规格	实购消耗定额（以苯酚计算）	消耗量		备注
			每小时	每年	
苯	99.8%	0.907 t/t（0.937 t/t）	8.503 t（8.789 t）	68 025 t（70 312 t）	括号内为 α-甲基苯乙烯，外售
丙烯	95.0%	0.510 t/t（0.526 t/t）	4.781 t（4.935 t）	38 250 t（39 482 t）	括号内为 α-甲基苯乙烯，外售
氢气	98.5%	7.1 Nm^3/t	66.56 Nm^3	532 500 Nm^3	—
硫酸	98%	0.012 t/t	112 kg	900 t	—
烧碱	30%	0.067 kg/t	628 kg	5 025 t	—

表 5-17 苯酚-丙酮生产工艺公用工程消耗情况

名称	规格	消耗定额	消耗量		备注
			每小时	每年	
脱盐水	总离子：0.02 mg/kg Ca^{2+}+Mg^{2+}：0.005 mol/kg	0.014 m^3	4.5 m^3	1 080 m^3	间歇，每年一次
循环水	10~30 ℃	467 t （474 t）	4 378 t （4 443 t）	3 502.5 万 t （3 554.5 万 t）	括号内为 α-甲基苯乙烯，外售
4.2 MPaG 蒸汽	4.2 MPaG	4.45 t （4.49 t）	41.7 t （42.1 t）	333 750 t （336 950 t）	括号内为 α-甲基苯乙烯，外售
0.4 MPaG 蒸汽	0.4 MPaG	1.94 t	18.2 t	145 500 t	—
氮气	≥ 99.5%	143 Nm^3	1 340 Nm^3	10 725 000 Nm^3	—

5.4.6 苯酚-丙酮生产工艺“三废”处理

苯酚-丙酮生产工艺“三废”污染源及治理情况如表 5-18 所示。

表 5-18 苯酚-丙酮生产工艺“三废”污染源及治理情况

名称	主要成分	组分	排放量	处理方法
废气	塔釜、槽等排气	苯、丙酮、异丙苯及 α-甲基苯乙烯等	< 7 kg/h	采用尾气冷凝冷却后送往火炬
	异丙苯氧化尾气	N_2（95%）、O_2（4%）、CO_2（1%）、有机物（< 50 mg/kg）	18 750 kg/h	采用尾气冷却和激冷后经活性炭吸附排入大气送往火炬燃烧
	α-甲基苯乙烯加氢尾气	H_2：2 kg/h CH_4：8 kg/h	33 Nm^3/h	直接送往火炬燃烧
	排气	异丙苯、N_2	3~5 Nm^3/h	直接送往火炬燃烧
废液	废水收集槽	酚：150~250 mg/kg COD：12 000~15 000 mg/L 磷酸，含少量有机物	2~14.5 t/h	送往污水厂处理
	生活废水	—	3 t/h	间断排放送往污水厂
废渣	分子筛催化剂	氧化硅、氧化铝等	14 m^3/a	公司堆埋厂深埋
	废催化剂	钯、Al_2O_3 等	2.5 t/a	送往催化剂厂回收
	废离子交换树脂	聚苯乙烯	100 m^3/a	公司堆埋厂深埋
	废活性炭	碳	8.30 t/a	作为燃料或堆埋
	树脂	苯乙烯	10.4 m^3/a	公司堆埋厂深埋
	无烟煤	煤	4.0 t/a	公司堆埋厂深埋
	石英砂	二氧化硅	2.0 t/a	公司堆埋厂深埋
	空气干燥剂	氧化铝	0.2 t/a	公司堆埋厂深埋
	瓷球	氧化铝	0.53 t/a	公司堆埋厂深埋

废气来源有两处：异丙苯单元真空系统排气和氧化单元氧化尾气。其中，真空系统排气可采用活性炭吸附后排入大气，氧化尾气可采用催化焚烧技术，所排放的废气能够满足大气排放标准。废液主要来自酚回收单元，经苯酚装置污水处理站处理后仍送至公司污水处理厂进行生化处理。废渣主要为废催化剂及树脂。其中，废加氢催化剂、烷基化和反烷基化催化剂、脱砷催化剂送往催化剂厂回收，其他送堆埋厂深埋。

5.5 苯酚-丙酮生产工艺改进

5.5.1 丙酮产品质量问题及优化方案

5.5.1.1 存在的问题

某公司建设的双酚 A 装置拟使用二苯酚装置生产的丙酮作为原料，但 2011 年初质检部门对二苯酚装置所产的丙酮产品进行分析后发现，其质量没有达到双酚 A 装置所用原料丙酮的质量要求，因此在双酚 A 装置投产前，要对二苯酚装置工艺进行优化，提高丙酮产品的质量。

1. 丙酮产品质量标准

表 5-19 为双酚 A 装置所需丙酮的质量标准。可以看出，双酚 A 装置要求丙酮中甲醇含量小于 300 μg/g，经质检部门对苯酚-丙酮装置丙酮产品进行分析，甲醇含量超标较多，结果如表 5-20 所示。苯酚-丙酮装置各单元甲醇含量如表 5-21 所示。

表 5-19 双酚 A 装置所需丙酮的质量标准

项目	参数
比重（20 ℃）	0.791~0.793
在标准大气压下蒸馏	55.5~57.0
纯度	≥ 99.7%
酸度（乙酸）	≤ 0.001 5%
碱度（NH_3）	≤ 0.000 1%
氯化合物	—
高锰酸钾褪色时间（25 ℃）/h	≥ 2
杂质含量/（μg/g）	—
甲醇含量/（μg/g）	≤ 300
乙酰丙酮醇含量/（μg/g）	≤ 50
异丙醇含量/（μg/g）	≤ 10
其他醇类含量/（μg/g）	≤ 20
苯含量/（μg/g）	≤ 5

续表

项目	参数
异亚丙基丙酮含量/(μg/g)	≤ 10
乙醛含量/(μg/g)	≤ 20
丙醛含量/(μg/g)	≤ 20
非挥发分含量/(μg/g)	≤ 5
水分	≤ 0.3%
铁含量/(μg/g)	≤ 0.1
灰分含量/(μg/g)	≤ 0.5

表 5-20　苯酚-丙酮装置丙酮产品分析结果

序号	采样时间	水分	甲醇含量/(μg/g)
1	2011-07-01 8:00	0.20%	539.7
2	2011-07-02 8:00	0.22%	482.1
3	2011-07-03 8:00	0.20%	531.6
4	2011-07-04 8:00	0.23%	550.2
5	2011-07-05 8:00	0.21%	493.8
6	2011-07-06 8:00	0.19%	546.8
7	2011-07-07 8:00	0.19%	531.6

表 5-21　苯酚-丙酮装置各单元甲醇含量

单位:μg/g

序号	取样位置	第 1 组	第 2 组	第 3 组	第 4 组	第 5 组
1	丙酮精制塔侧线	372	356	367	335	382
2	丙酮精制塔塔顶	1 188	782	953	851	923
3	丙酮成品罐	439	455	384	383	317
4	中和水相	288	440	210	102	150
5	分解液罐	3 870	1 054	837	931	722
6	丙酮回收塔塔顶	11 379	13 853	10 542	9 761	9 912
7	丙酮回收塔塔底	49	180	198	132	105
8	氧化碱洗罐水相	5 240	5 112	4 665	5 063	6 045
9	丙酮精制塔塔底	336	258	201	301	348

由表 5-20 可以看出,丙酮产品中甲醇含量为 482.1~550.2 μg/g,不符合双酚 A 装置的使用要求,因此必须对苯酚-丙酮装置进行工艺优化,以提高丙酮产品质量。

2. 丙酮产品影响因素分析

苯酚-丙酮装置采用异丙苯法生产 CHP,无法避免甲醇的生成。在氧化反应过程中,异丙苯和氧气反应主要生成 CHP，此外还有少量异丙苯发生副反应，生成的副产物受热分解就会产生甲醇。反应方程式如下：

$$C_6H_5CH(CH_3)_2 + O_2 \longrightarrow C_6H_5C(CH_3)_2OOH$$

$$C_6H_5CH(CH_3)_2 + 1/2O_2 \longrightarrow C_6H_5C(CH_3)_2OH$$

$$C_6H_5C(CH_3)_2OH \longrightarrow C_6H_5COCH_3 + CH_3OH$$

由于副产物受热才会分解，因此可以通过降低反应温度的方法来减少甲醇的产生。但降低反应温度，势必影响装置的整体负荷，因此如何在后续流程中进行工艺优化，减少丙酮产品生成过程中的甲醇量，是解决问题的关键。通过对系统中各单元相关物料进行取样分析，确定甲醇含量高的物料组分。根据分析结果，甲醇主要富集在丙酮精制塔顶、分解液罐、丙酮回收塔顶、氧化碱洗罐水相等处，因此决定对这些物流进行优化。

5.5.1.2 优化方案

1. 新增脱甲醇塔

丙酮精制塔用于从异丙苯和水的混合物中分离出丙酮，并从侧线采出产品，产品纯度可高达 99%以上，一部分未被分离的丙酮进入分解反应器。丙酮精制塔的进料来自粗丙酮塔，且混有少量杂质，利用稀碱液可将其中的醛类物质去除。丙酮精制塔塔釜设有冷却器和分离器，水和异丙苯经冷却分离后从塔底流出，其中水相（含酚）经分解液中和系统后进入废水处理系统，含有异丙苯的物料则进行加氢处理。丙酮精制工艺流程如图 5-6 所示。

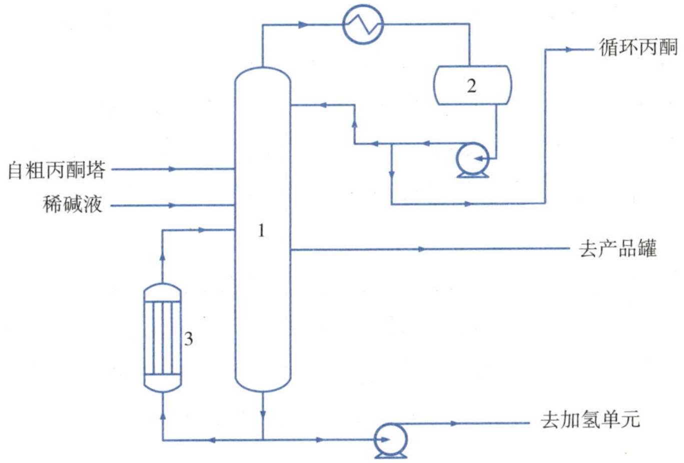

1—丙酮精制塔；2—回流罐；3—再沸器

图 5-6 丙酮精制工艺流程

从表 5-21 可以看出，丙酮精制塔侧线丙酮产品中的甲醇含量为 335~382 μg/g，已经超标。初步解决方案是对侧线丙酮产品直接进行脱甲醇操作，使侧线甲醇含量小于 300 μg/g。因此新增脱甲醇塔设备，直接对侧线丙酮产品进行脱甲醇处理，如图 5-7 所示。

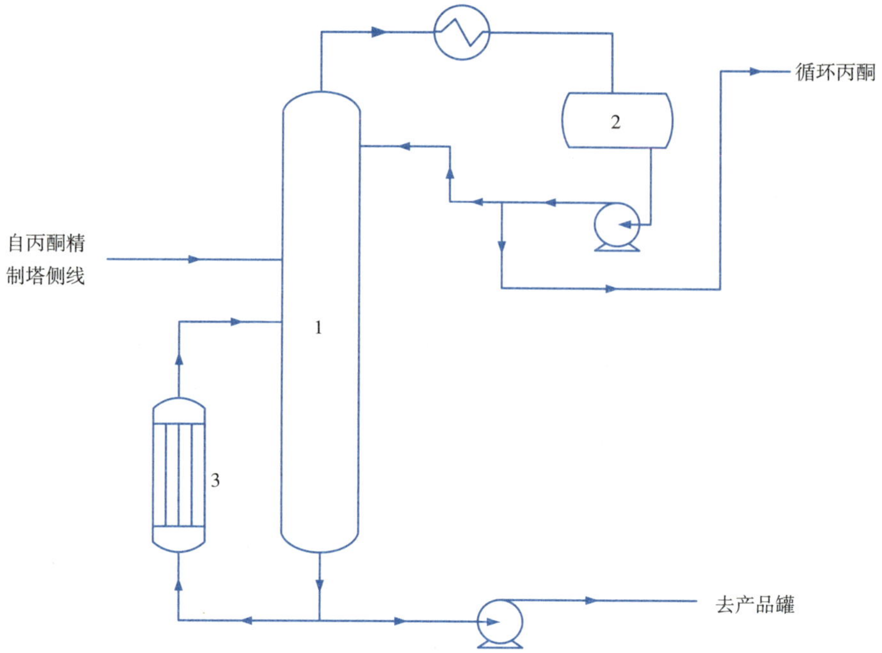

1—脱甲醇塔;2—回流罐;3—再沸器

图 5-7 脱甲醇工艺流程 1

2. 丙酮精制塔塔顶循环丙酮工艺优化

根据表 5-21,丙酮精制塔塔顶物料中甲醇含量为 782~1 188 μg/g,而侧线丙酮产品中甲醇含量为 335~382 μg/g,可见,甲醇更多地富集在丙酮精制塔顶。初步解决方案是对侧线丙酮产品直接进行脱甲醇操作。但在丙酮加热实验过程中发现,丙酮受热导致异亚丙基丙酮和双丙酮醇的量急剧增加,丙酮产品高锰酸钾褪色时间也从 150 min 下降到 10~20 min,丙酮产品达不到优级品的要求,因此决定对丙酮精制塔塔顶循环丙酮进行工艺优化,降低系统内甲醇的含量。

首先对丙酮精制塔进行优化,提高塔顶循环丙酮的采出量,使甲醇尽可能多地从塔顶采出。然后甲醇物流进入脱甲醇塔,对塔顶循环丙酮进行脱甲醇处理,塔顶富集甲醇的丙酮按照一定的切除量向系统外进行切除。该塔塔釜不夹带甲醇的丙酮作为分解单元的循环丙酮使用,从而进一步向系统外切除甲醇。脱甲醇工艺流程如图 5-8 所示。

3. 丙酮回收塔工艺优化

异丙苯氧化单元产生的废水返回分解液中和单元调整 pH 值后,有机相进入分解液,废水进入装置酚水处理单元。其中苯酚装置酚水处理单元分为两部分:苯酚回收单元和丙酮回收单元。废水首先进入苯酚回收塔经过苯酚萃取后,进入丙酮回收塔。塔顶组成为丙酮和水,全部返回中和单元,进入分解液系统回收丙酮,塔釜含丙酮小于 300 μg/g 的废水排出装置。

根据表 5-21,氧化碱洗罐废水中的甲醇含量为 4 665~6 045 μg/g,经过中和单元返回分解液后,直接进入丙酮精制单元,造成丙酮产品中甲醇含量超标。丙酮回收塔塔顶物料中甲醇含量更是达到 9 761~13 853 μg/g,属于甲醇非常富集的单元。该股物料返回分解液后,对丙酮产品中甲醇含量的影响巨大,因此必须对该股物料进行处理。

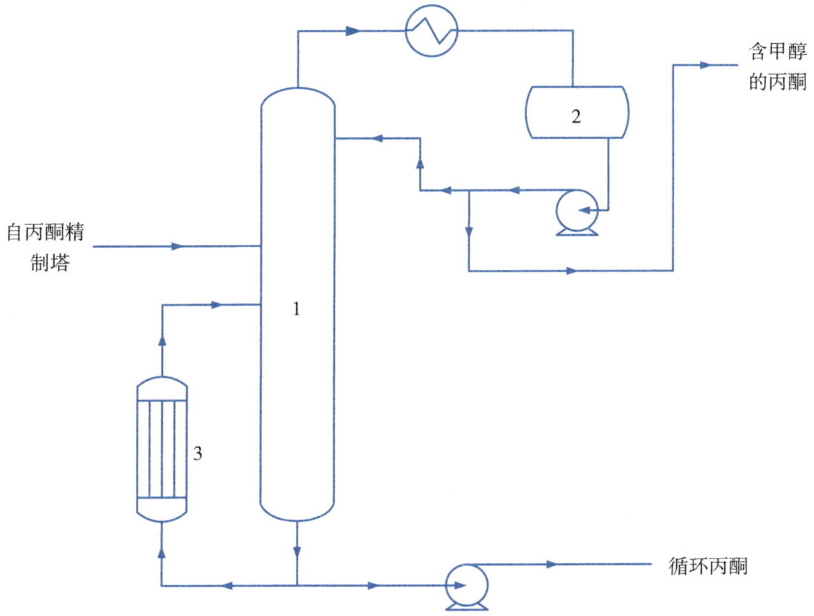

1—脱甲醇塔;2—回流罐;3—再沸器

图 5-8 脱甲醇工艺流程 2

为了防止甲醇经过中和单元进入分解液系统,氧化单元废水不能进入中和单元,但该股废水的 pH 值非常高(11 左右),如果直接进入酚水处理单元,必将影响酚水处理单元的稳定运行,因此必须先对异丙苯氧化单元废水处理流程进行优化。采用对异丙苯氧化单元产生的废水单独调节 pH 值后直接送入酚水处理单元的方案;同时对丙酮回收塔顶丙酮组分进行切除,作为装置副产品切出分解液系统,进入装置废油罐,防止大量甲醇在系统内积累。

5.5.2 苯酚-丙酮装置能量分析与节能改造

5.5.2.1 苯酚-丙酮装置热集成

1. 苯酚-丙酮装置工艺流程

异丙苯法生产苯酚的主要流程如下:原料异丙苯经氧化反应器 R101 生成过氧化氢异丙苯;产物液相送入提浓塔 T201 和 T202,在 T202 塔底采出质量浓度为 85%的过氧化氢异丙苯。提浓后的过氧化氢异丙苯在分解反应器 R301 中催化分解生成苯酚、丙酮及其他副产物;反应产物经粗丙酮塔 T401、精丙酮塔 T402 分离提纯得到纯度大于 99.5%的丙酮,经异丙苯拔顶塔 T403、焦油塔 T404 和苯酚塔 T405 分离提纯得到纯度大于 99.6%的苯酚。苯酚-丙酮装置工艺流程如图 5-9 所示。经 Aspen 严格模拟后,分析当前流程的能量消耗可知,当前冷公用工程消耗量为 96.69 MW,热公用工程消耗量为 55.41 MW,过程中的冷却和加热均使用公用工程,存在巨大的节能潜力。

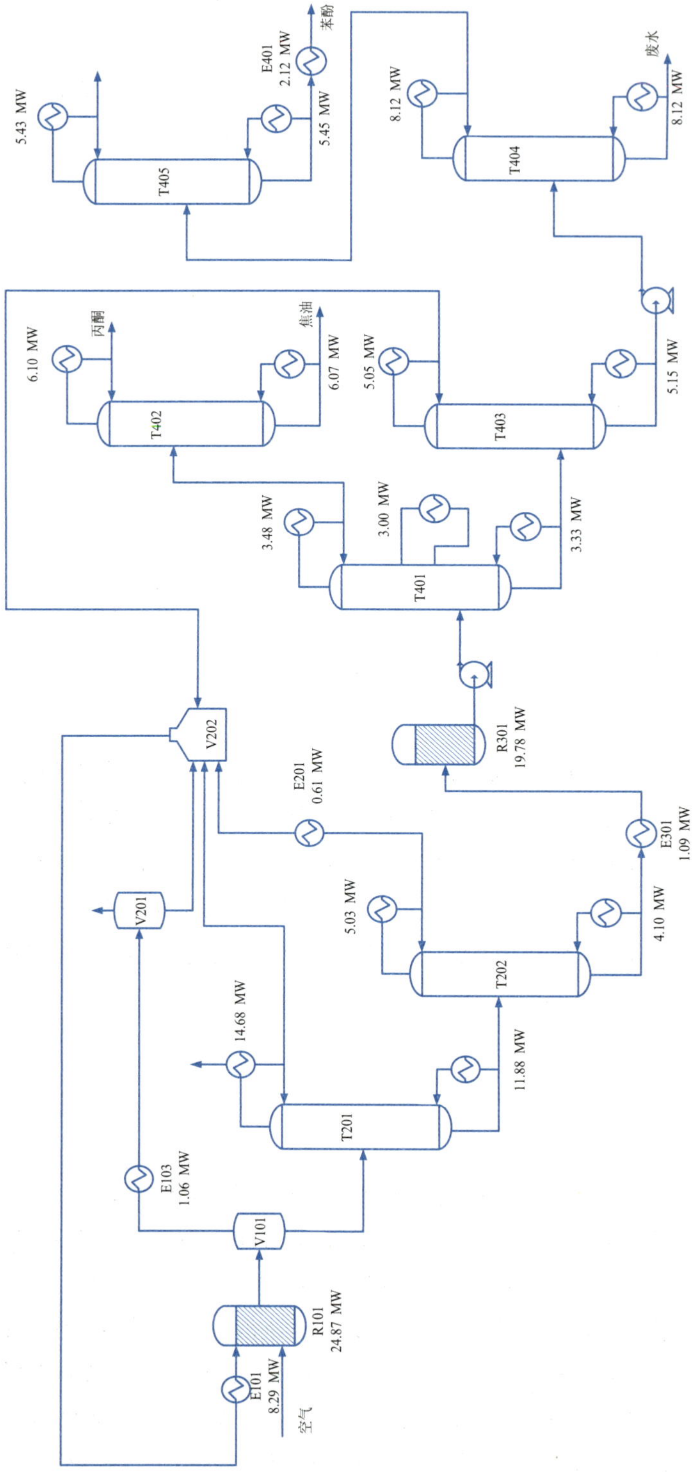

R101—氧化反应器；V101—氧化反应器分离罐；E101—原料预热器；E103—氧化反应产物冷却器；T201——级提浓塔；T202—二级提浓塔；V201—异丙苯储罐；
E201—异丙苯冷却器；R301—分解反应器；E301—氧化液冷却器；T401—粗丙酮塔；T402—精丙酮塔；T403—异丙苯拔顶塔；T404—焦油塔；T405—苯酚塔；E401—苯酚冷却器

图 5-9 苯酚-丙酮装置工艺流程

2. 苯酚-丙酮装置热集成方案

（1）直接热集成。将现有流程中各精馏塔的冷凝器和再沸器参数提取出来，结果如表5-22所示。T402塔底再沸器温度为60 ℃，热负荷为6.07 MW；T202塔顶冷凝器温度为76 ℃，热负荷为5.03 MW。两者可以实现直接热集成，热集成后T202塔顶冷凝器所需冷量可由T402完全供给，节省低压蒸汽5.03 MW，节省冷却水5.03 MW。T201塔底再沸器温度为114 ℃，热负荷为11.88 MW；T403塔顶冷凝器温度为147 ℃，热负荷为5.05 MW。两者可以实现直接热集成，热集成后T403塔供给T402热量5.05 MW，剩余热量由热公用工程提供，节省低压蒸汽5.05 MW，节省冷却水5.05 MW。

表5-22 冷凝器和再沸器参数汇总

项目	冷凝器		再沸器/中间再沸器	
	温度/℃	热负荷/MW	温度/℃	热负荷/MW
T201	50	14.68	114	11.88
T402	51	6.10	60	6.07
T401	56	3.48	155	3.00
T401	56	3.48	169	3.33
T202	76	5.03	116	4.10
T403	147	5.05	180	5.15
T405	165	5.43	181	5.45
T404	179	8.12	207	8.12

（2）调压热集成。T404塔顶冷凝器温度为179 ℃，热负荷为8.12 MW，将T404操作压力由101 kPa加压至150 kPa后，在分离要求不变的条件下，塔顶冷凝器温度变为196 ℃，热负荷变为8.53 MW，升高了0.41 MW，塔底再沸器温度变为223 ℃，热负荷变为8.82 MW，升高了0.70 MW，如图5-10所示。后续T405苯酚塔的冷凝器热负荷随之变为5.71 MW，升高了0.28 MW。虽然T404调压后热负荷升高了0.70 MW，但是较高的塔顶温度使得T404塔顶冷凝器可以与T403塔底再沸器热集成，节省高压蒸汽5.15 MW，冷却水5.15 MW。

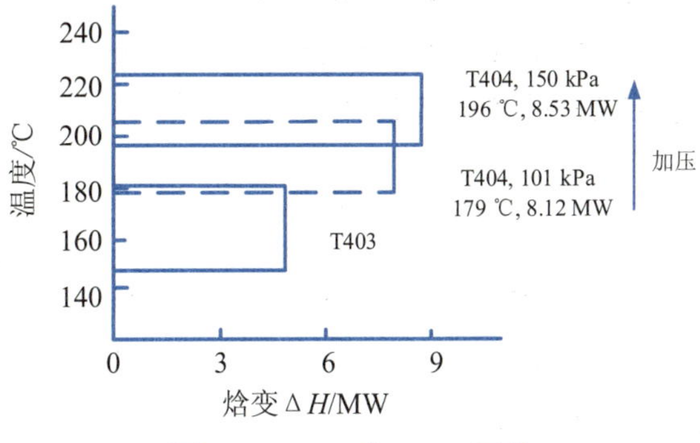

图5-10 T404与T403温焓

（3）中间再沸器/冷凝器热集成。T401 中间再沸器温度为 155 ℃，热负荷为 3 MW，T405 塔顶冷凝器温度为 165 ℃，热负荷为 5.43 MW，两者可以实现直接热集成。热集成后 T401 中间再沸器所需热量可由 T405 完全供给，可节省中压蒸汽 3 MW，冷却水 3 MW；可节省冷公用工程（CW）17.54 MW，节省热公用工程 17.53 MW，其中低压蒸汽（LPS）10.08 MW，中压蒸汽（MPS）3.00 MW，高压蒸汽（HPS）4.45 MW。现热集成流程中，热公用工程用量为 37.88 MW，冷公用工程用量为 79.15 MW。集成后的工艺流程如图 5-11 所示。

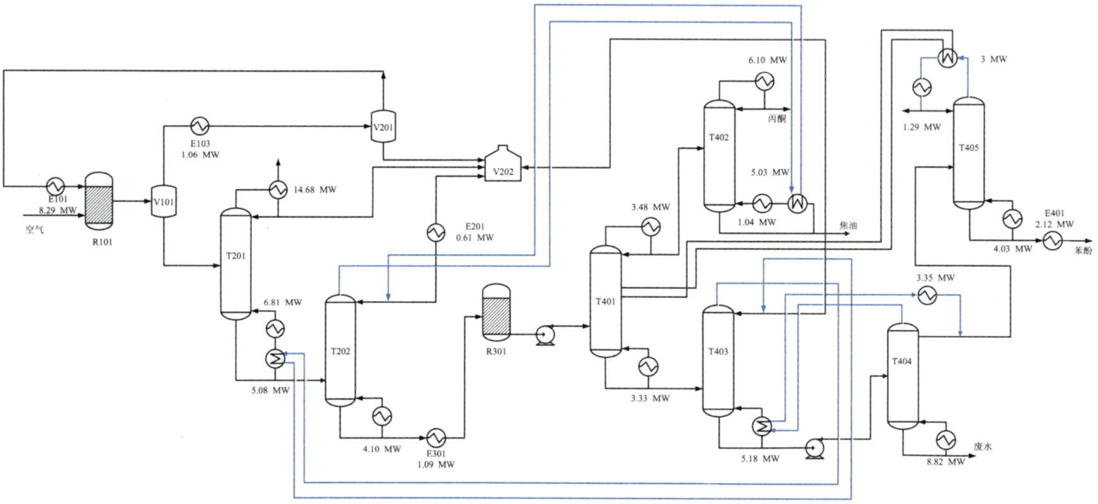

R101—氧化反应器；V101—氧化反应器分离罐；E101—原料预热器；E103—氧化反应产物冷却器；T201——级提浓塔；T202—二级提浓塔；V201—异丙苯储罐；E201—异丙苯冷却器；R301—分解反应器；E301—氧化液冷却器；T401—粗丙酮塔；T402—精丙酮塔；T403—异丙苯拔顶塔；T404—焦油塔；T405—苯酚塔；E401—苯酚冷却器

图 5-11 塔系热集成流程

5.5.2.2 苯酚-丙酮装置换热网络设计

1. 夹点技术与数据提取

夹点技术可用来寻找节能潜力，以实现节能目标。数据提取可从给定流程的热量平衡和物料平衡中提取夹点分析所需的信息。本流程中涉及反应器 R101 与反应器 R301，出于安全考虑，不与其他工艺物流进行换热，不对该数据进行提取。已经进行塔系热集成匹配的物流也不进行数据提取。另外，T401、T403、T404 和 T405 的塔底再沸器既无法与其他精馏塔热集成，也无法与背景过程热集成，为简化换热网络匹配复杂度，这部分数据也不提取。最终从流程中提取的剩余物流数据如表 5-23 所示。

表 5-23 工艺物流数据

项目	设备编号	物流描述	初始温度/℃	目标温度/℃	热容流率/[（kJ/（℃·h）]	热负荷/MW
冷物流	E101	原料预热	25	110	3.53×10^{5}	8.29
	T202	塔底再沸器	101	117	1.08×10^{6}	4.10

续表

项目	设备编号	物流描述	初始温度/℃	目标温度/℃	热容流率/[(kJ/(℃·h)]	热负荷/MW
热物流	E103	氧化反应产物冷却	110	50	7.98×10^4	1.36
	E201	异丙苯冷却	76	50	8.52×10^4	0.61
	E301	氧化液冷却	117	65	7.58×10^4	1.09
	E401	苯酚冷却	182	50	5.80×10^4	2.12
	T201	塔顶冷凝器	99	50	3.15×10^7	14.68
	T401	塔顶冷凝器	57	56	3.00×10^9	3.48
	T402	塔顶冷凝器	52	51	1.15×10^9	6.10

2. 能量目标

组合曲线可显示工艺最小能量需求，按照工程经验取最小传热温差为 10 ℃，将冷热组合曲线进行重叠，阴影区域表示理论上可以完全回收的热量，如图 5-12 所示。在设计换热网络之前，首先可使用夹点分析确定最小能量消耗目标，这样有利于快速确定能量节省的范围。在提取的物流中，夹点温度为 94.4 ℃，最小热公用工程目标为 4.20 MW，最小冷公用工程目标为 21.25 MW。目前热公用工程用量为 12.38 MW，冷公用工程用量为 29.42 MW。

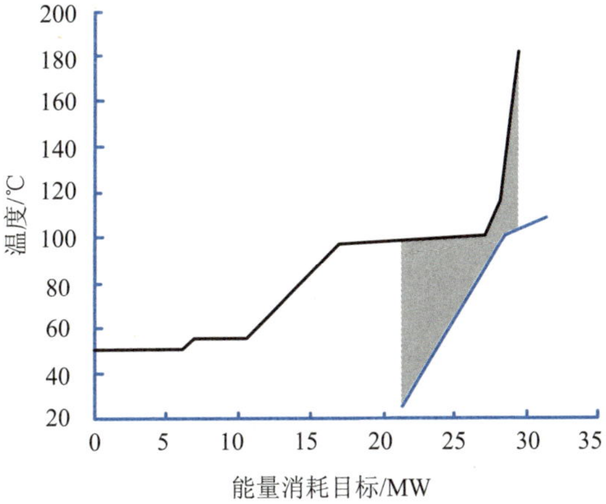

图 5-12 组合曲线

3. 最大热回收换热网络

进行换热网络设计时，通常遵循夹点技术设计原则和匹配准则。提取的现有物流的换热网络如图 5-13 所示，在现有设计中所有物流的冷却或加热均采用公用工程，没有实现内部物流的热集成。该网络中热夹点温度为 99.4 ℃，冷夹点温度为 89.4 ℃，当前换热网络消耗热公共工程 12.37 MW，冷公用工程 29.42 MW，且存在跨夹点传热 8.2 MW，应分别在夹点之上和夹点之下进行最大热回收网络设计。

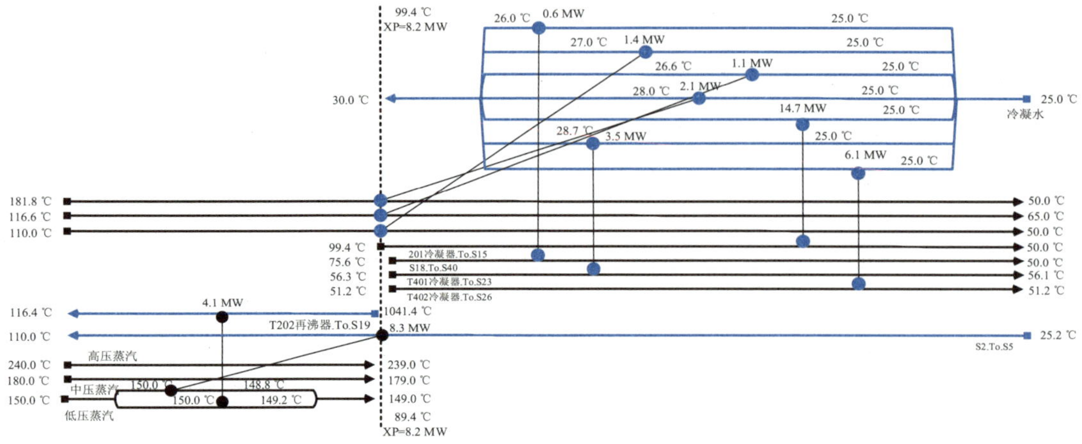

图 5-13 现有设计的换热网络

（1）夹点之上。夹点之上的物流数据如表 5-24 所示。其中，T202 塔底再沸器物流远离夹点。根据夹点技术设计原则，将原料预热物流分流成 3 股，分流比为 0.45（1）：0.28（2）：0.27（3）。将苯酚冷却物流与原料预热物流 1 进行匹配，端点温度设为夹点温度，换热量为 1.38 MW；将氧化液冷却物流与原料预热物流 2 进行匹配，端点温度设为夹点温度，换热量为 0.36 MW；将氧化反应产物冷却物流与原料预热物流 3 进行匹配，端点温度设为夹点温度，换热量为 0.28 MW。至此热物流匹配完成，原料预热物流热量不足的部分由低压蒸汽提供。夹点之上的换热网络设计结果如图 5-14 所示，实现最小热公用工程目标 4.20 MW。

（2）夹点之下。夹点之下的物流数据如表 5-25 所示。根据夹点技术设计原则，将原料预热物流与 T201 塔顶冷凝器物流匹配，一次性满足原料预热物流所需热量 6.15 MW，实现了最小冷公用工程目标 21.25 MW。换热网络设计最终结果如图 5-15 所示。与热集成设计相比，可节省热公用工程低压蒸汽 8.17 MW，冷公用工程冷却水 8.17 MW。

表 5-24 夹点之上的物流数据

项目	设备编号	物流描述	初始温度/℃	目标温度/℃	热容流率/[kJ/(℃·h)]	热负荷/MW
冷物流	E101	原料预热	89.4	110	3.53×10^{5}	2.14
热物流	T202	塔底再沸器	101	117	1.08×10^{6}	4.10
	E103	氧化反应产物冷却	110	99.4	7.98×10^{4}	0.28
	E301	氧化液冷却	117	99.4	7.58×10^{4}	0.36
	E401	苯酚冷却	182	99.4	5.80×10^{4}	1.38

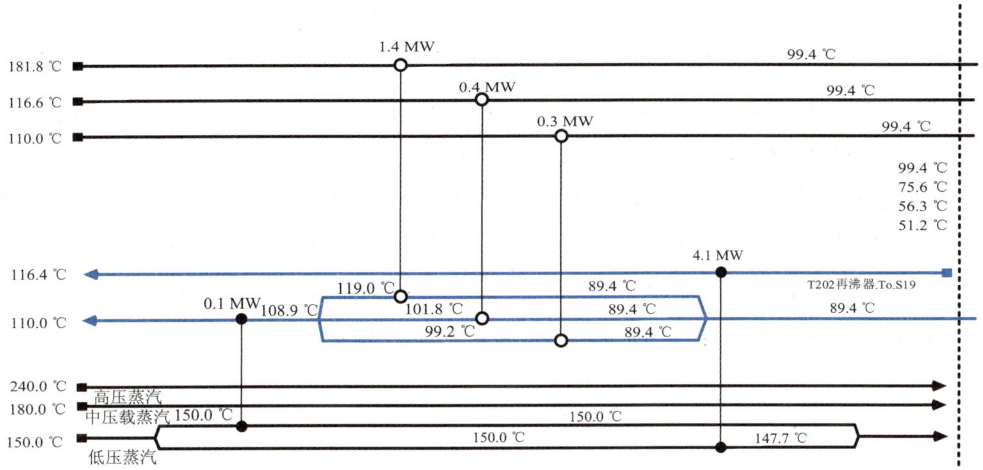

图 5-14 夹点之上的换热网络

表 5-25 夹点之下的物流数据

项目	设备编号	物流描述	初始温度/℃	目标温度/℃	热容流率/[kJ/(℃·h)]	热负荷/MW
冷物流	E101	原料预热	25	89.4	3.53×10^5	6.15
热物流	E103	氧化反应产物冷却	99.4	50	7.98×10^4	1.01
	E201	异丙苯冷却	76	50	8.52×10^4	0.61
	E301	氧化液冷却	99.4	65	7.58×10^4	0.72
	E401	苯酚冷却	99.4	50	5.80×10^4	0.74
	T201	塔顶冷凝器	99.4	50	3.15×10^7	6.15
	T401	塔顶冷凝器	57	56	3.00×10^9	3.48
	T402	塔顶冷凝器	52	51	1.15×10^9	6.10

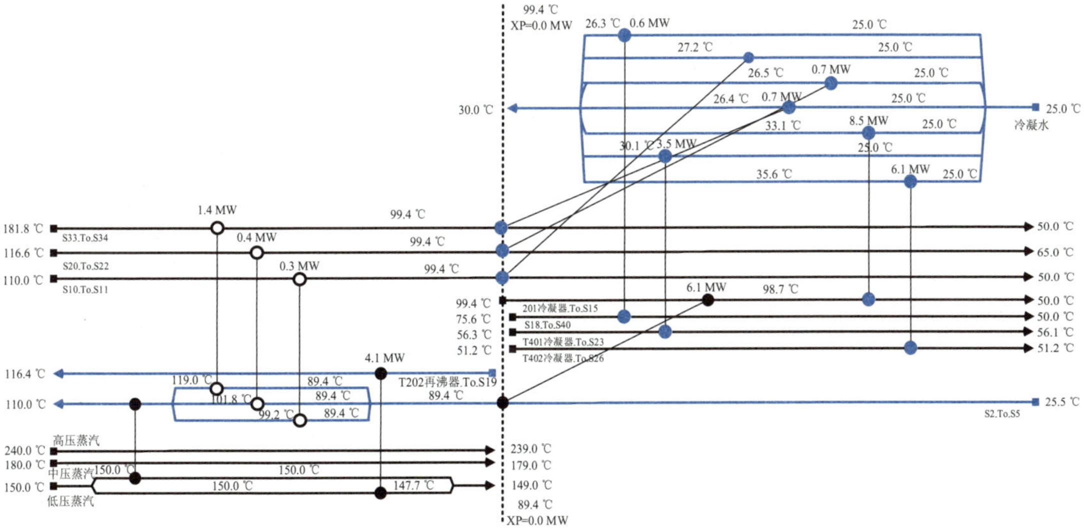

图 5-15 换热网络设计最终结果

本节基于夹点技术，从塔系热集成方面对苯酚-丙酮装置的用能状况进行分析，提出了改进方案。经分析，热集成方案包括：①直接热集成，T202塔顶与T402塔底热集成，T403塔顶与T201塔底热集成；②调压热集成，T404塔顶调压至150 kPa后与T403塔底热集成；③中间再沸器热集成，T405塔顶与T401中间再沸器热集成，共可节省冷却水（CW）17.92 MW，低压蒸汽（LS）10.11 MW，中压蒸汽（MS）3.00 MW，高压蒸汽（HS）4.52 MW。热集成后，冷公用工程降低17.54 MW，热公用工程降低17.53 MW。最终的节能方案与初始流程相比，冷公用工程由96.69 MW降至70.98 MW，节能26.59%，热公用工程由55.41 MW降至29.71 MW，节能46.38%，取得了很好的节能效果。

第 6 章

聚合级苯乙烯合成生产工艺

6.1 概述

苯乙烯是一种重要的基本有机化工原料，用途十分广泛，可用于生产聚苯乙烯（PS）、丙烯腈-丁二烯-苯乙烯（ABS）树脂、丁苯橡胶和丁苯胶乳（SBR/SBRL）、不饱和聚酯树脂（UPR）以及苯乙烯系热塑性弹性体（如 SBS）等。此外，苯乙烯还可用于制药、染料、农药以及选矿等行业。

2022 年世界苯乙烯产能为 4 310.1 万 t/a，同比增长 6.6%，产能主要集中在亚洲地区，亚洲地区产能约占世界总产能的 62.23%，其他产能集中在美洲、欧洲和中东地区。亚洲地区产能基本集中在东亚的中国、日本和韩国，其他多分布在东南亚各国。据统计，2022 年东亚地区苯乙烯总产能达到 2 478.2 万 t/a，约占亚洲总产能的 92.40%。

中国苯乙烯装置不断新建投产，而国外原计划新建、拟建的装置则无新的进展报道，同时国外部分运行成本较高、环保压力较大的老装置陆续宣布将退出市场。2022 年 12 月，盛禧奥（Trinseo）宣布，迫于行业产能增加以及欧洲天然气价格上涨的压力，将关闭位于德国 Bihlen 的 30 万 t/a 的苯乙烯装置。2023 年初，日本太阳石油公司宣布，基于全球碳中和方面的努力，环保压力日趋加大，预计苯乙烯市场将处于不确定的商业环境中，因此决定退出苯乙烯业务，并关闭位于日本山口县宇部的 37 万 t/a 苯乙烯工厂，但没有透露具体关闭时间。由此可见，在国外装置停滞发展的当下，未来苯乙烯新增产能仍将以中国为主。

从世界范围来看，中石化是全球第一大苯乙烯供应商，总产能达 329.9 万 t/a，生产装置均在国内，产品主要在国内消化。截至 2022 年底，我国苯乙烯产能增至 1 763.6 万 t/a，同比增长 14.47%，增速回落。我国苯乙烯装置采用的技术主要包括乙苯脱氢技术、环氧丙烷/苯乙烯（PO/SM）联产技术和裂解汽油抽提技术。其中采用传统乙苯脱氢技术的占 75.59%，采用 PO/SM 技术的占 23.54%，剩余 0.87%采用裂解汽油抽提技术。

未来随着产能的不断扩大，行业落后装置和产能淘汰将逐步加快。生产企业应因地制宜，充分发挥地区资源优势生产苯乙烯。在沿海地区，依托炼化一体化优势，虽然纯乙烯法仍可能是主流工艺，但是 PO/SM 联产工艺也将得到更广泛的应用。

苯乙烯的工业化生产技术已经非常成熟。其技术进展主要集中在以降低生产成本、改善操作条件为目标的新型催化剂的开发以及生产工艺、设备的改进和优化上，同时也有一些对新工艺、新方法的研究。

6.2 苯乙烯的性质与用途

6.2.1 苯乙烯的物理性质

苯乙烯是一种有机化合物，化学式为 C_8H_8。乙烯基的电子与苯环共轭，不溶于水，溶于乙醇、乙醚等多数有机溶剂，是合成树脂、离子交换树脂及合成橡胶等的重要单体。苯乙烯的物理性质如表 6-1 所示。

表 6-1 苯乙烯的物理性质

性质	数值	性质		数值
相对分子质量	104.15	闪点（闭口）/℃		32
沸点（101.325 kPa）/℃	145.3	爆炸极限	下限	1.1%
凝点（101.325 kPa）/℃	-30.65		上限	8.0%
密度/（g/cm^3）	0.901 6	饱和蒸气压（20 ℃）/ kPa		0.67
气体相对密度/（空气为 1）	3.6	临界温度/℃		369
燃点温度/℃	490	水中溶解度/（mg/L）		300
折射率 n（20 ℃）	1.546	—		—

苯乙烯产品的特点是可以自身引发热聚合反应，不需要其他任何形式的诱导剂，且反应仅与温度和停留时间有关。如果储存过程中物料温度不能得到有效控制，反应速率将随温度升高而加剧，温度升高到 65 ℃左右时反应急剧进行，形成“爆聚”。储存温度直接影响苯乙烯的储存周期和质量，因此应根据环境温度和苯乙烯储存要求严格控制苯乙烯的储存温度，《工业用苯乙烯》（GB/T 3915—2021）中建议苯乙烯储存温度控制在 37 ℃以下。如果气温升高，应将储罐水喷淋装置打开降温，观察储罐外壁水是否均匀下流覆盖整个外壁，尤其是太阳直射一侧。苯乙烯中一般添加阻聚剂对叔丁基邻苯二酚（TBC）以防苯乙烯单体自聚。

苯乙烯作为烃类的一种，能与较多化合物形成共沸物，其形成的部分共沸物如表 6-2 所示。

表 6-2 苯乙烯部分二元共沸物

共沸组分	共沸点/℃	苯乙烯含量	共沸组分	共沸点/℃	苯乙烯含量
水	93.9	45.0%	甲酸	95.75	27.0%
正壬烷	144.0	75.0%	乙酸	116.8	14.3%
异丁酸异丁酯	<145.5	>60%	乙二醇	139.5	83.5%

6.2.2 苯乙烯的化学性质

苯乙烯是一种不饱和化合物，容易发生加成反应。它可以与氢气发生加氢反应，生成环己烷。在适当的催化剂存在下，苯乙烯也可以与其他有机物发生加成反应，形成不同的产物。此外，苯乙烯还可以进行聚合反应，形成聚苯乙烯。苯乙烯是一种重要的塑料材料。

6.2.3 苯乙烯的用途

苯乙烯是用于合成橡胶材料生产和塑料产品生产的重要有机原料，主要应用于聚苯乙烯（PS）、丁苯橡胶（SBR）、丙烯腈-丁二烯-苯乙烯（ABS）树脂、苯乙烯-丙烯腈（SAN）树脂和不饱和树脂的生产。苯乙烯系列产品在合成树脂的产量中位居第三，前两位分别是聚乙烯和聚氯乙烯。

1. 用于合成聚苯乙烯

苯乙烯可用来生产通用级聚苯乙烯（GPS）、可发泡聚苯乙烯（EPS）、高抗冲聚苯乙烯（HIPS）等各种改性聚苯乙烯材料。聚苯乙烯具有透明、廉价、刚性、绝缘、印刷性好等优点，广泛应用于通信器材和高频电器中，如无线电零件、高频电容器等。由于聚苯乙烯具有高度透明性，可用于生产公共建筑的透明部件、光学仪器和透明模型，如灯罩、仪表壳罩等。聚苯乙烯还大量应用于食品包装材料和日用品。

聚苯乙烯为白色或者无色透明珠状颗粒，可以任意着色，经用低沸点烃类发泡剂浸渍即可成为可发性珠粒，90~110℃受热时，体积可增大 5~50 倍。可发性珠粒在 100 ℃下预发泡，然后放在一定的模具内，即可加热成型。聚苯乙烯泡沫塑料具有隔热、隔音、耐低温等性能和质轻、有弹性、吸水性小等优点。该产品在建筑、制冷、包装等行业广泛用作隔热、隔音、保温、防震材料等。

2. 用于合成丁苯橡胶

苯乙烯和丁二烯共聚制成的丁苯橡胶大量用于制造轮胎、胶带、胶鞋以及其他多种橡胶制品，丁苯胶乳则用于纺织和造纸，丁苯嵌段共聚物 SBS 热塑性弹性体用于制鞋等轻工行业或手工业。

丁苯橡胶是以丁二烯和苯乙烯为单体，采用自由基引发的乳液聚合或阴离子溶液聚合工艺制得的目前世界上产量最高、消费量最大的通用合成橡胶（SR）品种，其物理性能、加工性能和制品的使用性能接近于天然橡胶（NR），但耐磨性、耐热性、耐老化性优于 NR，可与 NR 以及多种 SR 并用，广泛用于生产轮胎与轮胎制品、鞋类、胶管、胶带、医疗器械、汽车零部件、电线电缆以及其他多种工业橡胶制品。

按生产工艺，丁苯橡胶（SBR）通常可分为乳聚丁苯橡胶（E-SBR）和溶聚丁苯橡胶（S-SBR）两大类。E-SBR 开发历史悠久，生产和加工工艺成熟，应用广泛，其生产能力、产量和消耗量在 SBR 中均占首位；S-SBR 是兼具多种综合性能的橡胶品种，其生产工艺与 E-SBR 相比具有装置适应能力强、胶种多样化、单体转化率高、排污量小、聚合助剂品种少等优点，是今后的发展方向。

3. 用于合成 ABS

在国内，ABS 和 SAN 树脂是仅次于聚苯乙烯的第二大苯乙烯衍生物。ABS 是丙烯腈（A）、丁二烯（B）和苯乙烯（S）的共聚物，具有较好的抗冲强度，良好的耐油性、耐水性和化学稳定性，耐寒性能良好，电性能良好，其绝缘性很少受温度、湿度的影响。ABS 主要用于生产注塑产品、板材和薄膜，最大的终端用户是汽车工业，该行业 ABS 需求量占总需求量的 25%~30%；其次是电子行业；其他用途包括家用电器、建筑行业用管材、文体用品以及活动房屋等。ABS 也可与聚碳酸酯共混生产聚合物共混物，然后加工成注塑产品。ABS 树脂的很多应用市场均已成熟，新的应用领域仍在继续开拓，主要是替代最终市场，如汽车部件等。

ABS 树脂是产量最大的热塑性工程塑料，介于普通塑料（聚苯乙烯或聚丙烯）和热塑性高功能工程塑料（聚碳酸酯或聚氨酯）之间。由于普通塑料会对生态环境造成影响，而且目前高强度 PS 的价格几乎与 ABS 相同，所以某些终端产品制造商又转而使用 ABS。

4. 用于合成 SAN

SAN 由苯乙烯和丙烯腈共聚生成，由于 SAN 树脂是由两种单体发生共聚合反应而生成的，故它能表现出两种组分的协同性能。丙烯腈使聚合物具有耐化学腐蚀性，特别是对非极性物质具有较高的化学稳定性，并有一定的表面硬度。SAN 还具有苯乙烯赋予的刚性和加工流动性，基本上保持了聚苯乙烯的透明度，但又比聚苯乙烯的软化点更高，耐化学腐蚀性更好，耐应力开裂性能更强，其长期耐光性和对温度的稳定性均较聚苯乙烯有较大的改善。

SAN 树脂具有良好的尺寸稳定性、耐候性、耐热性、耐油性和化学稳定性等。SAN 的典型应用领域有家用电子、电器配件、日用商品、汽车工业等，其是一种廉价的工程兼民用塑料。

5. 其他产品用途

（1）不饱和聚酯树脂。不饱和聚酯树脂也是苯乙烯的一大消费领域，主要用于生产玻璃钢制品、涂料和建筑材料等。

（2）苯乙烯系热塑性弹性体。其主要包括 SBS、SIS 以及其相应的加氢产物 SEBS（以聚苯乙烯为末端段，以聚丁二烯加氢得到的乙烯-丁烯共聚物为中间弹性嵌段的线性三嵌共聚物）和 SEPS（以聚苯乙烯为末端段，以聚异戊二烯加氢得到的乙烯-丙烯共聚物为中间弹性嵌段的线性三嵌共聚物）等，我国的产品主要为 SBS。

（3）其他方面。苯乙烯还可用于制药、染料、农药以及选矿等行业。

6.3 原料及产品情况

6.3.1 苯乙烯合成原料情况

合成苯乙烯有两种主流工艺，即乙苯脱氢工艺和 PO/SM 合成工艺，两种工艺涉及的原料不尽相同，下面分别说明。

6.3.1.1 乙苯脱氢合成苯乙烯原料情况

乙苯脱氢合成苯乙烯工艺涉及的基本原料为乙烯和苯，其规格需分别达到《工业用乙烯》（GB/T 7715—2014）和《石油苯》（GB/T 3405—2011）的要求，具体要求分别如表 6-3 和表 6-4 所示。

表 6-3 工业用乙烯技术要求

项目	质量指标		试验方法
	优等品	一等品	
乙烯含量（体积分数）	≥ 99.95%	≥ 99.90%	GB/T 3391
甲烷和乙烷含量/（mL/m³）	≤ 500	≤ 1000	GB/T 3391
C3 和 C3 以上含量/（mL/m³）	≤ 10	≤ 50	GB/T 3391
一氧化碳含量/（mL/m³）	≤ 1	≤ 3	GB/T 3394
二氧化碳含量/（mL/m³）	≤ 5	≤ 10	GB/T 3394
氢含量/（mL/m³）	≤ 5	≤ 10	GB/T 3393
氧含量/（mL/m³）	≤ 2	≤ 5	GB/T 3396
乙炔含量/（mL/m³）	≤ 3	≤ 6	GB/T 3391 GB/T 3394
硫含量/（mg/kg）	≤ 1	≤ 1	GB/T 11141
水含量/（mg/kg）	≤ 5	≤ 10	GB/T 3727
甲醇含量/（mg/kg）	≤ 5	≤ 5	GB/T 12701
二甲醚含量/（mg/kg）	≤ 1	≤ 2	GB/T 12701

表 6-4 石油用苯技术要求

项目	质量指标		试验方法
	石油苯-535	石油苯-545	
外观	透明液体，无不溶于水及机械杂质		目测
色度（Pt-Co 色号）	≤ 20	≤ 20	GB/T 1209
苯纯度	≥ 99.80%	≥ 99.90%	ASTM D4492

续表

项目	质量指标		试验方法
	石油苯-535	石油苯-545	
甲苯含量	≤ 0.1%	≤ 0.05%	ASTM D4492
非芳烃含量	≤ 0.15%	≤ 0.10%	ASTM D4492
噻吩含量/(mg/kg)	报告	≤ 0.6	ASTM D1685 ASTM D4735
酸洗比色	酸层颜色不深于 1 000 mL 稀酸中含 0.20 g 重铬酸钾的标准溶液	酸层颜色不深于 1 000 mL 稀酸中含 0.10 g 重铬酸钾的标准溶液	GB/T 2012
总硫含量/(mg/kg)	≤ 2	≤ 1	SH/T 0253 SH/T 0689
溴指数/(mg/100 g)	—	≤ 20	SH/T 0630 SH/T 1767
结晶点(干基)/℃	5.35	5.45	GB/T 3145
1,4-二氧己烷含量	由供需双方商定		ASTM D4492
氧含量	由供需双方商定		SH/T 0657
水含量	由供需双方商定		SH/T 0246
密度(20℃)	报告		GB/T 2013
中性试验	中性		GB/T 1815

6.3.1.2 PO/SM 合成苯乙烯原料情况

PO/SM 合成苯乙烯工艺涉及的基本原料为丙烯和乙苯，其规格需分别达到《聚合级丙烯》(GB/T 7716—2024)和《工业用乙苯》(SH/T 1140—2018)的要求，具体要求分别如表 6-5 和表 6-6 所示。

表 6-5 聚合级丙烯技术要求

项目	质量指标		试验方法
	Ⅰ型	Ⅱ型	
丙烯含量	≥ 99.6%	≥ 99.2%	GB/T 3392
烷烃含量	报告	报告	GB/T 3392
乙烯含量/(mL/m^3)	≤ 20	≤ 50	GB/T 3392
乙炔含量/(mL/m^3)	≤ 2	≤ 5	GB/T 3394 GB/T 3392
甲基乙炔+丙二烯含量/(mL/m^3)	≤ 5	≤ 10	GB/T 3392
氧含量/(mL/m^3)	≤ 5	≤ 10	GB/T 3396
一氧化碳含量/(mL/m^3)	≤ 2	≤ 5	GB/T 3394 SH/T 1844

续表

项目	质量指标		试验方法
	Ⅰ型	Ⅱ型	
二氧化碳含量/(mL/m^3)	≤ 5	≤ 10	GB/T 3394 SH/T 1844
丁烯+丁二烯含量/(mL/m^3)	≤ 5	≤ 20	GB/T 3392
硫含量/(mg/kg)	≤ 1	≤ 5	GB/T 11141
水含量/(mg/kg)	≤ 10		GB/T 3727 SH/T 1549
甲醇含量/(mg/kg)	≤ 10		GB/T 12701
二甲醚含量/(mg/kg)	≤ 2	≤ 5	GB/T 12701

表 6-6 工业用乙苯技术要求

项目	质量指标	
	优等品	一等品
外观	清澈透明液体，无机械杂质和游离水	
色度(Pt-Co 色号)	≤ 10	≤ 10
乙苯含量	≥ 99.80%	≥ 99.50%
二甲苯含量	≤ 0.1%	≤ 0.15%
异丙苯含量	≤ 0.03%	≤ 0.05%
二乙苯含量	≤ 0.001%	
硫/(mg/kg)	≤ 3.0	≤ 5.0
氯/(mg/kg)	≤ 1.0	

6.3.2 苯乙烯产品规格情况

目前，市场中的聚合级苯乙烯产品一般符合《工业用苯乙烯》(GB/T 3915—2021)的要求，基本可满足各类橡胶和树脂的合成要求，具体指标如表 6-7 所示。

表 6-7 聚合级苯乙烯质量要求

项目	质量指标		试验方法
	聚合级	工业级	
外观	清澈透明液体，无机械杂质和游离水		目测
纯度	≥ 99.8%	≥ 99.6%	GB/T 12688.1
聚合物含量/(mg/kg)	≤ 10	≤ 50	GB/T 12688.3
过氧化物(以 H_2O_2 计)含量/(mg/kg)	≤ 50	≤1 00	GB/T 12688.4
总醛(以苯甲醛计)/(mg/kg)	≤ 100	≤ 200	GB/T 12688.5

续表

项目	质量指标		试验方法
	聚合级	工业级	
色度(Pt-Co 色号)	≤ 10	≤ 30	GB/T 605
乙苯含量	≤ 0.08%	报告值	GB/T 12688.1
阻聚剂(TBC)含量/(mg/kg)	10~15(或按需)		GB/T 12688.8
苯乙炔含量	报告值		GB/T 12688.1
总硫含量	报告值		SH/T 1147
水含量	供需双方商定		GB/T 6283
苯含量	供需双方商定		GB/T 12688.9

6.4 苯乙烯合成工艺

6.4.1 乙苯脱氢合成苯乙烯工艺

乙苯催化脱氢主要是催化剂存在条件下的高温脱氢反应，是工业上生产苯乙烯的传统工艺。目前，全球催化脱氢生产工艺代表有 Fina/Badger 法、Lummus/UOP 法和 BASF 法等。

6.4.1.1 乙苯脱氢合成苯乙烯工艺涉及的原理

1. 烷基化反应

乙烯和苯在催化剂沸石的作用下，进行烷基化反应生成乙苯：

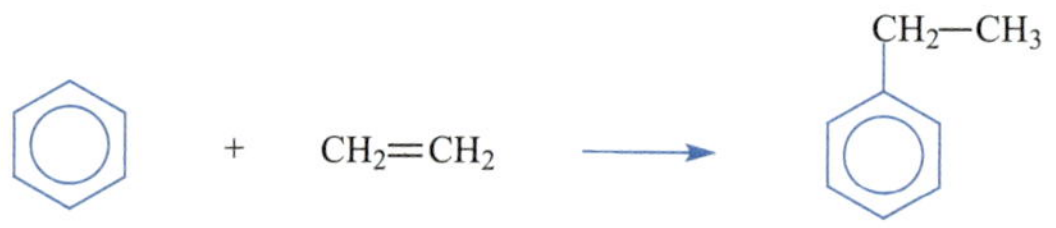

苯与乙烯的烷基化反应不仅停留于乙苯，烷基化将继续发生，理论上生成整个系列的多乙基苯(多乙苯)，即

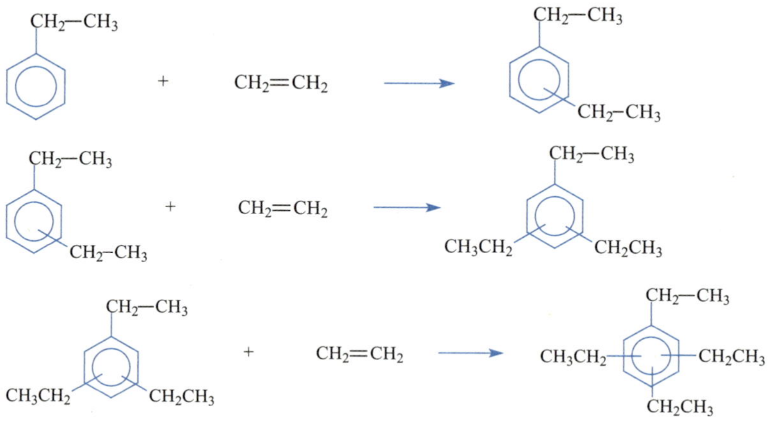

以上烷基化反应均是快速的一级不可逆反应，在酸性条件下，反应几乎同时发生。烷基化反应采用沸石催化剂，含有酸性的活性点，整个系统内的反应原料通过催化剂的孔道扩散到活性点，反应后，产物通过微孔通道扩散出来，并进入流动的物流中。

从动力学上看，反应速率常数随苯环上的乙基数增加而急剧增大。如生成二乙苯的反应速率常数约为生成乙苯的两倍。但在反应进程中因受到空间阻碍作用，即苯环上增加了乙基，位于苯环空位的难度加大，反应会有效地减缓；同时较大分子在颗粒内部扩散难度的增加也限制其靠近活性点。所以，五乙基苯、六乙基苯的反应非常慢，因而仅有痕量生成。一般来说，因为多乙苯必须转烷基化为乙苯，所以在反应过程中期望最大限度地抑制多乙苯的生成。

2. 转烷基化反应

转烷基化反应指的是将乙基从一个苯环转移到另一个苯环上的过程：

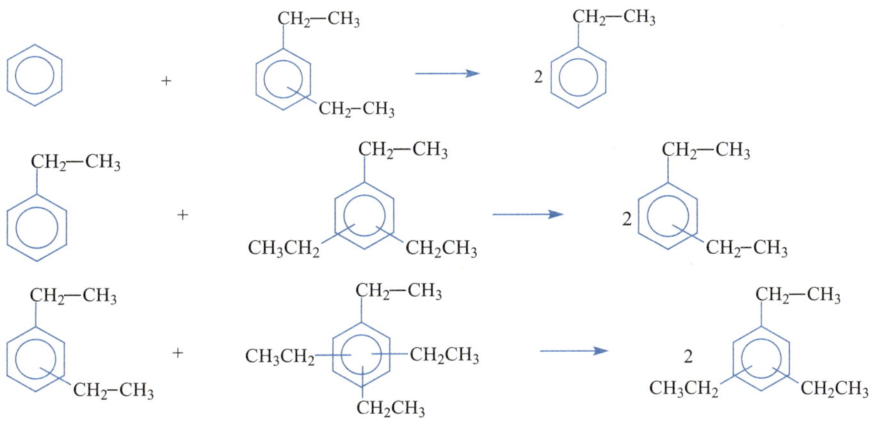

转烷基化（反烃化）反应是可逆的，在动力学上是二级反应，而且接近于热动力平衡，乙基化的苯之间的平衡随温度移动不明显，可能是受反应原料组成的影响较大。与烷基化反应一样，转烷基化反应也发生在沸石催化剂的酸性活性点上，而且也会发生某些副反应，生成甲苯、异丙苯等。对于给定的反应器催化剂尺寸，可通过反应原料在催化剂床层较长的停留时间、较高的反应温度、较高的苯对多乙苯比例等手段增加多乙苯向期待产物乙苯的转化率。

3. 乙苯脱氢

乙苯通过脱氢生成苯乙烯为强吸热反应。乙苯与苯乙烯混合物还会发生某些不受平衡限制的一次反应，生成苯、甲苯等副产物。

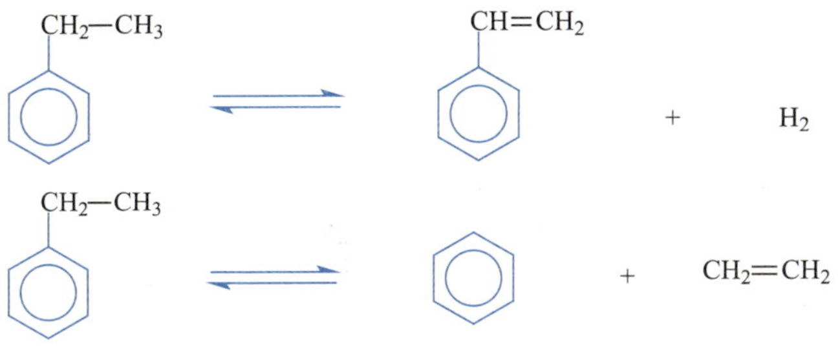

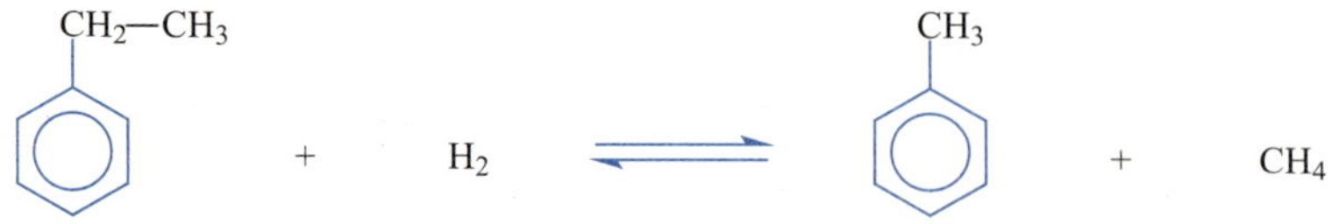

6.4.1.2 乙苯脱氢工艺的公用工程情况

乙苯脱氢合成苯乙烯工艺中涉及的公用工程较多,具体情况如表 6-8 所示。

表 6-8 乙苯脱氢工艺所用公用工程情况

名称	项目	单位	数值	备注
4.0 MPa 蒸汽	压力	MPaG	4.0	—
	温度	℃	290	过热
3.0 MPa 蒸汽	压力	MPaG	3.0	—
	温度	℃	260	过热
1.3 MPa 蒸汽	压力	MPaG	1.3	—
	温度	℃	290	过热
0.9 MPa 蒸汽	压力	MPaG	0.9	—
	温度	℃	220	过热
0.35 MPa 蒸汽	压力	MPaG	0.35	—
	温度	℃	148	—
0.21 MPa 蒸汽	压力	MPaG	0.21	—
	温度	℃	135	—
0.04 MPa 蒸汽	压力	MPaG	0.04	—
	温度	℃	109	—
新鲜水	压力	MPaG	0.55~0.7	—
脱盐水	压力	MPaG	0.35~0.45	—
循环水	压力	MPaG	≥ 0.4	—
	温度	℃	≤ 31	—
乙二醇	压力	MPaG	> 0.7	—
	温度	℃	-12~-1	—
装置	压力	MPaG	0.6~0.8	—
仪表风	压力	MPaG	0.6~0.8	—
N_2	压力	MPaG	0.68~1.3	—
电	高压电源	V	6 000	—
	低压电源	V	380/220	—

6.4.1.3 乙苯脱氢工艺流程

乙苯脱氢合成苯乙烯是一种重要的有机合成工艺,其中包括乙烯和苯的烷基化工序、多乙苯的转烷基化工序、乙苯精制工序、乙苯脱氢工序和苯乙烯精制工序等，其工艺流程如图 6-1 所示。

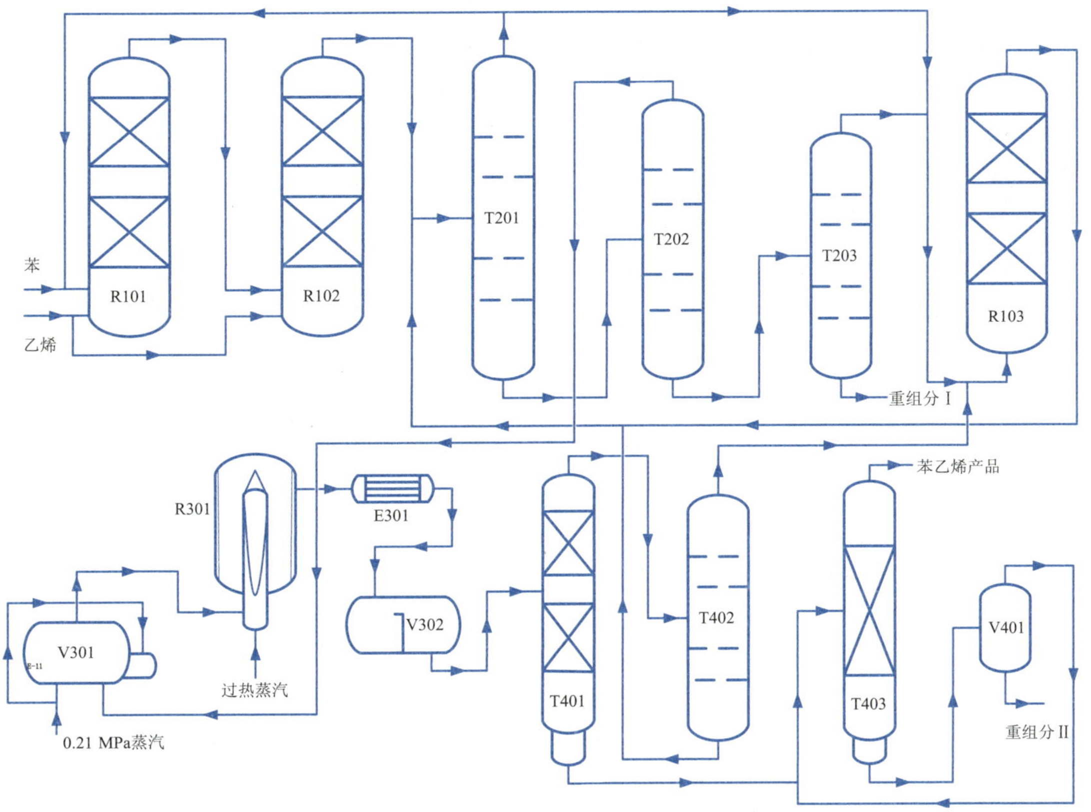

R101—烷基化反应器Ⅰ;R102—烷基化反应器Ⅱ;T201—苯分离塔;T202—乙苯塔;T203—多乙苯塔;R103—转烷基化反应器;V301—乙苯蒸发器;R301—乙苯脱氢反应器;V302—油水分离罐;E301—苯乙烯换热器系统;T401—乙苯/苯乙烯塔;T402—苯/甲苯塔;T403—苯乙烯产品塔;V401—蒸发器

图 6-1 乙苯脱氢合成苯乙烯工艺流程

新鲜的乙烯分别进入烷基化反应器 R101 和 R102 下部，新鲜苯经白土处理除去碱性氮化物后也送入 R101，乙烯和苯按一定的比例，经催化剂的作用，在 3.5 MPa、215~265 ℃的条件下发生烷基化反应，生成乙苯、二乙苯、三乙苯、四乙苯等；由反应器 R101 和 R102 出来的混合乙苯物流直接进入苯分离塔 T201，T201 塔顶得到苯，循环利用，一部分循环至 R101 反应器入口，一部分作为转烷基化反应器 R103 的原料；T201 塔釜富含乙苯、二乙苯、三乙苯、四乙苯和五乙苯等重组分的物流进入乙苯塔 T202，T202 塔顶得到待处理加工的乙苯，T202 塔釜的三乙苯、四乙苯和五乙苯等重组分进入多乙苯塔 T203；T203 塔釜得到重组分Ⅰ，塔顶得到二乙苯、三乙苯、四乙苯和五乙苯的混合物，与苯分离塔 T201 塔顶来的苯按一定比例进入转烷基化反应器 R103；在反应器 R103 中，在催化剂的作用和 225~250 ℃的条件下，苯和多乙苯转化为乙苯，进入苯分离塔 T201，再进行分离，提升乙苯收率。

T202 塔顶得到的待处理的乙苯进入乙苯蒸发器 V301，在 0.21 MPa 过热蒸汽的条件下，乙苯汽化，进入 R301 下部，按一定比例在 R301 底部加入 800 ℃的过热蒸汽，在脱氢催化剂的作用下，乙苯脱氢生成苯乙烯，此过程中也会生成微量的苯与甲苯，反应器上部的苯乙烯和水蒸气进入苯乙烯换热器系统 E301，工艺物流被冷却至 50 ℃左右，进入油水分离罐 V302，将乙苯、苯乙烯与水分离后，富含乙苯和苯乙烯的物流进入乙苯/苯乙烯塔 T401，塔顶得到苯、苯乙烯和少量的甲苯，塔釜得到脱除轻组分的苯乙烯；T401 塔顶物流进入苯/甲苯塔 T402，T402 塔顶得到苯返回 R103 反应器入口，塔釜得到乙苯返回 T201 入口；T401 塔釜的苯乙烯及重组分进入苯乙烯产品塔 T403，T403 塔顶得到合格的聚合级苯乙烯产品，T403 塔釜得到的重组分、苯乙烯进入蒸发器 V401，蒸发器顶部的苯乙烯返回 T403 入口，提高苯乙烯的整体收率，蒸发器底部得到焦油重组分Ⅱ。

乙苯脱氢合成苯乙烯工艺涉及的设备较多，操作精细，主要反应工序、精馏工序操作参数分别如表 6-9 和表 6-10 所示。

表 6-9 主要反应工序操作参数

设备	位号	温度/℃	压力/MPa	物流比例	反应器形式
烷基化反应器	R101、R102	185~235	3.5	苯/乙烯 = 10	固定床
转烷基化反应器	R103	225~250	3.0	苯/多乙苯 = 5.8	固定床
乙苯脱氢反应器	R301	620	0.04	水/乙苯 = 1.4	固定床

表 6-10 主要精馏塔工序操作参数

设备	位号	填料形式	塔顶温度/℃	塔釜温度/℃	塔顶压力	回流比
苯分离塔	T201	板式塔	158.4	233.4	0.56 MPa	—
乙苯塔	T202	填料塔	159.7	213.6	0.08 MPa	—
多乙苯塔	T203	填料塔	126.0	202.0	17.1 kPa	—
乙苯/苯乙烯塔	T401	填料塔	89.3	107.0	24.7 kPa	10
苯/甲苯塔	T402	填料塔	147.2	164.5	0.08 MPa	11
苯乙烯产品塔	T403	填料塔	64.8	≤ 97.0	9.3 kPa	0.9

在苯乙烯的生产过程中，原料的消耗定额是一个重要的经济指标，它直接关系到生产成本。根据相关信息，生产 1 t 苯乙烯需要消耗苯 0.789 t 和乙烯 0.284 t。这个数据反映了原料的使用效率和对成本的影响。此外，苯乙烯的生产成本约为 4 200 元/t，包括原料成本、生产过程中的能耗以及其他相关成本。

在实际生产中，苯乙烯的生产成本还会受到多种因素的影响，包括生产规模、技术水平、能源价格等。因此，通过优化生产过程、提高能源利用效率、采用先进的生产工艺等措施，可以有效降低苯乙烯的生产成本，提高企业的竞争力，典型的苯乙烯装置消耗定额如表 6-11 所示。

表 6-11 典型的苯乙烯装置消耗定额

名称	主要规格	单位	消耗定额
乙烯	100%(体积分数)	t/t	0.284
	99.9%(体积分数)	t/t	0.2843
苯	100%(体积分数)	t/t	0.784
	99.8%(体积分数)	t/t	0.785 6
DNBP	100%(质量分数)	kg/t	0.5
TBC	100%(质量分数)	kg/t	0.05
新鲜水	6~22℃	t/t	3.5
循环水	31~41℃	t/t	300.0
脱盐水	—	t/t	0.361 1
冷量	—	MJ/t	257
高压蒸汽	4.0 MPaG	t/t	1.19
中压蒸汽	3.0 MPaG	t/t	1.67
低压蒸汽	0.9 MPaG	t/t	1.4~2.29
低压蒸汽	1.3 MPaG	t/t	0.2
电	380 V,6 000 V	kW·h/t	96
燃料油	80 ℃	t/t	0.095
甲烷	—	t/t	0.006
工艺空气	0.6 MPaG	Nm^3/t	45
N_2	0.68~1.3 MPaG	Nm^3/t	45

6.4.1.4 乙苯脱氢工艺中部分设计细节

1. 苯分离塔 T201

苯分离塔的作用是将烷基化液和转烷基化液进行分离,塔顶得到苯和非芳烃,塔釜得到乙苯、二乙苯、三乙苯、四乙苯和残油等物质。该塔顶的设计可产生一部分蒸汽,供其他工序使用,其流程如图 6-2 所示。

苯分离塔是完成苯回收和提纯、循环利用的关键设备,为此要严格按工艺要求进行操作。

塔顶压力严格控制为 0.5~0.6 MPaG。该塔的进料为气液两相混合的状态,故当塔的进料速率有变化,或进料在较高温度下汽化时,就会影响到压力,产生波动。为了克服压力波动的因素,塔压可采用分程控制系统。

灵敏板温度需控制在 207 ℃左右。较低的温度可以提高塔顶产品的纯度,较高的温度可获得较高的回收率。在实际操作中,应同时考虑溶解度与选择性两方面的因素,只有当原料中重组分显著增加,溶解度下降时,才考虑升高温度。

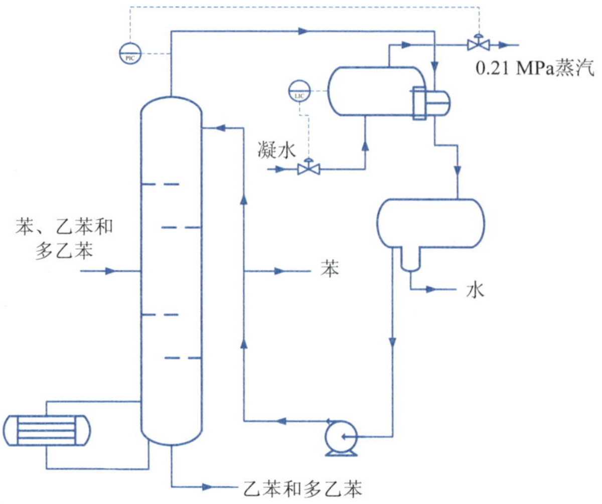

图 6-2 苯分离塔流程

苯分离塔共有 42 块浮阀塔板。烷基化反应器的出料从第 23 块塔板进入，转烷基化反应器的出料从第 11 块塔板进入。由于压力降低，烷基化反应器和转烷基化反应器的出料在穿过各自的调节阀后会出现闪蒸，会以气液两相物流进入苯分离塔。

苯分离塔稳定运行的标志为塔釜中关键组分苯的含量为 0.1%，塔顶液中关键组分乙苯含量为 1.5%。循环苯中含有较多的乙苯可减少收率，塔釜中含有较多的苯会使乙苯产品中苯的含量过高。塔顶液中乙苯含量过高时，可采用两个方法使其降低：一种是增加回流比，另一种是降低塔灵敏板温度。

塔顶冷凝采用汽包形式，副产 0.21 MPa 蒸汽。由于该塔处理的物料不含有热敏性和易聚合物质，可通过将精馏塔顶压力提高至 0.5 MPa，使塔内上升苯蒸气的温度升高；通过控制产生蒸汽的压力，调节冷凝介质的温度，再通过进水量控制汽包的液位。副产的 0.21 MPa 蒸汽用于汽提乙苯等，亦可用作其他用途。

2. 苯乙烯装置反应热回收的多联换热器

目前，苯乙烯生产技术路线主要为纯乙烯液相法乙苯脱氢工艺、稀乙烯气相法乙苯脱氢工艺、环氧丙烷共氧化法工艺及 C8 抽提工艺。其中，纯乙烯液相法乙苯脱氢工艺产能占比最高，技术最为成熟。乙苯脱氢反应器出口温度一般反应初期维持在 560 ℃上下，末期接近 600 ℃，反应压力为 40 kPaA 左右。在此条件下，系统压降要求苛刻，如何实现在较低的压力损失下，回收此部分高温热，降低装置的能耗，具有极大的现实意义。多联换热器是脱氢工艺生产过程中必不可少的关键设备，多为三台或者四台固定管板式换热器串联，回收不同温度等级的余热，在实现反应原料乙苯/蒸汽过热的同时，副产蒸汽。采用多台换热器联合结构，实现管程无缝对接，壳程管道长度缩短，能够最大限度地降低管程压降，减小散热面积，有利于能量回收，减少热损，设备高度集成，节约占地面积，管道及管件数量少，减少投资。

当前，已经商业化的先进负压绝热脱氢制苯乙烯生产技术主要包括国外引进的 Lummus/UOP 乙苯脱氢工艺以及 Badger/Fina(TOTAL)乙苯脱氢工艺,国内自主开发的中石化上海工程公司乙苯脱氢工艺以及常州瑞华化工工程技术有限公司的乙苯脱氢工艺。不同工艺技术路线的反应热回收流程均有所区别,受制于反应器形式及反应热回收流程,多联换热器有立式和卧式两种布置方式。

Lummus 乙苯脱氢工艺反应及热回收流程如图 6-3 所示,汽化后的乙苯/蒸汽依次通过乙苯/蒸汽加热器与乙苯/蒸汽过热器的壳程,与脱氢反应产物换热,温度达到 522 ℃以上,实现过热,再与主蒸汽混合后送至第一脱氢反应器,乙苯/蒸汽通过两台换热器壳程的总压降在 10 kPa 左右。第一脱氢反应器采用下进侧出形式,乙苯/蒸汽混合物径向通过第一脱氢反应器,再经中间换热器加热后,径向通过第二脱氢反应器,第二脱氢反应器为侧进侧出形式,反应热通过卧式布置的四联换热器回收。末期反应温度为 592 ℃,反应产物依次通过乙苯/蒸汽过热器、高压蒸汽发生器、乙苯/蒸汽加热器、低低压蒸汽发生器的管程,温度降至 120 ℃。四台联合换热器管程总压降在 10 kPa 以内。其中高压蒸汽发生器采用热虹吸结构,反应产物在管程一次通过,锅炉给水在壳程部分汽化,进入高压蒸汽罐实现蒸汽与水分离生产高压蒸汽。壳程水汽为自然循环,其液相循环量、汽化分率、热负荷、压降与平面布置密切相关。低低压蒸汽发生器生产 120 kPaA 蒸汽。

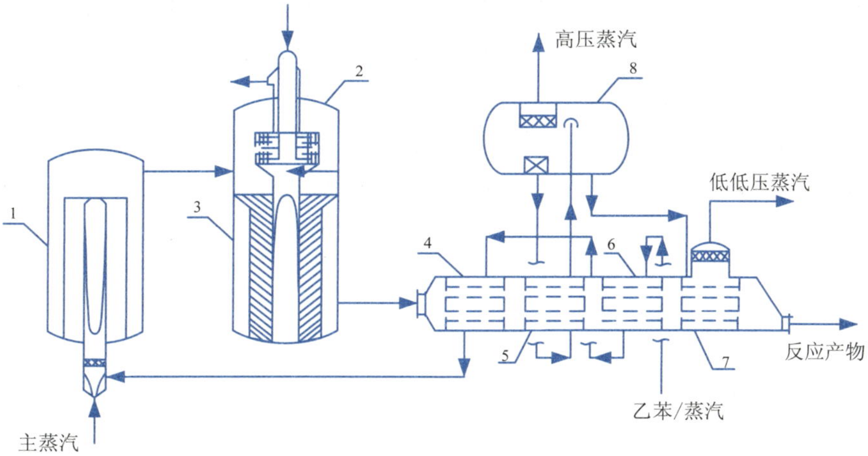

1—第一脱氢反应器;2—中间换热器;3—第二脱氢反应器;4—乙苯/蒸汽过热器;5—高压蒸汽发生器;
6—乙苯/蒸汽加热器;7—低低压蒸汽发生器;8—高压蒸汽罐

图 6-3 Lummus 工艺反应及热回收流程

传统的 Badger 乙苯脱氢工艺反应及换热流程如图 6-4 所示。液相乙苯与蒸汽混合后首先通过乙苯/蒸汽加热器的壳程汽化,汽化后的乙苯/蒸汽通过乙苯/蒸汽过热器的壳程与反应产物换热,温度达到 524 ℃以上,再与主蒸汽混合后送至第一脱氢反应器。乙苯/蒸汽通过两壳程的总压降控制在 50 kPa 以内。第一脱氢反应器采用上进下出形式,第二脱氢反应器为下进上出形式,末期反应温度为 583 ℃,此部分高温反应热通过立式三联换热器回收。反应产物依次通过乙苯/蒸汽过热器、高压蒸汽发生器、乙苯/蒸汽加热器的管程,温度降至 120 ℃左右。三台联合换热器管程的总压降需控制在 10 kPa 以内。高压蒸汽发生器采用立式热虹吸结构。

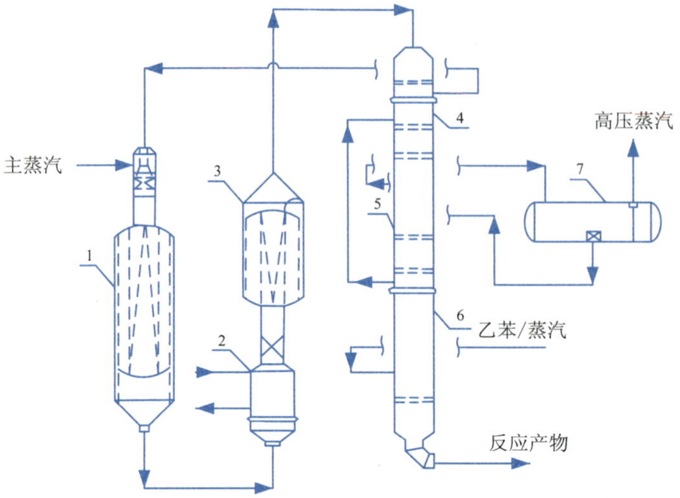

1—第一脱氢反应器;2—中间换热器;3—第二脱氢反应器;4—乙苯/蒸汽过热器;
5—高压蒸汽发生器;6—乙苯/蒸汽加热器;7—高压蒸汽罐

图 6-4 Badger 工艺反应及热回收流程

国内开发的乙苯脱氢工艺反应及换热流程如图 6-5 所示。蒸发产生的乙苯/蒸汽混合物进入过热器壳程,被管程第二脱氢反应器流出的温度为 563.3 ℃的反应气加热到 505 ℃左右,再与主蒸汽混合后送至第一脱氢反应器。第一脱氢反应器、第二脱氢反应器均采用下进侧出形式,高温反应热采用卧式三联换热器回收。反应产物依次通过乙苯/蒸汽过热器、低压蒸汽发生器及低低压蒸汽发生器的管程,换热后温度降至 120 ℃左右。低压蒸汽发生器采用热虹吸结构,锅炉给水在壳程汽化生产 0.21 MPaG 蒸汽。低低压蒸汽发生器生产 140 kPaA 蒸汽。

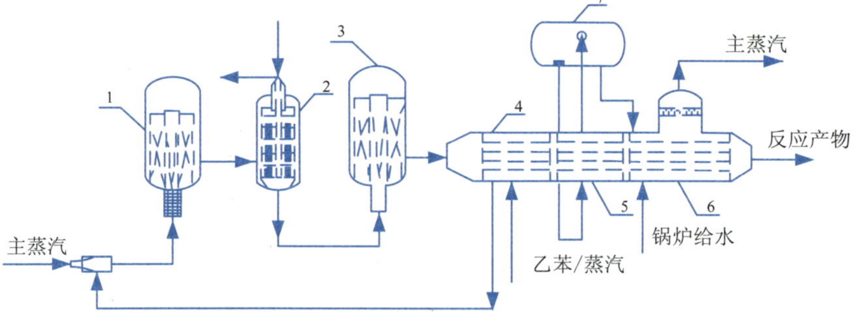

1—第一脱氢反应器;2—中间换热器;3—第二脱氢反应器;4—乙苯/蒸汽过热器;
5—低压蒸汽发生器;6—低低压蒸汽发生器;7—汽包

图 6-5 国内工艺反应及热回收流程

多联换热器工艺热力计算的关键点在于反应产物在管程流通的总压降及乙苯/蒸汽在壳程流通的总压降的严格控制,采用多联换热器形式可以减小管程压降,但同时需要解决设备联合带来的壳程泄漏概率增大、换热效率降低、换热器震动严重等一系列问题。工程设计时需优化多联换热器的换热管管径、管间距、折流板形式等关键技术参数，提高错流，在满足总压降及换热面积的情况下，最小化换热器的整体尺寸，合理分布换热管，调整单台壳体结构，实现每台换热器管长与整个壳体内径的最优分配。

目前，多联换热器的工艺传热计算没有通用的标准规范可以遵循，管、壳程的流体传热及压力降没有标准模型及计算方法，因此需要构建管、壳程介质传热及压力降计算流体力学（CFD）有限元流体模型进行仿真模拟分析。

多联换热器中乙苯/蒸汽过热器的前端管板采用焊接固定式管板，后端管板采用填料函密封滑动管板的非对称管板。换热器的温度高、温差大，管板较厚，由于“表皮效应”，高温侧管板较薄的表层内存在较大的热应力。《热交换器》（GB/T 151—2014）中并没有针对非对称管板及由温度梯度引起的管板热应力设计方法，因此在设计中要针对管板考虑压力和温度（管板自身温差）两种载荷进行力学分析，核实管板的厚度。

为避免管程和壳程之间因流体泄漏引起产品质量下降，在乙苯过热器的浮动管板处需设置填料函密封。填料函密封结构适用于管、壳程温差较大的工况，可使换热器回收反应产物余热，同时避免了由管程和壳程之间流体泄漏引起的产品质量下降，提高了换热器的可靠性。现行热交换器的设计规范《热交换器》（GB/T 151—2014）只有公称直径小于 1 500 mm 的换热器填料函的结构尺寸，并未对填料函的密封设计给出详细的计算过程。因此，需要对填料函组件和所需的螺栓直径进行强度校核及结构计算，以保证该换热器浮动管板处填料函的密封性能。

多联换热器中浮动管板与筒体的间隙设置与鞍座位置密切相关。如果支座布置不当，换热器操作过程中浮动管板与筒体会由间隙配合转变为过盈配合，浮动管板失去“滑动”功能，最终会导致换热管失效泄漏。如果乙苯过热器鞍座与浮动管板过近，鞍座处扁塌区会影响浮动管板与筒体的间隙。因此，合理的多支座布置也是该设备的设计重点内容之一。为求出浮动管板处设置多鞍座后在各载荷工况下的筒体变形量，需采用 ANSYS 有限元分析方法进行分析。

超过 90%的换热器故障与换热管振动有关，而壳程流体及换热管轴向应力对换热管振动的影响最大，所以管束振动分析及控制是保证换热器运行安全可靠的关键因素。大型多联换热器管束在管、壳程流体作用下的振动情况分析及振动控制尚没有公认的方法，为此需要对每一根换热管的轴向应力、每一处的流场状态准确进行振动分析。

除上述设计难点外，还有以下问题：多联换热器制造涉及超大型管板定制及加工，对材料技术要求高；换热管有 304H、Cr-Mo、20#钢三种材质，管头数合计 3 万~5 万个，特别是高温端的管头为深孔对接焊结构，难以进行返修，须保证 100%合格；存在高温钢、镍基合金、Cr-Mo 钢，碳钢等多种异型钢种间的焊接， Cr-Mo 钢之间及 Cr-Mo 钢与异种钢之间需进行合理可靠的焊后热处理，以保证材料性能；管束尺寸大、重量大，对浮动结构要求高，有较高的装配技术要求；由于多联换热器的尺寸大、超长、壳体薄、重量大，需要合理设置运输支座和液压板车配置、大型船配置；多联换热器组对、焊接时需保证筒体错边量、直线度；多联换热器压力低、壳体薄、重量大，吊耳的设置对保证产品质量至关重要。

6.4.2 PO/SM 合成苯乙烯工艺

6.4.2.1 PO/SM 工艺涉及的原理

1. 乙苯过氧化单元

在催化剂的作用下，乙苯与氧气发生过氧化反应，生成过氧化氢乙苯，主、副反应化学方程式如下：

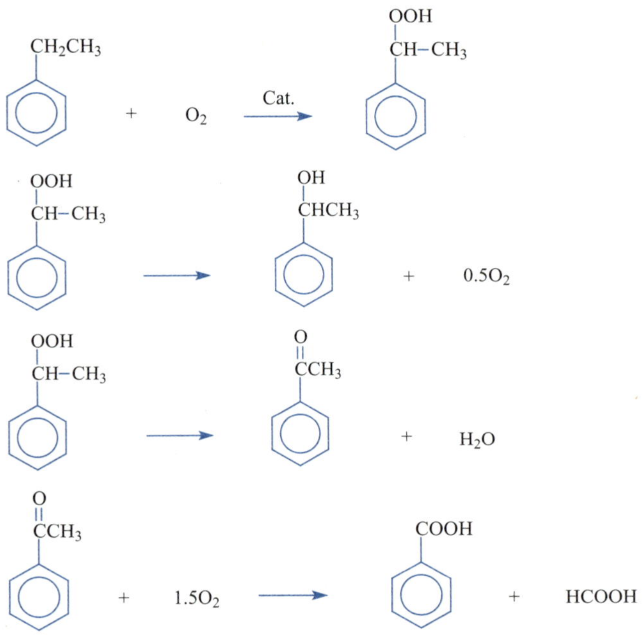

2. 环氧化单元

丙烯与过氧化氢乙苯发生环氧化反应，生成环氧丙烷和苯乙醇，主、副反应化学方程式如下：

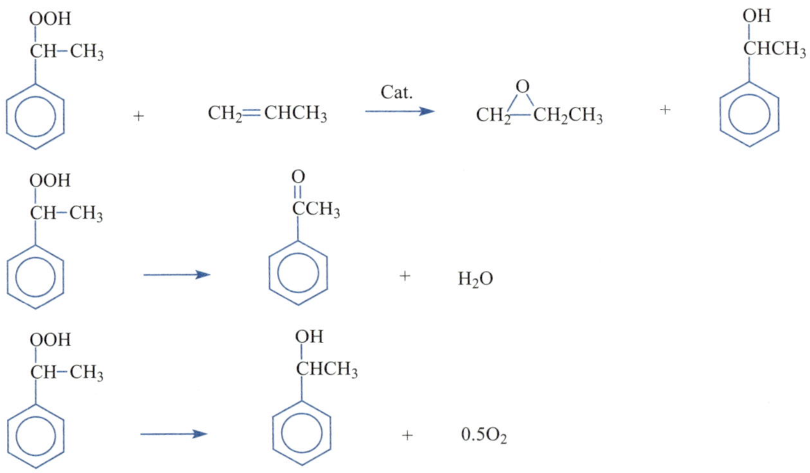

3. 脱水单元

苯乙醇在催化剂的作用下，脱水合成苯乙烯，主、副反应化学方程式如下：

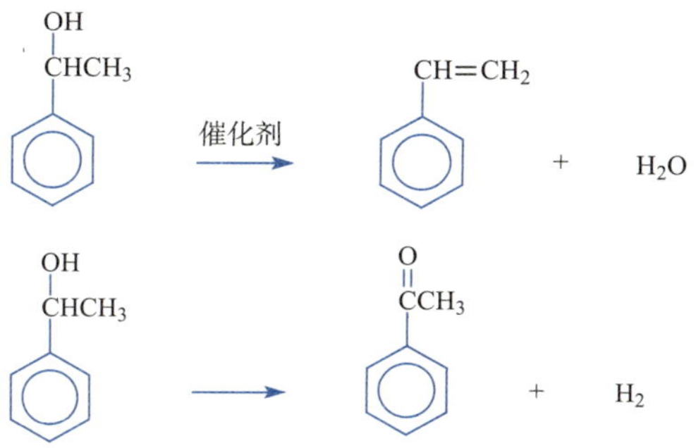

6.4.2.2 PO/SM 工艺原料及公用工程消耗定额

PO/SM 工艺的主要原料为丙烯、乙苯，过程中涉及碱洗和苯乙酮加氢，消耗少量的氢气和 NaOH，具体消耗情况如表 6-12 所示。

表 6-12 PO/SM 工艺原料及公用工程消耗定额情况

项目名称	规格	单位	消耗
丙烯	≥ 99.6%	t/t 苯乙烯	0.337
乙苯	≥ 99.9%	t/t 苯乙烯	1.083
NaOH	30%	t/t 苯乙烯	0.044
氢气	≥ 99.9%	kg/t 苯乙烯	2.40
蒸汽	4.0 MPa	t/t 苯乙烯	3.37
蒸汽	0.9 MPa	t/t 苯乙烯	0.16
蒸汽	0.45 MPa	t/t 苯乙烯	0.14
循环水	0.4 MPa	t/t 苯乙烯	340.0
氮气	0.8 MPa	Nm^3/t 苯乙烯	52.0
仪表风	0.6 MPa	Nm^3/t 苯乙烯	60.0
天然气	0.5 MPa	kg/t 苯乙烯	16.3
工业空气	0.6 MPa	Nm^3/t 苯乙烯	53.3

6.4.2.3 PO/SM 工艺流程

PO/SM 工艺流程可划分为四个工段。第一工段为乙苯过氧化工段，空气经空分车间处理后，在 130~160 ℃、0.30~0.50 MPa 的条件下，以空气中的氧气为氧化剂，与乙苯发生过氧化反应，生成过氧化氢乙苯；过氧化氢乙苯及其副产品经提浓塔提浓后，分离出未反应的空气和乙苯，获得浓度为 17%的过氧化氢乙苯，进入第二工段。第二工段为丙烯环氧化工段，在 110 ℃、4.05 MPa 的条件下，浓度为 17%的过氧化氢乙苯与丙烯接触，在催化剂的作用下，发生环氧化反应，生成环氧丙烷与苯乙醇等化合物，再经丙烯分离塔后将丙烯脱除，重组分环氧丙烷与苯乙醇分别进入第三工段及第四工段进行精制。第三工段为环氧丙烷精制工段，在第三工段中，环氧丙烷经分离后，精制得到高浓度环氧丙烷，同时重组分中分离得到苯乙酮作为副产品。第四工段为苯乙烯产品精制工段，在第四工段中，苯乙醇进入乙苯-苯乙醇分离罐，分离出乙苯循环至第一工段作为原料，苯乙醇经提浓，脱除苯乙酮后进入脱水塔，在 260 ℃、常压的条件下，苯乙醇脱水生成苯乙烯，随后进行苯乙烯的精制、提浓、干燥，最终得到含量≥99.70%的聚合级苯乙烯产品。工艺流程如图 6-6 所示。

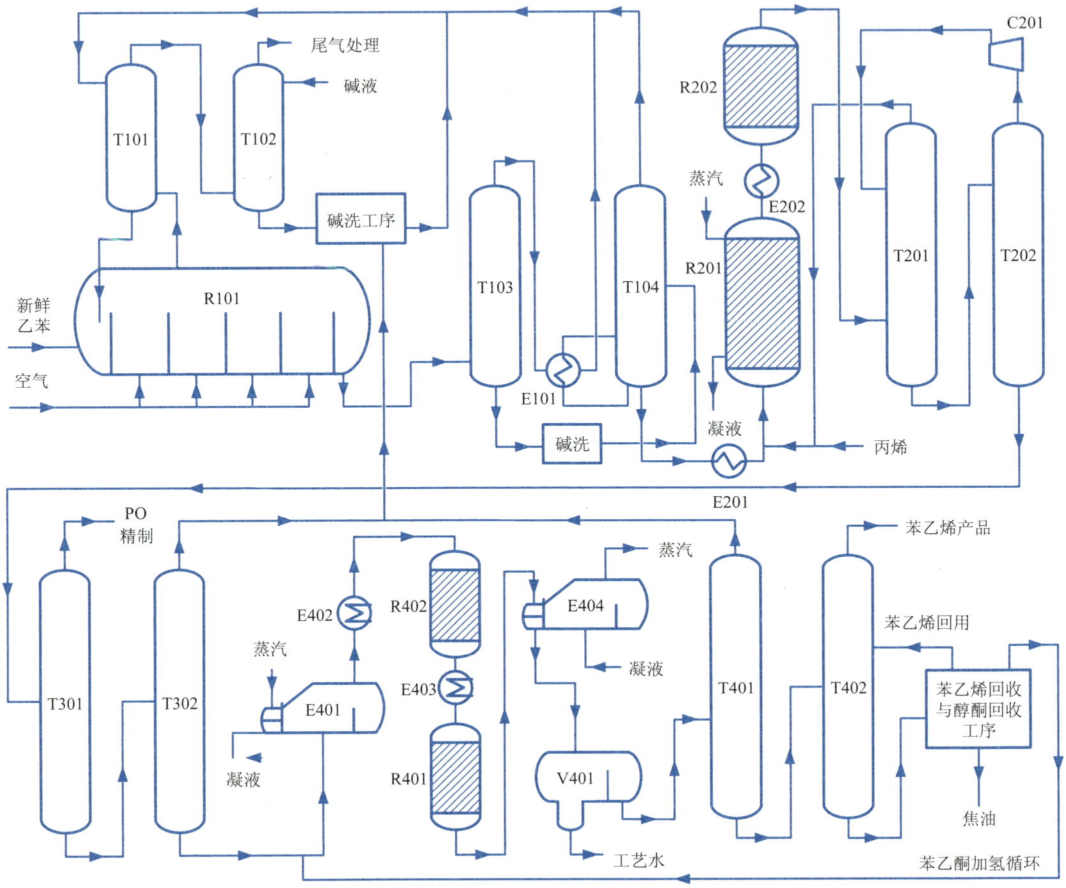

R101—过氧化反应器；T101—热交换塔；T102—尾气洗涤塔；T103—第一提浓塔；T104—第二提浓塔；E101—提浓塔再沸器；R201—环氧化反应器；R202—深度环氧化反应器；E201—预热器；E202—加热器；T201—丙烯高压塔；T202—丙烯低压塔；C201—丙烯压缩机；T301—粗分塔；T302—乙苯循环塔；E401—乙苯汽化器；E402—过热器；E403—再加热器；R401—第一脱水反应器；R402—第二脱水反应器；E404—汽包；V401—油水分离罐；T401—粗苯乙烯塔；T402—苯乙烯产品塔

图 6-6 PO/SM 工艺流程

乙苯过氧化单元。乙苯与空气中的 O_2 发生反应生成过氧化氢乙苯的氧化反应是一个放热、自催化反应。影响乙苯转化率的因素如下：进料纯度越高，反应速率越快，乙苯转化率越高；停留时间越长，乙苯转化率越高；乙苯比越高，乙苯转化率越高；反应温度越高，乙苯转化率越高；氧气分压越大，乙苯转化率越高。影响过氧化氢乙苯选择性的因素如下：转化率增加，选择性降低；过氧化氢乙苯分解生成甲基苯甲醇、苯乙酮、酸性物质和甲基苯甲醇异构体，选择性降低；污染物（酸、副产品）增加，选择性降低；停留时间增加，选择性降低；温度升高，选择性降低；氧含量降低，选择性降低。因此，乙苯过氧化单元关键操作技术在于提升过氧化氢乙苯转化率及过氧化氢乙苯/乙苯选择性，减少副产物的产生，特别是重点关注甲基苯甲醇、苯乙酮的生成比例、系统水含量及污染物有机酸对主反应的影响。

丙烯环氧化单元。环氧化反应是丙烯在钼系催化剂的作用下与过氧化氢乙苯反应生成环氧丙烷和甲基苯甲醇，该反应是一个放热反应。丙烯环氧化的工艺变量影响：温度越高，反应速率越快，转化率越高；钼离子质量浓度越高，环氧丙烷选择性越高，反应速率越快；丙烯纯度越高，反应速率越快，环氧丙烷选择性越高；停留时间增加会导致重组分的形成；压力越大，环氧丙烷选择性越高。污染物的影响：水含量超过 0.1%将抑制催化剂，降低环氧丙烷转化率和选择性；铁离子会促进过氧化氢乙苯的分解，降低过氧化氢乙苯转化为有价值产物和环氧丙烷的选择性；硫促进过氧化氢乙苯分解，降低环氧丙烷选择性及产生更多的酸性物质和重组分；酸促进过氧化氢乙苯分解，增加重组分的形成；丙烷能稀释反应器进料中的丙烯含量，进而降低过氧化氢乙苯的转化率和环氧丙烷的选择性；钠能造成 Mo 催化剂的沉淀，进料中的 Na^+含量需不超过 1 mg/kg。

环氧丙烷精制单元。此单元中，乙醛、丙醛、甲醇、C5~C9 化合物的含量虽然可降到非常低的水平，但是会造成环氧丙烷的损失。因此，在产品质量的醛值控制、甲醇吸收伴随的环氧丙烷水解、C5~C9 化合物排放的同时，环氧丙烷的夹带回收相当重要，且重点还是要优化工艺控制。总醛质量分数对环氧丙烷下游产品 PPG/POP 的开环聚合生产过程和产品质量影响巨大，是聚醚聚合的阻聚剂，会延长反应周期，使反应温度升高，导致不饱和双键增多，产品颜色变深，影响聚醚质量。

脱水单元。甲基苯甲醇脱水合成苯乙烯反应是一个吸热的液相反应，催化剂采用磺酸基水溶液。影响脱水反应的因素如下。①停留时间。较高的停留时间可提高甲基苯甲醇的转化率，使重组分增加。因此，为减少上述导致选择性下降的副反应，需从反应液中蒸发反应产物，减少物料在反应器内的停留时间。②温度。温度越高，转化率越大，同时重组分、乙苯和聚合物的形成导致选择性下降。③压力。压力越低，重组分的产量越小，且苯乙烯的选择性越高，压力过低会使重组分指数性增加。④进料组成。进料中甲基苯甲醇含量越高，反应速率越快，乙苯选择性越高。在反应物料中高质量浓度能导致重组分产生，较低质量浓度能增大苯乙烯的选择性，但会增加惰性物质苯乙酮的循环量，加大操作成本。粗苯乙烯从水相中分离时因存在有机酸而呈微酸性，可以通过碱性清洗来消除导致腐蚀的酸性物质。运行实验证明，因甲基苯甲醇转化率下降，极易出现乳化现象，提高反应温度、催化剂比例皆有助于消减乳化现象的发生；有利于甲基苯甲醇转化率的反应条件，不利于苯乙烯的选择性；温度、酸值（催化剂量）控制很关键，是降低本单元设备腐蚀的重要手段。

苯乙酮加氢单元。苯乙酮加氢合成甲基苯甲醇反应是一个放热反应，需要催化剂（用钡活化的铜铬化合物）提供活化能。反应变量的影响：提高苯乙酮转化率到一定程度能增加乙苯选择性；提高反应温度能增大反应速率，增加苯乙酮产量和转化率；氢气分压的增大能提高苯乙酮转化率；增加催化剂浓度能提高苯乙酮转化率。杂质对反应的影响：酸会导致催化剂失活；氧化铁会降低反应速率；少量水（低于 0.5%）没有明显影响；苯酚含量大于 1%虽然能改善甲基苯甲醇的选择性，但会降低苯乙酮的转化率。在该工序中应尽可能多回收有价值的产品，避免重油中苯乙酮与甲基苯甲醇质量浓度超过5%；加强对苯乙酮与甲基苯甲醇回收塔釜的温度控制，避免重组分进入反应进料中，保持塔釜操作温度足够低，避免产物分解。

6.5 苯乙烯合成工艺优化改进

6.5.1 苯乙烯装置低水比扩能

当苯乙烯市场需求量增大时，装置往往需要进行扩能。在现有装置的基础上，尽可能少地改动设备，利用原有设备的设计余量，通过提高装置运行效率增加苯乙烯产量，是一个非常有意义的研究方向。

乙苯脱氢反应中需要加入大量过热蒸汽作为脱氢介质，扩能后过热蒸汽的消耗量也相应增加，不仅增加了各设备的处理量，还大幅增加能耗。因此减少过热蒸汽耗量是扩能改造的第一个突破口，而减少蒸汽耗量的关键又在于降低脱氢反应的水比。苯乙烯装置反应部分的典型流程如图6-7所示。

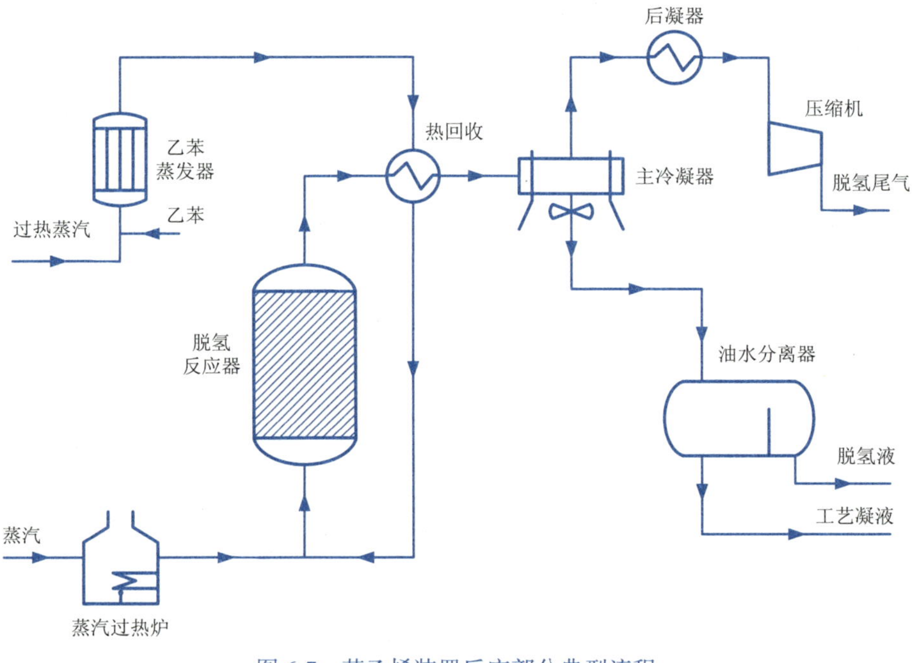

图6-7 苯乙烯装置反应部分典型流程

目前，该苯乙烯装置实际运行的水比为1.38，如果继续按此水比进行扩能，反应器及后续热量回收、冷凝冷却设备的设计余量都不能满足扩能需求。为减少反应器和各相关设备的处理量，改造时可考虑使用最新型的低水比催化剂，将反应水比降低至1.0。水比降低，扩能后的主蒸汽耗量仅为扩能前的87%，进入反应器的乙苯和蒸汽总量也仅为扩能前的1.008

倍。因此，蒸汽过热炉、反应器、大部分热交换器及其他设备都可以利用自身的设计余量，满足扩能的需求。

1. 乙苯蒸发器改造

乙苯蒸发器通过蒸汽加热蒸发出的乙苯和水的混合物，作为乙苯/苯乙烯塔塔顶冷凝器的补充，与经蒸汽过热炉加热后的过热蒸汽混合后进入脱氢反应器。现有装置的乙苯蒸发器为共沸型蒸发器，乙苯和水按约 2 : 1 的恒定比例蒸出。若苯乙烯产量扩能 20%，则乙苯的供给量相应增加。如果继续采用这种共沸形式的蒸发器，则水蒸气的量也会等比例增加。乙苯蒸发器共沸侧的操作压力为 98 kPaA，操作温度为 90.7 ℃，蒸出水蒸气的温位较低。而乙苯脱氢反应温度为 620 ℃左右，如果要满足反应温度的要求，就需要补充大量过热蒸汽，不能实现在低水比的条件下反应。

为解决这一问题，考虑将乙苯蒸发器的形式改为蒸汽配汽的釜式蒸发器。在釜式蒸发器中，可以按照需要来配比乙苯和蒸汽的量，降低蒸发乙苯中的含水量，不足的蒸汽量由蒸汽过热炉出来的过热蒸汽补充。这样不仅可以让脱氢反应器在较低水比的条件下运行，减少扩能后反应器增加的投料量，还可以降低能耗。更新后的釜式乙苯蒸发器使用 0.35 MPa 蒸汽加热。

2. 主冷凝器改造

现有主冷凝器的形式为空冷器，其换热效果在一定程度上会受到环境温度的影响。根据生产装置现场反馈，目前夏季时空冷器的换热能力已经受限，出口温度偏高。如果扩能，空冷器的处理量进一步增大，出口温度也将进一步提高，影响后续设备的运行效果及产品质量。为解决这一问题，考虑了增设空冷器和并联水冷器两个方案。

（1）增设空冷器。根据装置现场布置的实际情况，如空间上仍有富余，可以在现有空冷器的末端增加 4 组并联的翅片管，预计可增加 10%的换热面积，来满足扩能需求。换热量不足部分，可以考虑由新增尾气压缩机入口深冷器来承担。

（2）并联水冷器。在现有空冷器旁并联一台水冷器，分担扩能后 25%~30%的热负荷，新增水冷器可以与原有后冷器串联用水。因为目前后冷器使用循环水冷却的实际出水温度为 36 ℃，低于循环水入口的 42 ℃，这 6 ℃的温差可以利用。水冷器与原后冷器串联用水，循环水进水温度为 36 ℃，出水温度为 42 ℃，充分利用循环水温差，基本不增加循环水消耗，有效降低能耗。显然，并联水冷器的方案更具有优势。

3. 增设尾气压缩机入口深冷器

苯乙烯装置的尾气压缩机为螺杆式压缩机，其处理能力受限于入口气体的体积流量。扩能后，脱氢尾气的量大幅增加，超出原有压缩机的操作负荷范围。为解决这一问题，拟增设一台深冷器，降低压缩机入口尾气的温度，减小进入压缩机的气体体积流量。

原工艺流程中，压缩机入口尾气的温度为 38 ℃，体积流量为 22 586 m^3/h。增设深冷器后，拟将压缩机入口脱氢尾气的温度进一步降低至 20 ℃，使得气体体积流量降低至压缩机运行能力范围内，达到尾气压缩机维持不变的目的。

扩能改造后的工艺流程如图 6-8 所示。改造主要涉及以下内容：扩能后采用水比为 1.0

的高性能催化剂;更换乙苯蒸发器的形式,减少蒸出乙苯中的含水量;在空冷器处并联一台水冷器,降低空冷器的出口温度;在尾气压缩机入口处增设一台深冷器,减少进入压缩机的气体体积流量。

经过这些改造,再加上装置原有设备的设计余量,能够实现在原产能基础上扩能 20% 的目标。另外,由于水比降低,进入反应器的蒸汽耗量为扩能前的 87%,能耗也大幅降低。

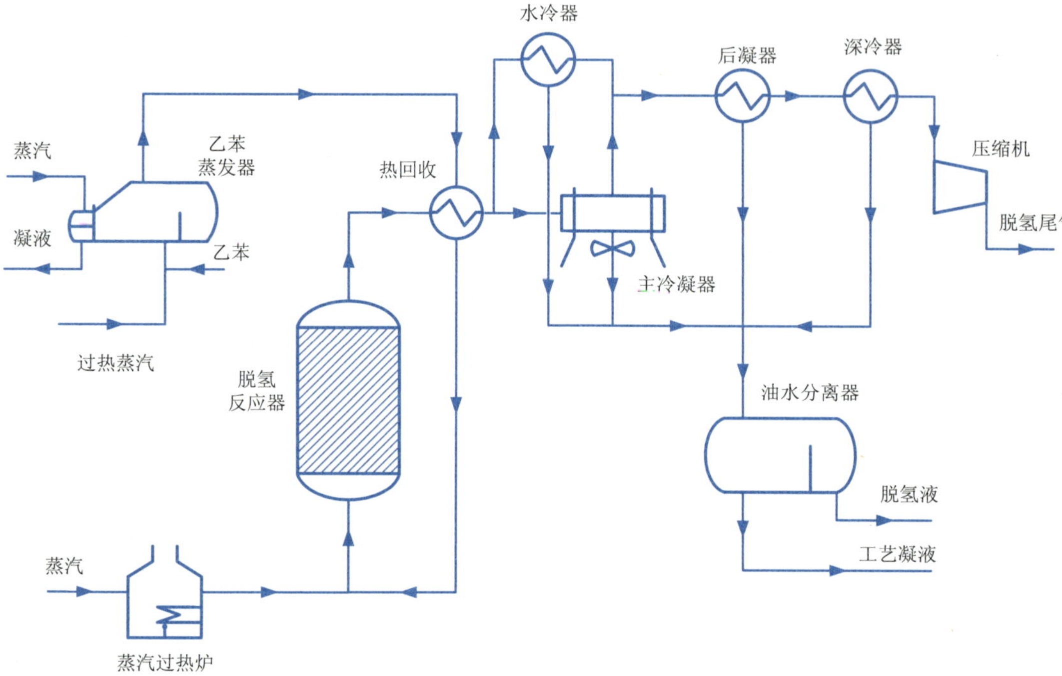

图 6-8 扩能改造后的工艺流程

6.5.2 苯乙烯高效阻聚剂的应用

苯乙烯在反应、精馏、储存和运输时,极易发生自聚并放出大量能量,其放热量约为 71 kJ/mol,该聚合过程随着反应的进行而自动加速,当温度高于 70 ℃时,聚合速率会加快。因此,利用添加阻聚剂的方式降低苯乙烯聚合速率,使苯乙烯链自由基与阻聚剂反应生成非自由基或无法引发聚合的低活性自由基,从而终止苯乙烯聚合。现阶段苯乙烯生产与运行主要面临节能降耗、焦油处理和绿色生产等问题,阻聚剂的使用可以明显降低焦油排放量和焦油中苯乙烯的含量,提高产品质量,减少由聚合物阻塞设备和管线导致的开停工状况,同时绿色阻聚剂的使用可减少环境污染、降低职业危害等。因此,苯乙烯阻聚剂的研制、更新替代是当前苯乙烯行业普遍关注的热点之一。

根据聚合反应的抑制机制,苯乙烯阻聚剂可分为电子受体型、氢供体型及自由基型阻聚剂。

20 世纪七八十年代,作为第一代阻聚剂的代表,2,4-二硝基苯酚(DNP)具有毒性大、阻聚效率较低、对环境污染严重、耐热性差等特点，目前已很少有装置使用这种阻聚剂。20 世纪 80 年代后，通过将甲基、乙基和丁基等基团引入 DNP 结构中，有效降低了 DNP 的毒性，提高了 DNP 在苯乙烯中的溶解度，得到了第二代阻聚剂，其中最典型的代表是邻仲丁基-4，6-二硝基苯酚（DNBP）。这类阻聚剂毒性仍然较大、环境污染较为严重，但其阻聚性能与第一代阻聚剂相比大幅度提高，是目前绝大多数苯乙烯生产装置使用的阻聚剂。

羟胺类化合物对苯乙烯显示出优越的阻聚性能。羟胺类化合物不仅具有有效的抗氧化功能，化合物中的弱 NO—H 键还使羟胺类化合物成为优良的供氢体。具体的阻聚机制如图 6-9 所示，羟胺的 O—H 键均裂离解形成氮氧自由基（RNO·）和烷烃（RH），产生的氮氧自由基再通过偶合和歧化等反应来消除链自由基，同时歧化反应还可以将羟胺分子再生，进行新一轮的阻聚。羟胺类阻聚剂中的氮氧化物可以快速清除以碳为中心的自由基而具有优越的阻聚性能，其阻聚速率比酚类阻聚剂快几个数量级，同时羟胺类阻聚剂兼具抗氧化剂及氮氧自由基型阻聚剂的功能，但其易消耗，从而导致用量大，所以经济性相对较差。

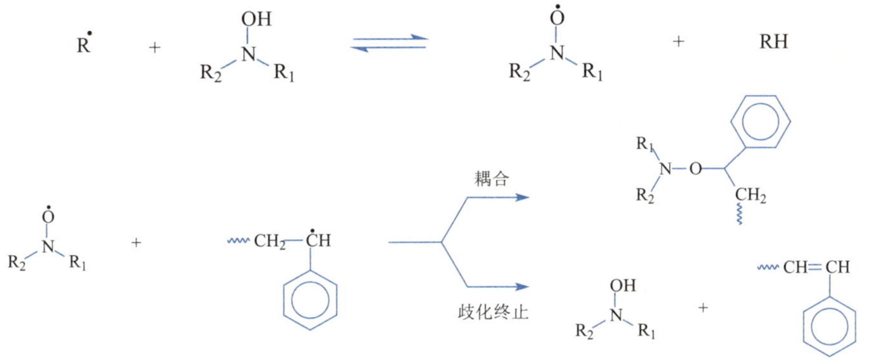

图 6-9 羟胺类化合物的阻聚机制

有研究者比较 N，N-二乙基羟胺（DEHA）、N，N-二羟丙基羟胺（HAPA）、3-[（2-羧基-乙基）-羟基-氨基]-丙酸、3-[羟基-（2-甲氧基羰基-乙基）-氨基]-丙酸甲酯、N，N-双[2-（2-吡啶基）乙基]羟胺、N，N-二苄基羟胺等阻聚剂后发现，它们的阻聚效果顺序（从大到小）为 DEHA、HAPA、3-[（2-羧基-乙基）-羟基-氨基]-丙酸、N，N-双[2-（2-吡啶基）乙基]羟胺、3-[羟基-（2-甲氧基羰基-乙基）-氨基]-丙酸甲酯、N，N-二苄基羟胺，阻聚效果较好的羟胺分子一般具有电负性和亲电性低、HOMO 轨道（最高占据分子轨道）电子离域度高、能隙小、分子硬度高等特点。同时发现，DEHA 和 DNBP 复配得到的 DNBP/DEHA 复配阻聚剂表现出了更好的阻聚性能，这主要是因为羟胺的阻聚作用与氮氧自由基的产生速率有关，与 DNBP 复配后羟胺中的 O—H 键削弱，更容易释放氢原子和产生氮氧自由基，最终的阻聚效果更好。

自由基型阻聚剂的典型代表有哌啶类化合物，如 2，2，6，6-四甲基哌啶氧化物（TEMPO），而且其衍生物众多。TEMPO 可以迅速与碳中心自由基反应来抑制苯乙烯单体聚合，具体的反应机制如图 6-10 所示。在 TEMPO 存在的反应体系中，苯乙烯生成的苄基可以互相结合或与苯乙烯单体结合，也可以与 TEMPO 结合，3 个反应中，苄基自由基和 TEMPO 反应的动力学最快，也最易发生。

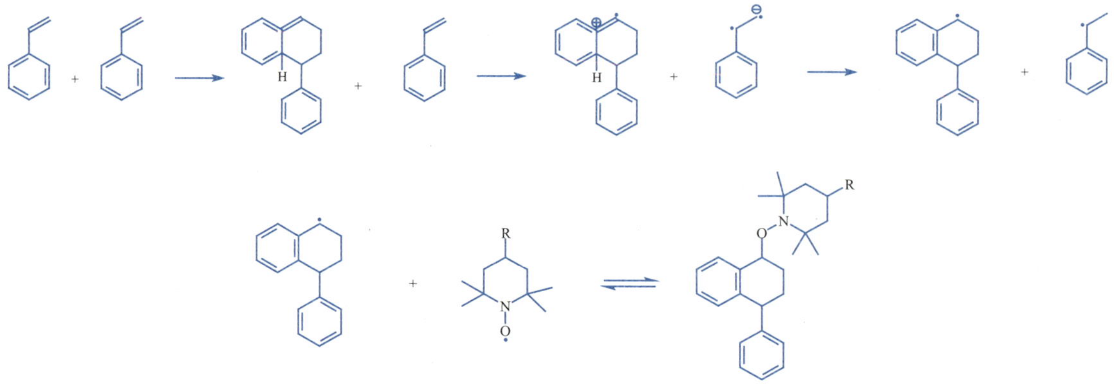

图 6-10 哌啶类化合物的阻聚机制

有科研工作者测试了 13 种 TEMPO 衍生物在甲苯作溶剂、130 ℃条件下对苯乙烯单体聚合的抑制能力，考察不同官能团对 TEMPO 的阻聚效果。结果发现，TEMPO 的取代基改变了 TEMPO 的亲核性和亲电性，且 TEMPO 分子环结构中第 4 位的取代基对其抑制聚合的有效性影响较大。其中，羟基-TEMPO 对苯乙烯单体阻聚效果最好，阻聚效率为 62.2%；氨基羧酸-TEMPO 的阻聚效果最差，阻聚效率为 12.1%。由此可见，TEMPO 衍生物的亲电性越强，其对苯乙烯单体的阻聚效果越好。

在苯乙烯生产中，结合单组分阻聚剂的优点，克服其相应的缺点，一般通过将缓聚剂与真阻聚剂复配来达到理想的协同效应，实现高效阻聚作用。复配阻聚剂由 2 种及以上的阻聚剂复配而成，其阻聚效果明显优于单一组分，且具有毒性低、用量少、对环境污染低等显著特点。

自 20 世纪 90 年代以来，一些新型高效的低毒阻聚剂开始在苯乙烯生产装置上试用，这些阻聚剂多由 2~3 种组分复配而成，阻聚效率明显高于 DNBP 阻聚剂，用量也进一步减少，从而降低了生产成本，还解决了前两代阻聚剂难溶于苯乙烯、加料困难、毒性大和污染环境等问题。现阶段在我国苯乙烯生产应用中，主要将 DNBP 作为缓聚剂与其他真阻聚剂复配，其应用比例较大，然而欧美等发达国家已经禁止使用 DNBP。随着环保力度加大企业需要面对越来越严格的环保压力，DNBP 也将逐渐退出苯乙烯阻聚剂的应用市场。

羟胺类化合物既有明显的抗氧化作用，又有优异的阻聚效果。其主要起真阻聚剂的作用，一般与酚类、哌啶型氮氧自由基、酰胺类化合物、醌甲基化合物等复配。国外某公司将硝基氧化物羟胺与苯二胺复配，该硝基氧化物羟胺是一种优异的氢供体和抗氧化剂，能以几乎扩散的速率清除活性自由基，因此复配得到的阻聚剂具有优异的阻聚能力。国内某公司将羟胺与氮氧自由基、醌甲基等复配，羟胺类化合物可作为金属钝化剂，与苯乙烯精馏系统中的金属离子配位生成稳定的配位化合物，可以有效抑制金属离子引发自由基反应。另一国内公司将羟胺类与酚类阻聚剂复配，阻聚效果显著提高，有效减少了苯乙烯装置的焦油排放量，提高了苯乙烯精馏装置的生产能力，同时降低了阻聚剂的毒性。

吡啶型氮氧自由基作为真阻聚剂，具有含氮量低、阻聚效率高等优势，越来越受到企业青睐。国外企业的研究者将吡啶型氮氧自由基与醌甲基化物复配并添加胺稳定剂，得到的绿色阻聚剂有效抑制了设备结垢并提高了单体的纯度；也有人将羟基-TEMPO 与苯二胺复配，因羟基-TEMPO 具有羟胺和吡啶型氮氧自由基的优点，得到的复配阻聚剂具有阻聚效果好、安全、环境友好、剂量小及成本低等优点；还有人将吡啶型氮氧自由基与羟胺复配作为真阻聚剂，真阻聚剂组合以 10~150 mg/L 的量添加到苯乙烯单体中，以二硝基丁基苯酚或醌甲基化物为缓聚剂，该复配阻聚剂在苯乙烯高温加工或精馏过程中具有很好的阻聚效果，并且用量小。羟胺在 110~125 ℃时，阻聚效果很好，吡啶型氮氧自由基则在 110 ℃以下阻聚效果好，复配后有效解决了苯乙烯在精馏温度(75~125℃)范围内极易聚合的问题。

第 7 章

甲基叔丁基醚生产工艺

7.1 概述

甲基叔丁基醚（MTBE）与汽油的混溶性好，具有优良的抗爆性，常用作汽油添加剂。MTBE 能改善汽油的冷启动特性和加速性能，且对气阻没有不良影响。虽然甲基叔丁基醚热值低，但行车试验证明，使用含 10% MTBE 的汽油能使燃料消耗下降 7%，并使废气中的含铅量、CO 特别是致癌多环芳烃的排放量明显降低。MTBE 的主要用途是作为成品汽油生产的原料，占 MTBE 总需求量的 90%以上。作为有机合成原料，MTBE 还可应用于精细化工领域和医药领域，其可生产高纯度的异丁烯、2-甲基丙烯醛、甲基丙烯酸及异戊二烯等。此外，还可用作分析溶剂和萃取剂。

随着国家乙醇汽油推广政策的明显放缓，燃料乙醇对 MTBE 的威胁进一步减弱，目前主要替代方向为新能源。近年来，碳达峰碳中和等概念风靡全球，国内提出“3060 目标”，即二氧化碳排放量力争在 2030 年前达到峰值，在 2060 年前实现碳中和。碳中和意味着从化石能源时代向非化石能源时代过渡的开始，未来多数化石燃料将退出历史舞台。国内未来能源行业将坚持以清洁低碳为发展目标，从能源安全角度考虑，向多元化路线发展成为大势所趋。随着大众环保意识的不断增强、国家政策的大力扶持，以及新能源技术的飞速进步，国内新能源汽车产销量整体呈现上涨的趋势，未来新能源对传统油品的替代作用将愈加明显，对 MTBE 的消费需求也将会产生巨大的冲击。

我国 MTBE 行业在过去几年里经历了产能的显著增长。2018—2022 年，我国 MTBE 产能复合增长率为 3.44%。随着 MTBE 产能过剩以及汽油消费量增速减缓，2018—2022 年，MTBE 新建装置增速减缓，平均增速仅为 3.05%。其间，仅 2019 年增速达到 5.89%，主要原因是大连恒力及浙江石化炼化一体化配套的 MTBE 装置投产，两家总产能达 107 万 t/a。2020—2022 年，由于我国新能源汽车发展及受全球公共卫生事件影响，国内汽油消费降低，导致 MTBE 产能增速继续放缓。

2022 年国内甲基叔丁基醚总产能为 2 365 万 t，2022 年甲基叔丁基醚产量为 1 345 万 t，同比增长 3.2%,全年行业开工率为 57%。甲基叔丁基醚在成品汽油原料领域的需求量占甲基叔丁基醚总需求量的 90%以上。受市场影响，2022 年汽油生产及消费同比下滑,甲基叔丁基醚行业供大于求的矛盾持续存在，2022 年表观消费量为 1 206.40 万 t,同比下降 10.71%。

近几年，MTBE 生产技术呈现原料多样化、单套装置规模扩大、产出率提高的趋势。MTBE 合成工艺主要是醚化工艺,根据醚化反应器不同,MTBE 合成工艺主要有固定床反应技术、膨胀床反应技术、催化蒸馏反应技术、膨胀床-催化蒸馏反应技术、混相反应技术和混相反应蒸馏技术等。

本章主要介绍混相反应蒸馏技术的 MTBE 合成工艺。

7.2 MTBE 的性质与用途

7.2.1 MTBE 的物理性质

MTBE是一种有机化合物,化学式为 $C_5H_{12}O$,为无色透明液体,微溶于水,易溶于乙醇、乙醚,是一种优良的高辛烷值汽油添加剂和抗爆剂。其具体物理性质如表 7-1 所示。

表 7-1 甲基叔丁基醚的物理性质

性质	数值	性质		数值
相对分子质量	88.148	闪点(闭口)/℃		-28
沸点(101.325 kPa)/℃	55.2	爆炸极限	下限	1.65%
凝点(101.325 kPa)/℃	-108.6		上限	8.4%
密度/(g/cm^3)	0.740 4	饱和蒸气压(20℃)/ kPa		26.8
气体相对密度(空气为 1)	3.04	临界温度/℃		224
燃点温度/℃	460	水中溶解度/(g/L)		51
折射率 n(20℃)	1.369 2	—		—

MTBE 是一种无色、透明、具有醚样气味的液体,其沸点较低,易于挥发,具有较好的溶解性能,可以溶解许多有机物和无机物。MTBE 的蒸气比空气重,可沿地面扩散,与强氧化剂共存时可燃烧。MTBE 化学性质稳定,含氧量相对较高,能够显著改善汽车尾气排放,降低尾气中一氧化碳的含量,并且其燃烧效率高,可以抑制臭氧的生成。它可以替代四乙基铅作为抗爆剂,生产无铅汽油。

7.2.2 MTBE 的化学性质

MTBE 在碱性、中性及弱酸性条件下非常稳定。在强酸的作用下分解为甲醇和异丁烯,异丁烯反应生成异丁烯的低聚物。

7.2.3 MTBE 的用途

目前 MTBE 主要有三种应用:其一,作为汽油添加剂使用;其二,裂解为高纯度异丁烯,用于生产甲基丙烯酸甲酯(MMA)、丁基橡胶;其三,作为溶剂使用。

MTBE 作为汽油添加剂已经在世界范围内普遍使用,不仅能有效提高汽油辛烷值,而且能改善汽车性能,降低汽车尾气中 CO 的含量,同时降低汽油生产成本。MTBE 与汽油可以任意比例互溶而不发生分层现象,与汽油组分调和时,有良好的调和效应,调和辛烷值高于其净辛烷值。MTBE 含氧量相对较高,能够显著改善汽车尾气排放。研究还发现 MTBE 会污染地下水源,因此美国加州等地已经准备禁用 MTBE。日本的一家研究机构的研究也表明,汽油中的 MTBE 的含量超过 7%时,汽车排放尾气中的氮氧化物含量会增加。因此,日本生产的高级无铅汽油中, MTBE 的加入量不超过 7%。如果这个用途被替代,大量 MTBE 装置会停产或寻找其他出路。

除了用于成品汽油原料外,世界上很多国家和地区将 MTBE 作为重要的基础化工原料,制备高纯异丁烯。高纯异丁烯主要用于生产丁基橡胶、甲基丙烯酸甲酯(MMA)、聚异丁烯、叔丁胺、叔丁基硫醇、叔丁酚、抗氧剂等多种有机化工产品,产能主要集中于北美、欧洲、俄罗斯、日本等国家和地区。其中,市场容量较大的是丁基橡胶和 MMA 两个产品。

MTBE 是良好的反应溶剂和试剂,因为 MTBE 难于被氧化,因此可以作为溶剂和试剂使用。在生产邻二烷氨基甲基苯酚、异戊烯、苯酚的烷基化产品、异戊二烯等时,都使用 MTBE 作为溶剂。

7.3 MTBE 合成原料及产品

MTBE 的生产主要是以混合 C4(含有异丁烯)和甲醇为原料。

7.3.1 MTBE 合成工艺原料与助剂情况

MTBE 合成工艺涉及的基本原料是 C4 与甲醇,甲醇规格需达到《工业用甲醇》(GB/T 338—2011)一等品的要求,两种原料的具体要求分别如表 7-2 和表 7-3 所示。

表 7-2 MTBE 用混合 C4 技术要求

项目	质量指标	项目	质量指标
1,3-丁二烯含量	≤ 0.004%	反-2-丁烯含量	7.34%
丙二烯含量	0.05%	正丁烷含量	15.2%
丙烷含量	0.01%	异丁烷含量	9.24%
异丁烯含量	38.95%	水分	不含游离水
1-丁烯含量	25.19%	ACN 含量	$\leqslant 1\times10^{-6}$
顺-2-丁烯含量	4.02%	总硫	$\leqslant 1\times10^{-6}$

表 7-3 甲醇技术要求

项目	一等品质量指标
色度（Pt-Co 色号）	≤ 5
密度（20℃）/（g/cm^3）	0.791~0.793
沸程①（0℃，101.3 kPa）/℃	≤ 1.0
高锰酸钾试验时间/min	≥ 30
水混溶性实验	通过试验（1+9）
水分	≤ 0.15%
酸（以 HCOOH 计） 或碱（以 NH_3 计）含量	≤ 0.003 0%（酸） ≤ 0.000 5%（碱）
羰基化合物（以 HCHO 计）	≤ 0.005%
蒸发残渣	≤ 0.003%
硫酸洗涤试验（Pt-Co 色号）	≤ 50
乙醇	供需双方协商

注：① 包括 64.6 ℃ ± 0.1 ℃。

MTBE 合成工艺所用催化剂的具体要求如表 7-4 所示。

表 7-4 催化剂技术要求

项目	质量指标	测试方法
外观	灰色至灰褐色球粒	目测
含水量	48%~52%	GB/T 5757
重量交换容量（干）/（mmol H/g）	≥ 5.2	GB/T 8144
体积交换容量/（mmol H/mL）	≥ 2.2	GB/T 8144
湿真密度（20℃）/（g/mL）	1.20~1.30	GB/T 8330
湿视密度/（g/mL）	0.80~0.90	GB/T 8331
耐磨率	≥ 95%	GB/T 13659
平均孔半径/nm	16~30	—
比容孔/（mL/g）	0.25~0.50	—
比表面积/（m^2/g）	45~75	—
粒度（0.35~1.2 mm）	≥ 95%	GB/T 5758
堆密度（干基，含水 5%~10%）/（g/mL）	0.60~0.65	—
甲醇中溶胀度（干基，含水量 5%~10%）/（g/mL）	—	—
最高耐热温度/℃	120	—
出厂形式	氢型	—

7.3.2 MTBE 产品规格情况

目前市场中的甲基叔丁基醚产品一般符合《工业用甲基叔丁基醚》(SH/T 1834—2022)的要求,基本可满足汽油添加剂等的要求。具体指标情况如表 7-5 所示。

表 7-5 MTBE 的质量要求

项目	质量指标		试验方法
	Ⅰ型	Ⅱ型	
外观	无色透明液体,无机械杂质		GB/T 511
甲基叔丁基醚含量	≥ 99.0%	≥ 98.0%	SH/T 1550
甲醇含量	≤ 0.10%	≤ 0.30%	SH/T 1550
丙酮含量	≤ 0.10%	≤ 0.20%	SH/T 1550
叔丁醇含量	≤ 0.50%	≤ 0.60%	SH/T 1550
甲基仲丁基醚含量	≤ 0.20%	≤ 0.60%	SH/T 1550
C4 含量	≤ 0.10%	≤ 0.50%	SH/T 1550
二聚物含量	≤ 0.10%	≤ 0.30%	SH/T 1550
硫含量/(mg/kg)	≤ 5.0	≤ 10.0	SH/T 0689
水分/(mg/kg)	≤ 300	≤ 500	GB/T 6324.8

7.4 MTBE 合成工艺

7.4.1 MTBE 生产工艺涉及的原理

生产 MTBE 一般以甲醇和异丁烯(混合 C4 中的异丁烯)为原料。甲醇和异丁烯在酸性催化剂的催化作用下进行醚化反应合成 MTBE。合成 MTBE 的催化剂主要有氢氟酸、硫酸、苯乙烯系阳离子交换树脂、固体酸、分子筛、杂多酸等,在工业上最常用的是树脂催化剂。

MTBE 合成工艺有三个主要工艺,分别是醚化反应工艺、催化蒸馏工艺、甲醇水洗及回收工艺。各工艺的原理如下。

1. 醚化反应工艺原理

抽余 C4 与甲醇按照一定的醇烯比(甲醇与异丁烯的摩尔比)充分混合后,输送到装满醚化催化剂的反应器中,在醚化催化剂(酸性催化剂)作用下,抽余 C4 中的大部分异丁烯与甲醇发生反应生成 MTBE(甲基叔丁基醚),然后送入反应塔。

反应方程式如下:

$$H_2C{=}C(CH_3)_2+CH_3OH \xrightarrow[\text{温度、压力}]{\text{催化剂}} H_3C{-}O{-}C(CH_3)_3$$

该反应为可逆的放热反应，$\Delta H=-37$ kJ/mol，反应温度为 40~70℃，反应压力为 1.0~1.5 MPa。MTBE 合成反应受热力学平衡的制约，在低温下，向生成 MTBE 的方向进行；但是从反应动力来说，在较高的温度下反应速率更快，但副反应速率也更快。为此在生产操作中要控制合适的反应温度。在反应条件下，异丁烯自聚生成二聚物（DIB），甲醇缩合成二甲醚（DME），原料中所含的水分与异丁烯反应生成叔丁醇（TBA），正丁烯与甲醇生成甲基仲丁基醚（MSBE）等。具体的反应方程式如下：

$$(H_3C)_2—C═CH_2+(H_3C)_2—C═CH_2 \longrightarrow [(H_3C)_2—C═CH_2]_2$$

$$CH_3OH+CH_3OH_2 \longrightarrow CH_3OCH_3+H_2O$$

$$(H_3C)_2—C═CH_2+H_2O \longrightarrow (H_3C)_3—C—OH$$

$$H_2C═CHCH_2CH_3+CH_3OH \longrightarrow (H_3C)HCH_2CH_3C—O—CH_3$$

催化剂的选择性较高，以上副反应产物生成量较少，并且这些副产物具有较高的辛烷值，少量残留于 MTBE 产品中，不会影响其作为汽油添加剂的使用性质。

2. 催化蒸馏工艺原理

此过程采用反应精馏的原理，即把反应与分离两个过程结合在一个设备中同步进行。醚化反应后的物料进入精馏塔，使反应生成的 MTBE 与其余 C4、甲醇分离，使醚化反应更好地向反应的正方向进行。C4、甲醇进入精馏塔反应段（催化剂床层），未反应的异丁烯在反应塔的反应段（催化剂床层）与塔内新补充的甲醇进行深度反应，反应生成的热量，被物流汽化吸收，从而避免催化剂床层超温。反应后的 C4 与甲醇形成共沸物从精馏塔塔顶馏出，精馏塔塔釜得到合格的 MTBE 产品。

异丁烯与甲醇反应生成 MTBE 的反应为可逆反应，为使反应向正方向（生成 MTBE 的方向）进行，提高异丁烯的转化率，可通过加入甲醇以增加反应物浓度，再通过精馏不断分离生成的 MTBE 以降低生成物浓度。

3. 甲醇水洗及回收工艺原理

甲醇水洗利用的是液液萃取原理，萃取剂是水。水作为连续相从塔顶进料，醚化反应后的 C4 作为分散相由塔底进料，水相为重相，C4 为轻相，C4 通过填料被分散在连续相水中，因为甲醇与 C4 在水中溶解度的差异较大，甲醇溶解于水中，C4 和甲醇水溶液由于比重差异而沉降分离，从而实现反应后 C4 与甲醇的分离。

甲醇水溶液进入回收精馏塔，根据甲醇和水的沸点的差异（相对挥发度的差异），利用普通精馏的方法，使甲醇和水分离，从而达到回收甲醇的目的。分离后的甲醇和水再进行循环套用。

7.4.2 MTBE 合成工艺公用工程情况

MTBE 合成过程中涉及的公用工程较多，具体情况如表 7-6 所示。

表 7-6 MTBE 合成工艺所用公用工程情况

名称	规格		
	项目	单位	指标
中压蒸汽	压力	MPaG	1.2
	温度	℃	290
低压蒸汽	压力	MPaG	0.4
	温度	℃	215
循环冷却水	供水压力	MPaG	≥ 0.45
	供水温度	℃	≤ 32
	回水压力	MPaG	≥ 0.20
	回水温度	℃	≤ 42
除盐水	压力	MPaG	≥ 0.5
	温度	℃	常温
	pH 值	—	6~8
生产水	压力	MPaG	≥ 0.3
	温度	℃	10~35
热水（伴热）	供水压力	MPaG	0.8
	供水温度	℃	95
	回水压力	MPaG	0.45
	回水温度	℃	70
高压消防水	压力	MPaG	> 0.8
	温度	℃	10~35
生活水	压力	MPaG	≥ 0.25
	温度	℃	10~35
N_2	压力	MPaG	≥ 0.6
	纯度（体积）	%	> 99.99
仪表空气	压力	MPaG	≥ 0.6
	温度	℃	10~42
工厂空气	压力	MPaG	≥ 0.6
	温度	℃	10~42
供电	电压	V	6 000/220
	频率	Hz	50 ± 2.5
热水	压力	MPa	0.7~1.0
	温度	℃	90~100

7.4.3 MTBE 合成工艺流程

MTBE 合成工艺是一种重要的有机合成工艺，包括醚化工艺、催化精馏工艺和甲醇回收工艺等。其工艺流程如图 7-1 所示。

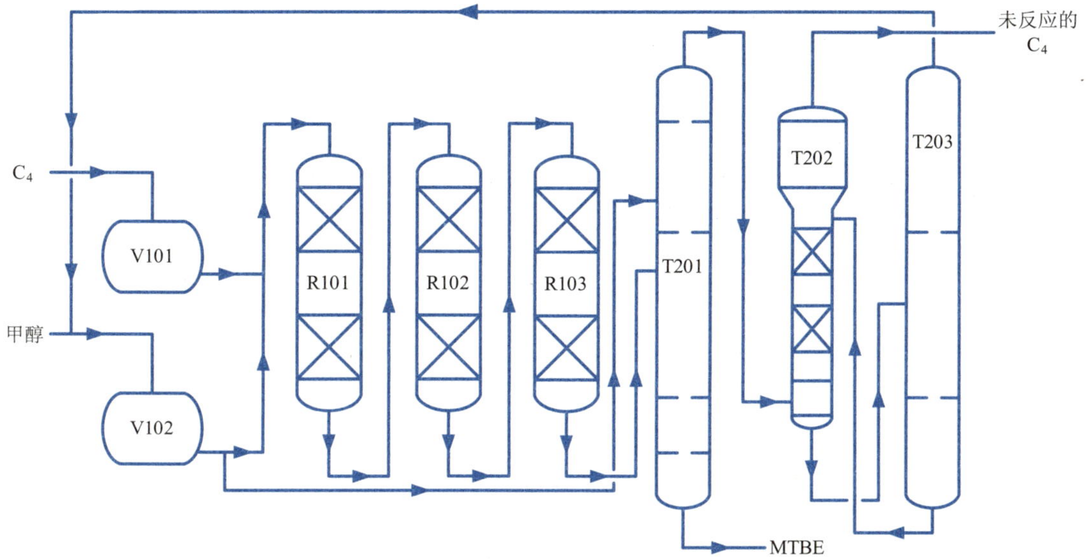

V101—抽余 C4 缓冲罐；V102—甲醇缓冲罐；R101——段醚化反应器；R102—二段醚化反应器；R103—三段醚化反应器；T201—催化反应精馏塔；T202—甲醇萃取塔；T203—甲醇回收塔

图 7-1 MTBE 合成工艺流程

抽余 C4（含异丁烯）和甲醇经混合器混合均匀后，依次进入醚化反应器 R101、R102、R103 进行醚化反应。一段醚化反应器 R101 反应后的物料，一部分经一段循环冷却器冷却后循环返回反应器入口，与新鲜物料混合后进入反应器，以控制该反应器的温度；另一部分进入二段醚化反应器 R102 中继续进行反应。同理，二段醚化反应器反应后的物料，一部分经二段循环冷却器冷却后循环至反应器入口，与一段醚化反应器反应后的物料混合后进入反应器，以控制该反应器的温度；另一部分进入三段醚化反应器 R103 中继续反应。三段醚化反应器反应后的物料，一部分经三段循环冷却器冷却后循环至反应器入口，与二段醚化反应器反应后的物料混合后进入反应器，以控制该反应器的温度；另一部分物料送至催化反应精馏塔 T201。物料在三段醚化反应器进行醚化反应后，异丁烯的转化率达 93%以上。

醚化反应后的物料进入催化精馏塔 T201，在塔板的作用下，重组分 MTBE 和未反应的 C4、甲醇分离， MTBE 向塔釜流动，最终塔釜得到纯度大于 98.3%的产品。未反应的 C4、甲醇以气相状态进入精馏塔的反应段（催化剂床层），未反应的异丁烯与新加入的甲醇在催化剂的作用下进行深度醚化反应，进一步提高异丁烯的转化率，生成的 MTBE 等重组分在精馏塔的作用下从塔釜采出进入产品储罐。未反应的 C4 与甲醇经塔顶采出输送到甲醇萃取塔 T202。

催化反应精馏塔 T201 塔顶采出的醚化后的 C4 与甲醇输送到甲醇萃取塔 T202（下部进料），萃取剂水由甲醇萃取塔 T202 上部进料。萃取剂水为连续相，醚化后的 C4 与甲醇为分散相，醚化后的 C4、甲醇与水在萃取塔中逆流接触，甲醇被萃取进入水相，随水进入萃取塔底，醚化后的 C4（不含甲醇）由塔顶采出进入醚化后 C4 储罐。塔釜含甲醇和水的物料进入甲醇回收塔 T203，在精馏塔的作用下，实现甲醇与水分离。分离后的甲醇输送至甲醇缓冲罐 V102 循环使用，塔底分离出的水与甲醇循环进入甲醇萃取塔 T202 循环使用。

7.4.4 MTBE 合成工艺主要设备情况及控制参数

MTBE 工艺涉及的设备较多，操作精细，主要有醚化工序、催化精馏工序、甲醇回收工序。其详细操作参数如表 7-7 所示。

表 7-7 MTBE 工艺设备操作参数

设备	项目	指标
一段醚化反应器 R101（正常操作参数）	入口温度/℃	30~50
	出口温度/℃	40~70
	操作压力/MPaG	1.0~1.5
二段醚化反应器 R102（正常操作参数）	入口温度/℃	30~50
	出口温度/℃	40~70
	操作压力/MPaG	1.0~1.5
三段醚化反应器 R103（正常操作参数）	入口温度/℃	30~50
	出口温度/℃	40~70
	操作压力/MPaG	1.0~1.5
催化反应精馏塔 T201	塔顶温度/℃	49~59
	塔底反应段温度/℃	45~75
	塔顶压力/MPaG	0.49~0.59
	塔底温度/℃	119~129
甲醇萃取塔 T202	操作温度/℃	≤ 40
	塔顶压力/MPaG	0.6~1.0
	烃水比（质量）	2~5：1
甲醇回收塔 T203	塔顶温度/℃	75~85
	塔底温度/℃	113~123
	塔顶压力/MPaG	0.05~0.30

7.4.5 MTBE 工艺原料及公用工程消耗定额

在 MTBE 的生产过程中，原料的消耗定额是一个重要的经济指标，它直接关系到生产成本。根据某石化企业 MTBE 生产工艺的信息，生产 1 t MTBE 需要消耗苯 1.638 t 和乙烯

0.365 t。具体消耗情况如表 7-8 和表 7-9 所示。

表 7-8 MTBE 工艺原料消耗定额情况

项目名称	规格	单位	消耗
抽余 C4	含 38.95%异丁烯	t/t MTBE	1.638
甲醇	99.85%	t/t MTBE	0.365

表 7-9 MTBE 工艺公用工程消耗定额情况

项目名称	规格	单位	消耗	备注
中压蒸汽	1.2 MPaG	t/t MTBE	0.747	—
中压凝结水	—	t/t MTBE	-0.747	—
循环冷却水	31~41 ℃	m^3/t MTBE	387.9	—
除盐水	—	t/次	50	检修时用
电	380 V/220 V	kW·h/t MTBE	30.9	—
仪表空气	—	Nm^3/t MTBE	10.7	—
工厂空气	—	Nm^3/h	500	检修吹扫时用
N_2	—	Nm^3/h	500	检修吹扫时用

7.4.6 MTBE 合成工艺“三废”处理

1. 废液

MTBE 生产装置废液主要包括由醚化后 C4 储罐和回流罐间断排出的少量含烃废液、甲醇回收塔底与水洗塔顶连接管线上排出的含微量甲醇废液以及间断排放的地面冲洗水。

装置界区内的生活污水主要是由洗眼器、洗手池排出的废水。

装置界区内的雨水量为 42.5 m^3/h,汇集排放到厂内雨水系统。

雨水和生活污水排入雨水排放系统和生活污水系统。甲醇回收塔含甲醇废水排至污水池。

废液排放特征如表 7-10 所示。

表 7-10 废液排放特性

排放源	排放规律	排放量/(m^3/h)	处理措施	排放走向	备注
地罐	间断	1	排入化污管道	污水池	定期取样分析
化验室	间断	1	排入化污管道	污水池	—
生活污水	间断	1.5	排入生活污水管道	污水池	—
雨水	间断	42.5	排入雨水管道	污水池	—

2. 废气

按排放的去向不同可将废气分为两类：一类是送入火炬管网的可燃性废气，一类是高点排放废气。

MTBE 生产装置正常生产时排放的废气主要是 C4 与 MTBE，事故状态时主要是由塔、罐的安全阀排出的可燃气体，如表 7-11 所示。

除火炬气外，装置在正常生产时还有蒸汽凝液回收罐排出的水蒸气。水蒸气通过呼吸阀排出的量很少，可采用高点排放的措施。水蒸气排入大气对环境没有危害。

试车与正常开车时的排放物基本相同。事故状态时由塔、罐的安全阀排出的可燃气体通过火炬气总管进入火炬气管网，反应器和反应塔排出的不合格物料排入废液罐。

表 7-11 废气排放特性

物料来源	最大排放量/(m^3/h)	排放规律	主要成分	去向
设备安全阀	210	间断、事故状态	C4 组分	装置火炬气总管
不合格物料	16	间断、事故状态	C4 组分、MTBE	废液罐

3. 废固

MTBE 生产装置使用的催化剂失活后，作为废渣排出。使用催化剂的设备有三个醚化反应器、两个保护反应器、一个催化精馏塔。催化剂为国产阳离子交换树脂，使用寿命为 1~3 年。催化剂寿命主要受原料中的有害杂质如金属离子、乙腈等的影响，按最不利的情况考虑，每年排出废催化剂 35.5 t。废催化剂可以送催化剂厂回收。废催化剂卸料前先用大量水冲洗，将附着在催化剂表面的少量醇、烃、醚等物料冲洗干净，冲洗后的水排入装置污水池。经水洗涤后的废催化剂由工艺设备中卸出，可临时堆放在附近空地上，然后送往危废中心处理，不会对环境造成危害。废渣具体排放情况如表 7-12 所示。

表 7-12 废渣排放汇总

名称	排放点	排放规律	排放量/t	处理措施
废催化剂	醚化反应器、 保护反应器、 催化精馏塔	间断	35.5	送往危废处理中心

7.5 MTBE 合成工艺改进

7.5.1 甲醇回收系统腐蚀问题的工艺改进

目前国内生产 MTBE 的工艺主要是异丁烯和甲醇在酸性树脂催化剂的作用下发生的

合成反应，其中甲醇回收系统是 MTBE 生产工艺中重要的组成环节。在生产过程中为了提高异丁烯的转化率，通常会加入过量的甲醇，剩下未参与反应的甲醇通过甲醇回收系统回收再利用。国内 MTBE 生产工艺已经比较成熟，但是近年来先后有中石化大庆石化、中石油兰州石化、中石油独山子石化、岳阳兴长石化股份有限公司等多家企业报道甲醇回收系统频繁出现换热器、管线及塔盘腐蚀泄漏现象，而且此类问题随着装置的运行时间越长越严重。据统计，全国大部分 MTBE 装置已经运行 10 年以上，普遍存在甲醇回收系统不同程度的腐蚀问题，许多装置因腐蚀穿孔、物料泄漏等原因引起非计划停工。

大部分 MTBE 装置自投产开车以来，已经陆续出现了不少问题，如甲醇回收塔壁严重腐蚀减薄、甲醇回收塔塔釜再生水管线泄漏、甲醇回收塔塔釜再沸器气液相管线泄漏等，严重影响装置的安全生产。为确保装置长周期平稳运行，需要对设备的腐蚀原因进行分析，并对工艺进行优化改进。

1. 腐蚀机理

甲醇萃取塔和回收精馏塔的腐蚀主要是电化学腐蚀，其中包括吸氢腐蚀和吸氧腐蚀。纯金属与接触物直接发生氧化还原反应产生的腐蚀现象称为化学腐蚀；不纯的金属与电解质溶液接触发生原电池反应所产生的腐蚀现象称为电化学腐蚀。

金属的电化学标准电位< -0.414 V，查阅金属电位-pH 值图可知，铁在热力学上属于不稳定的金属，甚至能够在不含氧的中性介质中发生析氢腐蚀，特别是在设备管线多采用碳钢材质的情况下，很容易在酸性条件下形成以铁为负极、碳为正极的无数个原电池，最后氢气自碳表面放出。

$$Fe = Fe^{2+} + 2e^- \qquad \phi_{Fe}^{\theta} = -0.414\ V$$

$$2H^+ + 2e^- = H_2 \qquad \phi_{H}^{\theta} = 0.000\ V$$

溶液 pH 值对析氢腐蚀速率影响很大，随 pH 值下降，腐蚀速率迅速增大；同时随着温度升高，腐蚀速率迅速增大。

在介质中有氧存在时，碳钢金属在酸性很弱或中性溶液中也可以发生如下电极反应：

$$Fe + \frac{1}{2}O_2 + 2H^+ = H_2O + Fe^{2+}$$

$$Fe^{2+} + 2OH^- \rightarrow Fe(OH)_2\downarrow$$

$$4Fe(OH)_2 + 2H_2O + O_2 \rightarrow 4Fe(OH)_3\downarrow\text{（红褐色铁锈）}$$

随着 pH 值下降和含氧量增加，腐蚀速率将迅速增大。通常钢铁的电化学腐蚀主要是吸氧腐蚀，其中大量出现的红褐色铁锈证明相关装置明显发生了吸氧电化学腐蚀，并且铁在酸溶液中的腐蚀形态一般是均匀腐蚀，因此甲醇萃取系统腐蚀表现出塔壁和管线均匀减薄的特征。

2. 腐蚀环境的形成

（1）甲醇萃取回收系统呈酸性的原因如下。萃取水原本是中性的去离子水，但从甲醇萃取塔取水进行检测发现水质呈酸性，pH 值明显下降。通过分析发现，强酸性的大孔阳离子树脂催化剂在特定情况下，会发生脱酸现象，即苯磺酸聚合物、磺酸基团和 H^+进入物料，同时原料甲醇中含有的微量甲酸也是 H^+来源。

首先，通常情况下催化剂在出厂前已经进行了严格的脱酸处理，在反应器及催化蒸馏塔中，正常醚化反应温度下催化剂几乎不会发生磺酸基团的脱落。但是在以下两种情况下会出现催化剂脱酸现象。一是在超温状态下，催化剂中磺酸基团的脱落速率会明显上升；二是在运行过程中，醇烯比过低，造成反应系统缺甲醇，局部异丁烯自聚就会发生床层“飞温”，因高温催化剂磺酸基团快速脱落，造成大量酸带入甲醇萃取系统，使萃取水腐蚀性加剧。

其次，原料 C4 和甲醇中的金属离子和碱性物质是催化剂失活的“杀手”，金属离子和碱性物分别通过双醚化反应器和催化蒸馏塔后，大部分金属离子和碱性物都被催化剂吸附，同时释放出等物质的量的 H^+。被置换出的 H^+随物料进入甲醇萃取循环水中，使 H^+不断富集，导致 pH 值越来越低。

最后，甲醇原料为优级品的甲醇，其中也含有质量分数为 0.001 5%的甲酸。以正常生产甲醇消耗量为 110 t/d 计算，每年将会有 10.75 kmol 甲酸被带入甲醇萃取循环水中，这同样也是酸的主要来源。

（2）吸氧腐蚀氧的来源。甲醇萃取水中氧的含量越高越易发生吸氧腐蚀，从而加快设备腐蚀程度。氧的主要来源是甲醇萃取水；补充的水是去离子水，没有经过脱氧处理；储水罐和甲醇原料罐均为常压罐且与大气连通，空气中的氧气溶解在水和甲醇中被带入甲醇萃取系统。萃取水中氧气的含量足以在酸性环境下使碳钢发生吸氧电化学腐蚀。

3. 工艺改进及措施

（1）增设进料保护床。针对原料 C4 和甲醇中的金属离子和碱性物的问题，可对原料 C4 和甲醇进行杂质脱除，在 C4 与甲醇混合器前端分别增设 C4 和甲醇保护床。在保护床内利用离子交换树脂脱除原料 C4 和甲醇中的金属离子和碱性物质。其工艺流程见图 7-2。

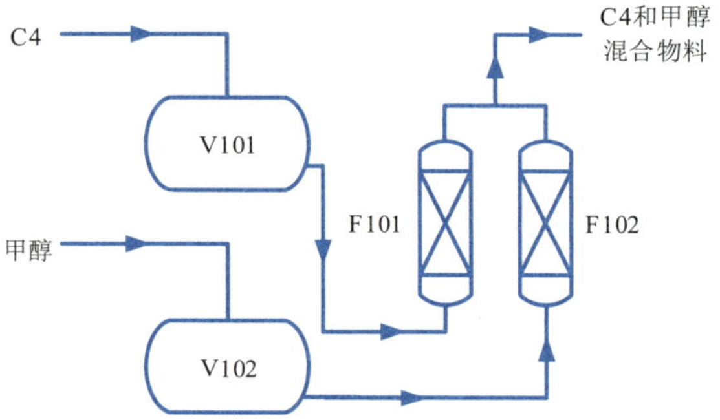

V101—抽余 C4 缓冲罐；V102—甲醇缓冲罐；F101—C4 进料保护床；F102—甲醇进料保护床

图 7-2 进料 C4 与甲醇脱杂质工艺流程

（2）增设 pH 值检测。在甲醇回收塔与甲醇萃取塔之间的萃取水管线上加设 pH 值检测系统，定期对甲醇萃取循环水的 pH 值进行检测，控制甲醇萃取循环水的 pH > 6.0，根据 pH 值超限程度对萃取水进行部分或全部置换。

（3）调节进料醇烯比。合理调节 C4 与甲醇的进料比，控制反应段床层温度，避免因反应床层超温导致催化剂上的磺酸根因高温而脱落。

（4）增加水封装置。针对吸氧腐蚀，最经济有效的方式是在甲醇与萃取水罐顶放空阀门处增加水封装置进行隔断，避免常压罐与空气中的氧气直接接触。

7.5.2 MTBE 装置催化剂运行后期工艺优化

某炼化公司 MTBE 装置设计生产能力为 10 万 t/a，催化剂采用大孔强酸性阳离子交换树脂，混相反应器设计使用寿命为 1 年，催化蒸馏塔为 2 年。自 2006 年 9 月装置首次开工以来，对醚化反应器经过长期操作的经验进行摸索，运行周期长达 18~24 个月，基本与催化蒸馏塔催化剂运行时间持平，两个设备实现了换剂频次同步。2020 年 2 月，MTBE 装置催化剂运行时间已达 2 年，出现了异丁烯转化率低及产品 MTBE 纯度下降等问题。原计划 2020 年 3 月进行停工换剂，但受全球公共卫生事件影响，公司通过工艺调整及优化，提高了产品质量及异丁烯转化率，推迟了换剂时间。

1. 出现的问题

（1）产品纯度下降。MTBE 装置于 2017 年底检修换剂，2018 年 2 月开工，MTBE 产品质量基本维持在 99%以上（工艺指标为≥ 98.5%）。自 2020 年 2 月 24 日开始，产品 MTBE 纯度下降，2 月 26 日出现了不合格产品，如表 7-13 所示。

表 7-13 产品 MTBE 组成

日期	甲醇	C4	叔丁醇	MTBE	C5	丙酮	MSBE
2 月 24 日	0	0.40%	0.10%	98.62%	0.55%	0	0.32%
2 月 25 日	0	0.43%	0.09%	98.51%	0.66%	0	0.30%
2 月 26 日	0	0.47%	0.10%	98.41%	0.72%	0	0.29%
2 月 26 日	0	0.58%	0.09%	98.17%	0.84%	0	0.31%
2 月 27 日	0	0.34%	0.10%	98.89%	0.44%	0	0.22%
2 月 28 日	0	0.15%	0.12%	99.21%	0.12%	0	0.37%

（2）异丁烯转化率下降。以醚化反应器出口组成计算异丁烯转化率。在醚化催化剂运行前期和中期，异丁烯转化率均在 94%以上，后期通过调整操作，异丁烯转化率也高于设计指标（90%）。异丁烯转化率于 2020 年 3 月 13—15 日呈下降趋势，经过调整后好转，但 5 月 21—23 日转化率再次下降，详细数据如表 7-14 所示。

表 7-14 异丁烯转化率

日期	3 月 13 日	3 月 14 日	3 月 15 日	5 月 21 日	5 月 22 日	5 月 23 日
异丁烯转化率	93.6%	92.2%	90.8%	93.2%	91.5%	89.5%

2. 分析原因

(1)反应温度的影响。MTBE 合成反应是可逆放热反应，主要在混相反应器中进行。反应物料在反应器内部分汽化，吸收一部分反应热，从而达到温度控制的目的。当生成 MTBE 的反应趋近平衡时，升高温度不利于提高异丁烯转化率，但是当反应远未达到平衡时，升高温度可提高转化率。新装填的催化剂活性较高，生成 MTBE 的反应能较快达到平衡状态。因此，在催化剂运行前中期，反应温度升高对提高转化率不利；当催化剂运行到后期时，催化剂活性下降，反应远未达到平衡状态，此时提高反应温度可提高异丁烯的转化率。所以在催化剂运行前期及中期，为了保证较高的异丁烯转化率，但又不使反应温度过高，反应床层温度应控制为 55~60 ℃，催化剂运行后期则应适当提高床层温度。

(2)反应压力的影响。混相反应器的操作压力是反应物料在反应器出口温度的饱和蒸气压，反应压力与反应温度正相关。在催化剂使用前期和中期，催化剂活性较高，较低反应温度也能很快达到反应平衡，因此塔压偏低。但是在催化剂运行后期，催化剂活性低，适当提高反应温度有利于提高异丁烯转化率。通过提高反应压力，可间接提高反应温度，从而弥补催化剂活性降低对异丁烯转化率的影响。

(3)醇烯比的影响。MTBE 装置进料醇烯比是指进料中甲醇和异丁烯的物质的量之比。在 MTBE 合成反应中，甲醇和异丁烯以等物质的量进行反应。醇烯比过大即甲醇过多时，容易产生二甲醚，影响产品质量，而且反应残留的甲醇也会相应增加；醇烯比过小即甲醇过少时，异丁烯转化率下降，并且其容易发生自聚反应生成异丁烯二聚物，此类物质会堵塞催化剂反应孔道，使催化剂失活。

(4)原料中 C5 组分的影响。C5 组分基本不参与 MTBE 的合成反应，其沸点高于 C4 和甲醇形成的共沸物的沸点，但是比 MTBE 的沸点低。C5 不容易随产品排出塔外，会在塔中累积，当累积量过大时，就会影响催化精馏塔的物料平衡和热平衡，引起塔内温度波动，影响催化精馏塔的分离效果。此时只能通过减少塔底蒸汽量来降低精馏塔的温度，使 C5 随 MTBE 从塔底甩出，最终造成 MTBE 产品中不仅 C5 含量多，而且未分离的 C4 含量也会增多。

3. 催化剂运行后期工艺优化

(1)提高反应压力。在催化剂使用后期，由于催化剂活性下降，适当提高进料温度，亦可有效提高异丁烯的转化率。提高反应器压力，可以间接提高床层温度，从而提高异丁烯的转化率。

(2)提高进料预热温度。在提高反应器压力的同时，还可提高进料预热温度，从而提高反应温度和反应速率。

(3)控制合适的醇烯比。甲醇进料有两路，一路是和 C4 一起到醚化反应器，另一路注入催化精馏塔，供催化精馏塔反应段深化反应生成异丁烯。甲醇适当过量，可以有效提高异丁烯的转化率，因此 MTBE 生产中醇烯比控制在 1.05~1.20。在催化剂使用前期和中期，催化活性较高，反应器进料醇烯比一般按 1.15 控制。当反应器内树脂催化剂使用超过设计时间(2 年)后，催化剂活性降低，物料在反应器内进行的反应相比前期有所减少，而催化精馏塔内进一步深度转化的异丁烯会增加，因此应及时调整反应器甲醇进料和催化精馏塔补充甲醇加注量，反应器进料醇烯比适当降低至 1.10，催化蒸馏塔的补充甲醇量可略微提高。一方面可以在防止反应器内甲醇过多的同时保证反应器有足够的温度和压力，另一方面能够提高催化精馏塔反应段异丁烯的转化率。

（4）严格控制原料中 C5 的含量。MTBE 装置的 C4 原料来源于催化裂化液化气，因此要控制好原料中的 C5 含量。原料中的 C5 含量要求控制在≤ 0.5%。

4. 工艺优化后的结果

通过一系列优化操作后，反应器异丁烯转化率明显提高，优化效果较好。装置催化剂由计划的 3 月换剂一直维持正常生产到 7 月 20 日，使用时间延长了 120 d。在此期间，装置没有大幅度波动，异丁烯转化率维持在 93%以上，MTBE 产品纯度控制在指标 98.5%以上。

第 8 章

合成氨生产工艺

8.1 概述

合成氨，起源于 20 世纪初，是一种具有悠久历史的传统工业。合成氨的工业化是现代化学工业的起点。目前工业上采用的合成氨技术仍为哈伯-博施法，该技术的缺点为高污染、高能耗，世界上大约有 10%的能源用于生产合成氨。未来合成氨技术进展的主要趋势是大型化、低能耗、结构调整、清洁生产、长周期运行。随着科技革新步伐的加快与市场需求的高涨，合成氨的产量连续增长，以满足不断攀升的需求。2019—2023 年，全球合成氨的产能实现了稳步增长，从 2.29 亿 t 提升至 2.43 亿 t。至 2023 年，亚洲占全球合成氨产能的份额尤为突出，达到 59%。中国作为世界领先的合成氨生产大国，2023 年国内合成氨产量达到 7 750 万 t，占全球总产能的 32%，展现了中国在该领域的强大实力和影响力。

8.2 氨的性质与用途

8.2.1 氨的物理性质

氨（ammonia）是一种无机化合物，由氮和氢组成，化学式为 NH_3，常温常压下为无色气体，有特殊刺激性臭味，极易溶于水、醇类、丙酮、三氯甲烷、苯等溶剂，常温常压下，1 体积水可溶解 700 体积氨，溶解时放出大量热。氨的物理性质如表 8-1 所示。

表 8-1　氨的物理性质

性质	数值	性质	数值
相对分子质量	17.031	闪点/℃	−54
沸点（101.325 kPa）/℃	−33.5	饱和蒸气压（20℃）/kPa	0.885 7

续表

性质	数值	性质		数值
熔点(101.325 kPa)/℃	-77.75	爆炸极限	下限	16.1%
密度/(kg/m^3)	0.771		上限	25%
气体相对密度(空气为1)	0.597 1	临界温度/℃		132.4
临界压力/MPa	11.2	临界压缩系数		0.242

氨也极易液化,在 0.1 MPa 冷却到-33.5 ℃,或在常温下加压到 0.7~0.8 MPa,氨就能液化成无色的液体,液氨的相对密度为 0.82(-79 ℃,水为 1)。将液氨在 0.101 MPa 冷却至-77.7 ℃,其会凝结成略带臭味的无色结晶。液氨也很容易气化,压力降低时可急剧蒸发,并吸收大量的热。

8.2.2 氨的化学性质

氨的水溶液呈弱碱性,易挥发。氨可以与酸或酸酐反应,生成各种铵盐。氨还可以发生还原反应:在铂为催化剂的条件下,氨与氧反应生成一氧化氮,一氧化氮继续氧化与水反应生成硝酸;在铜催化剂或钯催化剂存在的条件下,氨与氧反应生成氮气。在高温(800 ℃以上)时氨能分解成氮和氢。

8.2.3 氨的用途

氨是重要的基础化工产品之一,其产量居各种化工产品之首。氨主要用于农业,是重要的含氮肥料,其他含氮肥料也大多是先合成氨,再加工成尿素或各种铵盐肥料,这部分约占70%,称为化肥氨;氨也是重要的无机化学和有机化学工业基础原料,用于生产铵、胺、染料、炸药、制药、合成纤维、合成树脂等,这部分约占 30%,称为工业氨。因此无论是农业、工业还是医药行业,氨都发挥着不可或缺的作用。

氨不仅是制造氮肥、炸药、中间体及制冷剂的关键原料,还是一种无碳燃料。这种燃料在燃烧时不会释放二氧化碳,从而有望替代化石燃料,有效减少碳排放和环境污染。此外,氨还是一种天然的氢能储存介质,具有能量密度高、易于液化、运输安全等诸多优势。在当前"双碳"战略的推动下,氨的这些特性更加凸显其重要价值。

8.3 原料、工艺概况及产品情况

8.3.1 合成氨原料情况

合成氨有三种主流工艺,即煤气化合成氨工艺、天然气气化合成氨工艺、重油气化合成氨工艺,所用原料主要为煤、天然气和其他原料。合成氨原料的组成如表 8-2 所示。

表 8-2 合成氨原料的组成

年份	2011 年	2016 年	2024 年
煤	76.2%	75.5%	76.7%
天然气	21.4%	21.1%	20.8%
其他原料	2.4%	3.4%	2.5%

天然气作为一种清洁能源，具有热值高、燃烧完全、污染少等优点，因此在合成氨生产中占据重要地位。天然气主要由甲烷组成，通过重整、裂解等工艺，可将其转化为合成氨所需的氢气和氮气。天然气来源充足，此法适合大规模生产，且生产过程相对环保。然而天然气的价格受国际市场价格波动影响较大，成本稳定性较差。

煤作为合成氨的主要原料之一，具有资源丰富、价格稳定等优点。通过煤气化、煤焦化等工艺，可将煤转化为合成氨所需的气体和液体原料。煤炭作为合成氨的主要原料，在全部原料中的占比高达 75%左右，使其成为当前合成氨产业中最为倚重的资源。基于我国特有的能源结构——丰富的煤炭资源与相对匮乏的石油和天然气资源，我国依然主要采用煤炭作为合成氨的原料。然而在煤的利用过程中会产生大量污染物，如硫化物、氮化物等，对环境造成较大压力。因此在煤制合成氨过程中，需采取严格的环保措施，降低污染物的排放。

由于我国富煤贫油少气的能源结构，因此在合成氨工业中我国以煤为原料生产合成氨的比例超过 76%，合成氨的主要原料仍然是煤炭资源。因此本部分重点介绍以煤为原料的合成氨过程。

8.3.2 合成氨工艺概况

通过不同原料合成氨的生产过程可划分为三个关键阶段：首先是原料气的准备阶段，此阶段的关键在于将煤炭、天然气等基础原料转化为含有丰富氢气和氮气的初级原料气体，为后续的化学反应奠定基础；其次是净化阶段，此阶段的目的是通过变换、脱碳和脱硫等一系列净化过程，去除粗原料气中的非氢气和氮气杂质，以获得更为纯净的气体；最终步骤是氨的合成过程，在这一环节中，经过提纯的氢气和氮气被精确配比后置于高压条件下，并在催化剂的促进作用下发生化学反应，从而生成目标产物——氨。

以煤为原料的合成氨过程主要包括造气工序、脱硫工序、变换工序、脱碳工序、精制工序和氨的合成工序等，其流程如图 8-1 所示。

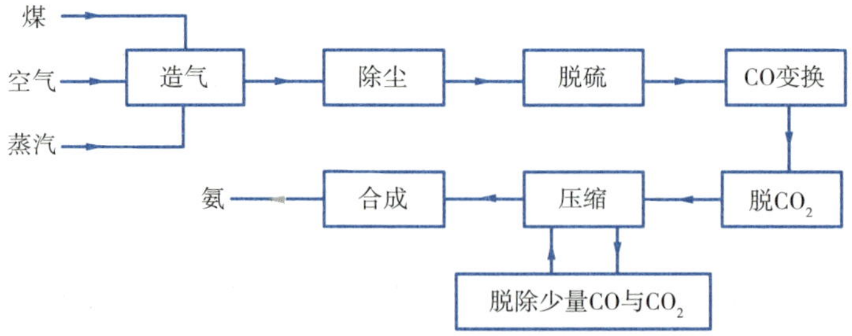

图 8-1 煤气化合成氨的主要工序

煤气化各个工序的物料基本组成如表 8-3 至表 8-7 所示。需要注意，由于每个工序都有不同的典型工艺，各自有着自身的技术优势，所达到的技术指标可能与表中所列略有不同。

造气原料煤的组成见表 8-3。

表 8-3 原料煤的组成

组分	C	H	O	N	S	A	W
湿基含量	78.01%	1.44%	0.45%	0.76%	0.48%	13.76%	5.10%
干基含量	82.20%	1.52%	0.47%	0.80%	0.51%	14.50%	—

煤气化后水煤气的组成见表 8-4。

表 8-4 水煤气的组成

组分	H_2	CO	CO_2	O_2	N_2	CH_4
体积分数	41.50%	31.75%	7.80%	0.35%	17.82%	0.78%

注：水煤气中 H_2S 的含量为 1 353 g/m^3。

经变换工段后，变换气的组成见表 8-5。

表 8-5 变换气的组成

组分	H_2	CO	CO_2	O_2+CH_4	H_2O	N_2+Ar
体积分数	51.00%	4.50%	25.50%	1.40%	0.10%	17.50%

经脱碳工段，净化气中杂质气体的组成见表 8-6。

表 8-6 净化气中杂质气体的组成

组分	CO_2	O_2	H_2S
含量	≤ 0.2%（体积）	< 0.2%（体积）	< 5 mg/m^3

经精制工段，进入合成氨塔的气体组成见表 8-7。

表 8-7 进入合成塔的气体组成

组分	H_2	N_2	NH_3	CH_4	Ar
体积分数	61.875%	20.625%	2.500%	9.643%	5.357%

8.3.3 氨产品规格情况

合成氨产品的纯度应符合国家标准。目前市场中氨产品一般符合《液体无水氨》(GB/T 536—2017)的要求，具体指标如表 8-8 所示。

表 8-8 液体无水氨的质量要求

项目	指标		
	优等品	一等品	合格品
氨含量	≥99.9%	≥99.8%	≥99.0%
残留物含量	≤0.1(重量法)	≤0.2%	≤1.0%
水分	≤0.1%	—	—
油含量/(mg/kg)	≤5(重量法) ≤2(红外光谱法)	—	—
铁含量/(mg/kg)	≤1	—	—

8.4 合成氨工艺

8.4.1 煤气化工艺

8.4.1.1 煤气化工艺涉及的原理

煤气化过程是一个复杂的物理和化学变化过程，由干燥、热解、气化和燃烧等过程组成。煤开始加热后，首先释出煤中的游离态水和吸附态水，大部分水在低于 105 ℃的条件下释出，150 ℃前为干燥阶段；150~200 ℃放出吸附在煤中的气体，主要为甲烷、二氧化碳和氮气；温度达 200 ℃以上，发生有机质的分解；当温度升至 250 ℃时，开始释放出易挥发烃类；至 375~425 ℃，煤开始呈塑性，出现浸润、膨胀和漂浮现象，形成熔融态胶质体并进一步裂解逸出烃类和氢气；升至 600 ℃时，煤开始半焦化，形成结炭结构，气体产物主要是烷烃、环烷烃和酚(原焦油)；至 800 ℃时，烃裂解成碳和氢气。

煤在气化炉中受热分解释放出低分子质量的碳氢化合物，而煤本身逐渐焦化，此时可将煤近似看作碳。碳与气化剂空气或水蒸气发生一系列化学反应，生成气体产物。

以空气为气化剂：

$$2C + O_2 = 2CO \qquad 2CO + O_2 = 2CO_2$$

$$C + O_2 = CO_2 \qquad CO_2 + C = 2CO$$

以水蒸气为气化剂：

$$C + 2H_2O = CO_2 + 2H_2 \qquad C + H_2O = CO + H_2$$

$CO + H_2O = CO_2 + H_2$　　　　$C + 2H_2 = CH_4$(副反应)

在合成氨的造气过程中,通常使用空气和水蒸气两种气化剂制成半水煤气(将 H_2 与 N_2 的比例调节至 3∶1)。

8.4.1.2 煤气化工艺的典型工艺

煤气化在合成氨生产过程中是一道关键工序,它的能耗占整个工艺流程的 70%左右,是直接影响产品成本和企业经济效益的主要因素。煤气化技术有多种分类方法,按照反应器形式主要分为固定床气化技术、流化床气化技术和气流床(沸腾床)气化技术。它们各自具有不同的特点和适用场景。固定床气化的特性是简单、可靠、热效率较高,可分为间歇式气化(UGI)和连续式气化(鲁奇 Lurgi)两种。流化床气化生产强度较大,对煤种、煤质适应性强,常见的有温克勒(Winkler)、灰熔聚(U-Gas)、循环流化床(CFB)、加压流化床(PFB,是 PFBC 的气化部分)等。气流床气化具有停留时间短、反应温度高、燃料粒径小、液态排渣等特点,从原料形态上分为有水煤浆、干煤粉两种气化类型,代表性工艺有德士古气化和壳牌气化等技术。在工业生产中,具体应用何种技术,需要根据原料煤的性质、产品需求、生产规模、投资成本等多方面因素综合考虑。

8.4.1.3 煤气化工艺的 UGI 工艺

在上述工艺技术中,固定床间歇气化炉(UGI)技术一直占据主导地位。2006 年 7 月,国家发展改革委出台的《关于加强煤化工项目建设管理 促进产业健康发展的通知》,提出煤化工企业禁止核准或备案采用固定床间歇气化和直流冷却技术的煤气化项目,而应发展流化床、气流床等大型气化技术。这导致 UGI 技术陷入"能不能再选用"的纠结之中。然而在现实中,UGI 炉在我国化肥企业中仍占主导地位。主要原因是这种技术虽不算先进,但具有技术实用、投资少、建设周期短、操作简单、容易管理的特点。固定床气化是最适合无烟煤造气的技术,而 UGI 炉是目前无烟块煤气化最为成熟的炉型。

在间歇性造气过程中,原料白煤或型煤在造气炉内与空气(富氧空气)中的氧气反应,制得空气煤气,与蒸汽反应制得水煤气,二者混合,作为合成氨生产的半水煤气;制气分五个阶段,即吹风(回收)、上吹(上加氮)、下吹、二次上吹、空气吹净。

吹风阶段是将来自鼓风机的空气(富氧空气)由炉底送入煤气发生炉内,使原料白煤或型煤在炉内燃烧,放出热量,使燃料层具有较高的温度,为制气阶段蓄热。回收阶段位于吹风阶段后,回收的吹风气作为合成氨的 N_2 来源。上吹制气阶段以蒸汽为气化剂,蒸汽自下而上进入燃料层,燃料的高温碳与气化剂发生化学反应,生成水煤气。上吹加氮制气阶段是向造气炉内鼓送空气(富氧空气)、蒸汽,同时使之与煤进行反应,产生煤气、氮气和部分二氧化碳,同时释放热量,全部回收到系统中,使炉温提高或维持其不再下降,以提高下吹制气阶段的气体质量,达到提高发气量,降低煤气中 CO_2 含量的目的。由于上吹制气之后,燃料层温度已经下降,按照工艺过程应该转入吹风提炉温阶段,如果以吹风、上吹的简单过程循环下去,会导致气化层上移,炉上温度越来越高,炉况将恶化。为避免上述现象发生,上吹制气之后再下吹制气,蒸汽自上而下地通过燃料层产生水煤气,使气化层的位置和温度始终稳定在一定区域范围内。二次上吹是因为下吹制气后，炉底及下行管道内残留煤气，如急于鼓空气提炉温会发生爆炸，故用蒸汽进行二次上吹，将下吹残留在炉底的煤气送入炉内，为空气进入炉底创造条件。最后一步空气吹净主要是为了回收二次上吹制气后残留在炉上系统各设备管道内的水煤气。间歇性造气每一个循环的时间分配如表 8-9 所示。

表 8-9 间歇性造气 UGI 技术的循环时间

循环阶段	吹风	上吹	下吹	二次上吹	空气吹净
时间/s	30	46.5	60	9	4.5
时间分配	20%	31%	40%	6%	3%

UGI 间歇式生产半水煤气工艺的设备一般包括煤气发生炉、余热回收装置、煤气降温除尘以及煤气贮存等设备构成，流程中必须安装足够的阀门及双套管线，并通过自动机控制阀门的启闭。最典型的间歇性造气流程为 UGI 型流程，如图 8-2 所示。

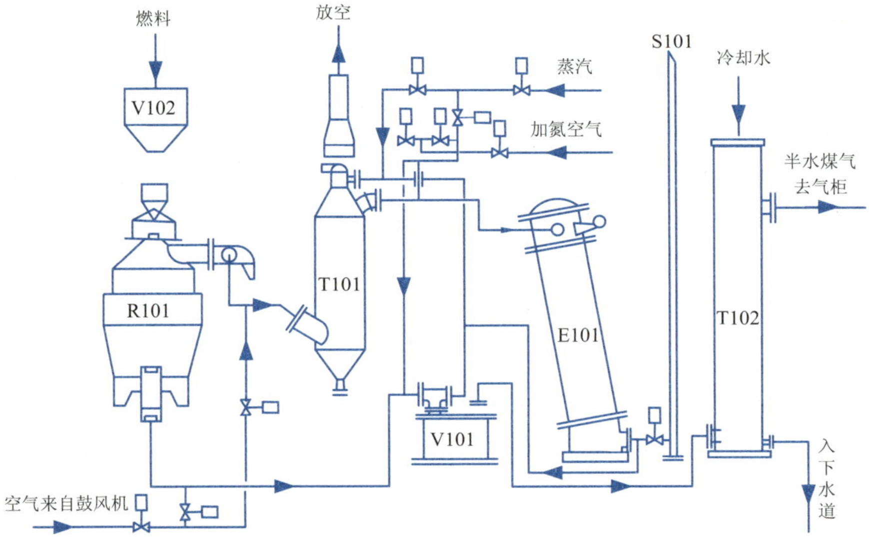

R101—煤气发生炉；T101—燃烧塔；V101—水封槽(洗气箱)；E101—废热锅炉；T102—洗涤塔；V102—燃料贮仓；S101—烟囱

图 8-2 UGI 型工艺流程

固体燃料由加料机从煤气发生炉 R101 顶部间歇加入炉内。吹风时，空气经鼓风机加压自下而上通过煤气发生炉，吹风气经燃烧塔 T101 及废热锅炉 E101 回收热量后由烟囱放空。燃烧室中加入二次空气，将吹风气中的可燃气体燃烧，使室内的格子蓄热砖温度升高。燃烧塔的盖子具有安全阀的作用，当系统发生爆炸时可以泄压，以减轻对设备的破坏。蒸汽上吹制气时，煤气经燃烧室及废热锅炉回收余热后，再经洗气箱 V101 及洗涤塔 T102 进入气柜。下吹制气时，蒸汽从燃烧室顶部进入，经预热后进入煤气发生炉自上而下流经燃料层。由于煤气温度较低，直接经洗气箱和洗涤塔进入气柜。二次上吹时，气体流向与上吹相同。空气吹净时，气体经燃烧室、废热锅炉、洗气箱和洗涤塔进入气柜，此时燃烧室不能加二次空气。在上下吹制气时，如配入加氮空气，其送入时间应滞后于水蒸气，并在水蒸气停送之前切断，以避免空气与煤气相遇而发生爆炸。燃料气化后，灰渣经旋转炉由刮刀刮入灰箱，定期排出炉外。

此流程虽然对吹风气的显热和潜热及上行煤气的显热加以回收，但废热锅炉的上行煤气温度及烟气温度仍较高，热量损失较大，煤消耗及蒸汽消耗较高。根据我国气化领域的发展情况，各生产厂家均进行了不同层次的技术更新，主要表现在自动加焦技术、均布炉篦技术、富氧气化技术、甘油自动润滑技术等。

8.4.1.4 煤气化工艺的 Texaco 激冷工艺

与间歇性造气工艺相比，连续气化工艺更先进，尤其是气流床煤气化工艺技术，以最典型的德士古水煤浆气化激冷流程为例进行介绍，其工艺流程如图 8-3 所示。浓度为 65%左右的水煤浆，经过磨煤机（浆振动器）M101 去除机械杂质后进入煤浆槽，由煤浆泵 P101 加压后送到德士古喷嘴。由空分来的高压氧气，经氧气缓冲罐，通过喷嘴对水煤浆进行雾化后进入气化炉 R101。氧煤比是影响气化炉操作的重要因素之一，通过自动控制系统控制。

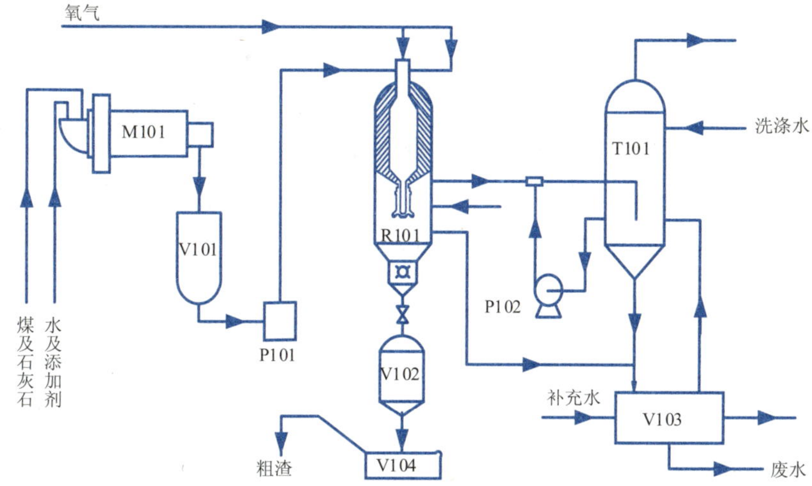

M101—磨煤机；V101—煤浆槽；P101—煤浆泵；R101—气化炉；V102—锁渣罐；P102—激冷水泵；T101—洗涤塔；V103—灰水处理槽；V104—渣池

图 8-3 水煤浆气化激冷工艺流程

水煤浆和氧气喷入反应室后，在压力约为 6.5 MPa、温度为 1 300~1 500 ℃的条件下，迅速完成气化反应，生成以氢气和一氧化碳为主的水煤气。气化反应温度高于煤灰熔点，以便实现液态排渣。为了保护喷嘴免受高温损坏，设置有喷嘴冷却水系统。

离开反应室的高温水煤气进入激冷室，由来自洗涤塔 T101 的水直接进行急速冷却，温度降到 210~260 ℃，同时激冷水大量蒸发，水煤气被水蒸气所饱和，以满足一氧化碳变换反应的需要。气化反应过程产生的大部分煤灰及少量未反应的碳，以粗渣的形式从锁渣罐 V102 进入渣池 V104 排出。

离开气化炉激冷室的水煤气，依次通过洗涤塔 T101，由灰处理工段送来的灰水及变换工段的工艺冷凝液洗涤，彻底除去煤气中的细灰及未反应的碳粒。净化后的水煤气离开洗涤塔，送到 CO 变换工段。为保证气化安全操作，设置压力为 7.6 MPa 的高压氮气系统。

8.4.2 粗煤气脱硫工艺

煤气化所得的合成气在进行变换、氨合成之前需要进行脱硫处理，以免引起催化剂中毒。因此脱硫过程是净化工段必不可少的一个环节，原料气中的硫化物主要是硫化氢，其次是二硫化碳、氧硫化碳、硫醇、硫醚和噻吩等。典型的脱硫工艺包括湿法脱硫和干法脱硫。

8.4.2.1 粗煤气脱硫工艺涉及的脱硫原理

1. 干法脱硫的典型工艺及原理

（1）活性炭法。此法可脱除硫醇等有机硫及少量硫化氢。按反应机理不同可分为吸附法、氧化法和催化法。

当采用吸附法时，活性炭吸附属于物理吸附，温度高时吸附能力下降，故一般在常温常压下使用。原料气中碳氢化合物及二氧化碳含量高，不适宜用活性炭吸附。

以氧化机理进行时，硫化氢和氧硫化碳可被活性炭吸附气体中存在的氧气氧化。

$$2H_2S(g)+O_2=2S(s)+2H_2O$$

$$2COS+O_2=2CO_2+2S$$

以催化机理进行时，在活性炭上浸渍铁、铜等盐类，使有机硫催化为硫化氢，然后再被吸附脱除。

分子筛吸附剂已广泛应用于脱除气体中的 H_2S，经活性炭处理后气体硫含量可降至 0.53 mg/m^3 以下。早在 1958 年，美国联合碳化物公司已开始积累关于从天然气中脱除硫醇和其他杂质的资料，现在美国已经有多个工业分子筛装置在运转。

（2）接触反应法。此法通过使气体与氧化铁、氧化锌、氧化锰等接触发生反应而脱除无机硫和有机硫。

氧化铁法是用氧化铁（即人们熟知的海绵铁）脱 H_2S，这是一种古老而常用的气体脱硫方法，迄今仍在许多特殊用途的领域中广泛应用。

氧化铁法脱硫的原理如下：

$$Fe_2O_3+3H_2S \rightarrow Fe_2S_3+3H_2O\text{（脱硫）}$$

$$2Fe_2S_3+3O_2 \rightarrow 2Fe_2O_3+6S\text{（再生）}$$

反应在常温和碱性条件下进行得最顺利，温度超过 66.7 ℃以及在中性或酸性条件下都会使氧化铁失去结晶水而难以再生。

20 世纪 80 年代，太原工业大学对 Fe_2O_3 的原料选择、配方、设备造型、工艺参数和操作方式进行了改造，处理 H_2S 的含量可达 1~5 mL/m^3，在国内百余家氮肥厂得以推广使用，发展前景良好。

氧化锌法脱硫的原理如下：

$$ZnO(s)+H_2S(g)=ZnS(s)+H_2O(g)$$

该反应是放热反应。温度高，氧化锌的硫容大，而且水蒸气浓度对反应具有影响，水蒸气浓度增大，硫化氢的平衡浓度增加。

该方法的特点为：既能脱有机硫，又能脱无机硫；对某些有机硫（如噻吩）的转化能力差；脱硫反应瞬间完成；脱硫反应不可逆，脱硫剂无法再生。

氧化锌法是近代合成氨厂广泛采用的精细脱硫法，可脱硫至 0.5~1 mg/kg。

（3）转化法。此法是用钴钼或镍钼作为催化剂通过加氢使有机硫全部转化为硫化氢，再用其他脱硫剂将生成的硫化氢脱除。

干法脱硫主要用于含硫量较少、净化度要求高的情况，如以天然气为原料的造气工艺，之前经常采用钴钼转化和氧化锌相结合的方法把硫化物脱除到允许的硫含量。

2. 湿法脱硫的典型工艺及原理

湿法脱硫的脱硫剂为溶液，用脱硫溶液吸收原料气中的 H_2S，溶液在加热减压条件下得到再生，放出的 H_2S 可以生产硫黄（克劳斯法），溶液再生后被循环利用。具体方法如下。

（1）化学吸收法：氨水催化法、改良蒽醌二磺酸法（ADA 法）、有机胺法和酞菁钴脱硫法（RTS）。

（2）物理吸收法：低温甲醇洗法、碳酸丙烯酯法和聚乙二醇二甲醚法。

以碳酸丙烯酯法为例，其脱硫原理是碳酸丙烯酯对硫化物（如硫化氢）具有较大的溶解能力，而对氢气、氮气、一氧化碳等气体溶解度甚微，利用这一特性从气体混合物中选择性地吸收硫化物。

在一定的压力下，气体与碳酸丙烯酯接触，硫化物溶解于溶剂中，从而实现气体的脱硫。吸收过程中，压力和温度是影响溶解度的重要因素。一般来说，温度一定时，硫化物以及其他气体的溶解度均随压力升高而增大；压力一定时，温度升高会使硫化物的溶解度降低。

碳酸丙烯酯法具有能耗低、净化度高的优点，适合中小型企业使用，但该法也存在碳酸丙烯酯价格较高、对设备密封性要求较高等局限性。

（3）物理-化学吸收法：环丁砜法等。

中国近代开发的脱硫方法有栲胶法、RTS（或 PDS）法。其中“RTS”脱硫剂的主要成分是酞菁钴系有机高分子化合物，它是以多种金属离子为中心的配位化合物，具有很强的吸氧和载氧能力，且能将新吸收的氧活化，在脱硫过程中能将 H_2S 生成的 HS^- 氧化成单质硫，迅速降低 HS^- 的浓度，从而加快溶液吸收 H_2S 的速率。输出活化氧后可吸氧来补充，反复循环使用。再生时脱硫剂大量吸氧恢复其催化活性，但本身不参与化学反应。

在湿法脱硫中，RTS 工艺催化活性好、消耗低、脱硫效率稳定，适合多种类型的气体、液体脱硫，在国内被多家化肥企业、煤化工企业采用，并已走向国际市场。其工艺原理如下。

无机硫的化学吸收与催化转化：

$$H_2S + Na_2CO_3 = NaHS + NaHCO_3$$

$$NaHS + NaHCO_3 + (x-1)S = Na_2S_x + CO_2 + H_2O$$

$$NaHS + H_2O = NaOH + H_2S$$

$$Na_2S_x + H_2O = NaOH + H_2S_x$$

有机硫的脱除反应：

$$RSH + Na_2CO_3 = RSNa + NaHCO_3$$

$$COS + 2Na_2CO_3 + H_2O = Na_2CO_2S + 2NaHCO_3$$

8.4.2.2 粗煤气脱硫的 RTS 工艺

据统计，脱硫方法有四五十种之多。对于中小氮肥的脱硫，无论是一次脱硫还是二次脱硫，都要从其装置的安全稳定运行上进行研究，如减少硫堵的问题、环保的问题、运行的经济性问题以及流程的简化问题等。

选择脱硫工艺时，需综合考虑多方面因素，如含硫量、脱硫效率要求、投资和运行成本、副产品处理等，以确定最适合具体情况的脱硫方法。随着环保要求的不断提高和技术的发展，新的脱硫工艺也在不断涌现和改进。以酞菁钴脱硫法（RTS 法）为例，其工艺流程如图 8-4 所示。

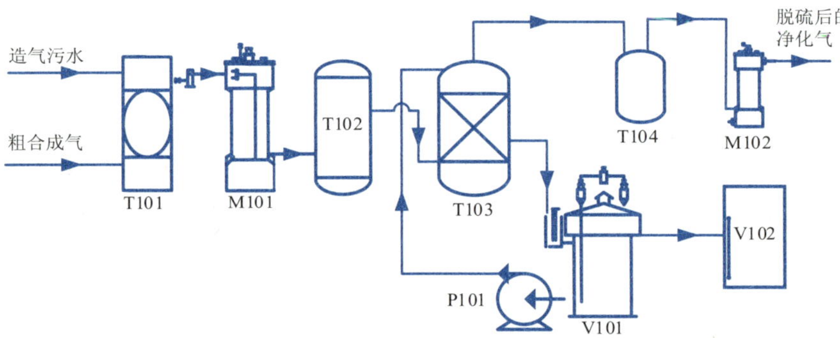

T101—除尘塔；M101—静电除焦器；T102—降温塔；T103—脱硫塔；T104—清洗塔；
M102—静电除焦器；V101—再生槽；V102—硫泡沫槽；P101—贫液泵

图 8-4 酞菁钴脱硫法（RTS 法）工艺流程

在该工艺中，气相流程为以煤为原料制得的粗合成气从气柜出口经除尘塔 T101 除尘，经静电除焦器 M101 除去煤焦油，经罗茨风机加压，从脱硫塔 T103 的底部进入，与塔顶喷淋下来的吸收液逆向接触。经脱硫塔脱除硫化氢后获得的净化气再经清洗塔 T104 降温除尘、静电除焦器 M102 进一步除去煤焦油，进一步冷却气体温度后，进入压缩工序。液相流程为循环槽内的脱硫液经脱硫泵加压送往脱硫塔上部，脱除半水煤气中的硫化氢后，富液从塔底出来送往再生槽 V101，在再生槽内再生，再生后的再生液回循环槽循环使用，溢流出的泡沫送至硫泡沫槽 V102，经过滤器回收硫。

该工艺中的主要技术指标有纯碱碱度、总碱度、pH 值、RTS 用量、悬浮硫、副盐总量等，具体参数如表 8-10 和表 8-11 所示。

表 8-10 脱硫塔内脱硫液的组分

纯碱碱度/（g/L）	总碱度/（g/L）	pH 值	RTS 用量/（mg/L）	悬浮硫/（g/L）	副盐总量/（g/L）
≥ 2.0	15~25	8.0~8.8	2~12	≤ 0.5	≤ 150

表 8-11 脱硫塔内的主要工艺条件

脱硫前 H_2S/(g/Nm³)	脱硫后 H_2S/(g/Nm³)	温度/℃	压力/MPa	液位	循环水 pH 值
3	0.05	35~45	0.5~0.9	50%~80%	6.8~8.0

总碱度是指溶液中 $NaHCO_3$ 和 Na_2CO_3 含量之和。吸收总传质系数、硫容、净化度都随纯碱浓度增加而增加。半水煤气中会含有 10%的 CO_2,被脱硫溶剂吸收之后，pH 值降低会影响吸收效果。当 $NaHCO_3$ 与 Na_2CO_3 含量之比过高时,则应抽取总液量的 1%~2%去脱碳工序,加热溶液使 CO_2 解吸出来。一般情况下,可提高空塔速度到 0.5~1 m/s,以减少 CO_2 的影响。在生产过程中,应当经常补碱,使总碱度保持在 15~25 g/L,如表 8-10 所示,其中 Na_2CO_3 含量大于或等于 2.0 g/L,硫含量增加时可适当提高总碱度。

溶液 pH 值升高，Na_2CO_3 浓度增加,对吸收硫化氢有利;但 Na_2CO_3 浓度增加,对转化成单质硫不利,易生成副产物 Na_2CO_3。因此,在生产过程中 pH 值通常控制在 8.0~8.8。

本法在碱性溶液条件下进行脱硫,脱硫剂由 RTS、碱性物质和助催化剂三种成分组成，RTS 脱硫催化剂是酞菁钴磺酸盐金属有机化合物的混合物,主要成分是双核酞菁钴磺酸盐。从表 8-11 可看出,该法可将 H_2S 含量从脱硫前的 3 g/Nm³ 降至 0.05 g/Nm³。目前在工业上，该法还可以与 ADA、栲胶配合使用,只需在原脱硫液中加入微量 RTS 即可,因此消耗费用很低。同时 RTS 无毒、活性好,对脱硫设备无腐蚀,且用量少,生成的单质硫易分离,一般不会发生硫堵,在脱除 H_2S 的同时能脱除部分有机硫。

8.4.3 一氧化碳变换工艺

无论是以固体、液体还是气体为原料,所得到的合成氨原料气中均含有一定数量的一氧化碳,其含量随原料而异。一般固体燃料气化一氧化碳含量为 28%~33%,烃类蒸气转化为 12%~13%,焦炉转化气为 11%~15%,重油部分氧化为 44%~48%(以上均为体积含量)。

合成氨生产所用原料气是氢气和氮气,一氧化碳是氨合成催化剂的毒物,必须予以清除。直接分离一氧化碳比较困难,但在一定的温度下,借助催化剂可使粗煤气中的一氧化碳与水蒸气发生反应,生成二氧化碳和氢气,该过程称为一氧化碳变换。这样既能把一氧化碳变为易于清除的二氧化碳,同时在变换过程中又可得到等摩尔的氢,消耗的只是廉价的水蒸气。因此变换工序在合成氨生产中主要有三个作用:一是清除半水煤气中大部分的一氧化碳;二是获得合成氨所需要的氢气;三是获得生产尿素的二氧化碳原料。所以一氧化碳的变换过程既是原料气的净化过程,又是原料气制造过程的延续。最后残余的一氧化碳再通过精制工序加以清除。

8.4.3.1 一氧化碳变换工艺涉及的基本原理

一氧化碳变换的主要反应是在一定的温度条件下,半水煤气中的一氧化碳与水蒸气反应生成氢气和二氧化碳。反应方程式如下:

$$CO + H_2O = CO_2 + H_2$$

该反应是可逆放热反应，从化学平衡来看，降低温度、增加水蒸气量和除去二氧化碳，可使平衡向右移动，从而提高 CO 的变换率，但是水蒸气量增加到一定值后，变换率增加幅度会变小。从反应速率看，提高温度有利于反应速率增加，因此在操作中，上段温度控制得高些，下段控制得低些，以获得较高的变换率。

变换反应前后体积不变，所以提高压力不能改变反应过程的平衡状态。但是，提高压力后，反应物浓度增加，分子间的有效碰撞次数增加，可以提高变换反应速率，提高触媒的生产能力。

在一氧化碳变换过程中，除了主反应外，还可能发生 CO 的分解和甲烷的生成等副反应，这些副反应不但消耗了煤气中大量的有效气体（CO、H_2），而且会降低触媒的活性，还会增加氨合成时放气的放空量。由于这些副反应都是放热和体积减小的反应，所以低温高压有利于副反应的进行。

$$2CO = C + CO_2$$

$$2CO + 2H_2 = CH_4 + CO_2$$

$$CO + 3H_2 = CH_4 + H_2O$$

$$CO_2 + 4H_2 = CH_4 + 2H_2O$$

8.4.3.2 一氧化碳三段中温变换工艺

工业生产中，一氧化碳变换反应均在催化剂的作用下进行。由于催化剂有一定的活性温度范围，故半水煤气必须预热至一定温度后，才可送入催化剂层进行变换反应。因变换气的温度较高，要设置换热器回收热量，维持全系统的热平衡。CO 变换反应须在过量加入的蒸汽下进行，蒸汽可通过锅炉直接补加，也可设饱和塔给气体增温增湿。未反应的蒸汽的能量（余热）可通过热水塔等装置来回收。设置冷凝塔，使变换气温度降至 35 ℃左右，送到压缩工序。因此变换的基本工艺流程包含增湿预热、变换反应、热量回收及冷却降温四个部分。

对以煤为原料制合成气的工艺，通常采用两段或三段中温变换流程，如图 8-5 所示。在流程中除设置换热器回收反应热外，还设置饱和塔和热水塔来回收低温位的余热，同时给水煤气增湿，可减少水蒸气添加量。

半水煤气经脱硫后由压缩机加压至 1.35 MPa，进入饱和热水塔 T101，在饱和热水塔内与塔顶喷淋下来的 130~140 ℃的热水逆流接触，提温增湿。出饱和热水塔的气体与蒸汽过热器送来的 300~350 ℃的过热蒸汽混合，使半水煤气中的汽气比达到工艺条件的要求。气体再依次进入预热器 E103、热交换器 E104，温度升至 380 ℃，进入中温变换炉 R101，进行一氧化碳变换反应。经第一段催化剂层，气体温度升到 480~500 ℃，用冷凝水冷激降温后，进入第二段催化剂层反应，用激冷水降温，再进入第三段催化剂层。变换气离开变换炉的温度为 400 ℃左右，变换气离开中温变换炉后依次经过预热器 E103、水调温器 E106，再进入低温变换炉 R102，反应后的工艺气体经热水加热器 E101、第二水加热器 E102 回收热量，冷却降温后送到压缩机三段入口。

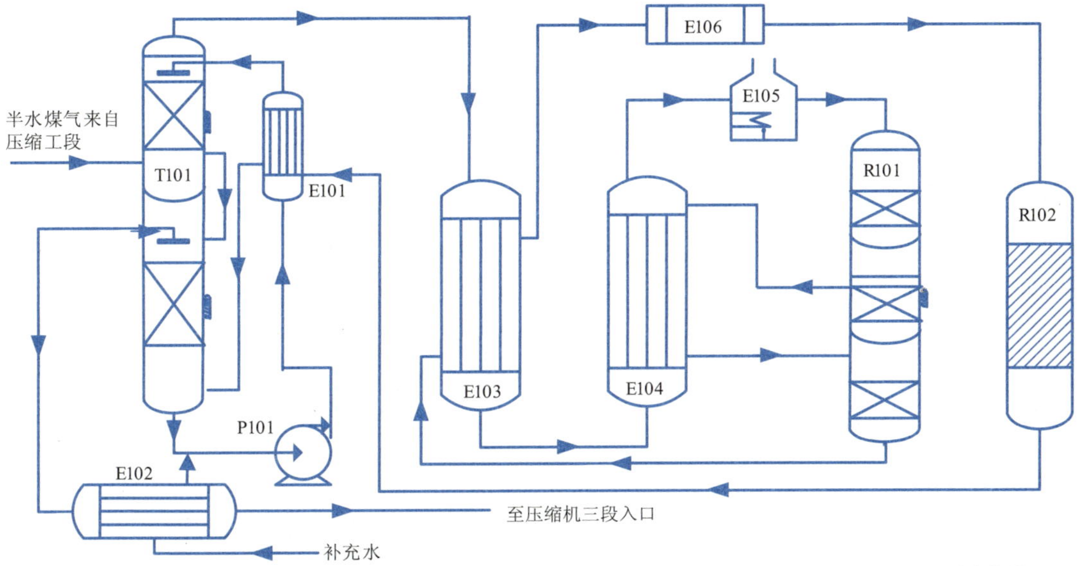

T101—饱和热水塔；E101—热水加热器；E102—第二水加热器；P101—循环热水泵；E103—预热器；E104—热交换器；E105—开工电加热器；E106—水调温器；R101—中温变换炉；R102—低温变换炉

图 8-5 一氧化碳三段中温变换流程

如果合成气最终精制采用铜洗联醇工艺或液氮洗等流程，只需采用中温变换即可。若精制采用甲烷化流程，则经中温变换的气体脱除二氧化碳后，还需精脱硫，使气体中总硫降至 1 mL/m³ 以下，再进行低温变换。低温变换气中一氧化碳含量为 0.3%~0.5%，经过第二次脱碳进入甲烷化炉，将残余的一氧化碳和二氧化碳除去。若中温变换串联耐硫低温变换，就无须二次脱硫，高温变换气经过耐硫低温变换最终使一氧化碳含量降至 0.3%~1.0%。

随着低温或宽温催化剂的开发与应用，在工业生产中变换逐步向低温方向发展，单纯的中温变换工艺逐步被淘汰。根据生产的需要，往往采取中、低温变换组合的工艺流程，全低温变换工艺，或者宽温耐硫变换工艺。

在该工艺中，主要技术指标有操作温度、压力、汽气比和空间速度等。由于变换反应放热，变换反应过程中存在最适宜操作温度。为了保持变换炉内的最适宜温度及较高的变换率，要求变换炉第一段温度最高，第三段温度最低。在操作压力方面，虽然变换反应是等体积反应，但提高压力能减小变换反应器体积和节约压缩功，因此变换压力一般为 1.2~1.8 MPa。在变换反应中，汽气比决定了 CO 的变换率，在联醇工艺中还决定了醇氨比、甲醇和合成氨的产量以及能耗，因此汽气比一般为 2~5。空间速度（简称空速）既决定催化剂的生产能力（或生产强度），也关系到 CO 的变换率，一般控制为 1 000~3 000 h^{-1}。

8.4.4 二氧化碳脱除工艺

8.4.4.1 二氧化碳脱除工艺涉及的工艺原理

合成氨原料气经变换后都含有相当数量的二氧化碳，在合成之前必须清洗干净。此外，二氧化碳是生产尿素、碳酸氢铵和纯碱的重要原料，应加以回收利用。

工业上常用的脱除二氧化碳的方法为溶液吸收法,有两种类型:一类是循环吸收法,即溶液吸收二氧化碳后在再生塔解吸出纯态的二氧化碳,再生后的溶液循环使用;另一类是联合吸收法,将二氧化碳的吸收过程与产品的生产过程联合起来同时进行,例如碳铵、联碱的生产过程。

根据吸收原理不同,循环吸收法可分为物理、化学和物理-化学吸收法三种。化学吸收法大多是以碱性溶液为吸收剂来中和酸性气体 CO_2,再采用加热再生,释放出溶液中的 CO_2。常用的方法有氨水法、改良热钾碱法(如本菲尔特法)等。物理吸收法一般以水和有机溶剂为吸收剂,利用 CO_2 比 H_2、N_2 在吸收剂中溶解度大的特性而除去 CO_2,再生过程依靠简单的闪蒸解吸和气提即可放出 CO_2。常用的方法有加压水洗法、低温甲醇法、碳酸丙烯酯法、聚乙二醇二甲醚法(NHD法)。物理-化学吸收法兼具物理吸收和化学吸收的特点,有环丁砜法、甲基二乙醇胺法(MDEA法)等。其中MDEA法已在全球多家大型氨厂使用。

1. 热碳酸钾法的脱碳原理

热碳酸钾法中,CO_2 吸收及其再生的过程可用如下可逆反应式表示:

$$CO_2(aq)+K_2CO_3(aq)+H_2O(aq) \rightleftharpoons 2KHCO_3(aq)$$

吸收塔的溶液组成为:碳酸钾为吸收剂,二乙醇胺或ACT-1为活化剂,KVO_3 为缓蚀剂,聚醚或硅酮乳状液为消泡剂。

碳酸钾溶液吸收二氧化碳后,可通过溶液再生使之循环使用,再生反应原理如下:

$$2KHCO_3 = CO_2 + K_2CO_3 + H_2O$$

再生后的溶液中仍残留少量的碳酸氢钾,工业上常用再生度来表示溶液的再生程度。再生度(f_c)定义为每摩尔 K_2CO_3 中已经吸收的 CO_2 摩尔数,即溶液中 K_2CO_3 转化为 $KHCO_3$ 的转化度。

2. MDEA 法的脱碳原理

MDEA法为德国巴斯夫开发的一种脱碳方法,吸收剂为N-甲基二乙胺,活化剂为哌嗪、醇胺。其脱碳原理如下:

$$R_2CH_3N + CO_2 + H_2O = R_2CH_3NH + HCO_3^-$$

当活化剂添加量大时,具有化学吸收特点,即净化度高,但再生能耗大;当活化剂添加量小时,具有物理吸收特点,即净化度低,但易再生。

3. 碳酸丙烯酯法的脱碳原理

碳酸丙烯酯吸收 CO_2 是一个物理吸收过程,气相中二氧化碳分压在2.0 MPa以下时,它在碳酸丙烯酯中的溶解规律服从亨利定律:

$$X_{CO_2} = Hp_{CO_2}$$

式中 X_{CO_2}——二氧化碳在碳酸丙烯酯中的溶解度,Nm^3/m^3;

H——二氧化碳在碳酸丙烯酯中的溶解度系数,$Nm^3/(m^3 \cdot MPa)$;

p_{CO_2}——二氧化碳在气相中的分压,MPa。

当气相压力不高时,混合气体中各气体组分的分压可按道尔顿定律计算:

$$p_{CO_2} = pY_{CO_2}$$

式中 p——混合气体总压(绝),MPa;

Y_{CO_2}——混合气体中二氧化碳的含量(摩尔分率)。

由于变换气中 CO_2 的含量基本为 25%~29%(体积),如提高气相总压 p,可使 p_{CO_2} 升高,按照亨利定律,在温度一定的情况下,X_{CO_2} 将增大,此为脱碳过程。对已经溶解大量二氧化碳的溶剂而言,如降低气相压力 p,根据道尔顿定律和亨利定律,X_{CO_2} 下降,CO_2 将从溶剂中释放出来,此即闪蒸过程。闪蒸后溶剂中尚残余一定量的二氧化碳,为满足脱碳需要,常常再向该溶剂中吹入空气,使溶剂表面气相中的 CO_2 含量降低,根据以上两定律,将促使溶剂中残留的 CO_2 进一步解吸,此为气提过程。为减少工艺气体夹带溶剂蒸气所引起的溶剂损耗,工业上利用碳酸丙烯酯与水部分互溶的性质,用软水(或稀液)洗涤出系统的各工艺气体,以回收溶剂。这样由脱碳、闪蒸、气提、回收四个部分组成了脱碳工艺中最基本的环节。

8.4.4.2 碳酸丙烯酯法脱碳工艺

碳酸丙烯酯法脱碳工艺流程如图 8-6 所示。

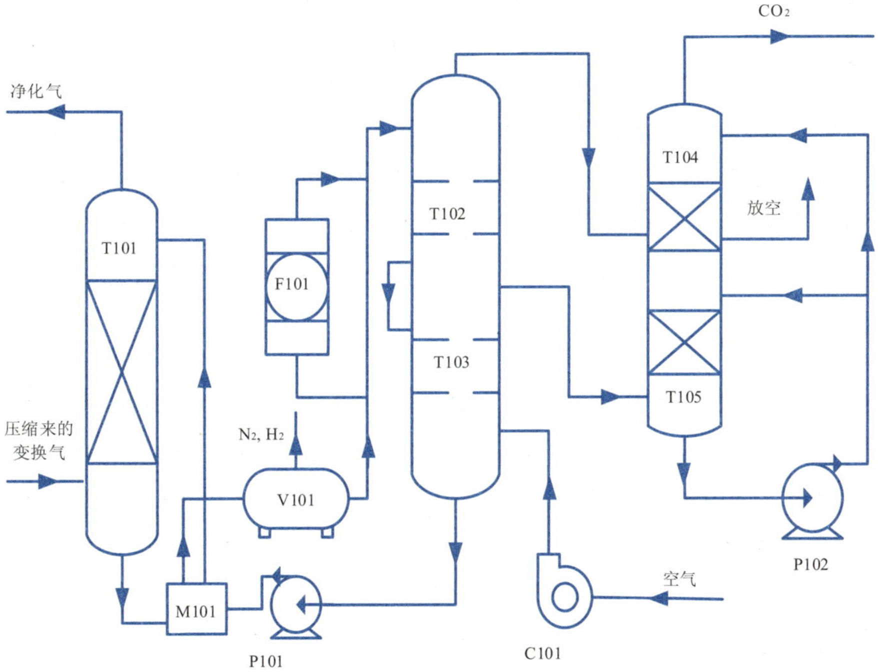

T101—吸收塔;M101—水力透平;P101—溶液泵;V101—氢氮气回收罐;F101—过滤器;T102—常压解吸塔;T103—气提塔;T104—CO_2 气溶液回收塔;T105—气提气溶液回收塔;P102—稀溶液泵

图 8-6 碳酸丙烯酯法脱碳工艺流程

由氮氢压缩机送来的变换气(≤ 3.0 MPa),经脱硫后,从吸收塔 T101 底部进入。碳酸丙烯酯溶液(简称碳丙液)通过溶液泵 P101 和水力透平 M101 由脱碳塔的顶部均匀地喷洒到塔内,由上而下流经填料段,充分减薄碳丙液膜厚度,增大气液接触面以提高 CO_2 的吸收率，在脱碳塔内气相中的 CO_2 被碳丙液充分吸收，完成变换气的净化。出塔的净化气经净化气分离器、净化气洗涤塔、净化洗涤分离器，进入压缩工段。

吸收 CO_2 的碳丙富液进入常压解吸塔 T102、CO_2 气溶液回收塔 T104，将碳丙富液中的 CO_2 收集起来，送至下一个工段。同时经气提后的碳丙富液释放出大部分的 CO_2 气体，通过气提段的气提塔 T103，与气提风机吸入的空气逆流接触，进一步气提出残留在碳丙液中的 CO_2，气提气进入气提气溶液回收塔 T105，洗涤后的气提气放空，出再生塔的碳丙贫液流至循环槽循环使用，脱碳工段的主要工艺条件如表 8-12 所示。

表 8-12 脱碳工段的主要工艺条件

项目	脱碳塔	常解塔	净化气
压力/MPa	≤ 3.0	≤ 0.05	—
温度/℃	≤ 40	—	—
液位	30%~70%	—	—
组分	—	—	CO_2 ≥ 98.5%

与脱硫技术类似，脱碳方法也有很多种。脱碳方法的选择首先要看氨加工的产品种类（碳铵、纯碱、尿素等）；其次与后续气体精制工序的方法（甲烷化、铜洗、联醇、液氮洗涤等）有很大关系；脱碳方法的选择最终取决于技术经济指标，即取决于投资和操作费用。近年来，变压吸附法（PSA 法）在我国许多工厂得到推广使用。变压吸附技术是利用固体吸附剂在加压下吸附 CO_2 使气体得到净化，吸附剂减压脱附析出 CO_2，同时实现吸附剂的再生。PSA 法一般在常温下进行，能耗低，操作简便，对环境无污染。本法还可用于分离提纯 H_2、N_2、CH_4 和 CO 等气体。我国已有国产化 PSA 装置，其规模和技术均达到国际先进水平。

8.4.5 原料气精制工艺

经一氧化碳变换和二氧化碳脱除后的原料气中尚含有少量一氧化碳和二氧化碳，它们是氮合成催化剂的毒物，原料气在送往合成工序以前，还需要进一步净化，此过程称为原料气的精制。原料气的精制可采用化学法或物理法，对于精制后气体中一氧化碳和二氧化碳体积含量之和，大型氨厂控制在小于 0.001%，中小型氨厂控制在小于 0.003%。

8.4.5.1 原料气精制工艺涉及的工艺原理

原料气精制的传统方法主要有铜氨液洗涤法、液氮洗涤法、甲烷化法、双甲工艺、醇烃化法和醇醚化法。

1. 铜氨液洗涤法

铜氨液是组成为铜离子、酸和氨的水溶液。高压和低温条件下用醋酸铜的氨溶液吸收 CO、CO_2、H_2S 和 O_2，然后溶液在减压和加热条件下再生。

2. 液氮洗涤法

液氮洗涤法是指低温下用液体氮把少量 CO 及残余的甲烷洗涤脱除，主要用于重油部分氧化、煤富氧气化的制氨流程中。

3. 甲烷化法

甲烷化法是在催化剂存在的条件下使 CO 和 CO_2 加氢生成甲烷。

$$CO + 3H_2 = CH_4+H_2O$$

$$CO_2 + 4H_2 = CH_4+2H_2O$$

虽然铜氨液洗涤法应用非常广泛，但存在设备多、工艺复杂、操作麻烦、物耗和能耗高等缺点，因此将逐步被淘汰。液氮洗涤法，也称深冷分离法，利用了 CO 选择性地溶于液氮的特性，该工艺涉及庞大的空气深冷分离装置，且需要与低温甲醇洗涤脱除 CO_2 工艺相配套。因此传统精制工艺中的铜氨液洗涤法和液氮洗涤法逐步被低变-甲烷化工艺、双甲工艺、醇（醚）烃化工艺所取代。

甲烷化法采用的净化技术必须与深度低温变换系统相匹配。该工艺的缺点是要求低温变换气中一氧化碳的含量低于 0.3%（体积分数），这使变换过程蒸汽消耗量成倍增加，将造成甲烷化后甲烷增加，氨合成放空量增加。

4. 双甲工艺

双甲工艺是指甲醇化和甲烷化，利用甲醇合成来代替低变工序，降低变换的汽气比，提高变换气中 CO 的含量，并使 CO 大部分转化为甲醇，达到既节省变换蒸汽，降低原料气深度净化的负荷，又得到重要化工产品甲醇的目的。该工艺的脱碳生产亦变得相对宽松，综合效益明显。其中绝大多数 CO、CO_2 转化为甲醇，经冷却分离甲醇后再经甲烷化反应，使剩余的 CO、CO_2 转化为甲烷，使 CO 与 CO_2 的总含量降至 0.001%~0.002%，达到气体净化的目的。

双甲工艺的优点为：对原料气进行了双重过滤，使气体净化度提高，合成氨催化剂寿命得以延长；双甲工艺比深度低变-甲烷化工艺在降低蒸汽消耗方面优越得多；双甲替代铜洗，不仅简化了流程，减少了设备和投资费用，而且大大稳定了操作，降低了整个合成氨成本；双甲工艺使 CO、CO_2 变成了有用产品甲醇，也因此大大降低了氨的原料气消耗量；双甲工艺操作弹性大，醇氨比调节范围宽。根据甲醇市场行情，醇氨比可在 1∶15~1∶3 的范围内灵活调节。

5. 醇烃化法

醇烃化法是将需要净化的 CO、CO_2 转化为甲醇、烃类等物质并将其去除的工艺，将原双甲工艺中的 CH_4 等气态物质改为液态的副产物，即常温下便于冷凝的醇类及烃类物质。

6. 醇醚化法

醇醚化法是在双甲工艺的基础之上，将甲醇化催化剂更换成醇醚复合催化剂，使 CO、CO_2 与 H_2 反应生成甲醇，并随即脱水生成二甲醚。甲醇不断转化为二甲醚，不断打破甲醇合成反应的化学平衡，促使甲醇合成反应向正向进行，可有效提高 CO、CO_2 的转化率，使醇醚化后出口气体中 CO 与 CO_2 的总含量控制在 0.2%~0.4%。与甲烷化精制相比，该工艺可增产 2%~3%合成氨。

$$CO + 2H_2 = CH_3OH$$

$$CO_2 + 3H_2 = CH_3OH + H_2O$$
$$2CH_3OH = (CH_3)_2O + H_2O$$
$$2CO + 4H_2 = (CH_3)_2O + H_2O$$

醇醚化产品是甲醇和二甲醚混合物，比例约为 3∶2，经加压精馏，可得到 40%的二甲醚和 60%的甲醇组成的无水醇醚混合物，可用于车用燃料，是热值高、辛烷值高、热效率高的气雾性环保燃料。

8.4.5.2 醇烃化法精制工艺

在合成氨生产过程中，原料气精制是非常重要的。气体净化不彻底，极易导致合成催化剂永久性中毒而失活，还会造成合成塔温度波动，影响正常生产。传统的“铜洗法”是利用醋酸铜氨液来脱除原料气中体积分数为 3%~5%的 CO、CO_2 杂质气体，以达到精制原料气的目的，是小型氮肥行业最常用的原料气净化精制方法。随着科技不断发展，合成氨原料气精制工艺不断改进和提高，其中双甲工艺和醇烃化工艺（也称新双甲工艺）取代了传统精制工艺并得到广泛应用和发展，将产品生产、净化、精制集于一体，创造了一种高效、节能、环保的净化精制新工艺。

在双甲工艺中，甲醇化后，气体中的一氧化碳和二氧化碳杂质气体几乎全部与原料气中的有效成分氢气进行反应而生成 CH_4，CH_4 在合成工段是一种无用的气体，生成得愈多，愈增加循环机功耗和合成系统放空量，使有效气体损失增大。醇烃化工艺与双甲工艺相比，在达到同样产量和同样入工段气体成分的条件下，精制原料气的 CH_4 消耗量下降近 30%，合成工段的放空量下降 80%。醇烃化工艺流程如图 8-7 所示。

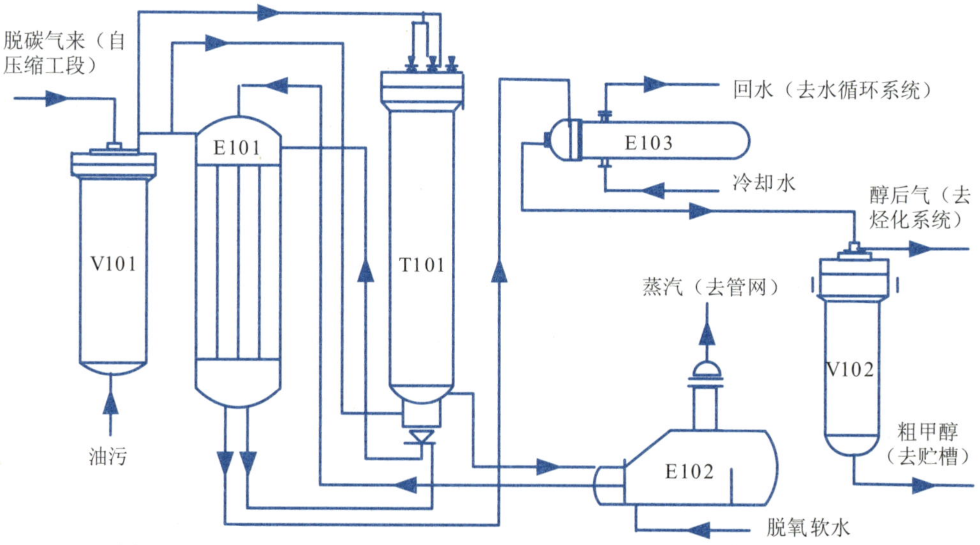

V101—油分离器；E101—醇化预热器；T101—醇化塔；E102—废热锅炉；E103—醇化水冷器；V102—醇分离器

图 8-7 醇烃化工艺流程

由压缩工序送来的 13.5 MPa 脱碳气原料气，进入油分离器 V101 分离油污。一部分从醇化塔 T101 下部进入塔内外筒环隙，回收内件热量，并在塔内件顶部进入催化剂层；另一部分原料气进入醇化预热器 E101 管间，回收出塔气余热后，再从醇化塔下部进入塔底换热器管内，与管间的出塔气体换热，温度升高后经中心管进入催化剂层。两股气体汇合后温度为 190~200 ℃，由下而上通过醇化塔催化剂层，进入塔底换热器管间。气体换热后，从内件环隙出塔，出塔气体进入废热锅炉 E102 产生水蒸气，再进入醇化预热器管内（上进下出），温度降低后进入醇化水冷器 E103，温度降至 35 ℃以下，进入醇分离器 V102，分离粗甲醇后的醇后气被送入下一工序或进入循环机进行循环。醇后气中 CH_3OH 含量不超过 0.1 mg/m^3，CO 与 CO_2 总含量不超过 0.5%，分离出的粗甲醇去粗醇贮槽。

8.4.6 氨的合成工艺

氨合成工序的任务是将精制的氢氮气合成氨，提供液氨产品，它是整个合成氨生产的核心部分。氨合成是放热和摩尔数减小的可逆反应，在较高温度和压力及催化剂存在的条件下进行。受化学反应平衡的限制，只有一部分氮气和氢气合成为氨，反应后气体中的氨含量一般为 10%~20%，必须将气体中的氨分离出来，含氢、氮、惰性气体和少量氨的混合气体返回系统继续使用。

因此氨合成工艺通常采用循环式流程，由氨的合成、氨的冷冻分离、循环气的压缩、氨合成反应热回收、放空气和弛放气中氢气及氨的回收等过程组成循环回路。氨合成工序的生产状况直接影响生产成本，是合成氨装置实现高产低耗的关键工序。

8.4.6.1 氨合成工艺涉及的基本原理

H_2、N_2 在 Fe 系触媒、高温高压的催化作用下生成氨，并用水、液氨作冷却介质冷却分离液氨，反应方程式如下：

$$3H_2 + N_2 = 2NH_3$$

这是一个可逆放热反应，反应热与温度、压力有关。

从热力学的角度来分析，NH_3 的平衡浓度与温度、压力、氢氮比和惰性气体含量有关。

（1）温度和压力的影响。温度降低或压力增高都能促使平衡浓度增大。

（2）氢氮比的影响。当温度、压力和惰性气体含量一定，氢氮比为 3 时，NH_3 的平衡浓度最大。实际上因气体在高压下的非理想性质，合成氨反应的平衡常数受氢氮比影响，所以随着压力的变化，最佳的氢氮比在 2.68~2.90 之间波动。

（3）惰性气体含量的影响。惰性气体的存在会使平衡浓度明显下降。惰性气体虽然不参与反应，也不毒害催化剂，但其含量仍不能太高，否则将影响氨的合成率，降低氨产量。

从动力学的角度来分析，提高温度和压力可以加快合成氨的反应速率。由于温度升高，平衡常数下降，因此在反应过程中存在最适宜温度。氢氮比也会影响反应速率。在反应初期，氢氮比为 1.5 时速率最大，随着反应持续进行，氢氮比随之变化。惰性气体含量对反应速率的影响与反应平衡的影响是一致的，即惰性气体含量增加，会使平衡氨浓度降低，也会使反应速率下降。

为了提高反应速率，实现氨产量的增加，最常用的方法是提升催化剂性能。氨合成催化剂经过 80 多年的研究与使用，现在仍然以熔铁为主，其还原前的主要成分是 Fe_3O_4，额外添加 Al_2O_3、K_2O 等助催化剂。为了适应低温、低压条件，还经常在催化剂中加入钴和稀土元素。

8.4.6.2 凯洛格氨合成工艺

氨合成工艺流程的设计关键在于合理组合氨的合成、氨的冷冻分离、循环气的压缩、氨合成反应热的回收、放空气和弛放气中氢气及氨的回收等过程，其中主要是合理确定循环机、新鲜气补入及惰性气体放空的位置以及氨分离的冷凝级数和热能的回收方式。若采用注油润滑的往复式压缩机，由于压缩后气体中夹带油雾，新鲜气补入和循环机位置都不应在合成塔之前，以避免油污造成催化剂中毒；同时为降低循环机功耗，要将循环机设置在温度较低、气量较小的部位。若采用离心式压缩机，新鲜气补入和循环机位置可以是同一部位。惰性气体放空位置，应设在惰性气体含量较高、氨含量较低处。系统的反应热应分级回收利用。氨冷凝级数应以节省冷冻功耗为原则。最经典的凯洛格氨合成工艺流程如图 8-8 所示。

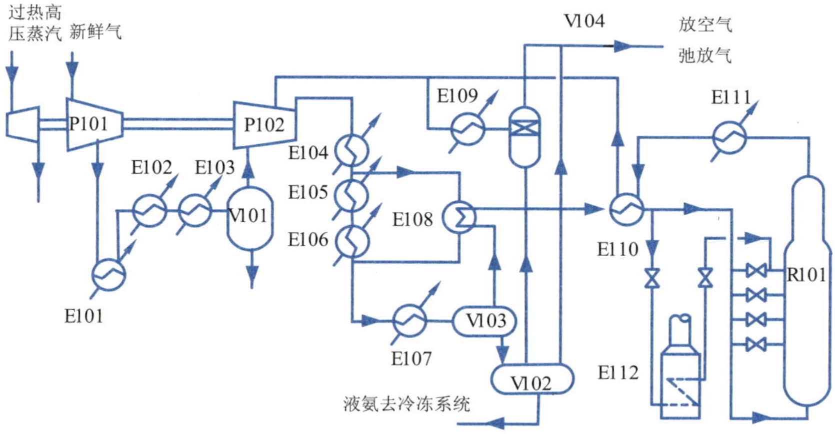

E101—新鲜气-甲烷化气换热器；E102—水冷器；E103—氨冷器；E104—水冷器；E105——一级氨冷器；E106—二级氨冷器；E107—三级氨冷器；V101—冷凝液分离器；E108—冷热交换器；E109—放空气氨冷却器；E110—塔前预热器；V102—低压氨分离器；V103—高压氨分离器；R101—氨合成塔；E111—锅炉给水预热器；P101、P102—离心压缩机；E112—开工加热炉；V104—放空气分离器

图 8-8 凯洛格氨合成工艺流程

在凯洛格氨合成工艺流程中，采用蒸汽透平驱动带循环段的离心式压缩机，气体不受油雾的污染，但新鲜气中尚含微量二氧化碳和水蒸气，需经氨冷最终净化。另外，由于合成塔操作压力较低（15 MPa），采用三级氨冷将气体冷却至−23 ℃，以使氨的分离较为完全。

该工艺利用反应热加热锅炉给水。来自净化系统的新鲜气通过压缩机吸入罐经压缩机 P101 低压段压缩到 6.5 MPa，再经新鲜气-甲烷化气换热器 E101、水冷器 E102 及氨冷器 E103 逐步冷却到 8 ℃，进入冷凝液分离器 V101 将冷凝下来的水分离掉。干气进入压缩机 P101 的高压段继续压缩，并与循环气在最后一个循环叶轮汇合，压缩到 15.0 MPa，温度为 69 ℃。经过水冷器 E104，气体温度降至 32 ℃，分两路继续冷却、冷凝。一路约 50%的气体通过两个串联的氨冷器 E105 和 E106。一级氨冷器 E105 中，液氨在 13 ℃蒸发，将气体冷却到 22 ℃；二级氨冷器 E106 中，液氨在-7 ℃蒸发，将气体冷却到 1 ℃。另一路气体与来自高压氨分离器 V103 的-23 ℃气体在冷热交换器 E108 中换热，降温至-9 ℃，冷气体升温到 24 ℃。两路气体汇合后温度为-4 ℃，再经过三级氨冷器 E107，利用在-33 ℃蒸发的液氨将气体进一步冷却到-23 ℃，然后送往高压氨分离器 V103。分离液氨后含氨 2%的气体经冷热交换器 E108 和塔前预热器 E110 加热至 130~140 ℃，进入冷激式氨合成塔 R101。部分气体由合成塔底部进入，沿外筒与催化剂筐的环隙自下而上进入塔顶的内部换热器，被出塔气加热至反应温度，自上而下通过四层催化剂后进入中心管自下而上地导入塔内换热器，加热进入催化剂层气体后离开合成塔。另一部分冷激气经过四根冷激管分别加到四层催化剂的顶部，用以调节催化剂层温度。合成塔出口气体进入锅炉给水预热器 E111 和塔前预热器 E110，降温后，大部分气体回到压缩机 P102，完成整个循环过程。放空气在放空气氨冷却器 E109 中被氨冷却、冷凝，经放空气分离器 V104 分离液氨后，去氢回收系统。高压氨分离器中的液氨经减压后进入冷冻系统，弛放气与放空气一起送往氢回收系统。

该工艺流程中惰性气体放空设在压缩机循环段之前。此处惰性气体含量最高，氨含量也最高，但由于放空气中的氨加以回收，故氨损失不大。氨冷凝在压缩机循环段之后进行，可进一步清除气体中夹带的油、二氧化碳、水分等杂质，但循环功耗较大。

8.5 煤气化合成氨工艺公用工程情况

8.5.1 蒸汽管道及各工段的用能分析

在合成氨生产流程中，蒸汽作为主要的耗能工质，在液氨生产中具有十分重要的作用，因此做好合成氨装置的蒸汽管道设计工作对整个装置的安全生产和节能降耗起到至关重要的作用。煤气化合成氨工艺蒸汽的分类如表 8-13 所示。

表 8-13 煤气化合成氨工艺蒸汽分类

压力/MPa	分类	特点
>100	超高压蒸汽	过热
10~100	高压蒸汽	过热
1.6~10	中压蒸汽	过热
0.1~1.6	低压蒸汽	过热

以某合成氨装置为例，一般涉及的蒸汽等级有：由锅炉产生的 3.82 MPaG、425 ℃的中压过热蒸汽，供变换、醇烃化等工段使用或用来驱动汽轮机；氨合成工段副产中压蒸汽（1.8~2.5 MPa）及低压蒸汽（0.5~1.3 MPa）供型煤、脱硫工段、气柜、除氧器等使用或外送；“三废”混燃炉产生 0.5 MPa、230 ℃的低压过热蒸汽，供空分、气化等工段使用；脱碳工段副

产 0.2 MPa、133 ℃的低压蒸汽。以 6.5 MPa 气化压力的德士古水煤浆气化工艺为例，合成氨装置中涉及的各等级蒸汽管道，主要包括空分、煤气化、CO 变换、酸性气体脱除、气体精制加工、氨合成、冷冻装置。各工艺装置加工使用的蒸汽及能耗情况如表 8-14 所示。

表 8-14 煤气化合成氨各工段的蒸汽能耗

序号	工段	压力/MPa	温度/℃	小时消耗量/t	蒸汽能耗/GJ
1	空分装置	9.8	540	186.8	0.011 4
		2.6	290	12.3	0.000 7
2	煤气化装置	0.6	180	2.1	0.045
3	CO 变换装置	2.6	230	−55	−2.882
		0.7	170	−70	−3.106
		0.6	160	6	0.266
4	酸性气体脱除装置	0.6	160	17	0.754
5	气体精制加工装置	4.2	253	1	0.005
6	氨合成装置	9.8	540	96.6	5.479
		4.2	440	−68.9	−3.823
		2.6	165	−30	−1.572
		0.6	160	0.6	0.027
7	冷冻装置	4.2	440	29	1.609
		2.7	290	0.4	0.027

对典型德士古水煤浆气化激冷流程工艺的 50 万 t/a 合成氨工厂进行能耗分析，气化工艺采用 6.5 MPa 气化压力的水煤浆气化工艺生产。计算从原料煤起，至液氨产品止，合成氨的综合能耗如表 8-15 所示。计算依据《石油化工设计能耗计算标准》(GB/T 50441—2016)。从表 8-15 中可以看出，合成氨综合能耗为 44.79 GJ/t，折 1.527 t/t。煤气化工段是主要的耗能工段。

表 8-15 合成氨综合能耗

工序	加工能耗/(GJ/t)
空分	0.012 2
煤气化	50.834
CO 变换	−8.023
酸性气体脱除	1.027
气体精制加工	0.003
氨合成	−1.008
冷冻	1.946
总计	44.79

8.5.2 蒸汽管道的布置设计

在合成氨工艺的公用工程中，蒸汽管道的布置设计也是值得关注的问题。在布置设计时，需要综合考虑全管廊各管道物料特性，结合场地特点、管廊层数、高度及宽度，选择蒸汽管道布置层数。多层布置时，蒸汽管道应当布置于管廊上层，如第二层或第三层。在某些特殊情况下，蒸汽管道只能布置在下层时，则需将其设置在管廊的外侧，且应保证其与工艺介质管道、低温管道等的最小间距（保温后）不小于 500 mm，或者可以利用其他公用工程管道如脱盐水、仪表空气将其隔开（因为此类公用工程管道受到蒸汽管道的影响较小）。出于设计考虑，蒸汽管道与其他公用工程管道布置在同一层时，保温后的最小间距应不小于 50 mm，同时还必须考虑蒸汽管道受到横向拉力以及产生热位移后可能与相邻管道发生碰撞的距离。

涉及蒸汽管道与电气、仪表电缆（桥架）的相对布置位置时，可以考虑将两者同层布置，也可将蒸汽管道布置于电气、仪表电缆（桥架）的下层。同层布置时，其保温后与电气、仪表电缆（桥架）的最小净距不应小于 200 mm，或用其他公用工程管道隔开；当布置于电气、仪表电缆（桥架）下层时，其蒸汽支管保温后与电气、仪表电缆（桥架）的最小净距应不小于 500 mm。

当蒸汽管道布置在管廊上时，一般都会通过设置“Π”形补偿器来吸收管道的热膨胀。配管设计专业应根据管廊在总图上的全厂布置，就“Π”形补偿器设置的位置向管道应力分析专业提出条件，管道应力分析专业通过分析计算后返回应力计算结果，包括确定“Π”形补偿器设置位置、固定点设置位置、固定点推力等数据，配管专业根据该计算结果对“Π”形补偿器、固定点等设置进行修改确认以完成蒸汽管道的配管。计算管廊上蒸汽管道的应力和支架的推力时，蒸汽管道应作为完整的管系进行应力计算，而不是通过固定点分成几个管系进行应力计算。另外，如果管廊上同时存在不同规格的蒸汽管道，就应集中设置“Π”形补偿器，管径较大、温度较高、需要较大热补偿的管道适合设置在外侧，反之设置在内侧。各管道的间距应考虑高温所引起的横向位移，并且各管道的固定点尽量设置在同一点上，可以便于管廊架的结构设计。

对于合成氨装置各工段内蒸汽管道的布置，包括与静设备或动设备管口的连接，特别是与动设备管口相连接时，应通过应力分析校核管道柔性以及设备管口载荷。应力计算比较复杂，配管设计与应力计算可能需要相互配合，经过反复修改才能满足要求。一般采用自然补偿方式来吸收管道热膨胀。当设计与蒸汽透平机等动设备相连的蒸汽管道配管时，多采用弹簧支架支撑阀门和管道，管口同轴线处加限位架。

合成氨装置中涉及的蒸汽既有过热蒸汽又有饱和蒸汽。在正常运行情况下，过热蒸汽管道基本上不产生冷凝液，但饱和蒸汽管道内因为热损失会产生蒸汽凝液。此外，蒸汽管道在开车或者暖管时可能会出现大量凝液，因此蒸汽管道的低点应设置疏水排液装置以排除蒸汽管道中存在的冷凝水。

在装置实际运行期间，针对开车或暖管阶段所产生的凝液，现场操作时可以借助管道低点的排液设施排出；高压蒸汽、中压蒸汽以及低压蒸汽管道在正常情况下基本上不会产生凝液，但是在开车或者暖管时，将会产生大量凝液，同时由于缺乏对应压力等级的凝液管道，因此其管道低点应当设置疏水设施，满足管道的排水需求。在对管廊上蒸汽管道的排液装置进行设计时，除了蒸汽管道低点应当设置排液装置，蒸汽主管进入装置界区的切断阀上游以及主管末端也都需要设置疏水设施，目的是保证排水的通畅，提高管道性能。

蒸汽支管应当从主管的顶部接出，如果要求在支管上设置切断阀，则需要将相关设置设计在靠近主管的水平管段上，同时在设计时还需从实用性及操作便利性两个方面来考虑设计是否合理。蒸汽支管不允许从用汽要求很严格的蒸汽管道上接出，在"Π"形补偿器上也不得引出蒸汽支管，这样不仅会影响蒸汽支管的使用性能，而且还存在一定的安全隐患。在蒸汽支管的低点处应当设置排液设施或疏水设施，主要设置在以下位置：蒸汽支管的最低点；蒸汽支管减压阀和调节阀之前；蒸汽分水器以及蒸汽加热设备的最低点；处于热备状态的设备进汽管切断阀之前的最低点；蒸汽透平机、蒸汽泵换热器的蒸汽进汽管入口切断阀前的最低点。

总之，合成氨工厂的蒸汽管道设计对整个装置的能耗指标的优化起着十分重要的作用。对装置内蒸汽管道的设计，不仅要保证蒸汽管道的安全性，还要兼顾其经济性。在设计过程中，应做到工艺系统和配管、应力分析专业紧密配合。要根据装置自身的特点，结合相关标准规范，进行合理设计和优化，以保证装置安全、经济、可靠运行。

8.6 合成氨工艺优化改进

提高煤气化技术水平也是提高合成氨工业竞争力的关键因素之一，为此国家大力支持开发可以降低项目投资、提高煤炭利用率、提升装置稳定性、扩大气化煤种的先进煤气化技术。

(1)高硫低热值褐煤气化炉。该气化炉以高硫低热值褐煤为原料，采用碎煤熔渣加压气化技术，为洁净化开发利用国内丰富的低热值褐煤资源开辟新路径。

(2)多喷嘴对置式水煤浆气化装置。该装置是我国具有自主知识产权的多喷嘴对置式水煤浆气化装置，原料消耗低，有效气体成分高，碳转化率高，装置运行可靠，更易于装置大型化，总投资大幅度降低，为我国以煤为原料的合成氨工业的大型化、集约化发展提供了重要的技术支撑。

(3)航天粉煤加压气化装置。由我国自主研发并掌握全部核心技术并拥有自主知识产权，具有操作和维护简便、煤种适应性广、投资费用和运行成本低、开工率高及气化炉故障率低的特点，对大批老企业的改造和新项目建设，推动我国洁净煤气化技术及其后加工产品产业化发展具有重大带动作用。采用航天粉煤加压气化装置的合成氨工艺年生产能力可达到 6×10^5 t。

(4)新型型煤富氧连续气化技术。在以煤为原料生产合成氨的企业中，固定床间歇气化炉的产能占全部生产能力的70%以上，这部分产能不仅存在碳转化率低、能耗偏高的问题，同时还排放大量硫化物和二氧化碳，如果采用国内外先进的粉煤气化技术对其置换，不仅投资大而且技术移植期偏长。我国独创的新型型煤富氧连续气化技术，既可用于新建项目，同时也适用于中小氮肥企业合成氨造气系统固定床间歇气化炉改造，是符合中国国情、适应我国产业政策、顺应世界潮流的一项综合技术，是具有中国特色和强大生命力的节能减排技术。

降低吨氨能耗也是未来合成氨工艺的发展方向之一。2010 年 8 月，工业和信息化部《关于开展重点用能行业能效水平对标达标活动的通知》中，以国内同类合成氨企业能效先进水平作为参照值，确定了以无烟煤为原料的合成氨能效标杆指标，具体内容见表 8-16。

表 8-16 以无烟煤为原料的合成氨能效标杆指标

指标名称	能效标杆指标/（kgce[①]/t NH_3）	指标名称	能效标杆指标/（kgce/t NH_3）
优质无烟块煤综合能耗	1 420	原料煤耗（优质无烟块煤）	1 180
型煤综合能耗	1 650	原料煤耗（型煤）	1 410

注：① kgce 为千克标准煤当量。

合成氨的生产是消耗大量能源的过程，实际生产中吨氨能量消耗因原料、生产工艺和管理水平不同而有较大差异。但是无论采用什么原料和生产方法，生产 1 t 液氨的理论能耗均近似为 21.28 GJ。通过采用节能新工艺、新设备和高效催化剂大力推进节能降耗，是合成氨企业努力的方向和不懈的追求。

在节能降耗方面，主要集中在氨合成系统，该系统的节能改造目标主要体现在两个方面：一是满足高效、节能、增产要求的合成塔内件和催化剂的应用；二是节约水、电和冷冻量，提高氨合成反应热的回收品位和利用率的节能新工艺的采用。

对于合成氨装置，无论规模大小，氨合成系统的节能改造措施基本主要体现在以下方面：选用低温高活性氨合成催化剂，使操作压力大幅降低而氨净值仍然较高；选用压降低的小颗粒催化剂，其氨净值高，有利于反应热回收的氨合成塔，提高生产能力，降低循环功消耗；推广新鲜氢氮气保用分子筛系统（新鲜气中含有的微量 H_2O、CO_2 和 CO 都是氨合成催化剂的毒物，经分子筛吸收毒物后，气体直接进入合成塔，可以提高氨分离效果，节约冷冻量，降低进塔气体的氨含量）；排放气中氢气和氨的回收。我国大中小型合成氨厂基本采用中空纤维膜分离装置回收氢气，中小型厂采用无动力氨回收装置回收弛放气中的氨，回收流程简单，操作方便，经济效益显著。

在充分回收氨合成反应热方面，应遵循“梯级利用，高质高用”原则，优先将高品位余热产生的蒸汽用于发电，低温余热用于废热锅炉。此外，还要遵循流程设置基本原则，综合考虑设备、管理、节能、效益等因素进行流程配置，如使循环机位于气量最小处，新鲜气的补入位置氨含量最低等，力求最大限度降低循环功和冷冻功的消耗。

第 9 章

费托合成生产工艺

9.1 概述

费托（Fischer-Tropsch）合成，又称 FT 合成，是以合成气（一氧化碳和氢气的混合气体）为原料，在催化剂和适当条件下合成液态的烃或碳氢化合物的工艺过程。该反应由德国化学家弗朗兹·费歇尔（Franz Fischer）和汉斯·托罗普施（Hans Tropsch）发明，于 1925 年开发成功。

费托合成工艺的发展历程如表 9-1 所示。

表 9-1 费托合成工艺的发展历程

时间	发展历程
1923 年	费歇尔和托罗普施发现在铁基催化剂作用下，一氧化碳和氢气可合成直链烷烃和烯烃化合物，这一反应后被命名为费托合成
1925 年	费托合成工艺开发成功
1936 年	德国鲁尔化学公司成功研发了第一座费托合成油厂，年产量高达 3 000 t
1937 年	中压费托合成研发成功，中国和日本两国引进德国技术建立费托合成油厂
1952 年	苏联成功建立了 5.4×10^{11} t 的费托合成油厂
1955 年	南非 Sasol 公司建立 Sasol-Ⅰ厂
1970 年	荷兰 Shell 公司开启了利用 FT 反应合成油品的研究
1976 年	美国 Mobil 公司研发出 ZSM-5 催化剂和固定床两段工艺
1980 年	南非 Sasol 公司建成投产 Sasol-Ⅱ 厂
1982 年	南非 Sasol 公司建成投产 Sasol-Ⅲ厂
1985 年	荷兰 Shell 公司成功开发出新型钴基催化剂
1993 年	荷兰 Shell 公司采用中间馏分油合成工艺在马来西亚建成 5.4×10^5 t/a 液体燃料厂
1994 年	中国科学院山西煤炭化学研究所成功进行 MFT 工艺和铁基超细催化剂工业试验

费托合成工艺的发展主要包括以下阶段。

1. 早期探索阶段(20 世纪初)

早在 1902 年,化学家保罗·萨巴捷和让·巴蒂斯特·森德雷恩斯就报道了一氧化碳和氢气在一定的压力和 200~300 ℃ 条件下通过分散的镍或钴时可以生成甲烷。这一发现为后续费托反应的研究奠定了基础,但当时该过程因成本原因未能实现大规模应用。

1910 年,德国化学家开始进行合成气转化方面的系统性工作。1913 年,巴斯夫公司提出使用钴催化剂由一氧化碳在加压高温情况下加氢制造醇、醛、酮、酸及烃类的专利,不过当时其研究重点是一氧化碳氢化生产甲醇。

2. 诞生阶段(20 世纪 20 年代)

1925 年,就职于马克斯·普朗克煤炭研究所的德国化学家弗朗兹·费歇尔和汉斯·托罗普施开发了费托合成反应。他们认识到将一氧化碳和氢气的混合气体(合成气)转化为复杂烃类混合物的潜在价值,即可以替代液体燃料。这一技术的诞生为煤炭间接液化提供了重要途径,使德国在煤炭资源丰富但石油匮乏的情况下,看到了解决燃料问题的希望。

3. 二战期间的发展(20 世纪 30—40 年代)

德国由于自身煤炭资源丰富而石油资源贫乏,于是大力推动费托合成燃料的生产。1935—1939 年,德国先后建成了年总产量达 70 万 t、以钴系催化剂合成烃类的 9 个工厂,为当时的德国提供了大量合成燃料,其中大部分用作发动机燃料。从 1944 年起,费托产量的 40%被用来作为化工原料,原来的钴基催化剂也逐渐被铁基催化剂所取代,费托产量在德国的战争生产燃料中占比达到 9%,在汽车燃料中占比达 25%。

4. 二战后至 20 世纪 70 年代的低谷期

第二次世界大战以后,能源和化学工业开始转向以石油为原料,石油资源丰富且成本相对较低,使得费托合成失去了经济活力。1962 年,德国最后一个费托合成工厂被关闭。

5. 20 世纪 70 年代后重新兴起

20 世纪 70 年代以来,由于石油危机以及长期来看石油和天然气储量的限制,由煤生产的合成气通过费托合成工艺合成烃类及含氧化合物又重新引起了人们的广泛兴趣。这一阶段对费托合成工艺的改善及一氧化碳与氢气相互作用的机理都有了比较深入的研究。

6. 现代的发展与应用

近年来,随着天然气产量激增以及对化学原料需求向较轻碳氢化合物转变,费托合成技术不断发展和改进。例如对催化剂的研发取得了一定进展,以提高反应的选择性和效率。

费托合成已被应用于大型天然气液化和煤炭液化设施中。世界上第一座工业化费托合成装置由德国公司 Ruhrchemie AG 于 1935 年建造。目前国外掌握费托合成生产工艺并建设了规模化装置的公司主要有南非 Sasol 公司、美国 Rentech 公司、荷兰 Shell 公司、挪威 Stato 公司等,其中 Sasol 公司是目前世界上最大的费托合成生产商。同时各国也在不断探索和发展基于费托合成技术的煤炭间接液化项目,以满足能源需求和应对能源安全挑战。国内的神华集团、山东兖矿集团、山西潞安集团、内蒙古伊泰集团、中科合成油等近年来也开始研发并建成工业化的费托合成生产装置，但其在生产工艺和费托合成油的高效利用等方面与国外相比仍存在差距。

9.2 原料及产品情况

9.2.1 费托合成原料情况

费托合成的原料主要为合成气，由一氧化碳和氢气混合而成。合成气可以通过多种途径获得。例如，煤炭在高温、高压以及气化剂（如氧气、水蒸气等）的作用下发生化学反应，转化为合成气。我国煤炭资源丰富，以煤为原料生产合成气进行费托合成是重要的应用方向。再如天然气重整，使天然气的主要成分甲烷（CH_4）在一定条件下与水蒸气发生重整反应，生成合成气，这种方式在天然气资源丰富的地区更具应用潜力。随着人们对可再生资源利用的重视，在气化剂的作用下，生物质（如农作物秸秆、林业废弃物等）通过热化学转化过程也可以产生合成气。这种方法应用越来越广泛，且符合可持续发展的要求。

9.2.2 费托合成产品情况

费托合成生成的烷烃大多数倾向于成直链，适合作为柴油燃料。除烷烃外，还会副产少量烯烃、醇类和其他含氧烃，可以作为低硫柴油燃料的来源，用以解决基于石油的烃类的供应或成本问题。费托合成技术也是将固体能量直接或间接转化为液体燃料或高附加值化学品的过程，其中最主要的是煤制油的过程，它在生产化工产品方面的潜力要比生产运输燃料方面大得多。

在不同的研究或特定的生产中，可能关注费托合成产品的不同规格参数，如碳链长短、分子质量分布、密度、黏度、闪点等。这些规格参数对于不同的应用领域具有重要意义。例如，在燃料应用中，可能关注产品的燃烧性能、十六烷值等；在化工原料应用中，可能关注产品的反应活性、选择性等。

根据碳链长短及是否含有含氧官能团，费托合成产品可分为以下几种。

9.2.2.1 烃类化合物

费托合成工艺的主要产品为烃类化合物，其碳链长度分布较广，主要集中在 C5~C12，烷烃含量为 40%~50%，烯烃含量为 30%~33%。C5~C12 的烷烃可以作为汽油的组分；C13~C20 的烷烃适于生产柴油；更长碳链的烷烃则可用于生产润滑油、石蜡等。这些烷烃具有较高的十六烷值，燃烧性能良好，是优质的燃料或燃料添加剂。

在费托合成过程中会有少量烯烃生成。烯烃是重要的化工原料，可用于生产塑料、橡胶、纤维等合成材料。例如，乙烯、丙烯等低碳烯烃是生产聚乙烯、聚丙烯等聚合物的基础原料。此外,还有 1-戊烯、1-己烯、1-庚烯、1-辛烯等产品。内蒙古伊泰集团千吨级费托合成 α-烯烃分离提纯示范装置产出了合格的上述 α-烯烃产品,其中 1-戊烯、1-庚烯等高纯度奇数碳 α-烯烃产品填补了国内空白。该装置以煤基费托合成油为原料,经高效分离,得到高纯度的单碳 α-烯烃产品,常见的 α-烯烃物质产品的规格参数分布如表 9-2 所示。

表 9-2 α-烯烃物质常见产品的规格参数分布

碳链分布	C5~C8	C8~C11	C11~C18	> C18
纯度	97.8%	98.2%	98.1%	97.4%

9.2.2.2 醇类及其他含氧化合物

费托合成会产生一些醇类(如甲醇、乙醇等)和其他含氧烃类化合物。这些含氧产物可以作为燃料添加剂,提高燃料的燃烧性能,也可以进一步加工转化为其他化工产品,如通过脱水反应制备烯烃,或者作为溶剂、表面活性剂等在化工领域应用。

9.2.2.3 费托蜡

费托蜡是费托合成的一种重要产品,主要由长链饱和烷烃组成。费托蜡具有熔点高、黏度低、硬度大等特点,可广泛应用于塑料加工、热熔胶、油墨、涂料、橡胶、蜡烛等行业。例如,在塑料加工中作为润滑剂,能够提高产品的生产速度和表面光泽度;在油墨和涂料中可以提高应用材料的耐磨性。

费托蜡的产品规格主要包括滴熔点、碳数分布等。

滴熔点:国产费托蜡一般按照滴熔点命名,主要产品型号有 60、70、95、100、105、110、115 等。例如,型号 110 表示费托蜡的滴熔点为 110 ℃,即其在 110 ℃左右开始熔化。

碳数分布:费托蜡的碳数分布主要集中在 C20~C54,最高可达 C95 以上。烷烃含量较高,一般为 90%~95%,且绝大部分为正构烷烃。

费托蜡具有熔点高、硬度大、熔程窄、耐候性好的特点。与 PE 蜡(聚乙烯蜡)相比,费托蜡在热熔胶中应用时,具有无任何污染和味道、凝结点较高、针入度小、碳分布范围比较窄、固化时间短等优势。

9.2.2.4 其他产品

反应水:通过醇醛酮分离和酸水转化,可生产甲烷、醇、醛、酮等产品。

气相产物:包括 C1、C2 和 C16 等馏分段。C1 可通过甲烷化、深冷分离和氧化重整生产合成气、液化天然气和燃料气;C2 可通过乙烷脱氢、烯烃聚合、氧化和水合生产聚乙烯、环氧乙烷和乙二醇等乙烯衍生品;C16 可通过轻烃裂解、烯烃聚合、氧化、酯化和合成等生产聚丙烯、环氧丙烷、丙烯腈、合成橡胶等丙烯衍生品。

9.3 费托合成工艺

9.3.1 费托合成工艺涉及的原理

费托合成的化学反应较为复杂，会生成多种烃类，其基本反应是 CO 加 H_2 生成脂肪烃，反应通式可表示为

$$n\,CO + 2n\,H_2 \rightarrow (\text{—}CH_2\text{—})_n + nH_2O$$

该反应生成的烷烃大多数倾向于成直链，适合作为柴油燃料。

合成气按化学式计量转化为$(\text{—}CH_2\text{—})_n$和 H_2O，理论烃产率可达 209 g/m³ 合成气。除烷烃外，还有少量烯烃、醇类和其他含氧烃作为副产物生成，反应方程式如下。

生成烯烃的反应：

$$2n\,H_2 + n\,CO = C_nH_{2n} + n\,H_2O$$

$$n\,H_2 + 2n\,CO = C_nH_{2n} + n\,CO_2$$

生成醇、醛、酮、酸类含氧化合物的反应：

$$2n\,H_2 + n\,CO = C_nH_{2n+1}OH + (n-1)H_2O$$

$$(n+1)H_2 + (2n-1)CO = C_nH_{2n+1}OH + (n-1)CO_2$$

$$(n+1)CO + (2n+1)H_2 = C_nH_{2n+1}CHO + n\,H_2O$$

反应的副产物是 H_2O 和 CO_2。当 CO 浓度增加时，副产物由 H_2O 向 CO_2 变化，生成的水蒸气与未反应的 CO 进行下述反应，不影响产物的生成。

$$H_2O + CO \rightarrow CO_2 + H_2$$

9.3.2 费托合成工艺的催化剂

费托合成反应的机理较为复杂，一般认为包括以下几个步骤：①合成气在催化剂表面吸附和解离，形成活性中间体；②活性中间体之间发生反应，生成烃类产物；③烃类产物从催化剂表面脱附。不同的催化剂对反应的选择性、活性和产物分布等都有影响。

在费托合成中，催化剂起着关键作用。常见的催化剂有过渡金属钴、铁和钌，也可以使用镍，但镍催化剂倾向于促进甲烷的生成。根据反应温度的不同，费托合成可以分为高温费托（HTFT，330~350 ℃）和低温费托（LTFT），前者通常使用铁基催化剂，后者则使用铁或钴基催化剂。

在费托反应中，铁基催化剂占有重要的地位。铁基催化剂具有原料易得、价廉、制造方便等优势，并且还有合适的催化加氢性能，因此早在 1955 年就实现了首次工业应用。但是铁基催化剂的开发在活性相的相互转化、失活和结垢方面仍然存在一定的挑战，而这也是影响催化活性的关键。普遍的观点认为由于铁基催化剂在反应过程中极易与合成气反应生成碳化铁，而碳化铁由于碳原子的占位和空间结构的不同又存在多种不同形式，因此铁基费托

催化剂的活性目前仍然不能确定。为了进一步改善铁基催化剂的性能，大多在催化剂中添加碱金属助剂来影响其电子特性。研究发现，在铁基催化剂中添加钠、钾等碱金属能够增加催化剂表面碱度，促进 CO 解离的同时抑制 H_2 解离，从而提高铁基费托合成反应的活性以及对 C5~C11 烃类和烯烃的选择性，促进链增长反应。同时也有研究发现，碱金属助剂的添加会影响反应过程中催化剂表面碳化铁的种类和数量，如钾的添加通过促进成核位点的快速形成从而生成碳化铁微晶，碳化铁含量的提升进而提高了 CO 的转化率。有研究报道，钾的添加可以对铁的表面化学环境、生成的中间体进行调控，从而可以对产物进行选择性生成（多碳醛酮）。除碱金属外，过渡金属元素也可作为助剂添加在铁基催化剂中。如铜助剂的添加可以加快催化剂的还原过程，加快碳化铁的生成；添加铬、锰等金属的氧化物能够通过改变活性相的结构来提高活性位点的分散性，并使催化剂在反应过程中不易因积炭而失活，进而提升铁基催化剂的反应活性。有较多的研究表明能够通过添加助剂来提高铁基催化剂的反应活性，也能够通过助剂的作用提高反应过程中特定组分的选择性，因此对助剂的研究是开发高性能铁基费托催化剂的关键。铁基催化剂的成本相对较低，活性较高，可适用于不同的合成气氢碳比和反应条件。此外，铁基催化剂还可以生产低碳烯烃和高附加值含氧化合物。该体系催化剂广泛用于工业费托合成过程。

钴基催化剂是一种可有效地使合成气变成高效、环境友好且不含硫的液体燃料的一种催化剂，且被认为是费托反应中活性最高的催化剂。钴系催化剂具有对水煤气变换反应不敏感，在反应过程中稳定，不易积炭、中毒等特点。从 1920 年起钴被用作 CO 加氢合成液态碳氢化合物反应的研究，近年来关于钴系催化剂的研究大大增加。Co-Ni/ZrO_2、Fe-Co/TiO_2、Ni-Fe/SiO_2 等双金属催化剂可以形成合金，改善 CO 和 H_2 的吸附性质，有利于提高 CO 的转化率及高碳氢化合物的选择性。钴基催化剂的载体效应非常明显，载体可为活性组分的分散提供高的比表面积，提高抗烧结能力、反应物和产物的传质和扩散速率，以及稳定活性相。此外，金属与载体之间的相互作用会产生界面催化效应，通过调控金属-载体作用可以提高催化反应性能，尤其是当金属和酸性载体组合形成双功能催化剂时，还可影响产物分布，改善产物分布受安德森-舒尔茨-弗洛里（ASF）方程制约的状况，提高单一产物的选择性。钴基催化剂具有较高的活性和选择性，产物中直链烷烃的含量较高，适用于生产高品质的柴油和润滑油基础油。此外，钴基催化剂的稳定性较好，不易失活。在工业生产中得到了广泛应用，如南非的 Sasol 公司在其煤制油厂中就采用了钴基催化剂。

以铑为代表的贵金属催化剂，在合成 C2+含氧化合物（尤其是乙醇、乙醛、醋酸）中，因具有较好的选择性而受到广泛重视。美、日等国已研制出性能较好的铑催化剂，并完成了单管扩大试验。大连化学物理所也成功开发由合成气直接制取乙醇的铑基催化剂。载体的性质对铑基催化剂的性能特别是选择性的影响显著。一方面，当载体为碱性金属氧化物（如 ZnO、MgO、CaO 等）时，超过 95%的 CO 转化为甲醇；另一方面，当载体为强亲氧性金属氧化物（如 ZrO_2、La_2O_3、TiO_2、Ce_2O_3、Nd_2O_3、MnO_2、Nb_2O_5、Sm_2O_3、V_2O_5 等）时，乙醇的收率明显上升而甲醇的收率下降。载体为 γ-Al_2O_3、SiO_2、WO_3 和 SnO_2 时，产物以甲烷及高碳烷烃为主。NaY 分子筛也可用作铑的载体，在 Rh/NaY 催化剂上，CO 加氢反应可产生相当数量的

C2 含氧化合物。与载体相比，助剂对铑催化剂性能的影响更显著。当具有可变价的强亲氧性金属氧化物助剂（锰、钛、锆、钒、铌、钼等）存在时，经 H_2 还原以后，助剂的金属氧化物以低价氧化物形式存在，可显著提高铑的催化活性，同时维持或提高 C2 含氧物的选择性。钌基催化剂的活性和选择性都很高，尤其是可用于 C2+醇的合成。此外，钌基催化剂的稳定性非常好，不易失活，其缺点是成本较高。

除了上述三种常见的催化剂外，还有一些催化剂也可用于费托合成工艺，如镍基催化剂、铜基催化剂等。这些催化剂在某些特定的反应条件下可能会表现出较好的性能，但在工业生产中的应用相对较少。总之，费托合成工艺的催化剂是该工艺的核心之一，其性能直接影响费托合成反应的效率和产物的质量，因此研究和开发高性能的费托合成催化剂具有重要的意义。

9.3.3 费托合成工艺流程

费托合成工艺流程如图 9-1 所示。该工艺主要包括煤气化、粗煤气净化、费托合成、产物回收与分离、产品精制与改质等工段。部分内容已在第 8 章合成氨造气工段阐述过，这里不再赘述，只对费托合成工段进行相关说明。

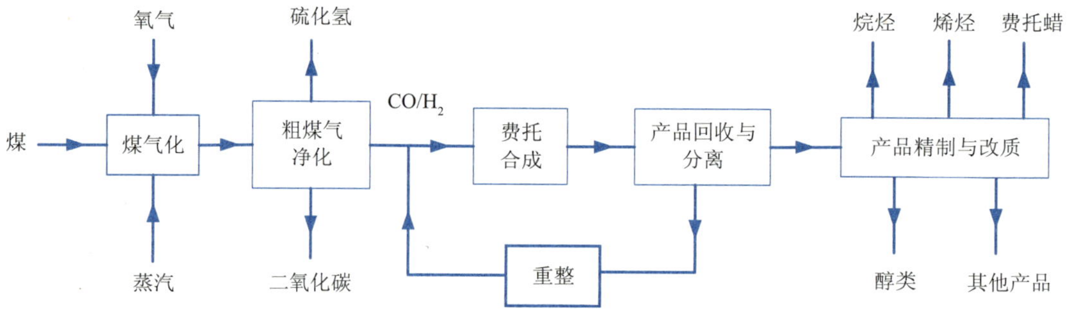

图 9-1 费托合成工艺流程

经煤气化、粗煤气净化后的原料气进入费托合成反应器，在催化剂的作用下发生费托合成反应，生成的粗产品经产品回收、分离、精制和改质后获得烷烃、烯烃、费托蜡、醇类等产物，进而获得液化石油气、乙烯、汽油、柴油、煤油、燃料油及其他化学品。费托合成单元是整个费托合成装置的核心部分，它的主要任务是在一定温度、压力及催化剂浆液存在的条件下，将合成气经费托合成反应合成为烃类物质，经后续分离，将产物送至加工精制单元。

在费托合成反应中，金属态的催化剂活性很高，反应物吸附的热效应大。从产品上来讲，费托合成反应过程含有许多复杂的反应，控制不好反应条件有可能发生更多副反应，因此对于反应稳定性的控制，需要合适的反应器形式和工艺条件的优化组合才能达到工业可行的目的。

费托合成工艺按照反应温度可分为低温和高温费托合成工艺。低温费托合成工艺的反应温度为 220~250 ℃，操作压力为 3.0~4.5 MPa，常使用铁基催化剂，也可采用钴基催化剂，其合成产物常用来生产柴油、煤油和石蜡。高温费托合成工艺的反应温度为 300~350 ℃，采用熔融铁催化剂，其合成产物常用来生产汽油和线性 α-烯烃。为有效移热和控制好反应的状态，费托合成工艺还可以分为固定床、流化床和浆态床费托合成工艺。

9.3.4 固定床费托合成工艺

固定床合成工艺是费托合成最早采用的工艺类型，其工业应用发展历程大致可分成三个阶段：第一阶段为 20 世纪 30—40 年代，主要采用德国开发的固定床反应器；第二阶段为 20 世纪 50—80 年代，主要采用南非 Sasol 公司开发的固定床反应器；第三阶段为 20 世纪 90 年代以后，主要采用马来西亚 Shell 公司开发的固定床反应器。典型的固定床 Arge 合成工艺流程如图 9-2 所示。

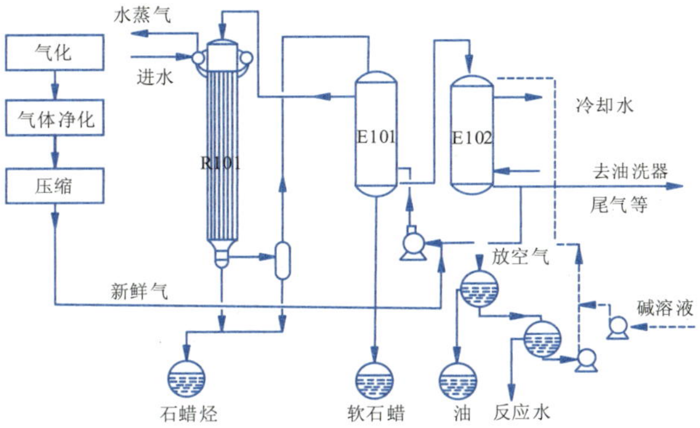

R101—反应器；E101—热交换器；E102—冷凝器

图 9-2 固定床 Arge 合成工艺流程

在该工艺流程中，由鲁奇气化炉制得的煤气，经净化得 H_2 与 CO 体积比为 1.7∶1 的合成气，新鲜气与循环气以体积比为 1∶2.3 的比例混合，混合气被压缩到 2.45 MPa 后，再被换热升温到 150~180 ℃，进入反应器 R101 进行合成反应。反应产物先经分离脱去石蜡烃，换热后再脱去软石蜡，经冷却器 E102 冷却分离出烃类油，冷却器后的余气部分循环，其余送油吸收塔回收 C3 和 C4 烃类。冷凝油与软石蜡一起经常压蒸馏得到液化石油气、汽油（C3~C12）、柴油（C13~C20）。常压残渣和石蜡送真空蒸馏，分离出各类蜡产品。Arge 反应器的产物较重，含蜡较多。反应后的产物需要进行分离和加工，以得到不同的产品。例如通过蒸馏、加氢裂化、催化重整等工艺，可以将费托合成产物转化为汽油、柴油、航空煤油等燃料，或者生产润滑油基础油、高碳醇、工业白油等化工产品。

在固定床费托合成工艺中，最核心的设备便是固定床反应器。早在 20 世纪三四十年代，德国就开发出费托合成固定床反应器。20 世纪 50 年代以后，南非 Sasol 公司及马来西亚 Shell 公司相继开发出工业上使用的固定床反应器，其典型的结构如图 9-3 所示。该反应器为管壳式，类似换热器，管内装催化剂，管间通入沸腾的冷却用水，移走反应热，合成气从反应器的一端进入，流经催化剂床层进行反应，反应后的产物从另一端流出。管内反应温度可由管间蒸汽压力加以控制。固定床结构相对简单，操作方便，催化剂不易磨损，使用寿命较长。此种结构的反应器简称 Arge 反应器，每台反应器直径为 2.95 m，高为 17 m，内部装有 2 052 根直径为 50 mm 的管束，在 Sasol-Ⅰ厂广泛使用。其典型的工艺条件如下：温度为 210~250 ℃，压力为 2~5 MPa，新鲜原料气空速为 500 h^{-1}，循环比为 1.5~2.5，生产能力为 1.8 万 t/a。

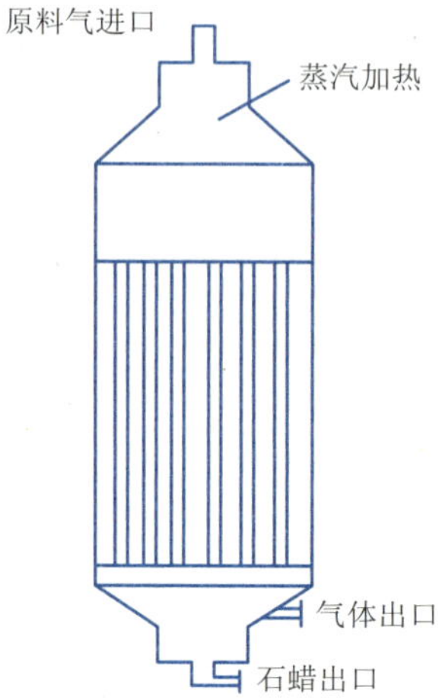

图 9-3 固定床反应器

在 Arge 反应器的基础上，20 世纪 90 年代，马来西亚 Shell 公司将固定床 FT 合成反应器大型化，开发出 SMDS 固定床反应器，以提高其在商业上的竞争力。该反应器采用钴基催化剂，共有 4 个反应器，反应器直径为 7 m，高度约为 20 m，内含反应管 29 000 根，反应管长度为 12 m，直径为 25 mm，单个反应器约为 1 200 t，设计能力为 5 800 桶/d。反应过程中 3 个反应器运行、1 个反应器再生。反应压力为 3 MPa，反应温度为 200~230 ℃，反应器空速为 1 000 h^{-1}，转化率为 80%，C5+选择性约为 85%，若按 4 个反应器平均计算，单个反应器生产能力为 3 125 桶/d。

Arge 反应器和 SMDS 反应器是在常压 FT 合成反应器（长方形柜式）和中压 FT 合成反应器（圆柱形反应器）的基础上发展起来的。由于反应热由管子的径向传出，故反应管的直径不能太大，所以反应管的管数很多，这就使反应管直径的放大受到限制。

中国专利 ZL 200520016952.9 公开了一种费托合成油径向反应器，如图 9-4 所示。费托合成油径向反应器由反应器、催化剂床层、气体分布器、尾气收集器等组成，采用单层径向固定床结构。反应器内沿轴向有一个上端封口、管壁上呈螺旋式均匀分布着广角开孔的气体分布器和一个尾气收集器，在气体分布器和尾气收集器之间是小颗粒催化剂床层，进行费托合成放热反应时，由于气体径向流道短，合成气在催化剂床层中的停留时间短，所以催化剂床层阻力降小，温度分布均匀，无热点存在，避免了费托合成反应强放热引起的催化剂床层局部飞温。同时由于气相反应物在催化剂床层分布均匀，费托合成反应能够选择活性高、比表面积大的小颗粒催化剂。由于小颗粒催化剂内扩散影响小，表面上活性中心多，所以大大提高了费托合成催化剂的利用率。此外，该反应器传热效果好，可以通过增大原料气空速提高催化剂利用率，降低生产成本，达到增产节能的效果。

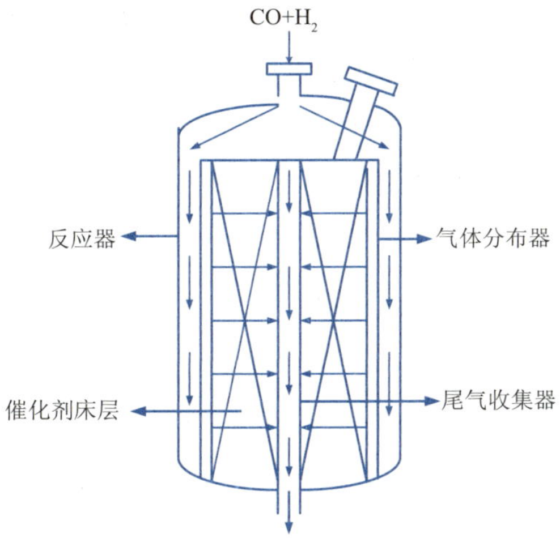

图 9-4 FT 合成油径向反应器

目前,采用固定床反应器在工业上达到的指标为:C5+产品产率大于 140 g/Nm³ 合成气,甲烷选择性对气变油(GTL)< 6%,对煤变油(CTL)< 10%。固定床主要生产蜡和柴油,操作时可以采用一级固定床反应器或多级固定床反应器。一级反应器的循环尾气与新鲜原料气混合,新鲜气转化率保持在 95%以上,单程转化率为 50%,而多级反应器的转化率为 60%~80%。在整个运行过程中,由于种种原因,催化剂的活性会缓慢下降,所以运行一段时间后,就必须提高操作温度,产品组成会随之变化。达到操作温度上限后,必须进行再生操作。

中国科学院山西煤炭化学研究所自 20 世纪 70 年代末开始一直从事间接液化技术的开发。1997 年以前主要对铁基固定床工艺进行研究,随后依据铁基催化剂生产成本和固定床合成油的试验结果,中国科学院山西煤炭化学研究所进行了煤制油各种万吨级规模的全流程工艺方案设计和技术经济分析,结论是催化剂性能和寿命需提高,催化剂生产成本偏高,固定床技术生产效率偏低,产品结构需调整优化。

9.3.5 流化床费托合成工艺

相比于低温固定床费托合成主产油品,提高经济性和产品附加值成为目前形势下费托合成技术发展的出路,因此产品更为多元化和高值化的高温费托合成技术在当前的市场环境中显示出非常明显的优势。高温费托合成技术在工艺流程、反应条件、反应器、催化剂以及产物组成等方面与低温费托合成存在较大区别,在生产油品的同时,采用先进的分离和深加工技术,可生产高碳 α-烯烃、高碳醇、橡胶填充料、聚 α-烯烃(PAO)、润滑基础油等石化行业难以获得的高性能、高附加值精细化工产品和专用化学品,进一步扩大产品种类,提高产品的市场适应性和经济性。

9.3.5.1 循环流化床费托合成工艺

循环流化床费托合成工艺如图 9-5 所示。新鲜原料气与循环气以 1∶2.4 的比例混合,加热到160 ℃以后进入反应器的水平进气管，与循环热催化剂混合，混合气被返回的热催化剂在水平输送管道部分很快加热至315 ℃，FT反应在提升管V102及反应器R101内进行。反应器内装有换热装置，移出反应热的30%~40%，反应器顶部维持在340 ℃，生成气与催化剂经沉降室V101的旋风分离器进行分离。

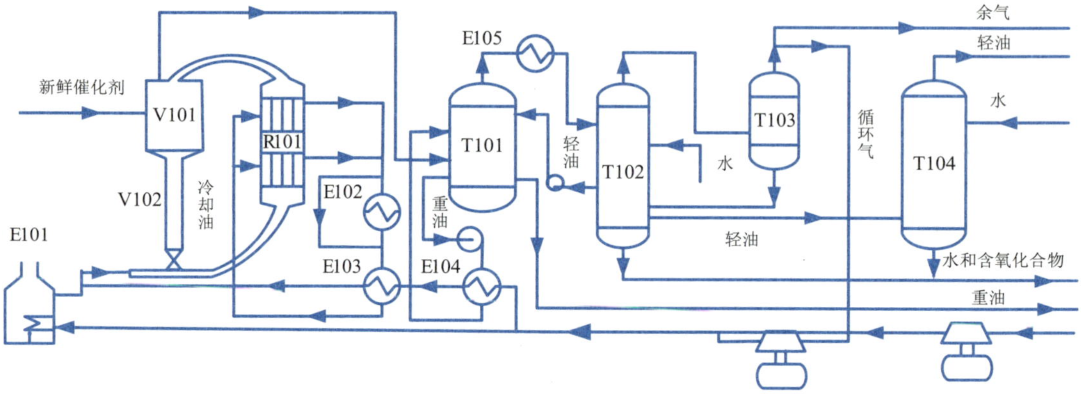

R101—反应器；V101—催化剂沉降室；V102—竖管；T101—油洗塔；T102—气体洗涤分离塔；T103—分离塔；T104—洗塔；E101—开工加热炉；E102~E105—换热器

图9-5 循环流化床费托合成工艺

为了防止催化剂被蜡黏结在一起，采用较高的温度（320~340℃）和富氢操作，合成气中H_2与CO的体积比为6∶1，反应压力为2.26~2.35 MPa。反应气体先在热油洗涤塔T101除去重质油和夹带的催化剂，塔顶温度为150 ℃，使塔顶产物不含重油，塔顶产物进入分离器T102分出轻油和水，大部分尾气经循环压缩机返回反应器，余气再送入洗塔T104脱除C3和C4。该装置的循环量为8 000 t/h，每台反应器的生产能力为26万t/a。

流化床反应器使用熔铁粉末催化剂，催化剂悬浮在反应气流中，并被气流夹带至沉降器，反应器内的催化剂颗粒处于悬浮状态，通过气体的流化作用使催化剂在反应器内不断运动。合成气从反应器底部进入，使催化剂流化并进行反应，产物从反应器顶部排出，其结构如图9-6所示。此种反应器结构在Sasol的三个厂中都在使用，是凯洛哥公司开发的技术，简称Synthol。该反应器的操作温度较高，生成的气态和低沸点的产品较多，但不生成蜡。与Arge固定床反应器相比，Synthol循环流化床反应器在传热性能、反应温度控制等方面有许多显著的优点，但仍有许多不足之处。

9.3.5.2 固定流化床费托合成工艺

鉴于循环流化床工艺的局限和缺陷，Sasol公司成功开发固定流化床反应器，并命名为Sasol Advanced Synthol（简称为SAS）反应器。上海兖矿能源科技研发有限公司是目前国内唯一一家掌握高温固定流化床费托合成技术的开发者，已建设并成功运行国内唯一一套10万t/a高温费托合成工业示范装置，图9-7为该工业示范装置的固定流化床高温费托合成工艺流程。

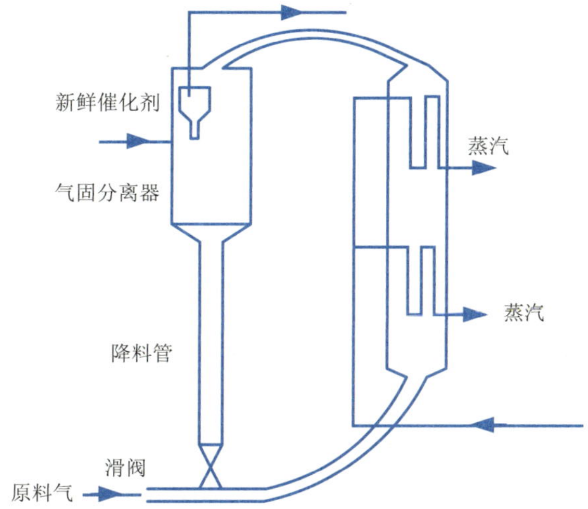

图 9-6 循环流化床 Synthol 反应器结构示意

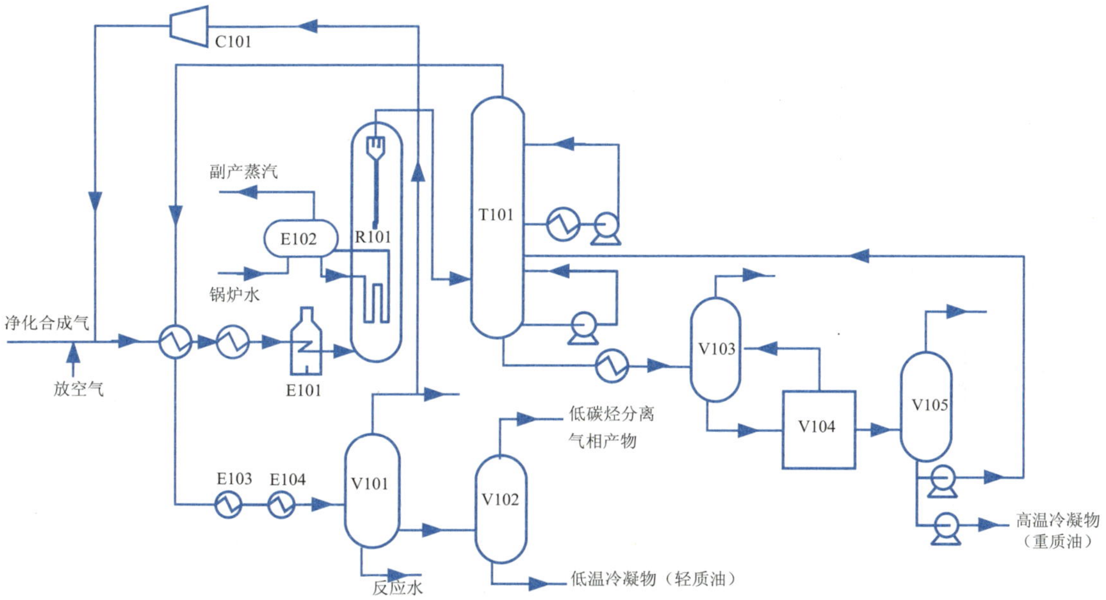

R101—合成反应器；T101—激冷塔；C101—压缩机；E101—开工加热炉；E102—汽包；E103—空冷器；E104—水冷器；
V101—高压分离器；V102—低温冷凝物中间槽；V103—高温冷凝物闪蒸槽；V104—高温冷凝物过滤器；
V105—高温冷凝物中间槽

图 9-7 上海兖矿固定流化床高温费托合成工艺流程

在该工艺中，煤气化所得的粗合成气经净化后，与循环气混合进入反应器 R101，在 330~360 ℃的条件下，在固定流化床反应器中与催化剂作用，发生费托合成反应，生成一系列烃类和含氧化合物，并副产 4.0 MPa 高品位蒸汽。反应器出口气体进入激冷塔 T101 进行冷却、洗涤，冷凝下来的液体进入闪蒸槽闪蒸，送至低温冷凝物中间槽 V102；激冷塔未冷凝的气体进入高压分离器 V101 分离，油层进入低温冷凝物中间槽，水层送至反应水分离系统，气体一部分循环使用。烃类化合物经激冷、洗涤、分离、过滤后获得重质油和轻质油；反应水进入精馏系统，分离出混醇产品和含酸反应水，含酸反应水送入污水处理单元；未冷凝的气相一部分作为产物进入低碳烃分离单元。固定流化床反应器内主要的操作条件如表9-3所示。该反应器已在10万t/a高温费托合成工业示范装置上成功应用（反应器直径为3 m），反应器内反应效果好，反应器生产强度和处理能力高。

表9-3 固定流化床反应器内操作条件

固体颗粒粒度/μm	催化剂	催化剂质量分数	气体线速/(m/s)	温度/℃	压力/MPa	CO转化率
1~200	熔铁催化剂	10%~50%	0.2~0.8	330~360	1.5~5.0	99.63%

高温费托合成产物轻组分含量高、碳数分布较窄、烯烃含量高、重组分含量少，特别是高附加值的α-烯烃含量高，典型产物的选择性如表9-4所示。C2~C4烯烃含量可达20.19%，可以通过下游的产品分离获取乙烯、丙烯和丁烯等重要的烯烃产品。高温费托合成产物中含氧化合物的选择性约为9.21%，有效回收其中的含氧化合物如乙醇、甲醇、正/异丙醇、丙酮等精细化学品，对提高项目的经济效益和降低污水处理压力有积极的意义。

表9-4 高温费托合成工业示范装置的产物质量选择性

组成	CH_4	C2~C4烯烃	总烯烃	重质油	轻质油	总含氧化合物
选择性（质量分数）	8.82%	20.19%	53.3%	3.19%	50.68%	9.21%

费托合成气相烃类产物中的正构烷烃含量为35%~40%，α-烯烃含量为55%~60%，环烃含量为0.1%~0.3%，含氧化合物为0.4%~0.7%。对于气相烃类混合物，可采用低温油洗技术将气相产物初分为甲烷氢混合气、C2组分、C3~C4组分及C5+组分。其中，甲烷氢混合气通过变压吸附（PSA）回收氢气后进入尾气转化单元，转化的合成气返回系统，剩余部分作为燃料气；C2组分中富含的乙烯可采用干气制乙苯技术将其转化为乙苯并进一步加工生产苯乙烯产品，剩余干气作为燃料气；C3~C4通过气分装置分离出丙烯作为产品外售或进一步加工，其余部分丙烷、丁烷及丁烯作为液化石油气（LPG）外售；C5+组分并入液相产物一同处理。费托合成气相产物也可以通过深冷分离对乙烯、丙烯、丁烯等进行分离提纯，乙烯、丙烯进一步深加工生产聚乙烯、聚丙烯、丙烯腈、环氧丙烷/苯乙烯等下游产品，1-丁烯除作为聚烯烃第三单体外，还可进一步加工生产丁二烯、聚丁烯等产品。

费托合成液相产物主要为重质油和轻质油。液相产物经分馏可分为C5~C7、C7~C9、C9~C11、C11~C13、C14~C18、C18+、C20+、C24+等馏分，然后对馏分段进行加工处理。对于C5~C7组分，可利用萃取、精馏等技术从中分离出市场紧缺的1-己烯产品，作为生产高端聚烯烃的第三单体，另外通过氢甲酰化技术由1-戊烯生产C6醇。对于C7~C9组分，可利用萃取、精馏等技术从中分离出市场紧缺的1-辛烯产品，作为生产高端聚烯烃的第三单体，也可加工生产辛烯基琥珀酸衍生物用作乳化剂，另外分离出的1-庚烯可采用氢甲酰化技术生产C8醇。1-己烯、1-辛烯作为聚烯烃合成的第三单体，是高端聚烯烃生产的重要原料，但其生产技术主要掌握在国外公司手中，1-己烯在我国仅有少量生产，1-辛烯完全依赖进口，较高的进口价格严重制约了我国高端聚烯烃产业的发展。C9~C11 组分可合成生产聚 α-烯烃合成油，作为高档合成润滑油的基础油。C11~C13 组分可分别采用氢甲酰化、苯烷基化等技术生产洗涤剂醇、线性烷基苯产品。C14~C18 组分可延伸加工生产 α-烯基磺酸钠，用于表面活性剂、油田助剂、润湿剂等领域。C18+组分经分离后可作为润滑剂和钻井液。C20+组分可用于生产润滑油添加剂。C24+组分可用于生产石蜡流变剂。上述馏分段加工利用后的剩余液、石脑油组分可以直接进入芳构化装置生产汽油产品，或者经加氢后作为蒸汽裂解的原料，生产乙烯、丙烯和丁二烯原料产品。

固定流化床费托反应器的结构如图 9-8 所示。床层内设有垂直管束水冷换热装置，其蒸气温度控制在 260~310 ℃，该反应器将催化剂全部置于反应器内，并维持一定的料位高度，以保持足够的反应接触时间，其上方提供了足够的自由空间以分离出大部分催化剂，剩余的催化剂则通过反应器顶部的旋风分离器或多孔金属过滤器分离并返回床层。由于催化剂被控制在反应器内，因而取消了催化剂回收系统，节省了投资成本，其造价只有原来 Synthol 工艺流化床反应器的一半，且操作和维修费用低。除此之外，该类反应器还具有其他优点，如：冷却更加有效，提高了热效率；催化剂床层压降低；催化剂床层温度均匀；油选择性及一氧化碳转化率高；易于大型化；等等。

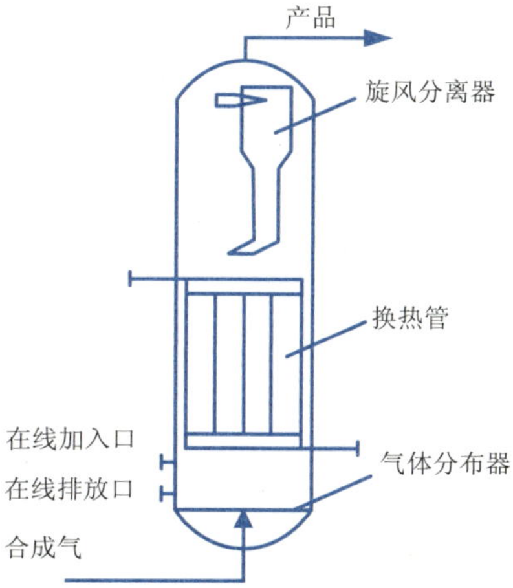

图 9-8 固定流化床费托反应器

费托合成产物中包括各种烃类和含氧有机化合物，如烷烃、烯烃、醇类、醛类、酮类和羧酸等；产物的分布和组成受到多种因素的影响，如反应温度、压力、催化剂类型和原料气组成等。通过调整工艺条件，可以实现对产物分布和组成的调控，以满足不同的需求。对比上述低温固定床工艺和高温流化床工艺，两种工艺除了温度有所不同外，最主要的是产品分布不同。低温费托合成物主要为费托蜡，以正构烷烃为主，含有少量烯烃和含氧化合物，碳数分布范围广（C20~C100），室温下通常以固体状态存在（倾点高，为 30~90 ℃），呈白色，是生产高黏度指数润滑油基础油的理想原料。但由于产品倾点过高，严重限制了其应用范围，需进行加工处理降低倾点。高温技术以生产汽油、轻烯烃为主，低温技术以生产柴油和蜡为主。

9.3.6 浆态床费托合成工艺

相对于列管式固定床，浆态床费托合成反应器具有床层内反应物混合好、热效率高、温度均匀、可等温操作、单位反应器体积产率高、C3+烃选择性高且甲烷生产率低等优点。1993 年，南非 Sasol 公司成功设计并运用了浆态床反应器，其逐渐成为费托合成反应器的发展方向。在浆态床反应工艺中，合成气在底部经气体分布板进入浆态床反应。气态产品和尾气从塔顶流出，经冷凝分出轻组分和水，不凝气体作为循环气返回系统。浆态床费托合成反应器内装有移热列管，底部设有气体分布器，顶部有气液（固）悬分器。装置的关键技术是排蜡时能有效地进行固液分离，使催化剂回到反应器中。图 9-9 为浆态床费托合成反应工艺流程。

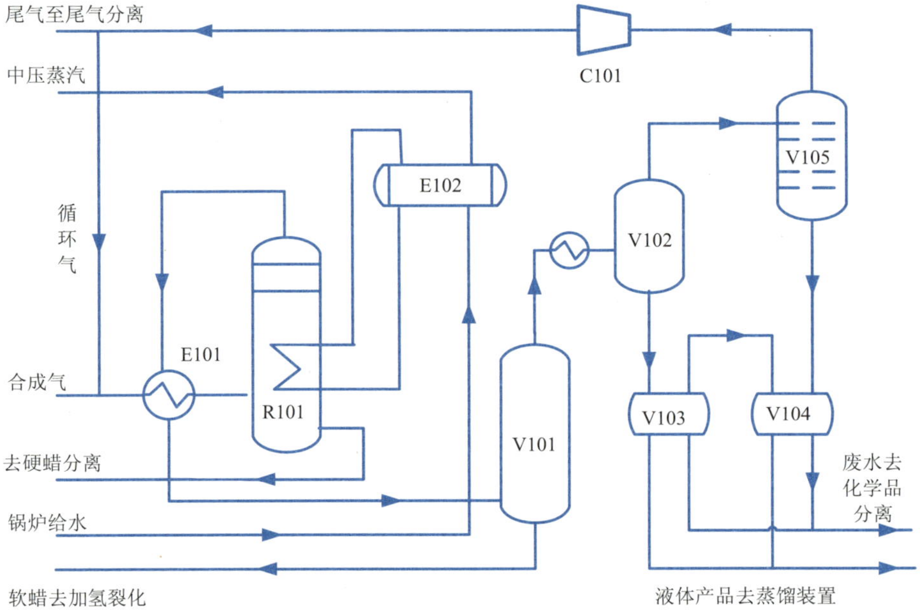

E101—换热器；E102—废热锅炉；R101—浆态床反应器；V101—第一分离器；V102—第二分离器；V103—油水分离器；V104—油水分离器；V105—捕集器；C101—循环压缩机

图 9-9 浆态床费托合成反应工艺流程

浆态床费托合成反应的具体工艺流程为：来自精脱硫单元的合成气与循环气混合后，从底部送入浆态床反应器 R101 中，在 260~275 ℃、2.9 MPa 的工艺条件下，在铁基费托合成催化剂的表面发生费托合成反应。反应生成的较轻组分以高温油气形式从反应器顶部流出，通过逐级冷却分离得到软蜡、硬蜡、液体产品（轻油）、合成水及合成尾气。合成水送入合成水处理单元回收含氧有机化合物；合成尾气一部分返回反应器继续参与反应，一部分作为反吹气用于反吹反应器内部的蜡过滤器，剩余部分被送至脱碳单元脱 CO_2；轻油送入馏分油汽提塔；硬蜡通过设置在反应器内部的蜡过滤器引出反应器；软蜡去加氢裂化。

费托合成反应完成后，就是重要的产品分离过程。费托合成反应所得的高温油气分离工艺流程如图 9-10 所示。费托合成反应生成的轻质烃类化合物、CO_2、合成水及未反应的合成气离开浆态床层后进入旋风分离器，分离出较大的液滴、催化剂后，以高温油气形式从费托合成反应器 R101 顶部流出，然后进入换热分离器 E101，与进入反应器的合成气换热冷却。凝结的液相重油从换热分离器底部流出，进入汽提塔。气相经空气冷却器冷却后，进入轻油分离器 V103 进行气液分离；分离出的气相大部分循环回费托合成反应器继续参与反应，一部分送至脱碳单元脱 CO_2。脱碳单元出来的气相分两股，一股返回到浆态床反应器，另一股送入低温油洗单元。液相进入油水分离器 V104 进行气、油和水三相的分离。轻油送入汽提塔，分离出的合成水送入合成水处理单元。轻油在汽提塔中的分离工艺流程如图 9-11 所示。

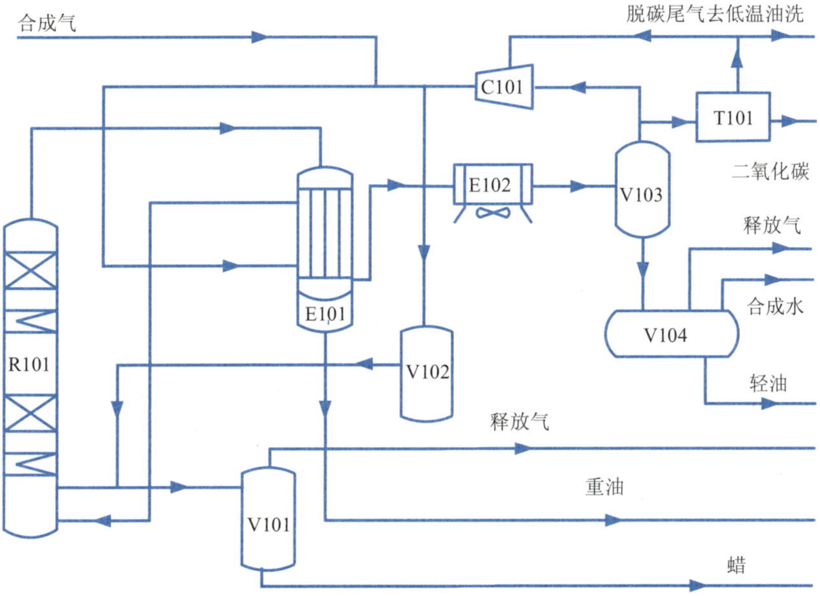

R101—FT 反应合成器；E101—换热分离器；E102—空冷器；V101—稳压罐；V102—反吹气缓冲罐；
V103—轻油分离器；V104—油水分离器；C101—循环压缩机；T101—脱碳塔

图 9-10 费托合成反应高温油气分离工艺流程

来自费托合成反应器的轻油、重油和蜡在汽提塔 T101 内经充分传质、传热后，进行蜡、重油、轻油、水、气分离。塔顶分离出的释放气、石脑油送至低温油洗单元，中段分离出的重油送至加氢精制单元，塔底得到的蜡送至蜡过滤单元。在正常操作条件下，以 2.3 MPa 蒸汽为汽提介质，经过汽提和分馏得到轻油、重油和蜡。同时将各馏分中溶解的轻组分分离出来，满足下游油品加工装置的要求。分馏出的石脑油送至低温油洗单元，重油送至加氢精制单元，蜡送至蜡过滤单元。蜡过滤单元采用叶片式过滤器，利用白土和硅藻土的吸附和拦截作用，将蜡中铁离子的含量降至 5 mg/L 后送入加氢精制单元，与重油和来自低温油洗的石脑油一并加氢处理。表 9-5 为单条浆态床费托合成生产线标定结果。

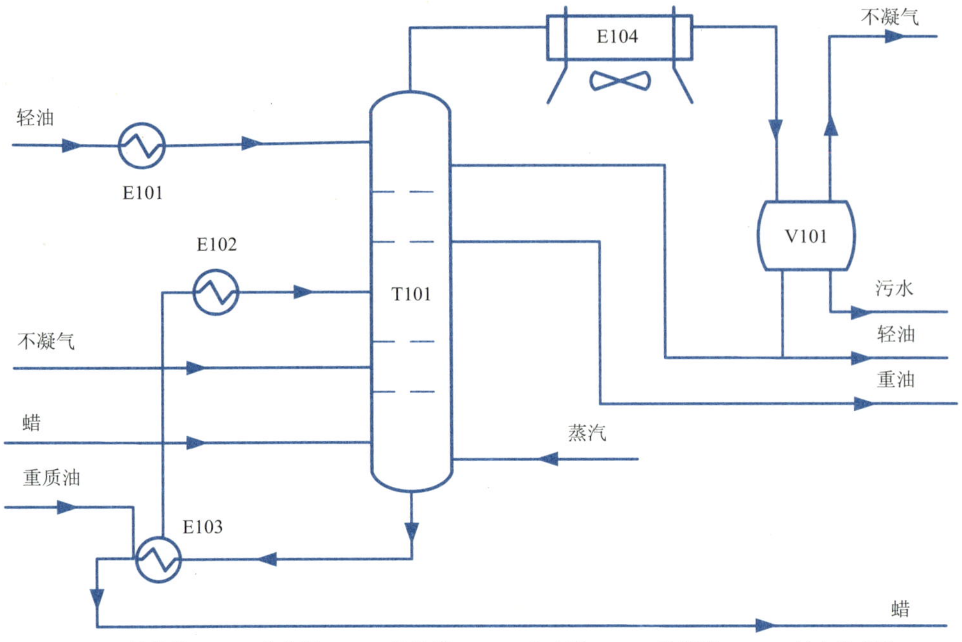

E101—换热器;E102—换热器;E103—换热器;E104—空冷器;T101—汽提塔;V101—油水分离器

图 9-11 汽提塔工艺流程

表 9-5 浆态床费托合成工艺主要的性能指标

性能指标	标定值	设计值
转化率(H_2+CO)	91.69%	≥ 80%
CH_4 选择性	2.90%	< 4.0%
CO_2 选择性	14.61%	14.57%
C3+选择性	96.15%	—
C5+选择性	92.82%	≥ 88%
吨油合成气/Nm^3	5 686	5 461
吨油合成水/t	1.12	1.24
吨油蒸汽(2.8 MPa)/t	4.53	4.52

由表 9-5 可知,甲烷选择性为 2.90%,优于设计值 4.0%;C3+选择性为 96.15%;C5+选择性为 92.82%。吨产品副产 2.8 MPa 蒸汽 4.53 t,吨产品产水 1.12 t,满足设计要求。与国内外低温费托合成装置相比,本装置费托合成反应器的反应温度提高到 260~275 ℃。通过提高反应温度,将副产的蒸汽压力等级由低温费托合成反应副产 1.0 MPa 蒸汽提升至 2.5~3.0 MPa 用于发电,平均发电量为 183 699 kW·h,从而提高了费托合成过程的整体能量利用效率。

浆态床费托合成反应器结构如图 9-12 所示。该设备可使用沉淀铁催化剂,床内为高温液体(通常是油或蜡),催化剂微粒悬浮在反应介质中,合成气以鼓泡形式通过反应介质,反应器内呈气、液、固三相流化床，由于催化剂颗粒微小(小于 50 μm)，从而降低了固相的作用，浆态床如同鼓泡的液体床，产物溶解在反应介质中。该设备传热传质效率高，反应温度易于控制；催化剂与反应物接触充分，反应活性高；可以使用高浓度催化剂，提高反应速率和产物收率。但是，反应介质的存在增加了产物分离的难度，需要采用特殊的分离技术；另外，其对反应介质的性质和催化剂的稳定性要求较高。

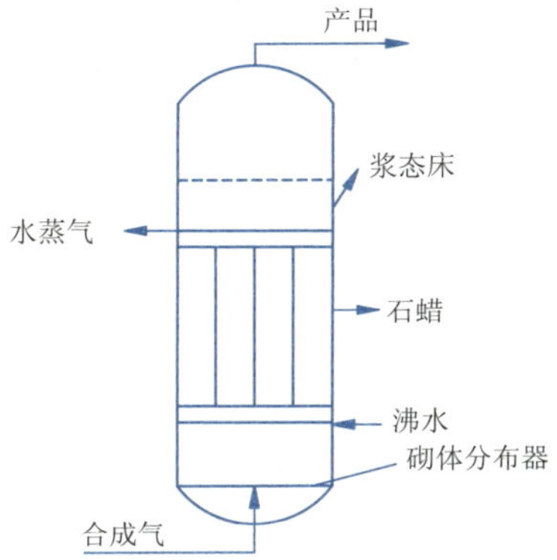

图 9-12 浆态床费托合成反应器结构

典型的浆态床反应器为了将合成蜡与催化剂分离，一般内置 2~3 层过滤器，每一层过滤器由若干过滤单元组成，每一组过滤单元又由 3~4 根过滤棒组成。正常操作下，合成蜡穿过过滤棒排出，而催化剂被过滤棒挡住留在反应器内。当过滤棒被细小的催化剂颗粒堵塞时，可以采用反冲洗的方法进行清洗。在正常工况下，一部分过滤单元在排蜡，一部分在反冲洗，其他部分在备用。为了将反应热移走，反应器内还设置了 2~3 层换热盘管，进入管内的是锅炉给水，通过水的蒸发移走管内的反应热，产生蒸汽。通过调节汽包的压力来控制反应温度。合成气经过气体分配器在反应器截面上均匀分布，其向上流动穿过由催化剂和合成蜡组成的浆料床层时，在催化剂作用下发生费托合成反应。生成的轻烃、水、CO_2 和未反应的气体一起由反应器上部的气相出口排出，生成的蜡经过内置过滤器过滤后排出反应器。当过滤器发生堵塞导致器内器外压差过大时，启动备用过滤器，对堵塞的过滤器应切断排蜡阀门，然后打开反冲洗阀门进行反冲洗，直至压差消失为止。为了维持反应器内的催化剂活性，反应器还设置了一个新鲜催化剂/蜡加入口和一个催化剂/蜡排出口，可以根据需要定期定量将新鲜催化剂加入，同时排出旧催化剂。

近年来，浆态床费托合成在我国取得了重要进展。基于中国科学院山西煤炭化学研究所自创技术(费托合成、煤基液体燃料合成浆态床技术)，由煤化所牵头联合产业界伙伴内蒙古伊泰集团有限公司、神华集团有限责任公司、山西潞安矿业(集团)有限责任公司、徐州矿务集团有限公司等和科研机构共同出资组建成立中科合成油技术有限公司，实现了中国的煤炭间接液化技术的真正产业化。我国的“煤基浆态床费托合成催化剂及工艺”是神华集团煤制油化工研究院联合浙江工业大学于 2006 年开始研发的项目，完成了催化剂实验室研究、催化剂中试放大及工艺研究、催化剂工业生产等流程。2009 年 12 月，神华集团公司采用自主研发的费托合成催化剂在18万t/a间接液化示范工程进行首次开车运转，顺利生产出优质油品。

9.4 费托合成三种典型工艺的对比

费托合成工艺按照所采用的反应器类型可分为固定床费托合成工艺、流化床费托合成工艺和浆态床费托合成工艺。费托合成反应是强放热的气液固三相反应，对于不同的工艺，反应器的设计最为关键，在设计时要重点考虑如何排除大量反应热而使反应等温进行并实现选择性最佳、催化剂使用寿命最长、生产最经济。反应器中温度梯度大会造成反应选择性差，从而生成甲烷，在催化剂上析出碳。

固定床费托合成工艺操作简单，操作费用低；无论费托合成产物是气态、液态还是混合态，在宽温度范围下都可使用；催化剂和产物可分离；固定床可加上催化剂保护床层，床层上部可吸附大部分硫化氢，从而保护下部床层，使催化剂活性损失不很严重，因而受合成气净化装置波动影响较小。列管式固定床反应器的缺陷主要有：大量反应热需要导出，因此催化剂管直径受到限制；合成气通过催化剂床层的压降大；催化剂装填困难。

流化床费托合成工艺生产能力大，结构比较简单；设备传热传质效率高，温度分布均匀，有利于提高反应的转化率和选择性；催化剂与反应物接触充分，反应速率快；可以实现连续操作，生产效率高。但是，催化剂磨损严重，需要定期补充或更换催化剂；对气固分离要求较高，设备投资和运行成本较高。反应可在较高温度下操作，采用活性较小的熔铁催化剂，生成气态和较低沸点的产品，能阻止生成蜡。液体产品中约78%为石脑油、7%为重油，其余为醇和酸等。

浆态床费托合成工艺最大的优势是床层压降小、反应物混合好、可等温操作，从而可用更高的平均操作温度获得更高的反应速率，浆态床反应器催化剂可在线装卸。浆态床反应器的缺点是操作复杂，操作成本高，催化剂还原不易操作，催化剂容易磨损、消耗和失活，催化剂和产品分离困难。表9-6对固定床、流化床、浆态床三类反应器的优劣进行了对比。

表9-6 费托合成反应器性能对比

特征	固定床	流化床	浆态床
热交换速率或散热	慢	高	高
系统内热传导	差	好	好
反应器直径限制	~8 cm	无	无
高气速下的压降	小	高	中至高
气相停留时间分布	窄	宽	窄至中
气相轴向混合	小	大	小至中
催化剂轴向混合	无	大	小至中

续表

特征	固定床	流化床	浆态床
催化剂含量	55%~70%	30%~60%	< 30%
固相粒度/mm	1.5	0.003~1	0.1~1
催化剂再生与更换	间歇	连续	连续
催化剂损失率	无	磨损不可回收	小

通过表 9-6 可得到以下结论：固定床反应器技术成熟，产品容易分离，催化剂损失少，但是移热效果较差；浆态床反应器中反应物混合均匀，移热效果好，但产品固液分离较为困难；流化床反应器可以在高温下运行，生产高价值的轻烃产物，但催化剂消耗较大。研究认为，如果目标产品以分子质量较大的柴油和石蜡为主，建议选择浆态床反应器；如果目标产品是烯烃等，建议选择固定流化床反应器。

9.5 费托合成工艺的公用工程情况

费托合成装置是一个复杂的工艺系统，用能种类繁多，较难实现整体优化。通过能耗成本分析，发现重点用能项目为电、次中压蒸汽、低低压蒸汽。应用化工工艺过程模拟技术，从提高换热效率、余热利用效率、优化装置工艺等方面，可以通过优化进汽提塔重质油加热效率、轻质油气余热发电、轻质油气对进汽提塔轻质油加热、循环换热分离系统工艺优化等途径节能降耗。费托合成中工艺蒸汽的分类如表 9-7 所示。

表 9-7 费托合成工艺蒸汽分类

压力/MPa	分类	温度/℃	特点
11.5	高压蒸汽	525	—
5.4	次高压蒸汽	350	—
4.0	中压蒸汽	400	过热
2.8	中压蒸汽	234	—
2.2/2.3	次中压蒸汽	230/340	过热
1.0	低压蒸汽	185	—
0.5	低压蒸汽	158	—

在费托合成中，原料气（$CO+H_2$）进入费托反应器中，由于反应过程放热，依靠反应器内置盘管 2.8 MPa 饱和蒸汽而取热。在正常生产过程中，往往多台反应器同时使用，随着放热反应的进行，每小时约产生 2 335 t 压力为 2.8 MPa、温度为 234 ℃的中压饱和蒸汽（按 8 台浆态床反应器计）。如此大量蒸汽的利用，无论是在节能减排方面，还是在降低运行成本方

面，都具有十分重要的意义。费托合成装置本身需要的中压饱和蒸汽量很少，但整个装置内的透平及泵都需要以蒸汽作为动力。因此从节能降耗的角度考虑，可以将费托合成装置副产的中压饱和蒸汽送往费托合成上游的原料气变换装置过热，过热后送往其他工艺装置的2.2 MPa、230 ℃过热蒸汽管网，或者送往动力锅炉，过热后送回费托工艺装置的2.3 MPa、340 ℃过热蒸汽管网，供费托及油品其他装置透平使用。

费托合成系统中主要设备的烟效率和烟损失分布如表9-8所示。

表9-8 费托合成系统中主要设备的烟效率和烟损失分布

设备	输入烟/kW	输出烟/kW	损失烟/kW	烟效率
汽包	426 606.0	422 035.0	4 571.0	98.93%
激冷塔	120 935.0	114 236.0	6 699.0	94.46%
高温冷凝物闪蒸槽	167.08	155.24	11.84	92.91%
费托合成反应器	1 329 500	1 153 400	176 100	86.75%
高压分离器	82 806.59	73 422.46	9 384.13	88.67%
急冷循环冷却器	36 089.55	31 938.47	4 151.08	88.50%
高温冷凝物冷却器	761.64	673.66	87.98	88.45%
激冷塔冷却器	222 209.56	221 217.28	992.28	99.55%
蒸汽加热器	140 933.00	139 140.83	1 792.17	98.73%
激冷塔水冷器	73 916.711	73 175.319	741.392	99.00%
锅炉水循环泵	295 071.84	295 337.85	84.22	75.96%
冷凝液回流泵	19 532.56	19 554.96	311.6	6.71%
石蜡泵	3 067.95	3 067.95	0	100.0%
循环压缩机	43 404.99	47 039.98	966.61	79.00%
石蜡收集槽	3 152.90	3 152.90	0	100.00%
石蜡缓冲槽	3 152.88	3 089.76	63.12	98.00%
高低温冷凝物中间槽	278.97	142.42	136.55	51.05%
烃放空回收储槽	51.71	51.48	0.23	99.56%
石蜡中间槽	598.85	593.82	2.03	99.16%

注：烟是能量中可被利用的部分。在实际能量转换过程中，一部分可用能会转化为不可用能，导致烟的总量减少，这一现象被称为烟损失。在进行烟平衡分析时，关键在于计入各项烟损失，这样才能确保平衡关系成立。本表未列出内部不可逆烟损失项及泵和压缩机的做功情况。

从表9-8中可以看出，费托合成系统烟效率最低的设备为冷凝液回流泵，只有6.71%，主要原因是进出口压力相差太大，压差越大，过程进行的速率就越快，烟损失就越大；其次是高低温冷凝物中间槽、锅炉水循环泵以及循环压缩机，烟效率分别为51.05%、75.96%及79.00%。费托合成反应器由于存在不可逆过程，效率也并不高。效率最高的为石蜡收集槽、石蜡泵、石蜡缓冲槽等，几乎没有烟损失。

在能源化工系统中，烟损失由内部损失和外部损失两部分组成。外部损失主要是指废弃物排放或冷却水带走热量引起的损失，内部损失指的是由于传热不可逆性和化学反应的不可逆性引起的损失。从㶲损失分布来看，在费托合成装置中，费托合成反应器的损失最大，占损失总量的 85.19%。

在费托合成反应器中，如果忽略设备散热损失，㶲损失主要是由内部的不可逆化学反应引起的，化学反应过程中化学能转化为热能，使㶲的质量降低，造成了损失，这是热化学反应固有的损失，无法使之减少。同时由于费托合成反应是强放热反应，传热过程㶲损失也很大，且鼓泡反应器内液相物料及催化剂经锅炉给水换热冷却后，带出一部分㶲，这部分损失所占的比例也不小，因此可在这方面采取一定的措施来节能。高压分离器、汽包、激冷塔的㶲损失也占相当的比例，分离和冷却是产生㶲损失的主要原因。各种泵、收集槽、缓冲槽以及烃放空回收储槽的损失率最小，在整个合成系统中可以不考虑这部分㶲损失。

在换热器方面，工业上的换热器都存在一定的温差，费托合成装置中的石蜡冷却器、激冷塔、激冷塔循环冷却器、高温冷凝物冷却器、激冷塔顶冷却器、蒸汽加热器、激冷塔水冷器等都属于换热设备，这些设备的损失总分布率约为 7.34%，因此改进的关键是如何合理地安排换热及利用这些热能。在实际过程中，换热器的损失除了冷、热流体间的温差传热损失和流体黏性阻力损失外，还有纵向导热损失、换热工质泄漏引起的损失和穿过热绝缘与外界进行热交换的损失等，因此可通过缩小温差来减少损失（优化换热网络），如适当增加换热面积，通过逆流换热、强化传热以提高传热系数等。设备保温不良所造成的热损失属于能量无偿降级，要尽可能避免。

在其他损失方面，物料在设备及管道中流动，由于压降产生机械损失。摩擦、流动扰动、轴承和密封处的摩擦导致压缩机和泵的能量损失所占的比例较小，且其电能品位高，经济成本高，可从压缩机和泵的运行效率出发改善压缩机及泵的性能。

9.6 费托合成工艺的最新进展

立足国内资源现状，以我国丰富的煤炭资源为原料，积极开发先进的煤液化技术合成汽油、柴油等油品和化工产品，对提高煤炭利用效率、减少浪费、降低 CO_2 排放量、生产便于运输的燃料有着积极的作用，其不但可以提高我国的能源利用水平，加快调整升级能源消费结构，而且还是解决我国液体燃料短缺和实现能源供应方式多样化最有效可行的方法。费托合成是实现将煤、天然气或生物质转化为液体燃料的关键技术，其核心包括费托合成催化剂和反应器。目前我国以费托合成技术为依托的煤间接液化技术已经趋于成熟，并且核心技术都具有完全的自主知识产权，因此以费托合成技术为依托的煤间接液化技术将会是解决我国能源结构问题的一个重要途径，更是保障我国能源安全的重要战略选择。自 1934 年德国鲁尔化学公司首次实现以煤为原料经费托合成生产液体燃料以来，各国研究者投入大量精力对费托合成过程进行了系统深入的研究，成功开发出多种费托合成技术。

目前国外已经工业化的技术有南非 Sasol 的 FT 合成技术、荷兰 Shell 公司的 SMDS 技术和美国 Mobil 公司的 MTG 合成技术等。Sasol 公司已实现工业应用的高温费托合成工艺有 Synthol 循环流化床工艺和 SAS 固定流化床工艺，均采用熔铁催化剂，主要产品为汽油和轻烯烃。

国内中国科学院山西煤炭化学研究所从事煤炭间接液化技术领域的研究和开发工作已有几十年的历史。多年来，山西煤炭化学研究所针对新型浆态床合成反应器、共沉淀铁系催化剂制备等进行了大量的放大开发试验，于 2002 年建成合成油品 1 000 t/a 装置，其后进行了多次运行实验，并于 2004 年完成了 1 200 h 连续运行，取得具有自主知识产权技术的阶段性重大成果。上海兖矿能源科技研发有限公司自 2002 年起引进国内外高技术人才，开展煤炭间接液化技术的实验研发工作，目前建设了国内中试规模最大的 5 000 t/a 浆态床低温费托合成中试装置和国内唯一的 5 000 t/a 固定流化床高温费托合成中试装置。内蒙古伊泰集团煤制油项目已于 2004 年 10 月通过了中国科学院的技术鉴定，同时浆态床反应器、FT 合成催化剂、油品精制及系统集成全部由我国自主研制，获得国家专利 40 余项，涵盖煤间接液化的所有关键技术。山西潞安煤基合成油示范厂项目是国家高新技术项目及中国科学院知识创新工程重大项目的延续，是国内唯一通过国家级项目招标确定的煤基合成油示范项目。2008 年 12 月 16 日，潞安 16×10^4 t 合成油厂的一个工业侧线投料并稳定运行。神华煤直接液化一期工程中增加 18 万 t/a 级合成油品工业化示范装置于 2005 年 8 月 29 日提出，是神华集团继煤直接液化工艺之后开辟的第二条煤制油工艺路线。该项目以神华集团选择的工艺技术专利商——中国科学院山西煤炭化学研究所合成油品工程研究中心提供的自主研发的煤基合成油品技术资料为依据，通过中国科学院组织的专家鉴定和科技部组织的“煤基浆态床合成液体燃料 863 项目”的验收，并于 2009 年 12 月及 2010 年 3 月进行了两次开车，实现了由合成气制成柴油、石脑油的煤间接液化工艺过程。中国石化已建成 3 000 t/a 费托合成工业试验装置，运行时间超过 5 000 h，技术达到国际先进水平，完成 70 万 t/a 费托合成工艺包。2009 年，中国石化战略性收购了美国 Syntroleum 公司的浆态床费托合成技术及工业化试验设备，用以开发大型浆态床费托合成反应器。

2016 年 11 月，神华宁夏煤业集团有限责任公司 400 万 t/a 煤炭间接液化示范项目投料试车运行，该工艺采用中科合成油的中温费托合成技术建设，核心单元由 8 个年产 50 万 t 费托合成中间产物的浆态床反应器组成，具有设备系列多、规模大、配置复杂的特点。装置运行过程中暴露出高温油气分离效果差、产物汽提塔设计不合理、费托合成反应器与脱碳单元难匹配等突出问题。通过近两年的技术攻关和优化改造，解决了大部分问题，实现了装置安全稳定运行。通过增加旋风分离器数量，减小其尺寸，提高入口油气气速，显著降低了高温油气中夹带的催化剂颗粒量，避免了换热分离器的堵塞，实现了重油、轻油和合成水的有效分离；从控制换热分离器中重油温度和提高汽提塔重油进料温度两个方面进行优化操作，将换热分离器中水的平衡分压控制在 0.26~0.32 MPa，确保合成水不凝结，且轻质油中不含重油，同时将换热分离器底部重油温度控制在 128~135 ℃。另一方面，确保重油进入汽提塔的温度不低于 170 ℃，实现汽提塔热量再平衡，塔釜温度维持在 200 ℃以上，确保汽提塔运行的安全性；将各费托合成反应器出口压力控制在 2.3 MPa，并控制各循环气压缩机一段进气量以及提高压缩机二段进气量，实现操作调控送入脱碳装置的合成尾气量，提高了费托合成反应器与脱碳单元的匹配性，提高了系统运行的稳定性。装置运行标定结果为：CH_4 选择性为 2.90%，C3+选择性为 96.1%，C5+选择性为 92.8%，吨油消耗合成气 5 686 Nm^3，吨产物副产中压蒸汽 4.5 t 和合成水 1.1 t，基本达到设计指标。该装置 2018 年 12 月已实现连续稳定满负荷运行，负荷达到 100%，标定 72 h 期间负荷稳定在 95%，产出油化品 35 235.36 t，达到设计产量的 96.67%。单位产品综合能耗为 2.00 tce/t 油品；单位产品煤耗为 3.54 tce/t 油品（原料煤耗为 2.77 tce/t 油品，燃料煤耗为 0.77 tce/t 油品）；单位产品水耗为 5.72 t/t 油品；能源转化率为 43.57 %；气化原料煤硫的资源回收率为 99.30 %。

综上所述，国内外的费托合成工艺技术不断升级迭代，费托合成技术具有产物附加值高、兼顾油品和化学品、技术发展成熟等优势，其未来产业化的发展方向如下。

（1）精细化、高端化、差异化加工是实现费托合成产物高值化利用的关键，充分发挥高温费托合成产物的特点，按照“分子加工”的理念，对费托合成产物进行“宜油则油、宜化则化”精细化加工利用，是实现项目效益最大化的核心和关键。

（2）规模化多联产是费托合成未来发展的重要方向，规模化多联产有利于统筹兼顾，发挥规模效益，实现资源利用最大化、能源利用高效化、产品种类多元化、生产过程清洁化。

（3）以高温费托合成为核心，多产业耦合协调发展是高温费托合成的最大优势。高温费托合成同煤直接液化、低温费托合成、传统的石油加工、煤焦化、煤制烯烃、氯碱等产业可实现优质原料供给、产品质量提升、加工过程融合等全方位的耦合与互补，可以扬长避短充分发挥产品价值、延长产业链，将成为未来煤炭清洁利用和高效循环发展的必然趋势。

第 10 章

丁苯橡胶生产工艺

10.1 概述

丁苯橡胶是丁二烯（butadiene，简称 B）与苯乙烯（styrene，简称 S）共聚而成的共聚橡胶，英文简称为 SBR，是一类用途广泛的高弹性材料。

丁苯橡胶可根据聚合方法和产品特性分为三类：①乳液聚合丁苯橡胶（E-SBR），由丁二烯和苯乙烯经乳液共聚合成；②溶液聚合丁苯橡胶（S-SBR），由丁二烯与苯乙烯经溶液共聚合成；③热塑性丁苯橡胶（SBS），其名称源于嵌段结构中每种单体名称的首字母，亦由丁二烯和苯乙烯溶液共聚制备。SBS 因分子链呈嵌段结构且相分离，从而展现出热塑性特征。目前乳液聚合丁苯橡胶可分为固体丁苯橡胶和丁苯胶乳，溶液聚合和热塑性丁苯橡胶则仅具备固体橡胶形式。

10.1.1 丁二烯-苯乙烯聚合反应及方法

1. 聚合反应类型

丁二烯是一种共轭双烯，苯乙烯则是具备碳碳双键与苯环共轭特性的烯烃。根据聚合理论，这两者均易于接受阴离子、阳离子和自由基的攻击，同时也可以与带部分正电荷的过渡金属活性组分发生配位反应，从而引发阴离子、阳离子、自由基以及配位聚合的过程。然而实验证明，在路易斯酸（如 $TiCl_4$）存在的条件下进行丁二烯的阳离子聚合时，由于生成的碳阳离子不稳定，会导致链转移，形成稠环结构和不溶性凝胶。因此相关研究相对较少，得出的聚合物也较少具备实际应用价值。

（1）自由基聚合。在自由基聚合丁二烯的过程中，无论是本体聚合还是溶液聚合，得到的聚合物往往表现为分子质量过低或高度交联，导致聚合物不溶解。这主要是由于增长链自由基之间的终止速率过快，速率常数可达 10^8 L/（mol·s），导致产生低分子质量的聚合物；此外，主链上的烯丙基容易发生链转移，自由基则可能与侧链的乙烯基发生加成，这会导致聚合物出现支化现象及凝胶结构。

为了解决这些问题，采用乳液聚合工艺，利用乳化剂“保护”增长的自由基，从而降低终止速率。同时，引入分子质量调节剂（如硫醇）以抑制烯丙基的链转移和支化反应，促进了聚丁二烯橡胶生产技术的进步。在此基础上，通过苯乙烯的共聚形成 E-SBR，以进一步调节橡胶的玻璃化转变温度（T_g）和物性，同时减少主链中烯丙基的相对比例，从而降低链转移和支化的可能性。

综上所述，乳聚丁苯橡胶的技术演变主要围绕克服低分子质量和高交联的问题。目前，E-SBR 已发展为一种综合性能优良的主要合成橡胶类型。

（2）阴离子聚合。丁二烯和苯乙烯的阴离子聚合是一个应用历史悠久但对其认识相对较晚的聚合过程。20 世纪 20 年代末，德国和苏联首次应用哈里斯（Harries）发现的金属钠催化丁二烯聚合技术，分别建立工厂，开始生产丁钠橡胶，并迅速开发出一系列产品。这一过程是通过液相或气相丁二烯在金属钠表面的非均相聚合实现的。在所制得的丁钠橡胶中，1，2-结构占比达 65%~70%，而 1，4-链节则相对较少，表现出较高的支化度和凝胶含量。此外，其分子质量分布相对宽泛，导致橡胶的弹性不足，黏附力较低，且耐寒性能较差。由于缺乏对分子链微观结构及其对橡胶质量影响的认识，丁钠橡胶逐渐被 1，2-聚丁二烯所取代。

在阴离子聚合的历史中，对两个重要发现的认知滞后了 20 多年。首先，锂或有机锂（RLi）能够引发异戊二烯进行顺式 1，4-聚合，这一过程可以得到顺式 1，4-结构含量高达约 90%的立构规整聚异戊二烯，通常被称为合成的天然橡胶。若将这一发现拓展到丁二烯和苯乙烯的共聚，便成为制备 1，4-链节含量约 90%的 S-SBR 的开创性研究。然而在进行共聚时，由于这两种单体的竞聚率悬殊，需添加无规化剂以抑制 S 组分的嵌段化，促进 B 与 S 组分在分子链中随机分布，从而得到性能优异的 S-SBR。

其次，施瓦茨（Szwarc）等证明用萘钠溶液引发苯乙烯的均相聚合可以得到活性聚合物。在此体系中，只要存在单体，链的增长便不会中止。此发现迅速扩展至二烯烃单体，并为制备多种嵌段共聚物（如 SBS）及遥爪聚合物提供了理论基础。值得注意的是，在此之前，希金森（Higginson）和伍丁（Wooding）曾研究苯乙烯在液氨中用 KNH_2 引发的均相阴离子聚合，但由于氨是强链转移剂，因此仅得到低分子质量产物，且未发现此聚合反应的无链终止特性。

（3）配位聚合。对丁二烯与苯乙烯在 Ziegler-Natta 催化剂催化下的配位聚合进行了广泛的实验研究和工业应用开发，成功合成了多种立构规整的聚合物。例如，顺式 1,4-结构含量为 94%~95%和 97%~98%的顺丁橡胶，反式 1，4-结构含量为 94%~98%和 99%~100%的高立构规整聚丁二烯，间同立构 1，2-聚丁二烯，全同立构 1，2-聚丁二烯，以及以全同立构为主的苯乙烯聚合物。除顺丁橡胶外，这些聚合物大多为结晶性，不适合用作橡胶材料，表明丁二烯的 1,4-聚合及其立构规整性对橡胶类弹性材料至关重要。

2. 共聚合反应

（1）不同的聚合体系及竞聚率。判断两种单体能否进行共聚，以及它们参与共聚的难易程度，最直接有效的方法是比较它们在共聚反应中的相对活性来进行分析。单体的相对活性可以通过竞聚率(r_1,r_2)来表示,其中单体 M_1 的相对活性为 r_2^{-1},而单体 M_2 的相对活性为 r_1^{-1}。

在丁二烯-苯乙烯(简称丁-苯)共聚反应中,以 SBR 为产物时,除了评估共聚的难易程度外,还需要关注链的组成、微观结构和序列分布,并尽量控制凝胶的形成。凝胶的形成主要与链转移反应密切相关,而其他因素则与竞聚率直接相关。

在工业化生产中,SBR 的三种主要胶种 E-SBR、S-SBR 和 SBS 均已实现大规模制备。它们分别通过自由基型乳液聚合法和有机锂引发的阴离子型溶液聚合法获得。表 10-1 展示了不同聚合体系及两种单体的竞聚率。

表 10-1 丁-苯于不同引发剂、溶剂、温度条件下共聚的竞聚率

共聚反应类型	引发剂	单体 M_1	单体 M_2	溶剂(介质)	温度/℃	竞聚率 r_B	竞聚率 r_S
自由基聚合	$K_2S_2O_8$	丁二烯	苯乙烯	水乳液	50	1.4 ± 0.2	0.5 ± 0.1
	过氧化氢化物+Fe^{2+}			水乳液	5	1.38	0.64
阴离子聚合	*n*-BuLi			苯	30~50	10.0	0.035
	n-BuLi			正己烷	50	15.1	0.025
	s-BuLi			无	25	11.2 ± 0.1	0.04 ± 0.01
				苯	25	10.08 ± 0.2	0.04 ± 0.01
				正己烷	0	13.3	0.03
					25	12.5 ± 0.2	0.03 ± 0.01
					50	11.8	0.04
				环己烷	25	15.5 ± 0.3	0.04 ± 0.02
				四氢呋喃	−78	0.04 ± 0.01	11.0 ± 0.1
					25	0.3	4.0
配位聚合	Ni(acac)$_2$-AlEt$_{1.5}$Cl$_{1.5}$①			苯	50	9	1
	Co(acac)$_3$-AlEt$_{1.5}$Cl$_{1.5}$			苯	—	8	0.5
	Co(nap)$_2$-AlEt$_{1.5}$Cl$_{1.5}$②			甲苯	25	6.13	0.13
	Nd(oct)$_3$-Al(*i*-Bu)$_3$-CHCl$_3$③			己烷	50	9.4	0.06

注:① acac 为乙酰丙酮基。
② nap 为环烷酸根。
③ oct 为辛酸根。

从表 10-1 列举的竞聚率数据可以看出,在共聚合反应中,无论是哪种类型,通常观察到丁二烯的相对活性(r_S^{-1})远高于苯乙烯的相对活性(r_B^{-1})[极性溶剂如四氢呋喃(THF)中的阴离子聚合反应除外]。这意味着在共聚过程中,丁二烯的转化速率显著快于苯乙烯,从而更易于融入聚合物链并形成连续的丁二烯单元链段。这一特性非常有利于生产富含丁二烯单元且苯乙烯单元呈无规分布的 SBR。

然而，当 r_B 和 r_S 之间的差异过大（例如，采用丁基锂在烃类溶剂中引发的丁-苯共聚），可能导致丁二烯聚合完毕后，再进行苯乙烯的聚合，最终形成嵌段共聚物。因此在进行 S-SBR 的阴离子聚合反应时，需添加无规化剂，以促进组分分布的均匀性，确保最终产品的无规分布特性。

对于竞聚率的数值受引发剂体系和聚合反应类型的影响，在所列数据中，配位聚合的 r_B 远大于 r_S，且 r_B 值位于自由基聚合和阴离子聚合的 r_B 值之间，更接近阴离子共聚的 r_B 值。这表明在丁二烯与苯乙烯的配位共聚过程中，S 组分存在一定的嵌段化倾向。

此外，竞聚率的绝对值和相对值主要受到溶剂极性的影响，尤其在阴离子共聚体系中，而对聚合温度的依赖性较低。这是因为两种链增长反应的活化能相对接近。

（2）自由基聚合。根据表 10-1 的自由基聚合数据，r_B 大于 r_S，并且对温度的依赖性较小。因此在丁二烯浓度较高（B 与 S 质量比约为 7：3）的情况下，易于实现以丁二烯单元为主（超过 75%）且苯乙烯单元呈无规分布的 E-SBR 的生产。然而随着转化率提升，未转化的丁二烯逐渐减少，而苯乙烯的比例则相应增加，最终不可避免地会导致长序列苯乙烯嵌段的生成。为了避免这种结构的形成，乳聚 SBR 的生产过程中通常将转化率控制在 75%以下（典型工艺指标为 60% ± 2%）。

聚合温度对 E-SBR 微观结构的影响如表 10-2 所示。聚合温度（−33~100 ℃）主要影响顺式 1，4-结构和反式 1，4-结构的比例，而对 1，4-结构和 1，2-结构的总量影响较小。随着聚合温度的升高，顺式 1，4-结构的含量增加，反式 1，4-结构的含量则降低，同时 1，2-结构的含量也有所提升。然而，1，4-结构的总量最高仅为 85.8%（其中顺式 1，4-结构含量较低），而顺丁橡胶和 S-SBR 的 1，4-结构总量则分别为超过 95%和约 90%。这或许是 E-SBR 弹性不足和 T_g 偏高的主要原因。在自由基型共聚过程中，仅通过提高温度难以获得高顺式 1，4-结构的 E-SBR。

表 10-2　聚合温度对 E-SBR 微观结构的影响

聚合温度/℃	顺式 1，4-结构含量	反式 1，4-结构含量	1，2-结构含量
−33	5.4%	80.4%	12.7%
5	12.3%	71.8%	15.8%
50	18.3%	65.3%	16.3%
70	20.0%	63%	17.0%
100	22.5%	60.1%	17.3%

为了将合成橡胶中的凝胶含量控制在 1%以下，在生产中主要依靠乳化剂在乳液聚合过程中对增长链自由基的“保护”，以及有效管理链的转移和支化，而这一过程与 r_B 和 r_S 的数值大小关系不大。

（3）阴离子聚合。丁二烯与苯乙烯的阴离子型共聚合相较于自由基聚合，存在两个显著的特点。

一是极性溶剂效应。在非极性溶剂（如苯和环己烷）中，$r_B \gg r_S$。因此，当丁二烯存在时，共聚反应的速率几乎等同于丁二烯的均聚反应速率。只有当丁二烯接近耗尽时，大量未反应的苯乙烯才会开始聚合，此时聚合反应的速率主要受苯乙烯均聚反应速率的影响。由于苯乙烯的均聚速率高于丁二烯，因此在从丁二烯聚合阶段转向苯乙烯聚合阶段时，反应速率会出现明显的加速现象。

在非极性溶剂中，通常只能获得嵌段共聚物。这一特性不仅是利用单官能团引发剂进行三段聚合和结合偶联剂进行两段法制备 ABA 型嵌段共聚物（如 SBS）的基础，而且也是采用阴离子共聚法合成无规 S-SBR 的主要障碍。

加入极性添加剂（如 THF 或乙醚）后，上述特性会发生显著变化，且温度对 r_B 和 r_S 的影响增强。这可能是因为极性添加剂与活性链端的金属离子（Li）发生放热的络合反应，从而促使络合反应在较低温度下更为有利。此时络合活性组分与非络合活性组分之间的浓度比相应增大。此外，一络合体与二络合体在丁二烯和苯乙烯的相对活性上存在差异，导致苯乙烯的相对活性随温度降低而增加。

二是改变活性组分的类别和它们之间的比例，可以方便地调节共聚物的组成和结构。研究表明，在环己烷中添加少量 THF 后，进行丁二烯与苯乙烯的阴离子共聚反应时，体系内至少存在多种活性物质：

缔合体 $(\mathrm{BLi})_m$，$(\mathrm{SLi})_2$，$\begin{bmatrix}(\sim\mathrm{BLi})_n \\ (\mathrm{LiS}\sim)_{m-n}\end{bmatrix}$；

单量体~Bli，~SLi；

一络合体~BLi·THF，~SLi·THF；

二络合体~BLi·2THF，~SLi·2THF。

在活性组分动态平衡的研究中，当[THF]与[BuLi]的比值大于 5 时，体系中几乎不存在缔合体，仅存在单量体、一络合体和二络合体三种活性组分。这些活性组分的增长活性各不相同。研究发现，丁-苯共聚反应的速率随着[THF]与[BuLi]比值的增加而加快，特别是在[THF]：[BuLi]约为 50 时，共聚速率达到最大值。然而，当比值进一步增加（如从 100 增至 200）时，共聚速率反而有所下降。

深入分析发现，在单体配比为 B：S＝75：25 且聚合温度保持在 50 ℃的情况下，随着[THF]：[BuLi]比值的增大（超过 5 后），活性组分的类型和比例不断变化，同时均聚链的速率常数 k_B 和 k_S 也随之增加。这表明，通过调整活性组分的类别及其相对比例，可以有效调控共聚速率，从而实现从 $r_B \gg r_S$ 到 $r_B > r_S$ 的转变，使 r_B 和 r_S 的值接近自由基乳液共聚的水平。利用活性组分相对活性的不同以及它们在共聚物链中的嵌入速率，可以克服嵌段化倾向，从而制得无规分布的 S-SBR。

然而，在极性溶剂下进行丁二烯聚合时，分子链中的 1，2-结构含量显著增加。例如，丁二烯在 THF 中聚合时 1，2-结构含量高达 84.1%，而在正己烷中仅为 8.5%。这一现象与 S-SBR 分子链中需要尽可能多的 1，4-丁二烯单元（一般≥ 90%）以获得 T_g 低和良好综合性能的目标相悖。因此在通过调整[THF]与[BuLi]的比值来改变竞聚率并促进无规链的形成时，必须严格控制其配比和用量。

根据上述讨论，控制 B 和 S 单元在大分子链中的随机分布和组成可以采用三种方法：①持续添加一种单体以维持两种单体的浓度比；②高温聚合；③调整活性组分的种类和比例，以调节单体的竞聚率。第一种方法在生产过程中难以控制且准确性不高，第二种方法则面临高温下活性组分不稳定的挑战，因此这两种方法未能在实际工程中应用。相较之下，第三种方法更为可行且易于实施，因而被认为是最佳选择。

（4）配位聚合。通过比较 E-SBR 和 S-SBR 的结构及性能与顺丁橡胶的关系，可以发现它们之间存在一定的相关性，如表 10-3 所示。尽管表 10-3 提供的数据在混炼硫化配方和测试方法上有所不同，缺乏严格可比性，但从相对值及其变化规律上可以窥见其内在特性。

表 10-3 不同共聚反应制得的 SBR 和顺丁橡胶（BR）的微观结构和主要物性对比

橡胶名称	E-SBR①（冷法）	S-SBR②	BR③（高顺式）
拉伸强度/MPa	27.2	24.1	18.9
伸长率	450%	480%	530%
300%定伸应力/MPa	14.1	11.4	8.5
回弹性（22 ℃）	41%	46%	68%
古特里奇屈挠生热/℃	58	40	25
T_g/℃	−57	−70	−120
1,4-结构含量	83%	87%	96%~98%
顺式 1,4-结构含量	12.3%	35%	96%~98%
S 结合量	23.5%	25%	0.7%~1%

注：① E-SBR 为 E-SBR 1502。
② S-SBR 为 Tufdene 2000R。
③ BR 为 JSR BR01。

这些橡胶的强度排序为 E-SBR > S-SBR > BR，或可以表述为 SBR > BR。这一差异明显与苯乙烯共聚的参与有关，得出的结论是苯乙烯的引入有助于提高聚丁二烯橡胶的强度。比较反映橡胶分子链柔性的四项物理指标（回弹率、300%定伸应力、生热及 T_g），弹性顺序为 BR > S-SBR > E-SBR，亦可表述为 BR > SBR。由此可以推断，苯乙烯的参与会降低聚丁二烯橡胶的弹性并提高其 T_g。

从橡胶分子链的微观结构来看，1，4-丁二烯单元含量的排序为 BR > S-SBR > E-SBR，而顺式 1，4-单元含量的顺序为 BR ≫ SBR。这表明分子链中顺式 1，4-丁二烯单元的增加，有助于改善橡胶分子链的柔性和弹性。

结合 SBR 的高强度特性与 BR 的高顺式 1，4-结构，可以期望开发出强度和弹性兼具、综合性能更优越的 SBR。这一理念的起源可追溯至 20 世纪 60 年代，采用 Ziegler-Natta 催化剂进行的丁-苯的配位共聚。在此期间，众多研究者运用了 Ti 系、Ni 系、Co 系和改性稀土等 Ziegler-Natta 型催化剂，在烃类溶剂中促成了丁-苯的共聚反应。这些研究成果普遍显示，其所制备的聚合物具有较高的分子质量，顺式 1，4-含量超过 95%，苯乙烯单元的含量为 5%~15%，从而兼具 E-SBR 的高强度和 BR 的高弹性。

然而，实验结果表明，使用 Ni 系催化剂的二步法或 Co、Ti 系催化剂制备的 SBR 的分子质量普遍偏低，且主要以嵌段或接枝共聚物的形式存在。此外，北京化工大学的焦书科等采用 $Co(nap)_2$-$Al_2Et_{1.3}Cl_{1.5}$ 催化体系，虽然能够以高活性（20 kg/g Co）合成顺式 1，4-含量高达 98%的 SBR，但凝胶含量也相对较高（0.7%~6.7%）。与此同时，使用改性稀土催化剂时，获得的 SBR 顺式 1，4-含量为 96%，但其分子链结构则主要表现为 B 与 S 的无规和嵌段共存现象，且以嵌段为主。

上述研究结果与表 10-1 所示的 Ni-Al 和 Co-Al 体系的竞聚率数据一致（$r_B \gg r_S$），关键在于苯乙烯在配位聚合体系中的相对活性较低。添加第三组分（如含 N、O、S 的化合物）时，通常只能降低均聚物的含量并改变共聚速率，而不能像在阴离子共聚中那样显著改变活性组分的类型及 r_B、r_S 值。因此，为了实现最初的设想，得到符合预期结构和性能的 SBR，还需要进一步深入研究。

在采用 Ziegler-Natta 催化剂制备 SBR 的过程中，遇到的主要困难与 Ziegler-Natta 催化体系的特性密切相关。研究表明，以ⅣB~ⅥB 族金属为基础的非均相 Ziegler-Natta 催化剂对 α-烯烃（如苯乙烯）的配位聚合展现出较高的催化活性；而以Ⅷ族过渡金属（例如镍、钴等）为主的均相催化体系则对二烯烃（如丁二烯）的配位聚合具有明显的高活性。因此寻找一种合适的 Ziegler-Natta 催化剂体系，以实现丁-苯共聚并调节其相对活性，将是实现预期目标的关键所在。

3. 聚合方法

聚合反应（包括共聚）的实施方法主要有四种：本体聚合、溶液聚合、悬浮聚合和乳液聚合。随着 Ziegler-Natta 催化剂的发现，淤浆聚合和气相聚合的方法也逐渐被提出。特定品种的聚合（如丙烯腈的水中聚合）有时被称为水相沉淀聚合。

淤浆聚合是指催化剂和生成的聚合物都不溶于稀释剂（又称溶剂），反应后形成的细粒聚合物及其催化剂（或残留物）悬浮或沉淀于稀释剂中，外观类似于泥浆。水相沉淀聚合则是指引发剂溶于水，单体部分溶于水，而聚合物不溶于水，聚合物生成后会以沉淀形式析出。从稀释剂的作用及聚合过程的性质来看，这两种方法均属于溶液聚合的范畴。

气相聚合，特别是乙烯或丙烯利用高效催化剂进行的聚合，是在单体（无溶剂）状态下于其沸点以上且在一定压力下完成的。由于催化剂不挥发，聚合实际上是在液相本体中进行的，因此本质上也属于液相本体聚合。

在进行丁-苯共聚反应以制备固体橡胶时，选择合适的聚合方法需要综合考虑设备、流程、规模、能耗及操作便利性等技术与经济因素。同时还必须关注聚合体系的特性、反应的特殊性以及聚合物的结构和性能要求等理论问题。这两者在某些情况下可能是一致的，但在其他情况下可能存在矛盾。

在无溶剂或其他介质的条件下，丁-苯的共聚反应中，无论反应机制如何，丁二烯聚合释放的热量为 73.69 kJ/mol，苯乙烯聚合释放的热量为 69.92 kJ/mol。然而单体和聚合物的热导率较低，导致聚合温度难以保持，从而影响聚合物的结构及组成的可控性。此外，丁二烯在自由基本体或溶液聚合时，反应速率普遍较低，最终获得的聚合物往往分子质量很低或高度交联且不溶解。因此目前丁-苯共聚并不适合采用本体聚合的方法。

常规悬浮聚合通常以水作为分散介质，在悬浮稳定剂的保护下使不溶于水的单体分散为小珠滴进行聚合，其实质为分散液滴的本体聚合。这种方法虽然能够解决共聚过程中散热的问题，但由于其局限性，不适合用于自由基聚合所需的线性 SBR 的制备，尤其是在追求高分子质量、低凝胶含量以及特定组成和结构时。此外，合成的共聚物呈橡胶态，容易粘连成块并导致管道堵塞，这也是其工业化应用的主要障碍。而在阴离子聚合和配位聚合中，由于使用的引发剂或催化剂在水中会水解失活，目前尚不具备以水作为介质进行悬浮聚合的可能性。

乳液聚合是工业上采用自由基型共聚反应生产 E-SBR 的主要方法。在水乳液体系中，乳化剂形成胶束，能够有效溶解单体。水溶性自由基进入胶束后，引发聚合反应，聚合链的增长始终在乳化剂包覆的乳胶粒中进行。这种环境降低了增长链之间相互碰撞导致终止的概率，从而降低了链终止速率。同时胶粒内部的自动加速效应有助于实现高分子质量 SBR 的合成。此外，在乳液聚合过程中，可应用硫醇类调节剂以抑制主链上烯丙基的链转移，并减少侧乙烯基与自由基的加成，避免出现支化和凝胶等问题。同时，硫醇能够将带电荷的自由基转化为中性自由基（如 $SO_4^-\cdot + RSH \rightarrow HSO_4^- + RS\cdot$），RS·易于在强负电荷胶束中引发聚合。这不仅提高了聚合速率，还抑制了凝胶的形成，使得 SBR 的凝胶含量满足小于 1%的质量要求。总之，乳液聚合具有聚合速率快、产物分子质量高、散热与控温方便、黏度低、搅拌功率小以及分散介质（水）易得等技术经济优势，这些特性支持其在大规模工业生产中的应用。

SBR 的主要品种为 S-SBR 和 SBS，目前普遍采用以 *n*-Buli 为引发剂，在非极性溶剂（如烃类）中进行溶液共聚合。然而丁二烯与苯乙烯的阴离子共聚相比自由基共聚要复杂得多，原因主要有以下两点：一是尽管丁基锂在多种有机溶剂中可溶，但在非极性溶剂中会发生强烈缔合，这不仅影响共聚速率，也对共聚物的微观结构产生影响，特别是非极性溶剂中丁二烯的 1，4-结构含量相对较高；二是溶剂的极性及反离子的性质显著影响共聚合的速率和两种单体的相对活性。

表 10-4 和表 10-5 的数据说明了溶剂的极性和活性组分的种类对共聚物的组成、微观结构和共聚速率的影响。

表 10-4 丁-苯阴离子共聚的链增长速率常数

增长活性组分的种类	溶剂	k_p/[L/(mol·s)]
$RCH_2—CH^-—C_6H_5Na^+$ + 丁二烯	THF	32.7
$RCH_2—CH^-—C_6H_5Li^+$ + 丁二烯	烃	1.05~1.40
$RCH_2—CH═CH—CH_2Li^+$ + 丁二烯	烃	0.013~0.022

表 10-5 丁-苯等摩尔比的阴离子共聚合

引发剂	溶剂	温度/℃	苯乙烯在起始聚合物中的含量(质量分数)
EtLi	甲苯	25	9%
EtNa	己烷	—	50%
有机 K	甲苯	0	67.5%
EtLi	THF	35	85%

可见,在非极性溶剂(烃类)中,以有机锂作为引发剂时,无论是苯乙烯还是丁二烯的链增长速率常数 k_p 均较小,导致生成的初始共聚物中苯乙烯的结合量仅为 9%。相比之下,使用有机钠作为引发剂时,苯乙烯的结合量显著上升,达到 50%,与丁二烯单元的含量几乎相等。当采用有机钾作为引发剂时,苯乙烯的结合量进一步增加,达到 67.5%。在极性溶剂(如 THF)中,无论是链增长速率常数还是共聚物的组成,都与非极性溶剂中观察到的结果明显不同。

制备 SBS 嵌段共聚物的聚合方法有三种。

(1)采用单官能团引发剂的三段加料聚合法。该方法采用烃类溶剂,以 *n*-Buli 作为引发剂,首先引入苯乙烯进行聚合。当苯乙烯完全转化后,由于增长链仍保持“活性”,因此可以与随后加入的丁二烯进行聚合。最后再添加苯乙烯并终止反应。实施该方法需要满足三个先决条件:首先,聚合过程必须具备“活性”;其次,单体 A(如丁二烯)与单体 B(如苯乙烯)应具备互相引发的能力;最后,单体及溶剂需足够纯净,以避免杂质(如水、醇或酸等)与引发组分反应,这些杂质可能导致反应失败或造成第一嵌段均聚物和 SB 两嵌段共聚物对三嵌段共聚物的“污染”。

(2)采用双官能引发剂的二段加料聚合法。采用双官能引发剂(如萘钠或 1, 4-二锂-1, 4-二苯基丁烷)引发丁二烯(B)单体聚合,形成中心 B 嵌段。随后,加入苯乙烯(S)单体,利用引发剂继续增长,形成等量的两端 S 嵌段。这种方法依赖于丁二烯生成的阴离子能够有效引发苯乙烯的聚合,从而实现共聚合的过程。

(3)采用单官能引发剂加偶联剂的三段聚合法。通常的合成流程是依次引入 S 和 B,首先形成 SB 两嵌段活性共聚物,然后添加能够与 B 活性端反应的偶联剂,以实现 B 嵌段的偶联。在该过程中,仅需 S 端的活性链引发 B 的聚合,从而有效合成 SB 两嵌段活性共聚物。然而由于偶联反应的非完全性,通常会残留一部分未偶联的 SB 两嵌段共聚物,从而导致对三嵌段共聚物的“污染”。

目前,大多数丁-苯配位共聚合采用溶液聚合方法,这与阴离子聚合相同,对单体和烃类溶剂的纯度要求较高。然而与阴离子聚合不同,配位共聚合并不依赖于添加极性溶剂或醇盐来提升共聚单体的相对活性或控制共聚物的组成与结构,而是通过所选用的 Ziegler-Natta 催化剂及第三组分来实现。此外,这种聚合方法并不总是处于“活性聚合”的状态。

10.1.2 丁苯橡胶的用途

丁苯橡胶(SBR)是一种高弹性材料,广泛应用于现代工业和日常生活中的各类产品,如轮胎、胶管、胶带、垫圈、辊及绝缘材料等。不同类型的 SBR 根据其特性和制品性能要求可以应用于各个领域，例如 E-SBR 和 S-SBR 是通用型丁苯橡胶，常用于轮胎的胎面胶；S-SBR 相比 E-SBR 具有更高的生胶强度、较低的生热、较小的滚动阻力、更好的耐屈挠龟裂能力、抗湿滑性及耐磨性，因此更适用于子午线轮胎和实心轮胎；充油 E-SBR 生热低、滞后损失小、低温屈挠寿命长，适用于胎面胶，可以提供良好的牵引力和耐磨性，广泛应用于轻便客车和轿车的轮胎胎面及胎侧；SBS 橡胶因无须硫化、加工方便、边角料可回收且经济实用，被广泛用于多种工业和生活中的橡胶制品；丁苯胶乳则因无须复杂加工，可直接用于泡沫、薄壁制品和胶黏剂等领域。

10.2 乳聚丁苯橡胶生产工艺

E-SBR 是一种通过丁二烯和苯乙烯的乳液自由基共聚合成的材料。其生产方法主要分为两种：一是采用拉开粉（二丁基萘磺酸钠）和脂肪酸皂作为乳化剂，过硫酸钾为引发剂，在 50 ℃下进行热法聚合；二是使用歧化松香酸皂（或脂肪酸皂）作为乳化剂，借助氧化-还原引发剂体系在 5 ℃下进行冷法聚合。热法的生产配方简单且工艺易于控制，但所得到的 E-SBR 中凝胶含量较高，质量较差，近年来大部分已被冷法取代，仅有少量用于低档产品的生产。1993 年，E-SBR 的全球年生产能力达到 472.9 万 t，其是合成橡胶中的主要品种，其中冷法生产的产品占总产量的 90%以上。尽管 E-SBR 在全球市场上有着较大的生产能力，但近年来受到 S-SBR 和 SBS 等新型材料的冲击，其总产量出现了停滞和缓慢下降的趋势，市场呈现饱和状态。

乳聚丁苯橡胶是通过丁二烯和苯乙烯在水乳液中共聚而成的高分子质量丁苯共聚物（固体）。其主要原材料为丁二烯和苯乙烯单体。为了实现有效的共聚转化，并获得合适的聚合速率和分子质量，需要依赖乳化剂的乳化、增溶效果及“保护”功能，同时需要引发剂和多种助剂进行聚合反应。为满足橡胶的特定物理性质要求，除了制定合理的配方外，还必须对聚合反应条件进行优化和控制。在生产过程中，需要将胶料从乳液中凝聚并经过洗涤、干燥、压块和包装等步骤，才能得到最终产品。因此乳聚丁苯橡胶的生产工艺主要包括以下环节：原料准备、助剂配置与混合、聚合过程的控制与调节、凝聚及后处理。实施这些共聚反应所需的设备和适宜的工艺流程被称为设备生产线，它是生产效率和产品质量的重要保障。

10.2.1 原料及助剂情况

1. 原料

在乳液共聚过程中，丁二烯和苯乙烯作为主要原料，其规格、纯度及有害杂质的限量要求至关重要。符合这些要求的原料通常被称为聚合级材料。乳液聚合原料的具体要求见表 10-6 和表 10-7。

表 10-6 丁二烯的规格和杂质允许含量指标

项目	指标	项目	指标
外观	无色透明,无杂质	气相中氧的体积分数	≤ 0.3%
1,3-丁二烯含量	≥ 99%	丁二烯二聚物含量	≤ 0.2%
总炔烃含量	≤ 0.05%	羰基(以乙醛计)含量	≤ 0.01%
甲基乙炔和乙基乙炔含量	≤ 0.04%	过氧化物(以 H_2O_2 计)含量	≤ 0.001%
乙烯基乙炔含量	≤ 0.015%	对叔丁基邻苯二酚含量	≤ 0.0025%
不挥发物含量	≤ 0.1%	乙腈含量	≤ 0.001%
硫(以 H_2S 计)含量	≤ 0.001%	—	—

表 10-7 苯乙烯的规格和杂质允许含量指标

项目	指标	项目	指标
外观	透明,无色	黏度(25 ℃)/(mPa·s)	≤0.75
苯乙烯含量	≥ 99.6%	相对密度	0.903 8~0.905 7
醛(以甲醛计)含量	≤ 0.02%	聚合物溶解度	完全溶于苯
过氧化物(以 H_2O_2 计)含量	≤ 10^{-8}	硫含量	≤ 0.03%
聚合物含量	≤ 0.005%	氯化物(以氯计)	≤ 0.01%
对叔丁基邻苯二酚含量	0.001%~0.001 5%	—	—

原料的纯度和杂质含量主要受其生产、提纯和储存方式的影响。如果原料不够纯净,会导致引发剂的消耗、诱导期的延长以及聚合速率的降低。

2. 助剂

乳液聚合(尤其是冷法)需要多种助剂,每种助剂都有其特定的规格和纯度要求。相关数据可以参考助剂手册、生产厂家提供的原料规格以及中华人民共和国国家标准(GB)或化工行业标准(HG)。下面重点介绍这些助剂的主要类型、作用及其对聚合过程的影响。

(1)乳化剂。乳化剂是乳液聚合系统中重要的组成部分,其主要功能可以概括为:在聚合反应之前,乳化剂负责将单体分散成液滴,并形成胶束,以实现单体的增溶并形成稳定的乳化液,从而为引发聚合提供适宜的环境——单体溶胀的胶束;在聚合过程中,乳化剂会吸附在胶乳粒子的表面,起到稳定和"保护"胶乳粒子的作用,防止粒子之间的聚合及终止反应,确保聚合体系具备一定的固含量、适当的黏度和良好的稳定性。在丁苯乳液聚合中,通常选择阴离子型乳化剂,例如 C12~C18 的脂肪酸钾(或钠)皂,以及歧化松香酸钾(或钠)皂,或两者的混合形式。通过调节皂的烃基结构、链长以及所用碱金属离子的种类和配比等,可以有效控制聚合速率和乳胶粒子的尺寸。通常,乳化剂的用量需超过临界胶束浓度(CMC),以确保达到足够高的聚合速率。

C12~C18 的脂肪酸盐主要包括肉豆蔻酸、棕榈酸、油酸、亚油酸、月桂酸和硬脂酸等的钾盐或钠盐,化学式可表示为 RCOOM,其中 R 为 C12~C18 的烷基或烷烯基,M 为钾(K)或钠(Na)。一般而言,脂肪酸皂在水中的溶解度随着 R 基中碳链的延长而减少。随着碳链的延长,达到临界胶束浓度所需的皂的使用量增加,同时胶束对单体的增溶能力也增强。钾盐的溶解度通常高于钠盐。含有一个双键的脂肪酸盐(如油酸钾)对乳液聚合过程没有显著影响,因此诸如月桂酸(C12)、肉豆蔻酸(C14)及鲸蜡酸(C16)的钾盐和钠盐与硬脂酸(C18)一样,能够作为丁苯乳液聚合的有效乳化剂。虽然初期聚合速率随碳链的延长而加快,但当单体转化率超过 20%后,这些皂的聚合速率趋于相似,即达到相同转化率所需的聚合时间基本一致。

松香酸皂乳化剂,确切地说是歧化松香酸钾或钠盐,是冷法合成 E-SBR 最常用的乳化剂。该乳化剂通过将松香酸在钯催化剂的催化下进行歧化,并随后与碱性物质中和而制得。使用歧化松香酸的主要目的是去除其分子中具有阻聚作用的共轭双键。

松香酸是从松树分泌的树脂中提取的,其含量约占 90%。松香酸的化学组成复杂,主要成分的分子式为 $C_{19}H_{29}COOH$,且其 C 与 H 的比例小于 1∶2,表明其为一种不饱和酸。测定结果显示,每个分子含有两个碳碳双键。其主要成分可分为两个类别:松香酸类,其分子中含有共轭双键;海松酸类,它们的双键不具共轭特性。由于松香酸的原料来源广泛且成本低廉,同时在橡胶中还具有增塑效果,因此歧化松香酸皂成为丁苯乳液聚合配方中最常用的乳化剂。

(2)引发剂。引发剂在乳液聚合配方中起着至关重要的作用。其类型和用量不仅直接影响聚合反应的速率,也关系到最终产品的质量。与本体聚合和悬浮聚合相比,乳液聚合所选用的引发剂通常要求在水相中溶解。

生产乳聚丁苯橡胶所用的引发剂主要分为两类:热分解型引发剂和氧化-还原型引发剂。热分解型引发剂在高温(如 50 ℃)下通过热分解产生自由基,而氧化-还原型引发剂则通过氧化剂与还原剂之间的反应生成自由基。这使得氧化-还原型引发剂能够在低温(如 −20 ℃)条件下有效引发聚合。因此这两种引发剂是分别对应于热法和冷法合成 E-SBR 的常用选择。

$K_2S_2O_8$ 是热法聚合通用的引发剂,它产生初级自由基的热分解反应为

$$S_2O_8^{2-} \xrightarrow[\Delta]{} 2SO_4^{-}\cdot \qquad (10\text{-}1)$$

$$SO_4^{-}\cdot + HOH \rightarrow HSO_4^{-} + HO\cdot \qquad (10\text{-}2)$$

$$2HO\cdot \rightarrow H_2O + \frac{1}{2}O_2 \qquad (10\text{-}3)$$

式(10-1)所示反应生成自由基,其产生的初级自由基数量与分解活化能密切相关,后者受分解温度和介质性质的影响(见表 10-8)。由表 10-8 可知,提高聚合温度和使用碱性介质有助于增大 k_d 值。式(10-2)所示反应可视为自由基转移反应,涉及 $SO_4^{-}\cdot$ 和 HO· 哪一种起引发作用。当乳液介质的 pH 值为 7~8 时,主要由 $SO_4^{-}\cdot$ 直接引发;在 pH 值为 2~7 时,HO· 的引发比例随着 pH 值的上升而下降,而在 pH 值为 8~12 时,趋势与前者相似。无论是哪种引发方式,其主导作用主要改变聚合物的端基,而对聚合速率的影响不大。相较之下,式(10-3)所示反应属于链终止(初级自由基终止)反应,直接关系到自由基引发效率(f)。研究表明,在苯乙烯乳液聚合过程中,只要存在胶束,f 可达到 100%;而在无胶束的情况下,f 则仅为前者

的 1/10 左右。这表明胶束能够有效防止初级自由基的终止。这些数据为热法丁苯橡胶在 50 ℃、采用阴离子型乳化剂和在碱性介质中进行丁-苯乳液共聚提供了理论依据。

表 10-8 温度和介质对 $K_2S_2O_8$ 在水中分解速率常数(k_d)的影响($K_2S_2O_8$ 为 0.01 mol/L)

温度/℃	k_d(0.1 mol/L NaOH)/min^{-1}	k_d(0.1 mol/L $HClO_4$)/min^{-1}
50	6.0×10^{-5}	5.7×10^{-4}
60	3.0×10^{-4}	1.9×10^{-3}
70	1.4×10^{-3}	6.4×10^{-2}
80	2.1×10^{-2}	6.8×10^{-2}

冷法丁苯橡胶的生产主要依赖于氧化-还原型引发剂。过氧化物不仅作为引发剂,同时也可充当氧化剂。添加还原剂能够显著降低分解反应的活化能(见表 10-9),并生成具有引发活性的自由基。这一方法使丁-苯乳聚合能够在较低温度下进行,从而改善橡胶的物理性质,并在保持设备大致不变的情况下提高生产效率。

表 10-9 无机和有机过氧化物以及氧化-还原型引发剂的分解反应和反应活化能

引发剂体系	反应	活化能/(kJ/mol)
过氧化氢	$HOOH \rightarrow 2{\cdot}OH$	217.7
过硫酸钾	$S_2O_8^{2-} \rightarrow 2SO_4^{-}{\cdot}$	140.3
异丙苯过氧化氢	$C_6H_5—C(CH_3)_2—OOH \rightarrow C_6H_5—\dot{C}(CH_3)_2—O{\cdot}+{\cdot}OH$	125.6
过氧化氢-氯化亚铁	$HOOH + Fe^{2+} \rightarrow HO{\cdot}+Fe^{3+} + OH^-$	39.4
过硫酸钾-氯化亚铁	$S_2O_8^{2-} + Fe^{2+} \rightarrow SO_4^{-}{\cdot}+SO_4^{2-} + Fe^{3+}$	50.7
过硫酸钾-亚硫酸氢钠	$S_2O_8^{2-} + Fe^{2+} \rightarrow SO_4^{-}{\cdot}+SO_4^{2-} + Fe^{3+}$	41.87
过氧化氢异丙苯-氯化亚铁	$C_6H_5—C(CH_3)_2—OOH + Fe^{2+} \rightarrow C_6H_5—C(\dot{C}H_3)_2—O{\cdot}+OH^- + Fe^{3+}$	50.7

在冷法丁-苯乳聚配方设计中,建立和选择有效的氧化-还原型引发剂体系是核心问题。为了在氧化-还原反应中更有效地产生自由基,除了挑选合适的氧化剂和还原剂外,通常还需添加助还原剂(工业上统称为活化剂),以促成氧化-还原反应的循环或可逆系统。有时为了突出某特定氧化-还原系统的特点,工业技术中往往不会详细标注氧化剂和还原剂的全名,而是聚焦于还原剂(如多胺系统)或助还原剂(如低糖、高糖配方)等名称。

在工业应用中,常见的氧化-还原型引发剂包括焦磷酸亚铁、次硫酸盐、亚硫酸钠-对苯二酚-氨以及多胺等系统。虽然这些体系在工业上有不同的称谓,但正如后续讨论所示,它们本质上可以视为由有机过氧化氢和多种还原剂构成的氧化-还原体系。

(3)调节剂。调节剂亦称链转移剂,能够通过链转移反应调节聚合物的分子质量,因此常被称为分子质量调节剂。在丁-苯乳聚合中,其主要作用是调控分子质量、分子质量分布,并有效防止聚合物支化和凝胶的形成。调节效果与链转移剂对特定单体和自由基的链转移常数（C_S）密切相关。不同类型的自由基对同一链转移剂的 C_S 值存在差异。例如，十二碳硫醇在苯乙烯或丁二烯的聚合中，其 C_S 约为 19，而在丁-苯共聚中则为 0.66。对于分子质量调节剂，C_S 值在 1 附近的化合物较为合适，因为这能使转移剂的消耗速率与单体的消耗速率相匹配。当 C_S 远小于 1 时，转移剂的用量则显得过多；当 C_S 值过大（如大于 5）时，聚合反应早期可能会导致链转移剂耗尽。不同类型的硫醇在丁-苯乳聚反应中的消耗速率也存在显著差异。目前在丁-苯乳聚中较为广泛使用的调节剂包括二硫化二异丙基黄原酸酯[又称调节剂丁，图 10-1（a）]、秋兰姆（TMTD）[图 10-1（b）]和叔十二碳硫醇（t-$C_{12}H_{25}SH$）。

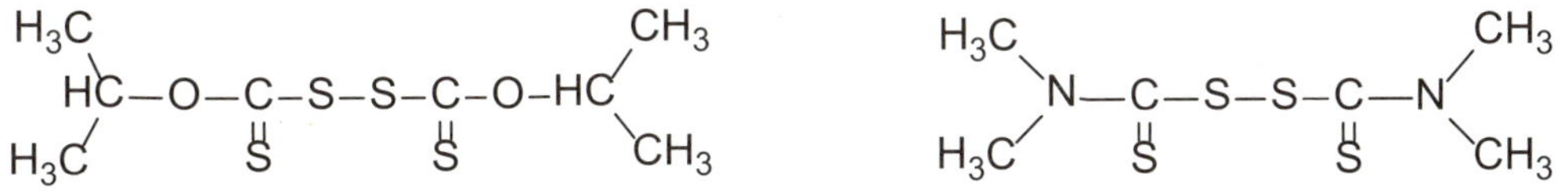

（a）（b）

图 10-1 常用调节剂

（a）二硫化二异丙基黄原酸酯 （b）秋兰姆

近年来，由于调节剂丁和秋兰姆的转移常数过大，导致出现早期耗尽的现象，其实际应用逐渐减少。t-$C_{12}H_{25}SH$ 则成为当前应用最广泛的调节剂。为了防止在较高转化率下聚合物发生支化，从而形成凝胶，通常采用分批加入的方法（增量法）。分批加入的时间、次数和增量需要通过实验进行优化，以确保反应效果。

（4）防老剂。防老剂又称抗氧剂，其主要功能是优先与体系中的氧或自由基反应，形成稳定的化合物或自由基，从而抑制或延缓橡胶的老化过程。丁苯橡胶分子中含有大量的双键，易受空气中氧的影响而发生老化。此外，橡胶中残留的变价金属离子（如 Fe^{2+}或 Fe^{3+}）也会加速这一老化进程。因此在凝聚前需要将防老剂掺入胶乳中。常用的防老剂包括胺类和酚类，其中丁苯橡胶常用的防老剂有苯基-β-萘胺（污染型）和苯乙烯化苯酚（非污染型）。防老剂在橡胶中的溶解度影响其效果，有时防老剂会从橡胶内部迁移至表面（“喷霜”现象），导致防老效果降低。为了解决这一问题，研究者曾将酚类防老剂（如 3，5-二叔丁基苯酚）引入可聚合的烯类单体（如甲基丙烯酸酯），合成了 3-（3，5-二叔丁基-4-羟基苯基）丙基甲基丙烯酸酯，再与丁二烯和苯乙烯进行三元乳液共聚以制备聚稳丁苯橡胶。此方法有效克服了防老剂的迁移析出，从而实现了长效的防老效果。

（5）电解质。在丁-苯乳聚合过程中，常通过添加电解质来降低乳化剂的临界胶束浓度（CMC），以减小乳胶粒的表面张力和胶乳的黏度，从而提高流动性以促进散热。热法丁苯橡胶采用 $K_2S_2O_8$ 作为引发剂，其分解后产生的 $KHSO_4$ 本身即可作为电解质，因此无须另行添加。冷法丁苯橡胶则通常须使用电解质，常见的多为强酸与强碱或弱酸与强碱形成的盐类。例如 KCl 因较大的电离常数和低廉的成本，广泛用于工业；$K3PO_4$ 不仅能够体现电解质的作用，还对胶乳 pH 值具有缓冲效果，进而有利于后处理（如回收单体）过程的稳定性，因此现代工艺配方中普遍采用这一电解质。

（6）活化剂。循环氧化-还原系统通常由氧化剂、还原剂及助还原剂组成。在冷法丁苯橡胶的生产过程中,为了维持水相中 Fe^{2+}的稳定并实现 Fe^{2+}与 Fe^{3+}之间的有效循环,常需要添加络合剂和助还原剂。这些成分通常组合在一起,统称为活化剂。因此活化剂实质上构成了一个由还原剂、络合剂及助还原剂组成的受控还原剂系统。目前最常用的活化剂系统为硫酸亚铁-乙二胺四乙酸钠-甲醛次硫酸氢钠的组合。

(7)扩散剂。助乳化剂主要用于支持乳化剂,在增溶、溶解单体、降低乳胶粒的表面张力、减少乳化剂用量与提高乳液的稳定性等方面具有重要作用。在冷法丁苯橡胶的生产过程中,常用的扩散剂为萘磺酸或烷基萘磺酸与甲醛的钠盐缩合物,工业上通常称为 Tamol-N 或扩散剂 NF。

(8)除氧剂。为了消除在助剂配制和聚合过程中引入聚合体系的氧气所造成的阻聚或延迟作用,工业生产中通常会在聚合配方中添加除氧剂。在冷法生产乳聚丁苯橡胶时,常用连二亚硫酸钠作为除氧剂。

(9)填充油。填充油并非所有 E-SBR 生产中必不可少的助剂。然而在冷法 E-SBR 中添加填充油,可以有效改善橡胶的加工性能和物理特性,同时降低生产成本,因此填充油成为充油 E-SBR 的重要成分。填充油的种类、成分及用量对充油橡胶的质量具有显著影响。如前所述,冷法 E-SBR 的充油橡胶以 1700 系列为主,拥有多达数百个品种,其使用的填充油主要分为两类:一种是高芳烃油,芳烃含量为 39%~44%,环烷烃含量为 18%~29%,开链烃含量为 31%~39%,属于污染型;另一种是环烷烃油,芳烃含量为 1%~7%,环烷烃含量为 38%~49%,开链烃含量为 47%~59%,属于非污染型。标准充油量为 37.5 份。基础胶的门尼值因牌号而异,例如 E-SBR 1712 的门尼值为 110~120, E-SBR 1778 的门尼值为 130~140。充油后的门尼值一般为 35~55。

在丁苯橡胶的生产过程中,除了主要的聚合配方之外,还有一些不可或缺的助剂。例如阻聚剂用于单体回收,有助于提高回收效率;消泡剂则能在单体回收中防止胶乳起泡,从而减少生产过程中的问题;煤油作为吸收剂,在捕集尾气中的丁二烯时也发挥着重要作用。尽管这些助剂未被列入聚合配方,但它们在整个生产过程中依然至关重要。

10.2.2 公用工程情况

公用工程是指支持化工装置正常运作的各类辅助设施,主要包括供水、排水、供气(蒸汽)、供电、供暖和制冷等系统,本工艺所用公用工程如表 10-10 所示。

表 10-10 公用工程(氨、水、蒸汽、电、气)指标

序号	项目		指标			
1	氨	液氨	压力	900 kPa ± 100 kPa	温度	20 ℃ ± 5 ℃
		气氨	压力	260 kPa ± 100 kPa	温度	-5.0 ℃
2	水	生产新鲜水	压力	0.55~0.7 MPa	温度	21 ℃
		循环冷却上水	压力	≥0.40 MPa	温度	≤ 31 ℃
		循环冷却下水	压力	≥0.25 MPa	温度	≤ 41 ℃
		软水	压力	—	温度	—

续表

序号	项目		指标							
3	蒸汽	低压蒸汽	压力	0.23~0.28 MPa			温度	147~157 ℃		
		高压蒸汽	压力	0.7~1.1 MPa			温度	210~230 ℃		
		采暖蒸汽	压力	0.23~0.28 MPa			温度	147~157 ℃		
4	电	动力电	交流 380 V							
		照明电	交流 220 V							
		保安电源	直流 220 V							
		仪表电源	交流 100 V							
		计算机电源	交流 120 V							
5	气	压缩空气	压力	0.6~0.8 MPa	杂质	—	露点	—	其他	—
		仪表空气	压力	0.6~0.8 MPa	杂质	无尘无油	露点	-40 ℃	其他	—
		氮气	压力	0.68~1.3 MPa	杂质	—	露点	-40 ℃	其他	纯度 99.9%

10.2.3 工艺流程

生产乳聚丁苯橡胶的冷法连续聚合工艺流程如图 10-2 所示。整体生产过程主要包括以下步骤：单体的储存、混合及助剂溶液的配制（流程设备 1~10）、聚合（设备 11）、单体回收（设备 15~28）、胶乳掺和（或混胶，设备 29），以及凝聚和洗涤（设备 30~34）和后处理（设备 35~43）。

1. 原料和助剂配制

在配方设计中，通常基于各类物料的单体质量进行比重计算（表 10-11），将基础配方视为 100%。随后，先将各物料调配成一定浓度的溶液或混合液，再根据所需生产的品种和牌号，确定各物料的添加量。对于单体转化率为 60%的反应时间（5 ℃聚合），配方 1 为 14~16 h，配方 2 为 8 h。

表 10-11 用量（质量份）E-SBR 冷法聚合配方

物质	用量（质量份）		物质	用量（质量份）	
	配方 1	配方 2		配方 1	配方 2
丁二烯	70	72	扩散剂①	0.15	0.13
苯乙烯	30	28	$Na_3PO_4 \cdot 12H_2O$	0.5	—
水	200	180	乙二胺四乙酸钠	0.027	0.055
过氧化氢对蓋烷	0.06	0.06	甲醛次硫酸氢钠	0.07	0.04
叔十二碳硫醇	0.18	0.158	$FeSO_4 \cdot 7H_2O$	0.018	0.01
歧化松香酸皂	4.5	4.7	—	—	—

注：①甲醛与萘磺酸缩合物的钠盐。

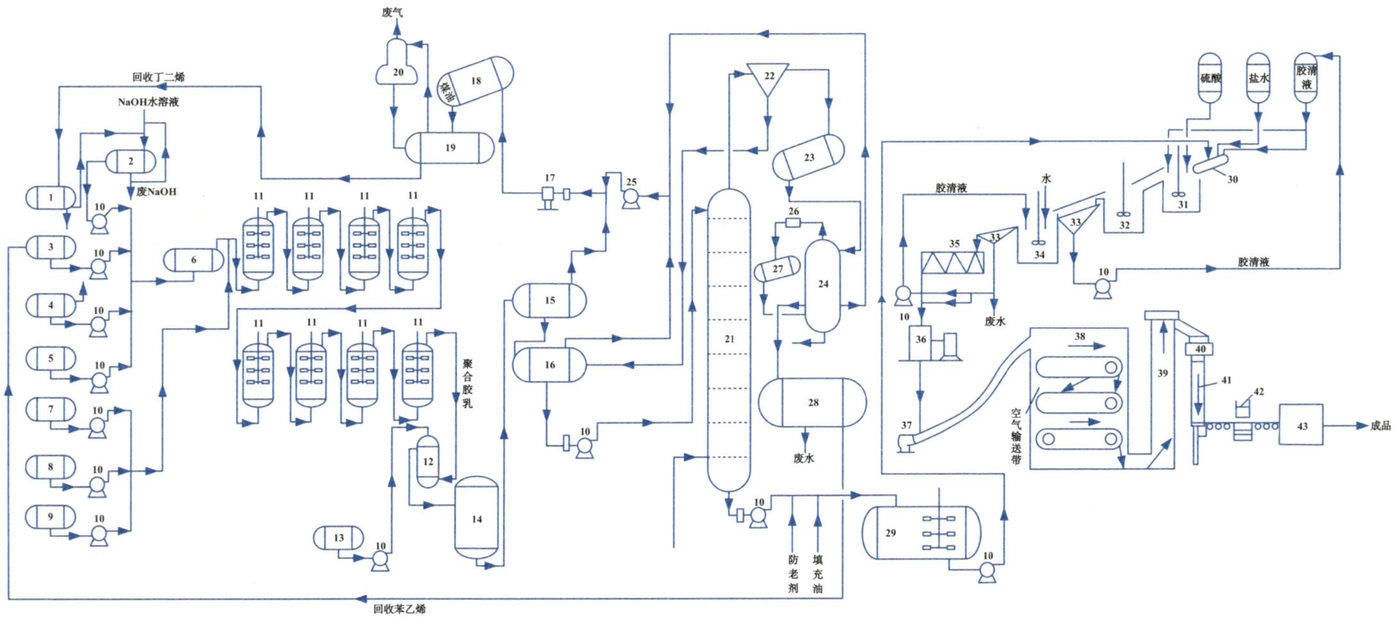

1—丁二烯原料贮槽；2—阻聚剂（TBC）除去槽；3—苯乙烯原料贮槽；4—皂液贮槽；5—水槽；6—冷凝器；7—过氧化物计量罐；8—活化剂计量罐；9—调节剂计量罐；10—泵；11—聚合釜；12—转化率调节器；13—终止剂计量罐；14—卸料罐；15—第一闪蒸槽；16—第二闪蒸槽；17—压缩机；18—冷凝器；19—丁二烯贮槽；20—洗气罐；21—苯乙烯脱气塔；22—气体分离器；23—冷凝器；24—升压分离器；25—真空泵；26—喷射泵；27—冷凝器；28—苯乙烯倾析槽；29—混合槽；30—凝聚槽；31—胶粒皂化槽；32—停置槽；33—振动筛；34—胶粒洗涤槽；35—挤压脱水机；36—粉碎机；37—鼓风机；38—干燥箱；39—输送器；40—自动计量器；41—压胶机；42—金属检测器；43—包装机

图 10-2　乳聚丁苯橡胶冷法连续聚合工艺流程

（1）单体混合料配制。将新鲜丁二烯与回收苯乙烯（纯度≥84%）在线混合，制备成含有95%丁二烯的混合单体。同时将新鲜苯乙烯与回收苯乙烯（纯度≥88%）在线混合，形成苯乙烯含量为95%的混合物。最后按照配方要求将二者按比例送入聚合工段的缓冲槽中备用。

（2）助剂配制。①乳化剂混合液配制。将歧化松香酸皂（粉状或膏状）与水混合，制备浓度为15%~18%的乳化剂溶液。然后在加热条件下，将脂肪酸与氢氧化钾或氢氧化钠混合，形成脂肪酸皂液。同时将磷酸钾（或KCl）、KOH、扩散剂及乙二胺四乙酸钠（EDTANa）溶解于水中。此外，准备连二亚硫酸钠的水溶液作为除氧剂。将上述各溶液按照配方比例，连续注入软水（需计算用于制备各溶液的水量），并在线混合后储存于缓冲槽中备用。②活化剂溶液配制。将硫酸亚铁、甲醛次亚硫酸氢钠和EDTANa按配方比例溶解于水中，随后将混合溶液送至聚合工段的缓冲槽。③终止剂溶液配制。将二甲基二硫代氨基甲酸钠、多硫化钠和亚硝酸钠溶解于水中，制备成相应溶液，然后将其送入聚合工序的缓冲槽中。④消泡剂溶液配制。为了避免产生泡沫，建议将消泡剂与水按一定比例稀释，制成稀溶液后单独储存以备使用。

（3）防老剂和填充油乳液的配制。①防老剂悬浮液配制。按照以下配比，将防老剂丁（苯基-β-萘胺，1.25份）、木质素磺酸钠（0.042 5份）、NaOH（0.004 1份）及软水（7.28份）混合，制备成悬浮液。该悬浮液经胶体研磨后存储在储槽中，随后与已完成聚合的胶乳进行在线混合。②防老剂苯乙烯化酚乳化液配制。在加热的软水中，将1.25份苯乙烯化酚与0.019 1份脂肪酸皂混合搅拌，以制备乳液。该乳液储存在带搅拌装置的储罐中，随后与完成聚合的胶乳进行在线混合。③填充油乳化液的配制。在生产充油胶的过程中，首先将37.5份高芳烃油（或环烷烃油）、0.812份歧化松香酸皂、0.01份氢氧化钠和24份热软水混合，搅拌形成油乳液。在胶乳凝聚之前，将该油乳液加入胶乳中，确保充分混合。

2. 聚合

丁苯连续乳聚过程是在8~12台串联釜中进行的。将通过配制工序得到的含有调节剂（t-$C_{12}H_{25}SH$）的苯乙烯与丁二烯按照比例混合，形成单体相（或称油相）。将该单体相与助剂配制工序①所得到的乳液（水相）混合，混合物先被冷却至10 ℃以下，然后与助剂配制工序③的活化剂溶液混合后进入首釜，同时有机过氧化物从另一管道直接加入首釜。聚合温度通过夹套和内冷管引入的冷剂（液氨或冷却盐水）进行控制，以保持5 ℃的聚合环境。为了缩短诱导期，首釜的操作温度可提高1 ℃；为了调节聚合速率，末釜的温度可相应提高或降低1~2 ℃。聚合过程在连续进料且保持釜内满浆的条件下进行，物料从底部进入首釜，达到满釜后自釜顶导入下一个串联釜，直至最终出料。根据具体的聚合配方、所用的氧化-还原系统以及目标转化率（一般为60%，先进时可达到70%），聚合所需时间通常为8~12 h。当达到预定转化率后，加入终止剂以终止聚合，随后胶乳被送往单体回收工序，以回收未反应的单体。

为了调节聚合速率、乳胶粒尺寸以及乳液的稳定性，乳化剂可以选择一次性全量添加或分批逐步加入。同时为了调控共聚物的门尼值、调整分子质量分布并减少支化凝胶的生成，调节剂(如 t-$C_{12}H_{25}SH$)同样可采用全量或分批方式加入。

3. 未反应单体回收

聚合工序中添加终止剂后得到的胶乳,其未反应单体的含量为 30%~40%。其中,丁二烯与苯乙烯的比例为(60~65):(33~35)。在工业生产过程中,需要对这些单体进行回收和再利用。

(1)丁二烯的回收。在两台闪蒸槽中进行丁二烯的回收。首先胶乳通过蒸汽加热至 40~50 ℃,过滤掉凝胶块,然后进入第一闪蒸槽。在第一闪蒸槽中, 70%~80%的丁二烯被蒸发出来。然后胶乳在压差的作用下流入第二闪蒸槽(减压槽),该槽可进一步蒸出剩余的丁二烯。闪蒸后的丁二烯经过压缩机分段压缩至 0.245~0.39 MPa,随后送入冷凝器冷却,最终液态丁二烯汇集于储罐中,其纯度可达到 84%。可选择对其进行精制,或直接和新鲜丁二烯混合后回收利用。冷凝器中未冷凝的气体经过二次冷凝处理,而不凝结的气体则通过加压后采用煤油吸收,以再次回收丁二烯。最终未被煤油吸收的气体主要为氮气、氧气及少于 2%的丁二烯,排放至大气中。

(2)苯乙烯的回收。苯乙烯在汽提塔中实现胶乳的分离与回收。为了去除丁二烯,脱丁二烯胶乳从汽提塔顶端进入,与自底部注入的饱和蒸汽进行逆流热交换。塔顶的温度维持在 50 ℃,绝压为 13.33 kPa,而塔底的温度为 60 ℃,绝压为 30 kPa。塔内的真空度由顶部的蒸气喷射泵保持。若塔底与塔顶之间的温差超过 15 ℃,表明塔盘可能严重堵塞,需进行清理。由塔顶排出的气体包含苯乙烯、水、少量丁二烯及夹带胶乳。经过捕集器去除胶乳后,气体经过冷却和油水分离,得到的油层(苯乙烯)会添加阻聚剂进行减压蒸馏,从而实现苯乙烯的回收。脱气后的胶乳添加防老剂后,将送往凝聚工序。

4. 胶乳掺和

脱除单体后的胶乳需相互掺和,主要有两个目的。首先,各批胶乳的转化率、固含量和门尼值往往存在差异,而最终产品则需保持一致且稳定。因此将不同批次的胶乳进行掺和,并调整至合格的门尼值,是确保橡胶质量均一和产生合格生胶的有效方法。其次,为了防止橡胶在后处理和储存过程中老化和性能下降,需要在胶乳中适量加入防老剂。当生产充油或充炭黑等填充型牌号胶时,掺入防老剂也有助于获得混合均匀和性能一致的橡胶。

在掺和两种胶乳时,需要确保它们的总固含量差小于 3%;若将转化率较高的胶乳加入正常胶乳中,其掺入量不得超过 10%;若变更牌号,初期胶乳与正常胶乳的掺和比例应限制在 50%以内。遵循这些原则,才能生产出质量稳定的合格橡胶。

5. 凝聚与脱水

(1)凝聚原理。凝聚过程是指破坏乳胶粒的皂保护层,使固体橡胶从胶乳中析出。冷法乳聚丁苯橡胶通常采用阴离子型乳化剂(如歧化松香酸皂和脂肪酸皂),而这些乳化剂仅适用于碱性介质。因此进行化学破乳时需采用相反电荷的盐类(如 NaCl 或 $CaCl_2$),并将 pH 值调至酸性,以确保固体橡胶能够完全析出。该法在乳聚丁苯橡胶的生产中已经广泛使用,其优点在于橡胶析出率较高,颗粒结构疏松,便于脱水和干燥。同时皂类乳化剂可转化为相应的酸,留在橡胶中充当橡胶加工的润滑剂和增塑剂。然而过量盐(100~250 kg/t 干胶)的使用可能导致未洗净的盐残留在橡胶中,降低其绝缘性并增加吸水性。

为了解决上述问题,工业上曾尝试在盐-酸凝聚剂中添加其他组分,例如白土、黏土和动物胶等。这些材料不仅能减少盐的用量,还能使胶粒的结构更加疏松、多孔,从而有利于脱水和干燥。近年来,阳离子型高分子絮凝剂(如多乙烯多胺、氰胺与甲醛的缩合物)逐渐投入工业生产,形成无盐凝聚工艺。这种高分子絮凝剂能显著节省食盐用量,降低橡胶中的电解质含量,并减少洗胶用水的消耗。但是高分子絮凝剂的残留也可能加剧废水的污染程度。

(2)凝聚工艺。在胶乳的处理过程中,首先,将配胶工序送来的胶乳(含有16%~23%的橡胶)在絮凝箱中与稀食盐水(2.5%的 NaCl 水溶液,加入4倍的凝聚母液)以40~60 ℃的温度混合。其次,经过絮凝后,胶乳在凝聚槽内进行强烈搅拌(搅拌速率为400 r/min),同时加入稀硫酸(浓度为0.5%,经母液稀释至0.05%~0.1%),将槽内介质的pH值调节至4~5。凝聚物在槽中停留2~3 min后,溢流入转化槽(其容积为凝聚槽的5~6倍),以确保歧化松香酸皂或脂肪酸皂充分转化为相应的酸。最后,凝聚完成的橡胶和母液通过溢流进入振动筛,筛分后得到的胶粒再进入水洗槽,经软水彻底清洗,随后通过振动脱水。

(3)胶粒脱水。胶粒在由振动筛筛选后,其含水量通常为60%~80%,因此需要进行脱水,以便后续干燥处理。针对冷法乳聚丁苯橡胶,过去曾采用长网机组洗涤脱水和真空转鼓吸滤脱水,但由于设备庞大、复杂、造价高且脱水效率低,现已不再广泛使用。目前挤压机脱水已成为主流选择。常见的挤压脱水机包括三种型号:Anderson 型、French 型和 Welding 型。尽管这些机器的结构和螺杆形式各具特色,脱水的基本原理却相同,均通过单螺杆推进物料,从而在前进过程中通过挤压使水分排出。脱水机筒体设有排水口,物料在受剪切生热或者外加热的条件下维持操作温度。经过挤压脱水后,橡胶的含水量可降低至10%~20%。挤压脱水的主要优点包括高脱水效率(8~10 t/h)、占地面积小及较低的橡胶含水量,因此在工业上得到了广泛应用。

6. 橡胶的干燥

经过挤压脱水处理的橡胶,其含水量通常为10%~20%。为使生胶的挥发物含量达到合格标准(<1%),需进一步进行干燥工艺。橡胶干燥普遍采用的是箱式干燥和挤压膨胀干燥两种形式。

在箱式干燥过程中,首先将湿胶破碎成3~10 mm的胶粒,然后通过鼓风机将其送入干燥箱(可为单程、双程或三程结构)的入口。干燥箱内部被划分为多个区域(通常为一个干燥区),入口和出口区域的温度设定为65~70 ℃,中间区域的温度则为80~100 ℃。胶粒在箱内的停留时间为30~60 min,箱内各区域的温度由鼓风温度调节,具体的温度和停留时间可以根据不同胶种及橡胶的含水量进行灵活调整。经过箱式干燥,胶粒的含水量一般可降至0.1%以下,生产能力为3~8 t/h。

挤压膨胀干燥的原理是胶粒在挤压机料筒内,在螺杆前推产生的压力(9.8~29.4 MPa)和剪切生热及筒体加热(130~190 ℃)的共同作用下,其内部水分仍保持液态。当胶料从模头挤出时,压力骤降,水分迅速闪蒸挥发,导致橡胶膨胀并破裂。同时机头上安装的旋转刀片将其切成胶粒,降温后即可进行压块包装。该干燥方法可将橡胶的含水量降低至0.5%以下，单机的生产能力为 3~8 t/h。与传统箱式干燥相比，挤压膨胀干燥的能耗节省约 25%。然而对于某些易受剪切影响的橡胶，这种干燥方法则不适用。

10.2.4 主要设备情况及控制参数

1. 主要设备

（1）原料和助剂配制工序。主要设备包括各种容积不同的贮槽和贮罐。需要进行混合和计量的设备则需配备不同形式的搅拌器和液位计。丁二烯贮罐一般为 400~500 m^3 的球形或圆柱形卧式罐，而苯乙烯贮罐通常为鼓形罐，这些罐体一般不设搅拌装置和夹套，而是通过外接循环泵进行物料混合。

（2）聚合工序。主要设备是聚合釜，其结构如图 10-3 所示。聚合是乳聚丁苯橡胶生产的关键步骤，也是决定其结构和质量的重要环节。为了获得优质生胶，除了需要严格控制原料规格和确保各组分在连续进料过程中的比例准确外，聚合条件（如聚合温度和门尼值等）的控制同样至关重要。

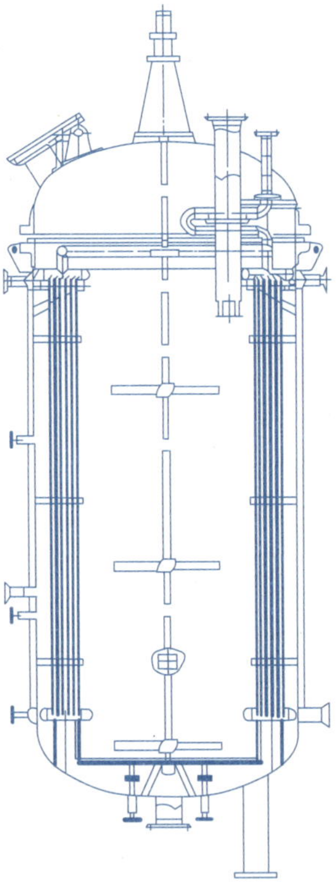

图 10-3 聚合釜结构

①主要控制指标。

一是生胶门尼黏度。橡胶的门尼值是用门尼黏度仪测量出来的门尼黏度数值，是评估生胶加工性能和硫化胶物理性质的重要指标。门尼值与生胶的分子质量、分子质量分布及凝胶含量密切相关，是综合反映这些特性的参数。不同用途的乳聚丁苯橡胶对门尼值的要求各异。通常情况下,通用型生胶的门尼值规定为 52 ± 6,易加工级生胶的门尼值较低,部分交联型和自补强型生胶的门尼值则相对较高。

二是单体转化率。在丁-苯乳液共聚过程中,由于丁二烯和苯乙烯的相对反应活性不同,二者的消耗速率并不相等。因此评估聚合反应的进展应侧重于聚合深度或共聚物收率,而非单体转化率。随着反应进行,聚合物的门尼值和单体转化率均逐渐上升,产生的聚合物数量也随之增加。这不仅导致单体配比的变化,致使苯乙烯含量上升,还可能增加共聚物支化凝胶形成的概率,从而影响橡胶的物理性能。因此工业上通常通过控制单体转化率来管理橡胶的质量。对于典型的乳液聚合工艺,单体转换率的控制标准为 60% ± 2%,在更先进的工艺中,转换率已提升至 70% ± 2%。

三是结合苯乙烯量。随着聚合反应的进行,苯乙烯的结合含量逐渐增加。实验结果表明,随着苯乙烯含量的提升,丁苯硫化胶的拉伸强度、永久变形和定伸强度均有所增强,但其回弹性明显下降。综合考虑,各种性能表现最佳的苯乙烯结合量为 22%~24%。因此针对通用型乳聚丁苯橡胶,建议将苯乙烯的结合含量设定为 23.5% ± 1%。

②主要控制手段。控制手段是指为获得符合质量标准的橡胶而采取的聚合反应控制措施。总体来看,影响乳聚丁苯橡胶质量的主要因素包括苯乙烯含量、共聚物的分子质量及其结构。确定聚合配方后,原材料和单体的配比已固定,剩下的可控因素仅为连续进料中各组分的精确比例、聚合温度以及单体转化率这三个变量。其中进料比例的严格性受到泵供量、计量精度以及搅拌设备条件的限制,因此主要集中控制聚合温度和单体转化率。

一是结合苯乙烯量的控制。在聚合配方确定后,聚合物中苯乙烯的结合量主要受丁二烯与苯乙烯的进料比(或称相对浓度)及单体转化率的影响。如果进料比严格控制,那么苯乙烯结合量的调节实际上转化为对转化率的严格控制。

二是单体转化率的控制。在丁-苯乳聚反应中,由于两种单体相对活性的差异($r_B > r_S$),随着反应转化率的提高,剩余的丁二烯的比例逐渐降低,而苯乙烯的比例则逐渐增加,这导致共聚物的组成不断变化。因此控制转化率实际上转化为对单体组成比例的调控。此外,随着转化率上升,共聚物的分子质量不断增大,体系内形成的共聚物分子数量也在增加,从而提高了链转移和支化凝胶形成的可能性。因此通过调节转化率,不仅可以控制单体组成,还能有效影响分子质量分布和门尼值的调整。

控制转化率的方法通常依据操作规程设定的物料流量与体积关系,以掌控物料的停留时间。此外,可以定时从各串联釜中取样,借助干物质法测定转化率;也可以在串联釜后安装 γ-射线密度计,通过实时监测胶乳密度,进而转换为转化率,进行在线分析。此过程旨在及时评估转化率是否符合标准,并根据检测结果调整相关物料变量,确保聚合反应平稳地达到预定指标。

三是聚合温度的控制。聚合温度是影响聚合反应速率的关键因素。在丁-苯乳聚过程中,聚合温度不仅会直接影响反应速率,还会影响调节剂(如硫醇)的消耗速率,从而造成产品性能的变化。因此,严格控制聚合反应的温度至关重要。冷法丁-苯乳聚的规定聚合温度为 5 ℃ ± 0.5 ℃。为了确保聚合温度的精准控制,生产线上的每个反应釜必须配备温度测量和控制点。温控系统通过反馈信号调节冷却剂的使用量。实践证明，当聚合温度超出标准范围时，通常通过增加冷却剂的量来降低聚合速率；反之，若聚合温度偏低或诱导期延长，常采用将首釜温度提高 1~2 ℃的方法，同时适度增加氧化-还原系统的进料量。

近年来，为了降低冷剂能耗和缩短聚合周期，冷法聚合工艺逐渐倾向于提高聚合温度。部分工业生产已将聚合温度从 5 ℃提升至 7 ℃。然而在提高聚合温度的同时，为确保橡胶的质量，有必要对聚合配方进行相应调整。

（3）单体回收工序。在闪蒸槽和汽提塔的设计与构造中，闪蒸槽的直径范围为 2.5~3 m，长度为 4~5 m，通常采用 3~5 个槽体串联配置，设计压力为 0.59 MPa；汽提塔的结构如图 10-4 所示，塔径为 2.5~3 m，高度为 16~20 m，容积为 100~120 m^3。塔体采用碳钢材料，内壁则涂覆硅树脂或酚醛树脂。塔内配备 12 块可拆卸的不锈钢或搪瓷筛板，每两块筛板之间的塔体上设有人孔，以便于维护和检修。

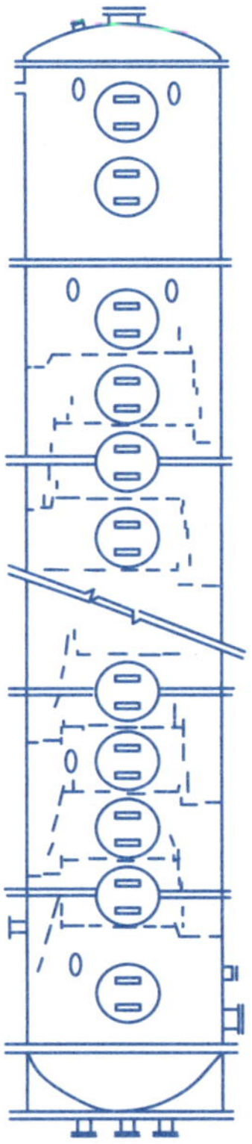

图 10-4 苯乙烯汽提塔结构

（4）胶乳掺和。储存或掺和胶乳的主要设备包括带衬里的碳钢槽或水泥槽，容积通常为 500~800 m^3。这些槽上配有搅拌器，并通过泵输送混合物。

（5）凝聚和脱水工序。凝聚的主要设备包括凝聚釜（容量为 2~3 m^3，搅拌速率为 400 r/min）、皂转化槽（容积为 10~15 m^3）以及絮凝箱（尺寸为 1.6 m × 0.5 m，内部设有辅助箱和挡板）。胶乳与盐水及稀硫酸的接触顺序为：胶乳→盐水→稀硫酸。

（6）干燥工序。选择 Welding 型挤压膨胀干燥机作为研究对象。该设备的料筒上设有排气孔，内部配备两根方向相反、互不干涉的并行螺杆，能够反向旋转。机腔的横截面呈“∞”形，外部配有分段加热夹套。其内部结构细分为进料段、升压段、捏合段和挤出段四个部分。

10.2.5 “三废”处理情况

乳聚丁苯橡胶的生产过程，与其他化工生产一样，也会生成废气、废水和废渣。为了保护生态环境并降低污染危害，必须对这些废物进行严格处理，控制其排放。其治理原则包括：①尽可能回收和循环利用所有原料和水；②对不可再利用的废弃物实施有效的物理或化学处理，以确保其符合排放标准。

1. 废气处理

在乳聚丁苯橡胶生产过程中，废气的主要来源包括两个方面：一是回收丁二烯时通过煤油吸收释放的尾气，内含约 2%的丁二烯；二是在干燥过程中排放的废气，其中含有少量丁二烯、丁二烯二聚物及苯乙烯。这些废气的总量通常低于 0.01%，若不经处理直接排放至大气中，可能会造成环境污染。同时，若设备发生泄漏或出现事故，可能会释放大量丁二烯和苯乙烯，此时应采取加强室内通风或通过安全阀将气体引导至火炬进行燃烧的措施。

2. 废水处理

废水的主要来源包括洗胶水、循环使用后的母液、回收苯乙烯时水油分离槽中的水层、脱除丁二烯阻聚剂产生的废碱液、各类设备的冷却水以及洗地污水。首先，将这些废水汇集，添加絮聚剂和凝聚剂，然后进行过滤和干燥，最终得到次品橡胶。过滤后的废水则送往污水处理厂进行生化处理。其次，针对废碱液与后处理排放的酸性废水，进行中和以达到中性标准；含油的混浊废水分出油层后可进行燃烧，剩余水层则排至废水池。经过初步处理后的废水排放标准为：pH = 6~9，最大 COD 值为 1 500 mg/L，苯类含量≤ 100 mg/L，酚含量≤ 5 mg/L，醇含量≤ 100 mg/L，拉开粉（二异丁基苯磺酸钠）含量≤17 mg/L。所有冷却水均循环使用。为保持循环水的清洁及无沉淀物，常常向水中添加缓蚀剂、杀菌剂及氧化剂，并不断补充新鲜水源，利用过滤器去除悬浮物。冷却后的热水进入冷却塔，通过喷淋自然降温后再次循环使用。

3. 废渣处理

废渣主要来源于聚合、单体回收和干燥设备的清理，包括废胶、地沟浮渣、水处理后的上浮胶渣以及单体回收中清除的端聚物。前者可作为次品出售，后者则需送往燃烧炉处理。通常情况下，每吨橡胶的废渣不超过 10 kg。

10.3 溶聚丁苯橡胶生产工艺

S-SBR 是指丁二烯、苯乙烯经溶液共聚制得的丁苯共聚物。按照共聚时所用的引发剂体系不同，可分为锂（引发体）系溶聚丁苯橡胶、醇烯（引发体）系溶聚丁苯橡胶和

Ziegler-Natta（引发体）系溶聚丁苯橡胶。其中醇烯系溶聚丁苯橡胶 1970 年曾由日本醇烯橡胶公司生产，后来由于引发剂用量大、橡胶分子质量过高、加工性能不好、价格昂贵等原因，已停止生产。采用 Ziegler-Natta 型引发剂合成溶聚丁苯橡胶的工艺正在研究开发中，尚未形成工业化生产。故本节仅涉及用锂引发剂体系制得的溶聚丁苯橡胶生产工艺。

溶聚丁苯橡胶通常是以正丁基锂作引发剂，在烃类溶剂（如己烷）中引发丁二烯、苯乙烯阴离子共聚制得的。与以自由基型引发剂引发丁-苯乳液共聚制取 E-SBR 的共聚反应相比，丁-苯阴离子共聚有以下特点。

（1）引发剂的活性高，用量少，单体转化率可达 100%。不仅可减少单体回收工序，而且所得橡胶的纯度高，杂质少（1%~2%），灰分少（0.05%~0.1%）以及非橡胶成分少。特别是不含能加快橡胶老化的过渡金属，使生胶的质量和纯度均优于 E-SBR。

（2）S-SBR 的线性度较高（无凝胶分子链），因此橡胶的弹性、耐寒性优良，硫化胶的滞后损失小、生热低、耐磨性好。

（3）S-SBR 的分子质量分布较窄，特高分子质量级分少，这就使得生胶的强度高，填充大量填料（或填充油）后，其力学性能也不会显著下降，混炼胶料的压出速率快，收缩率小。

（4）可采取多种手段来调节聚合速率、分子结构和分子参数。例如，为了调节聚合速率和 1，2-结构含量，常加入少量极性溶剂如四氢呋喃（THF）；为了实现分子链的无规化，常加入无规化剂；为了提高分子质量和拓宽分子质量分布，常采取将活性链偶联的生产方法。

因此依据阴离子活性聚合的特性和添加剂对聚合反应的影响，可使 S-SBR 的分子结构发生多种变化，分子参数也明显不同于 E-SBR。

10.3.1 原料及助剂情况

丁二烯和苯乙烯在锂系引发剂存在下进行阴离子共聚属于活性聚合，原料、助剂及反应体系中的水分、有害杂质等都会严重影响聚合反应的进行，轻则干扰化学计算聚合（可按引发剂用量预测聚合物的分子质量），重则导致聚合反应失败，因此原料和助剂中的水、醇、胺等含活泼氢的物质和含双键（或重键）的化合物如炔烃、丙二烯、羰基化合物及氧等均需严格控制在允许范围以内。

1. 原料

（1）丁二烯单体规格见表 10-12。

表 10-12 丁二烯单体规格

项目	规格	项目	规格
1,3-丁二烯含量	＞99%	1,2-丁二烯含量	＜0.015%
外观	无色透明	丁二烯二聚物含量	＜0.1%
过氧化物（以 H_2O_2 计）含量	$<5\times10^{-6}$	羰基化合物（以乙醛计）含量	＜0.005%
炔烃总量	＜0.01%	硫（以 H_2S 计）含量	$<5\times10^{-6}$
甲基乙炔含量	＜0.001%	不挥发残余物含量	＜0.1%

续表

项目	规格	项目	规格
乙基乙炔含量	< 0.005%	甲醇含量	< 0.001 5%
丙二烯含量	< 0.001%	4-叔丁基邻苯二酚含量	< 0.01%

(2)苯乙烯单体规格见表 10-13。

表 10-13 苯乙烯单体规格

项目	规格	项目	规格
外观	无色透明	氯化物含量	< 0.002%
苯乙烯含量	> 99.6%	黏度(25 ℃)/(mPa·s)	≤ 0.75
醛类(以苯甲醛计)含量	< 0.01%	相对密度	0.903 8~0.905 2
过氧化物(以 H_2O_2 计)含量	< 0.001%	聚合物溶解度	完全溶于苯
硫(以 H_2S 计)含量	< 0.002%	4-叔丁基邻苯二酚含量	0.001%~0.002%

(3)溶剂(环己烷和正庚烷)规格见表 10-14。

表 10-14 环己烷和正庚烷规格

溶剂(环己烷)	规格	溶剂(正庚烷)	规格
环己烷含量	> 98%	正庚烷含量	99%
硫含量	$< 5 \times 10^{-6}$	硫含量	1×10^{-6}
水含量	< 0.002%	水含量	< 0.005%
不挥发物/(g/100 mL)	0.000 5		
苯与甲苯含量	< 0.01%	不挥发物/(g/100 mL)	0.001
初馏点(干点)/℃	> 79.5(<82)		

(4)引发剂。丁二烯与苯乙烯在烃类溶剂(如环己烷)中进行阴离子共聚合,通常采用 *n*-BuLi 作引发剂。*n*-BuLi 通常是由 *n*-BuCl 与金属锂在环己烷溶剂中于氩气保护下直接反应制得的。*n*-BuLi 的规格如下:纯度为 99.2%,黏度为 3.46×10^{-2} Pa·s,相对密度为 0.765。

n-BuLi 可溶于戊烷、己烷、庚烷等烃类溶剂,当它在烃类溶剂中的浓度高于 15%时,其是一种引火性液体。*n*-BuLi 在烃类溶剂中以缔合体存在,且缔合与解缔合呈动态平衡。

n-BuLi 的化学性质极活泼,除可作引发剂外,遇到含活泼氢的物质(如水、醇、胺)还发生水解反应(醇解、胺解):

$$n\text{-}C_4H_9Li + HOH \rightarrow n\text{-}C_4H_{10} + LiOH$$

$$n\text{-}C_4H_9Li + ROH(\text{或}RNH_2) \rightarrow n\text{-}C_4H_{10} + LiOR(LiNHR)$$

与氧反应:

$$2\,n\text{-}C_4H_9Li + O_2 \rightarrow 2\,n\text{-}C_4H_9OLi$$

与醚反应：

$$n\text{-}C_4H_9Li+C_2H_5OC_2H_5 \rightarrow n\text{-}C_2H_5OLi + C_4H_{10} + C_2H_4$$

形成的 n-C_4H_9OLi 无引发活性。

n-BuLi 的贮存稳定性与温度有关，室温下保存数月未发现显著分解，35 ℃时活性锂每日损失 0.006%，45 ℃时活性锂每日损失 0.05%，60 ℃时活性锂每日损失 0.3%，100 ℃时发生快速分解。因此 n-BuLi 稳定性较高，可于室温下贮存。

2. 助剂

（1）无规化剂。工业上常添加无规化剂来生产无规溶聚丁苯橡胶。无规化剂是通过改变活性组分种类来改变苯乙烯的相对活性，从而克服苯乙烯的嵌段化倾向。加入无规化剂后，活性组分种类和体系极性改变，同时也将导致丁二烯单元 1，2-结构的变化。从这个意义上说，无规化剂又是结构调节剂。无规化剂一般指极性化合物，如醚类、叔胺类、含磷化合物（亚磷酸酯、磷酸酰胺、六甲基磷酰胺等）和烷氧基碱金属盐等，其相对用量和聚丁二烯 1，2-结构含量之间的关系列于表 10-15 中。由表 10-15 可以看出，叔丁氧基钾的用量少，调节后的 1，2-结构含量最低。

表 10-15 各种无规化剂及其用量对溶聚丁苯微观结构的影响

无规化剂	加入量/（mol/mol Li）	聚丁二烯 1，2-结构含量
四氢呋喃（THF）	5	25%
乙二醇二甲醚（DME）	0.5	23.5%
亚磷酸酯	0.3~0.5	12%~13%
六甲基磷酰胺	0.6	20%
碱金属	0.16~0.4	含量低
氢氧化钡	2	11.4%
叔丁氧基钾	0.2	~4%
	0.025	~9%

（2）偶联剂。偶联剂常指官能度大于 2 的多官能团化合物，它可通过消除 LiCl 的反应把两个或两个以上的活性聚合物链偶联起来，从而达到分子质量成倍增大、加宽分子质量分布和增加支化度的目的。能与锂活性链端起反应而偶联的偶联剂有二乙烯基苯、己二酸二乙酯、四氯化硅、三氯甲基硅烷和四氯化锡等，其中以四氯化锡使用得最多。偶联效率与偶联剂种类、用量及偶联条件有关。工业上常在聚合反应完成后，将活性聚合物打入另一反应器中加入偶联剂进行偶联反应。此时可通过改变偶联剂用量、偶联温度和时间等来控制偶联度。

（3）防老剂。与其他合成橡胶一样，在凝聚前需向胶液中加入适量的防老剂。常用的防老剂有苯基-β-萘胺（防老剂丁，污染型）和 2，6-二叔丁基-4-甲基苯酚（防老剂 264，非污染型）。防老剂 264 的规格如下：白色结晶，熔点≥ 69 ℃，水分≤ 0.6 %，灰分≤ 0.01%，游离酚含量< 0.02%,细度为 100 目。

10.3.2 公用工程情况

公用工程情况同 10.2.2 节。

10.3.3 工艺流程

溶聚丁苯橡胶可采用间歇聚合生产,但多数采用连续聚合流程。连续聚合可在两台或多台串联釜内进行,也可采用单釜连续聚合。连续聚合的生产工序为:原料精制、引发剂及化学品溶液配制、聚合、浓缩、掺混、溶剂回收、凝聚、溶剂精制、脱水、干燥、后处理。连续聚合流程如图 10-5 所示。

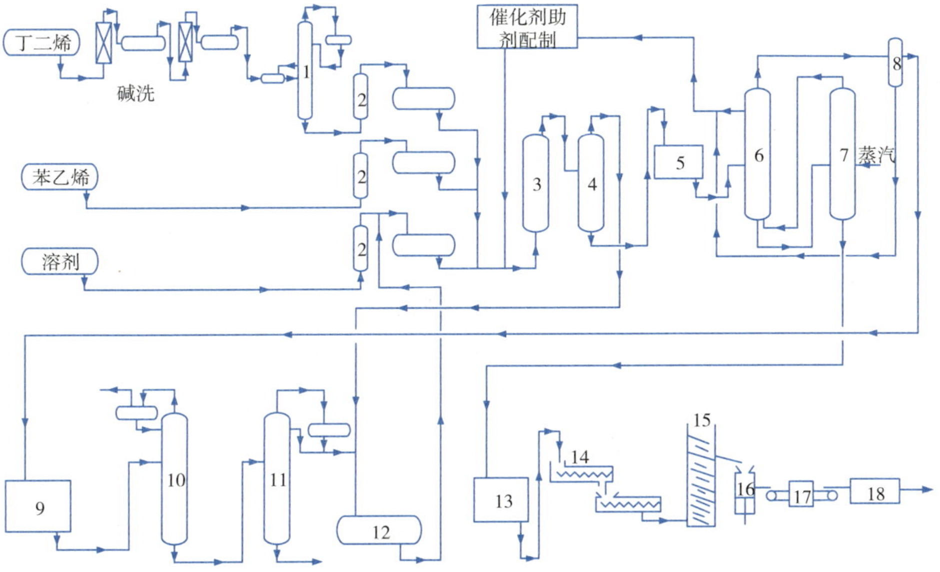

1—精馏塔;2—干燥塔;3—聚合釜;4—闪蒸塔;5—掺混罐;6、7—第一、第二凝聚塔;8—滗析器;9—湿容器罐;10、11—脱轻、重组分塔;12—干溶剂罐;13—淤浆罐;14—振动筛;15—提升机;16—称重压块机;17—金属检测器;18—包装机

图 10-5 溶聚丁苯橡胶生产工艺流程

1. 原料的精制与助剂的配制

合格的丁二烯和苯乙烯从贮罐打出经碱洗除去阻聚剂后,再经干燥塔脱除重组分和水分。新鲜溶剂(环已烷、正已烷或庚烷)与回收溶剂按一定比例混合后再经干燥塔除去水分(一般水含量需< 2×10^{-6})。引发剂、无规化剂、偶联剂、凝聚分散剂和防老剂均事先配成一定浓度的已烷溶液,贮于计量罐中,按配方规定比例进入相应聚合、偶联、凝聚等工序。

2. 聚合

聚合可为间歇聚合,此时按溶剂、单体和无规化剂次序进入聚合釜,最后再加引发剂;连续聚合则是溶剂、单体、无规化剂和引发剂分别按预定比例连续进釜。釜内单体溶度一般为 12%~15%,聚合后(单体转化率达 100%)胶液黏度达 10~20 Pa·s,一般是聚合完成后在串联的另一釜(或称偶联反应釜)内加入偶联剂,偶联前是否需补加丁二烯(使增长链全部转化为聚丁二烯-锂活性链端)应视聚合情况而定。聚合条件如下:温度为 50~110 ℃,系统压力为 0.3~1 MPa,时间为 1~2 h。

3. 浓缩和掺混

聚合后的胶液进入闪蒸塔,在减压下闪蒸出部分溶剂,使胶液浓度提浓至 25%左右(若为间歇聚合,闪蒸可在聚合釜内完成)。胶液掺和(在掺和槽)达到规定门尼值后,加入防老剂送到回收、凝聚工序。

4. 回收溶剂与凝聚

胶液与热水或蒸汽接触,溶剂脱出回收,同时析出胶粒。为防止胶粒结块可加入分散剂。为使溶剂脱出完全,凝聚常采用双塔流程。从塔顶蒸出的溶剂和水经油水分离后,油层送去溶剂精制工序,胶粒和水经振动筛送去脱水干燥工序。

溶剂回收是将凝聚工序送来的油层直接精馏脱除轻、重组分,再经干燥后即可送回聚合系统混配使用。若聚合时加入了 THF 之类的极性溶剂,则需将含 THF 的溶剂蒸气由第一凝聚塔顶蒸出,经冷却后进入分离器分出水相(含 THF),再送回凝聚塔;油层经蒸馏干燥塔脱水精制、干燥;塔顶出来的含 THF 水相也返回凝聚塔,干燥塔底出来的是含 THF 的干燥溶剂,经分析 THF 的浓度后,送返聚合系统使用。凝聚塔水相中积累的 THF 应定期精馏回收。

5. 脱水、干燥和后处理

脱水、干燥有两种方法。一种干燥方法采用常规工艺,即将由振动筛筛去水分后含水量为 50%~60%的胶粒送入挤压脱水机,使橡胶的含水量降至 20%以下,然后再送入挤压膨胀干燥机或热风干燥箱进一步脱水干燥(脱水原理和干燥方法、设备与乳聚丁苯橡胶相同),使橡胶产品的含水量达到≤ 0.5%的合格指标。干燥后的橡胶经压块、称重、金属检测,最后包装入库。另一种干燥方法是先把闪蒸浓缩后、含橡胶约 25%的胶液,经预热器或薄膜蒸发器进一步浓缩成含胶量约 50%的胶液。该胶液不经凝聚直接进入双螺杆挤出式干燥机(或四台辊筒式干燥机),使脱出溶剂和橡胶干燥一步完成,这种干燥机一般具有加料段(胶液进入)、溶剂脱出段和挤压膨胀干燥段,溶剂脱出段开有蒸汽出口并接入溶剂回收系统。各段控制不同的温度,胶液受螺杆推进压缩,并受剪切生热和外部加热使溶剂挥发;在挤压膨胀干燥段,橡胶进一步受到挤压,同时橡胶内的少量溶剂受剪切热和机筒加热的影响,有强烈的汽化倾向,但由于受到高压迫使其保持在液态,故一旦挤出、解除压力,溶剂极快地闪蒸。这样既达到了高效脱除溶剂的目的,又可以得到蓬松的多孔胶粒。显然这种方法减少了凝聚工序,胶质好、能耗低,但存在设备生产能力小、设备结构比较复杂、操作环境危险、溶剂蒸气浓度高等问题,从而影响了这种方法在工业上的推广应用。

10.3.4 主要设备情况及控制参数

溶聚丁苯橡胶生产所用的主要设备除需增加相应溶剂回收精制设备(丁二烯碱洗塔,丁二烯、苯乙烯和溶剂的精馏塔及干燥塔)外,其他工序的主要设备与乳聚丁苯橡胶基本相近。由于所用的引发剂不同,所以在聚合完成以前所有设备均需干净,且严格防止水分、空气及有害杂质的侵入。对原料纯度和有害杂质含量的要求也比乳聚丁苯橡胶更加严格。

引发剂及助剂溶液配制工序的主要设备是带有计量装置的密闭贮罐；聚合釜一般由碳钢制成，外部带冷却夹套，内部设回流式（或非回流式）冷却管，并装有螺带式或透平式高效搅拌器，容积一般为 18~30 m^3，可单釜、多釜串联连续操作，也可单釜间歇聚合。

与乳聚丁苯橡胶生产不同，溶聚丁苯橡胶生产时，需在聚合完成后，使胶液进入闪蒸塔先蒸出部分溶剂，将胶液浓缩；凝聚是借助蒸汽加热蒸出溶剂使橡胶析出，而不是靠加入盐类或酸破乳；为使溶剂脱出完全，常采用双塔凝聚作业。凝聚塔为容积 50~70 m^3 的不锈钢筒形，顶部装有搅拌器、内设挡板；胶液经圆形管多点进入，胶水比一般为 5%~10%，第一凝聚塔的操作温度为 85 ℃，第二凝聚塔的操作温度为 95~105 ℃，添加分散剂时胶粒的平均粒径为 0.5 cm。

采用挤压机和挤压膨胀干燥机对橡胶进行挤压脱水和干燥，其设备结构、生产能力、能耗与乳聚丁苯橡胶一样。

10.3.5 “三废”处理情况

与 E-SBR 的生产相比，生产 S-SBR 工厂的“三废”不仅数量少，而且种类也少，因此也容易治理。但是生产所用的单体、溶剂和引发剂溶液等均为易燃、易爆、有毒液体，故其安全防护比 E-SBR 生产更为严格。

S-SBR 生产装置排出的废水，仅为 E-SBR 生产的 1/4~1/3，这些废水中主要含有苯、环己烷或己烷等有机溶剂，醚类助剂、引发剂残渣和橡胶屑。含有橡胶屑和溶剂等的废水，先送入厂区初级沉降槽，分离出胶屑，然后送至厂外污水处理装置进行进一步处理；来自单体和溶剂精制的重组分残液，定期排放后作燃料使用；来自清洗装置和洗刷地面收集的废聚合物，送焚烧炉焚烧。

制备烷基锂时的锂残渣，可加入含 50%精制煤油的水溶液和 28%橡胶溶液及乙醇-碱溶液，使锂转化成 LiOH，然后再用盐酸中和，以氯化锂晶体的形式回收锂，或将卤代烷加在锂渣中加热至 20~100 ℃，使锂转化成卤化锂，然后将氯化锂溶在水中，用盐酸中和水溶液至中性，经浓缩后回收结晶氯化锂。

10.4 乳聚丁苯橡胶生产工艺改进及发展趋势

10.4.1 聚合配方的完善与改进

1. 新型助剂的使用

（1）引发剂。在生产装置中，采用过氧化氢异丙苯和过氧化氢蒎烷作为引发剂制备 E-SBR 逐渐成为一种趋势。各大公司如固特异、埃尼和锦湖，纷纷转向使用过氧化氢蒎烷，以降低产品对环境的影响。此外，日本住友化学的一项专利提出，使用过氧化氢二异丙苯与至少含 85%的活性间位化合物复合引发剂，显著提高了聚合转化率。Oosterwijk 等在其专利中采用双-(1-过氧羟基环己基)过氧化物作为引发剂进行 E-SBR 的制备，同样实现了转化率的显著提升。

（2）乳化剂。波兰一项研究发现，使用精制妥尔油皂作为 E-SBR 聚合的乳化剂，可以显著缩短聚合时间。为了去除对自由基聚合有抑制作用的含氧酸，可以将主要由树脂酸和脂肪酸组成的粗制妥尔油在绝对压力为 0.2~5.0 kPa 和温度为 150~300 ℃的条件下进行蒸馏精制。此外，可以采用妥尔油钠或钾皂与松香酸皂或脂肪酸皂的混合物作为复合乳化剂进行 E-SBR 的聚合。

（3）调节剂。日本瑞翁公司采用 2，2，4-三甲基-2-戊硫醇作为 E-SBR 聚合的调节剂，以提高橡胶的硫化速率，并赋予硫化橡胶优异的硫化特性。美国菲利浦斯公司在使用过氧化氢作为引发剂、混合皂作为乳化剂的情况下，选用叔壬基硫醇或 2-壬基硫醇作为调节剂，以有效控制橡胶的门尼值。此外，该公司研发的微乳化技术通过表面活性剂和醇类助活性剂将十二碳硫醇或更高碳数的硫醇进行乳化，显著提高了硫醇的调节指数。德国布纳公司则使用丁二烯-甲基丙烯酸-苯乙烯-乙烯基环己烯的共聚物替代十二碳硫醇作为 E-SBR 调节剂，研究结果表明，此做法能够减少聚合过程中凝聚物的形成，而且对聚合速率无显著影响。

（4）环保型终止剂。在 E-SBR 聚合反应中，常用的终止剂包括二甲基二硫代氨基甲酸钠和二乙基羟胺，但是这些物质与亚硝酸盐反应可生成致癌物，对人体健康构成威胁。美国固特异公司采用异丙基羟胺或其盐类作为终止剂，添加量为每百份单体 0.05~0.20 份，聚合反应在 10 ℃进行，反应转化率达到 62%时加入终止剂，以终止反应。这种方法与传统终止剂的使用方式相同，有效防止了挥发性致癌物亚硝胺的生成。在日本，三菱化学公司的曾根一佑等研究发现，使用二硫代氨基甲酸盐作为终止剂不仅不会产生亚硝胺，而且在橡胶加工过程中还具备硫化促进的作用。他们还揭示，单烷基二硫代氨基甲酸盐同样表现出此类效应。与此同时，美国埃克森公司提出使用稳定的硝酰自由基化合物作为终止剂，不仅能够消除亚硝胺的形成，还能促进引发剂自由基的反应。荷兰壳牌公司采用通式为 Na_2S_x（x 约为 4）的碱金属多硫化物替代传统的终止剂，从而显著降低了 E-SBR 中亚硝胺的含量。这些研究为 E-SBR 的安全聚合提供了有效的解决方案。

（5）新型高效抗氧剂。美国固特异公司研发了一种新型高效抗氧剂，商品名为 Wingstay K。这种抗氧剂兼具优异的防老化和降凝特性，其有较高的分子质量，能够在聚合物中保持良好的稳定性。针对 SBR 1006 的封闭系统氧吸收实验显示，在 960 h 内氧气吸收量仅为 1.0%。相比之下，苯乙烯化酚仅能维持 125 h，而 α-甲基苯乙烯化丁基酚则为 275 h。此外，该抗氧剂在 70 ℃恒温下对橡胶的门尼黏度提供了显著保护，经过 35 d 观察，E-SBR 的门尼黏度仍保持不变。

2. 加入第三单体

美国固特异公司在丁二烯与苯乙烯的乳液共聚过程中，采用羟基甲基丙烯酸丙酯作为聚合单体，制备的橡胶在轮胎应用中表现出相较于传统 S-SBR 的多项优势。虽然该橡胶在滚动阻力和耐磨性方面与 S-SBR 相似，但牵引性能得到了显著提升。此次合成的 E-SBR

由乙烯、1，3-丁二烯和羟基甲基丙烯酸丙酯组成，所得到的橡胶的平均相对分子质量为50 000~100 000，光散射与折射指数之比为1.8~3.90。

日本瑞翁公司通过在丁二烯与苯乙烯乳液共聚过程中加入甲基丙烯酸基氧三丁氧基硅烷、甲基丙烯酸羟乙酯和2-乙烯基吡啶等第三单体，成功改善了最终产品的耐过热性能、抗张强度、耐磨耗性和加工性能。这一方法有效提升了E-SBR材料的整体性能。此外，通过在E-SBR的制备过程中添加含叔胺的烯类化合物作为第三单体，显著增强了其对白炭黑的亲和性。同时添加乙烯基不饱和羧酸酯作为第三单体的E-SBR，能够满足高性能轮胎对橡胶提出的低生热、耐磨损及良好加工性能的要求。

Polysar公司在E-SBR的生产过程中采用含叔胺基团的第三单体，成功合成了E-SBR 1712。这一材料满足了“绿色轮胎”对橡胶性能的更高要求。

10.4.2 聚合工艺的改进

美国固特异公司研发了一种新型乳聚丁苯橡胶工艺，称为现场注入单体（FIM）。该工艺可使皂的用量减少30%以上，并有效降低聚合物中的皂残留。这在轮胎应用中显著提升了帘线的黏合性能。通过将高分子质量SBR乳液与低分子质量SBR乳液混合共凝聚得到的改性E-SBR在滚动阻力和胎面耐磨性能方面与S-SBR相当，同时在抓地力等多个性能指标上更为优越。

日本JSR公司采用了两步聚合工艺，成功生产出中等苯乙烯含量的E-SBR。该工艺首先在乳化剂和0.07份叔十二碳硫醇的催化下，将44份丁二烯与51份苯乙烯进行乳液共聚。当单体转化率达到63%时，加入5份丁二烯和0.1份叔十二碳硫醇，继续聚合至转化率达到80%。最终得到的E-SBR在苯乙烯质量分数为45%、门尼黏度为93.5的条件下，展现出优异的耐磨性和卓越的拉伸强度。

德国Buna化工厂的E-SBR合成过程采用了由10个聚合釜组成的聚合系统。第一台聚合釜被用作预混釜，其预混料经过过滤器后进入其他聚合釜进行聚合。同时使用$C_{10}H_7SO_3H$/HCHO缩合物、丁二烯-苯乙烯-马来酸酐共聚物或马来酸的第尔斯-阿尔德反应加合物的稀水溶液对过滤器进行洗涤。洗涤液随后回流至聚合系统，从而有效减少了釜内的挂胶量。

10.4.3 改性技术的发展

美国固特异公司在制备E-SBR母炼胶时，首先在20~30份离子型表面活性剂和10~70份磷酸三（丁氧基乙基）酯增塑剂的条件下，将20~40份具有抗降解官能团的乙烯基化合物N-（4-苯氨基苯基）甲基丙烯酰胺与60~80份丁二烯在40 ℃共聚，从而获得稳定的母炼胶聚合物。母炼胶聚合物与E-SBR 1502混合，制得加入官能团的E-SBR，显著提升了其性能。该工艺的一大优势是：在制备母炼胶的过程中，不使用具有毒性的二氯甲烷和四氢呋喃共溶剂，由此省略了有机溶剂回收环节。此外，该公司还利用SBR 1502胶浆，通过乳液偶氮还原工艺（LRP）制备出饱和度达97%的氢化热塑性SBR 1502。氢化后的E-SBR在强度和耐老化性能方面均优于未氢化的材料。

日本横滨橡胶公司采用石脑油 C5 馏分与苯乙烯或乙烯基甲苯共聚，开发出一种能有效改性 SBR 的材料。改性后的 SBR 主要应用于轮胎制造，能够在不增加轮胎滚动阻力的情况下，显著提升轮胎在湿滑路面上的抓地性能。

日本普利司通公司通过在甲苯溶液中加入 α-溴基苯基乙酸和叔丁氧基氯对 E-SBR 进行改性，成功制备出具有优异耐热性能的卤化 E-SBR。经过改性后的硫化胶在 100%定伸应力、拉伸强度和伸长率等方面的性能均显著提升。此外，该公司在叔丁氧基氯的参与下，采用四唑类化合物（如 1-苯基-5-硫基-1，2，3，4-四唑）对 E-SBR 进行改性，进一步增强了基硫化胶的拉伸强度，同时改善了其抗湿（干）滑性能。

10.4.4 乳聚丁苯橡胶的发展趋势

1. 差别化、专业化

近年来，SBR 生产企业不断推出适应不同应用领域的新产品和新牌号。在传统的低温 E-SBR 产品中，结合苯乙烯的含量一般为 23.5%。为满足市场需求，出现了多种结合苯乙烯含量较高或较低的产品，其中结合苯乙烯含量约为 40%的产品包括 SBR 1721、SBR 1516、SBR 1513、JSR 1013N、SES-1013、JSR 0202、NIPOL 9526 和 NIPOL 9529 等。同时苯乙烯含量为 15%~17%的牌号有 E10102 和 E10204，而苯乙烯含量为 4.5%~6.5%的产品包括 E10104 和美国 ISP 公司的 8107 等。此外，粉末 SBR 因易于加工且具有较高的黏结性能和生胶强度，使用量逐年增加。ISP 公司目前可生产结合苯乙烯含量不同的 6 个牌号的粉末 SBR。

2. 功能化、高性能化

为了适应市场对汽车轮胎品质要求的不断提高，生产企业通过对分子质量及分布、支化度、不同单体含量、玻璃化温度和微观结构等进行调节来改善材料性能，使其向功能化、高性能化方向发展。以下为两种高性能轮胎用 E-SBR。

（1）预交联丁苯橡胶的合成方法主要是在丁苯橡胶的分子链间引入离子交联键。通过在传统的丁二烯-苯乙烯乳聚标准配方中添加少量的第三单体（例如胺类、酯类、硅氧烷类，以及含氨基、羟基或羧基的单体），可以实现三元共聚。与普通 E-SBR 相比，所得到的预交联丁苯橡胶在加工性能、滚动阻力、抗湿滑性、耐磨性和抗张强度等方面的表现更为突出，符合“绿色轮胎”的相关标准。

（2）结合约 40%苯乙烯含量的丁苯橡胶展现了出色的抗湿滑性能，这使其成为高速轿车轮胎胎面胶的理想选择，适用于最高时速 190 km/h 以上的高性能轿车轮胎。目前世界多家大型丁苯橡胶生产企业，包括美国固特异公司、德国赢创公司、日本合成橡胶公司和瑞翁公司及韩国锦湖石化公司等，已经实现了该材料的工业化生产，且产量逐年增长。

3. 环保化

近年来，环保型 E-SBR 产品的研发重点转向不含亚硝胺的材料。传统的终止剂二甲基二硫代氨基甲酸钠在与亚硝酸盐反应时，会生成副产物 N-亚硝基二甲胺。这种物质在聚合物的凝聚与干燥过程中大量释放，其浓度远高于吸烟室内的亚硝胺水平，严重危害人体健康。通过采用新型终止剂和相应的终止方法，不仅能确保橡胶产品不含亚硝胺，同时也将工作环境中的致癌物浓度降低至 1.0 μg/m^3 以下。目前一些欧洲企业的产品已基本实现了这一目标，成功消除了橡胶生产过程中亚硝胺的存在。

高芳烃油在丁苯橡胶中作为填充油的应用至关重要。然而高芳烃油中含有多种低稠环芳烃（PAHs），其中某些成分被认定为 2 类致癌物。从 2010 年 1 月 1 日起，只有符合欧盟 2005/69/EC 标准的橡胶油才能在欧洲市场上销售及用于轮胎制造。该标准要求 DMSO 抽提物中 PAHs 的质量含量必须低于 3%，且其中 8 种受限 PAHs 的含量需低于 10 mg/kg，苯并（a）芘的含量则需控制在低于 1 mg/kg。此外，按照欧盟《关于化学品注册、评估、许可和限制的法规》（REACH 法规），轮胎中的总 PAHs 含量不得超过其质量的 0.1%（即 1 000 mg/kg）。为降低芳烃油的毒性，环保芳烃油通过进一步抽提去除大部分 PAHs，使得低稠环芳烃的含量低于 3%。采用环保芳烃油的充油橡胶产品，已经在欧洲等发达国家的轮胎制造企业中得到应用。

第 11 章

N-甲基吡咯烷酮生产工艺

11.1 概述

N-甲基吡咯烷酮，简称 NMP，是锂离子电池制造过程中的主要原材料之一，多用于锂电池正极材料浆料和导电剂浆料的制备。除此之外，NMP 在电子化学品领域可用作光刻胶脱除液、半导体显示面板清洗剂，在聚合物合成中可作为对位芳纶、聚苯硫醚（PPS）和聚酰亚胺（PI）等特种聚合物的反应溶剂，还可用于绝缘漆及医药、农药及石油化工等领域。

NMP 作为溶剂添加于锂电池正极材料浆料和导电剂浆料中，其纯度、色度、游离胺等是关键指标。我国企业通过对 NMP 生产技术的创新突破、工艺过程的持续优化以及对产品高精度的检测分析，实现了多层次、多手段的产品质量控制，产品纯度高达 99.9%以上。

随着碳达峰碳中和目标的提出，新能源汽车行业得到迅猛发展。锂电池相比传统电池具有体积小、重量轻、充电次数多、使用寿命长等优点，成为新能源汽车动力电池的首选。在我国新能源汽车快速发展的带动下，锂离子电池尤其是动力电池的市场规模高速增长，带动 NMP 消费量持续快速攀升。随着新能源汽车市场规模不断扩大，在锂离子电池行业的拉动下，我国 NMP 行业市场规模持续增加，2022 年达到 288.80 亿元。

2022 年全球合成 NMP 的产能为 68.7 万 t/a，海外产能合计为 15.5 万 t/a，占全球合成 NMP 总产能的 22.6%。主要生产企业包括巴斯夫 7.0 万 t/a、亚什兰 2.5 万 t/a、三菱化学 2.5 万 t/a、利安德巴赛尔 2.0 万 t/a 和印度 Balaji Amines 公司 1.5 万 t/a。中国合成 NMP 产能约为 53.2 万 t/a，占全球合成 NMP 总产能的 77.4%。目前我国共有 16 家合成 NMP 生产企业，其中合成产能在 3 万 t/a 及以上的企业有 8 家，产能合计 42.7 万 t/a，占全国合成 NMP 总产能的 80%以上。

近年来，我国主要企业 NMP 布局势头很足，由于 NMP 行业进入门槛较低，受利益牵引，进入该领域的企业数量不断增多，行业规模持续扩大。据不完全统计，截至 2023 年，我国 NMP 拟建/在建项目超过 20 个，其中合成 NMP 产能超过 150 万 t/a，回收 NMP 产能超过 200 万 t/a。若这些项目全部建成投产，预计 2025 年我国合成 NMP 产能将达到约 164 万 t/

a，回收 NMP 产能将达到约 280 万 t/a。

由于电子级 NMP 市场需求高速增长，行业扩产难度大，供给明显不足，行业高度景气，扩产迅速；而工业级领域生产企业众多，但需求增长乏力，产能过剩明显，仅有少部分企业如迈奇化学、长信化工等通过技改等方式完成了从工业级向电子级的跨越。未来，电子级企业通过并购、整合、技改加速 NMP 工业级产能向电子级产能变化可能成为重要趋势之一。

11.2 NMP 的性质与用途

11.2.1 NMP 的物理性质

NMP 是一种有机化合物，化学式为 C_5H_9NO，为无色至淡黄色透明液体，稍有氨气味，可与水以任何比例混溶，溶于乙醚，丙酮及酯、卤代烃、芳烃等各种有机溶剂，几乎与所有溶剂完全混合，易吸水，对湿度较敏感。其具体物理性质如表 11-1 所示。

表 11-1 NMP 的物理性质

性质	数值	性质	数值
相对分子质量	99.131	闪点（开口）/℃	96
沸点（101.325 kPa）/℃	202.0	黏度（25 ℃）/cP	1.65
凝点（101.325 kPa）/℃	−24.4	pH 值	7.7~8
密度（25 ℃）/（g/cm^3）	1.027	表面张力/（dyn/cm）	40.7
气体相对密度（空气为 1）	3.4	饱和蒸气压（25 ℃）/Pa	39
燃点温度/℃	346	临界温度/℃	445
折射率 n（20 ℃）	1.470	溶解度	与水混溶

NMP 应贮存在阴凉和干燥通风处，充氮气保存，保持贮存容器密闭，容器打开后必须仔细重新封口，保持竖放，以防止泄漏。

NMP 与绝大多数有机化合物均不形成共沸物。

11.2.2 NMP 的化学性质

NMP 在中性溶液中比较稳定，但在 4%的氢氧化钠溶液中存在 8 h 后有 50%~70%发生水解；在浓盐酸中逐渐发生水解，生成 4-甲氨基丁酸。由于羰基的反应，可以生成缩酮或硫代吡咯烷酮。

NMP 在碱催化剂存在下与烯烃作用，在第 3 位发生烷基化反应。N-甲基吡咯烷酮为弱碱性，能生成盐酸盐；与重金属盐形成加合物，例如与溴化镍加热到 150 ℃，生成 $NiBr_2(C_5H_9ON)_3$，熔点为 105 ℃。

11.2.3 NMP的用途

NMP是一种高极性非质子传递溶剂，具有沸点高、极性强、黏度低、溶解能力强、无腐蚀、毒性小、化学及热稳定性好且与水完全互溶等优点，主要应用于涂料、锂电池、塑胶、农用化学制品、聚合物溶剂以及聚合反应溶剂等领域。

随着国内聚酰胺、聚酰亚胺、聚苯硫醚等高强工程塑料及高强纤维的飞速发展，对NMP的质量及需求量都提出了更高的要求。

1. NMP在锂电池中的应用

锂离子电池是目前最为理想的二次电池，被广泛应用于便携式电子产品领域，如笔记本电脑、手机及数码相机等。随着新能源产业的快速发展，锂离子电池逐步成为电动工具、电动自行车以及电动汽车的主要动力电池。此外，锂离子电池在能源储存领域也有重要应用。

在锂离子电池生产中，NMP用来溶解/溶胀聚偏二氟乙烯（PVDF），同时稀释浆料。作为锂离子电池制造过程中的主要原材料之一，NMP直接影响锂离子电池拉浆涂布的质量。根据行业调研数据分析，虽然型号和规格的差异会导致NMP占锂离子电池价值的比重有所不同，但整体而言，NMP占锂离子电池制造成本的比重为3%~6%。NMP的市场规模和需求量也随锂离子电池，特别是储能电池、动力电池的增长而增长。

2. NMP在高分子材料中的应用

NMP是PPS、芳纶、聚苯硫醚、聚酰亚胺等高分子材料制造过程中参与化学反应和稀释的必备化工溶剂，直接影响低温缩聚反应和物料产品输送的顺利完成。

NMP可溶解于聚合物，例如纤维素衍生物、聚酰胺、聚酰亚胺树脂、聚酯、聚苯乙烯、聚丙烯腈、聚氯乙烯、聚醋酸乙烯吡咯烷酮、聚氨酯、聚碳酸酯、聚醚和许多共聚物。NMP是与相应的单体、常规有机溶剂和水混合而成的。因此可以找到某一特定应用的最佳溶剂配方。例如，NMP被广泛运用于半渗透膜的预制。这种膜被运用于分离过程，例如超滤和反渗透，可以应用于野外水净化和血液透析等。

NMP非常实用，因为其适用于高浓缩混合溶液或者通过聚酰胺、聚丙烯腈、聚氯乙烯、聚苯乙烯和三乙酸纤维素制造可塑化合物，在提高温度的情况也可同样应用于乙烯基氟均聚物和异量分子聚合物。

3. NMP在电子行业中的应用

NMP在电子行业也有重要的用途。如NMP可用于集成电路、硬盘等要求严格控制金属离子和微粒子的行业的脱油、脱脂、脱蜡、抛光、防锈、脱漆等，也可用作正胶剥离液，还可用于IC半导体行业精密仪器、LCD液晶材料、PCB印刷线路板、硬盘的清洗。

4. NMP在涂料中的应用

（1）表面涂料。NMP无腐蚀性、沸点高，同时具有优良的溶剂性能。NMP可以提高表面涂料系统的性能，有利于干燥涂料在相对较高温度下的硫化。由于具有可提高流变性质，NMP适用于高度填充油漆的生产，可提高油漆流动性和覆盖力，使涂料更均匀、无孔、无裂纹，表现出更大的耐性和较高的机械强度。

NMP 对大多数涂料原料来说是一种优良的溶剂，如丙烯酸酯、环氧树脂、聚氨酯、聚氯乙烯体系、基于搪瓷线材的聚酰胺、水性涂料和印刷油墨。

NMP 也是一种对丁二烯丙烯腈聚合物（丁腈橡胶）很有用的溶剂，可作为容器的内衬。在橡胶混合溶液中比含酮类的溶剂具有更好的流动性和水平性。

氯乙烯-醋酸乙烯-共聚物可溶解于 NMP 和单核芳香族碳氢化合物的混合溶液中，用于薄膜注塑。在两种溶剂的作用下，混合溶液黏度低，并且可以随时使用。另外，包含聚酰亚胺族的聚异氰酸酯，也可溶解于 NMP 溶剂体系中。

（2）电线材料。在热固性绝缘涂料的制造过程中，NMP 对多元羧酸及其酸酐具有良好的溶解能力，例如偏苯三酸酐、苯酸酐、酰胺聚合物和高芳烃含量羧基族等。因此 NMP 在包含酰胺族的聚异氰酸酯的合成过程中可作为反应溶剂，在含有干燥油剂流动涂层的铜导体的加工过程中可作为黏度调节剂。

5. NMP 在石油化工中的应用

NMP 已经被广泛应用于大规模回收有机化合物，这些工艺利用了 NMP 对有机化合物的高溶解性。与其他化学溶剂萃取剂相比，NMP 具有不与其他有机化合物形成共沸物的特性，而且 NMP 的热稳定性好。

NMP 还可作为农药、杀菌剂、除草剂、种子防治产品的溶剂或助溶剂，其在高极性化合物中非常重要，在多组分系统中也非常有用。

11.3 原料及产品情况

11.3.1 NMP 合成原料情况

NMP 合成过程中涉及 γ-丁内酯和 40%的甲胺水溶液，其分别满足《工业用 γ-丁内酯》（HG/T 4989—2016）和《工业用一甲胺》（HG/T 2972—2017）的要求，详细规格分别如表 11-2 和表 11-3 所示。

表 11-2 γ-丁内酯的规格

项目	质量指标		
	电子级	优等品	合格品
色度（Pt-Co 色号）	≤ 10	≤ 10	≤ 30
γ-丁内酯含量	≥ 99.9%	≥ 99.7%	≥ 99.5%
水分含量	≤ 0.03%	≤ 0.05%	≤ 0.10%
1,4-丁二醇含量	≤ 0.05%	≤ 0.1%	—
四氢呋喃含量	≤ 0.05%	—	—
乙缩醛含量	≤ 0.005%	—	—

续表

项目		质量指标		
		电子级	优等品	合格品
酸值（以丁醛计）		≤ 0.03%	≤ 0.05%	—
阴离子含量/（mg/kg）	Cl^-	≤ 0.30	—	—
	SO_4^{2-}	≤ 1.00	—	—
	NO_2^-	≤ 1.00	—	—
阳离子含量/（mg/kg）	Fe	≤ 0.05	—	—
	Cu	≤ 0.05	—	—
	Zn	≤ 0.05	—	—
	Pb	≤ 0.05	—	—
	Na	≤ 0.50	—	—
	K	≤ 0.50	—	—

表 11-3 40%的甲胺水溶液的规格

项目	质量指标		
	优等品	一等品	合格品
外观	无色透明液体，无可见机械杂质		
氨含量	≤ 0.02%	≤ 0.05%	≤ 0.10%
一甲胺含量	≥ 40.0%	≥ 40.0%	≥ 40.0%
二甲胺含量	≤ 0.04%	≤ 0.06%	≤ 0.10%
三甲胺含量	≤ 0.02%	≤ 0.06%	≤ 0.10%
水含量	—	—	—

11.3.2 NMP 产品规格

γ-丁内酯和 40%的甲胺水溶液合成 NMP，最终得到的 NMP 产品满足《工业用 N-甲基-2-吡咯烷酮》（GB/T 27563—2011）的要求，详细规格如表 11-4 所示。

表 11-4 NMP 产品的规格

项目	质量指标	
	优等品	合格品
N-甲基吡咯烷酮含量	≥ 99.80%	≥ 99.50%
水含量	≤ 0.05%	≤ 0.10%
色度（Pt-Co 号）	≤ 20	≤ 30
折光率	1.468 0~1.472 0	

续表

项目	质量指标	
	优等品	合格品
总胺（以甲胺计）	≤ 0.01%	—
pH 值（1 mL/10 mL 水溶液）	7~10	—

11.4 NMP 合成工艺

目前 NMP 的合成工艺路线主要有三种：第一种工艺是以吡咯烷酮和卤代烷烃为原料的吡咯烷酮法；第二种工艺是在催化剂条件下合成 NMP；第三种工艺是以 γ-丁内酯（GBL）与甲胺水溶液或者单甲胺为原料的 GBL 法。

第一种工艺吡咯烷酮法中有卤代烃参加，会对环境造成污染，同时收率也不高，所以现已不用此法进行工业生产。第二种工艺中需使用催化剂参与合成，虽然反应温度和压力有所降低，但是存在催化剂本身的回收和再利用问题，以及使用重金属催化剂带来的环境问题，使得其现在仍处于研发阶段，工业应用较少。目前工业上应用较多的为第三种工艺，即 γ-丁内酯无催化剂合成法。

11.4.1 γ-丁内酯合成 NMP 工艺涉及的原理

γ-丁内酯与甲胺在高温、高压的条件下合成 NMP，其主、副反应方程式如下：

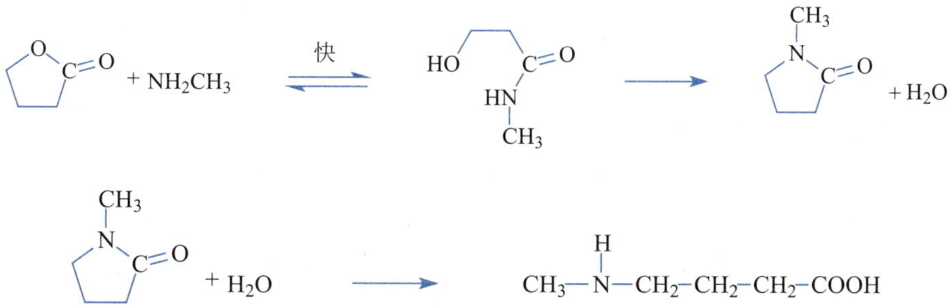

11.4.2 NMP 合成的原料及公用工程消耗情况

γ-丁内酯与 40%的甲胺水溶液在 260~280 ℃、7.0~8.0 MPa 的条件下进行 NMP 合成反应，其原料和公用工程消耗如表 11-5 所示。

表 11-5 NMP 合成的原料及公用工程消耗

名称	主要规格	单位	消耗定额
一甲胺	40%	t/t	0.798
γ-丁内酯	99.5%	t/t	0.850
工艺用水	—	t/t	0.090
焦油产生量	—	t/t	0.037
废水产生量	—	t/t	0.70
循环水	31~41 ℃	t/t	300.0
煤	—	t/t	0.50
电	—	kW·h/t	260
N_2	0.68~1.3 MPaG	Nm^3/t	45.0
空气	0.6~0.8 MPaG	Nm^3/t	40.0

11.4.3 NMP 合成工艺流程

γ-丁内酯与 40%的甲胺水溶液合成 NMP 是一种重要的有机合成工艺，其中包括反应工序、脱胺工序、脱水工序和 NMP 精制工序等。其工艺流程如图 11-1 所示。

γ-丁内酯和 40%的甲胺水溶液经过静态混合器充分混合后，进入 NMP 反应器 R101A/B/C 进行反应，反应为吸热反应，反应停留时间为 2 h 左右。NMP 反应器的壳程采用导热油加热维持反应温度，温度为 260~280 ℃，反应器压力由高压缓冲罐 V101 中的 N_2 维持，压力为 7.0~8.0 MPa，N_2 由压缩机 C101 加压维持控制。反应产物进入高压缓冲罐，正常生产时控制连续出料，出料进入脱胺塔 T101，进入 NMP 精馏工序。

γ-丁内酯和 40%的甲胺水溶液的反应产物经高压缓冲罐 V101 进入脱胺塔 T101 进行闪蒸，塔顶蒸出的甲胺和水经塔顶冷凝器冷凝、冷却至常温，部分循环至反应器 R101A 甲胺进料入口，部分物流进入胺吸收塔 T102，吸收少量的胺后排放；T102 塔釜的废水收集排放。

脱胺塔 T101 塔釜的物流打入脱重塔 T103，塔顶气相经塔顶内置的冷凝器后，一部分回流，一部分直接进入脱水塔 T104；塔釜得到的重组分物料收集分装。

来自脱重塔 T103 塔顶的气相进入脱水塔 T104，在负压的条件下，大部分水从塔顶脱除，塔釜物料再进入脱水塔 T105。T105 塔釜物料经再沸器加热汽化，经塔内填料的气液分离，使塔釜水分含量小于 0.01%；塔顶的水与 T104 塔顶得到的水、T102 塔釜的水集中处理。

脱水塔 T105 塔釜物流进入 NMP 成品塔 T106，该塔为填料塔，成品塔再沸器加热汽化。塔顶气相成品烷酮经成品塔冷凝器冷凝、冷却后一部分作为塔回流，一部分作为 NMP 产品装桶销售；塔釜重组分与 T103 塔釜的重组分可合并处理。

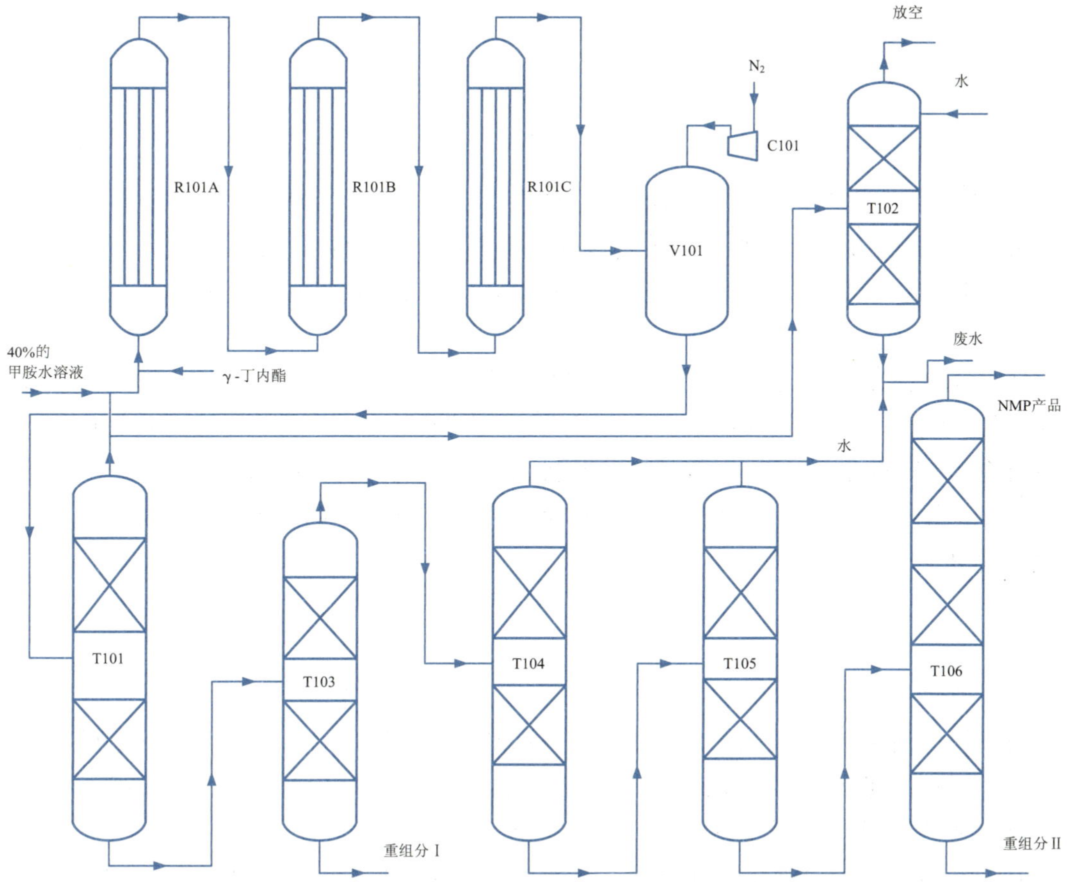

R101A、R101B、R101C—管式反应器；V101—高压缓冲罐；C101—压缩机；T101—脱胺塔；T102—胺吸收塔；T103—脱重塔；T104—脱水塔Ⅰ；T105—脱水塔Ⅱ；T106—NMP 产品塔

图 11-1 NMP 合成工艺流程

γ-丁内酯与 40%的甲胺水溶液合成 NMP 的工艺涉及的设备较少，由于成品 NMP 含水量较低，需精细操作。其主要反应工序、精馏工序操作参数如表 11-6 所示。

表 11-6 NMP 合成工艺各工序主要操作参数

设备	位号	填料形式	塔顶温度/℃	塔釜温度/℃	塔顶压力
反应器	R101A、R101B、R101C	管式反应器	260~280		7.0~8.0 MPa
脱胺塔	T101	填料塔	88.0	159.6	105 kPa
胺吸收塔	T102	填料塔	30.0	30.0	105 kPa
脱重塔	T103	填料塔	110.0	160.0	15 kPa
脱水塔Ⅰ	T104	填料塔	112.0	≤ 160.0	15 kPa
脱水塔Ⅱ	T105	填料塔	112.0	≤ 160.0	15 kPa
NMP 产品塔	T106	填料塔	110.0	≤ 160.0	10 kPa

11.5 锂电池 NMP 回收工艺

NMP 是制作锂电池正极材料不可或缺的溶剂，其价格高，且需求量随锂电池需求量的日益增加而逐渐上涨。在制作锂电池正极的废液中含有大量 NMP，若直接排放不仅污染环境，而且造成资源浪费，因此 NMP 的低成本回收工艺具有光明的应用前景和良好的经济效益。

NMP 在锂电池生产中主要用于正极制作环节，其与 PVDF、超细碳粉和磷酸铁锂混合形成浆料，涂布后经高温烘烤被除去，由此形成废弃物排放。因此锂电池生产过程中将产生大量含有 NMP 的废液和废气，若直接将其排放不仅会损失大量的 NMP，还会造成环境污染。锂电池阳极废弃物中 NMP 的回收分为两类，一是对含 NMP 废气的回收，二是对含 NMP 废液的回收。

11.5.1 NMP 废气的回收工艺

1. 含 NMP 废气预处理

对于锂电池生产中产生的 NMP 废气，利用其物理特性，一般采用冷冻、冷凝的方法将其回收。回收原理是利用冷却水与 NMP 气体换热吸收，使 NMP 以水溶液的形式从气体中被分离出来，然后进一步对吸收液进行精馏提纯。

有学者研究了锂电池生产中产生的 NMP 废气的回收工艺。采用冷凝法将 120 ℃的 NMP 高温废气经换热器降温到 70 ℃左右，再经过一级冷凝器、二级冷凝器得到 NMP 的低温冷凝液。也有人采用共凝法处理锂电池生产中产生的 NMP 废气。其工艺过程为向高含量 NMP 废气中喷入雾化状态的共凝剂，然后降温得到 NMP 溶液。其原理是共凝剂与 NMP 互溶，并且其沸点很低，因此温度降低时 NMP 会先冷凝出来，从废气中脱离，而溶到共凝剂中。共凝法在温度上具有优势，过程无需超低温条件，常温即可操作，而冷凝法则需要在超低温下进行。该工艺以水为共凝剂，得到的回收液中 NMP 含量为 20%~50%。还有人发明了一种回收 NMP 的工艺。其具体工艺过程为：首先对 NMP 废气进行吸收，得到 NMP 溶液，吸收剂为水，然后将其送入精馏塔，精馏塔塔顶的水蒸气返回塔底提供塔釜热量，换热后的冷凝水再次吸收 NMP 废气，形成一个热量和水量的大循环。

2. 精馏

废气经过上述工艺预处理后得到 NMP 的回收液，其中 NMP 含量为 60%~80%，水含量为 20%~40%，含有少量杂质。电子级 NMP 要求水分含量小于 0.05%，因此为了达到电子级纯度要求，需要对回收液进行精馏处理。陈德辉等发明了回收锂电池废液中 NMP 的双塔提纯系统。其具体工艺为：首先对 NMP 废气进行吸收得到回收液，吸收剂为水，将回收原液在 10~100 kPa、135~175 ℃条件下进行一次精馏，塔顶为水，塔釜可得到含量为 99.1%的 NMP，然后将塔釜物料通入第二精馏塔，在 10~50 kPa、140~170 ℃条件下再次精馏，塔顶采出的轻组分中的 NMP 含量为 99.95%。寇晨辉等利用 Aspen Plus 软件设计了一套间壁精馏塔回收 NMP 的流程,其与普通精馏塔的不同之处在于,流程增加了隔壁精馏塔,并在精馏塔处采出侧线物料,如图 11-2 所示。隔壁塔可减少物料间的返混,实现节能的目的。间壁精馏塔工艺与普通双塔精馏相比,所用塔板数更少,热负荷更小,因而降低了费用。

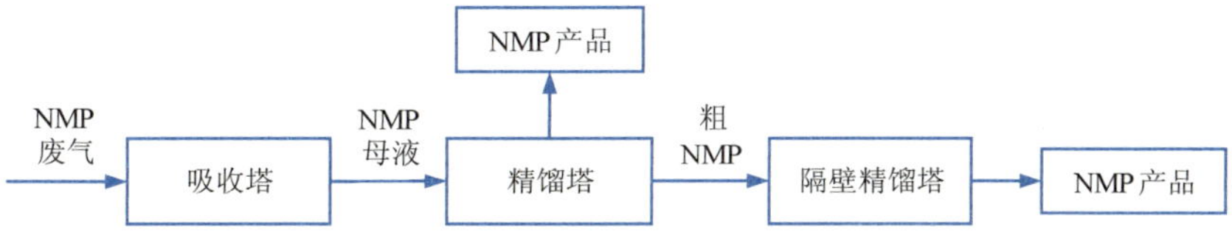

图 11-2 隔壁塔精馏提纯 NMP 工艺

陈德辉等发明了一种回收 NMP 的三塔精馏工艺。首先用水吸收 NMP 废气后得到回收原液,回收原液中含 60%~95 %的 NMP 和 5%~40%的水;然后将回收原液输入第一脱水塔进行脱水,其操作压力为 20~100 kPa,温度为 135~180 ℃,塔顶馏出物主要为水,塔釜得到 95%的 NMP 和 4%的水的混合物流;将塔釜液体通入第二精馏塔,操作压力为 10~50 kPa,温度为 140~170 ℃,此时塔顶馏出物含有 75%的 NMP,塔釜组分中 NMP 占 99%;最后将塔釜重组分送入第三精馏塔精制,其操作压力为 10~50 kPa,温度为 150 ℃,最终得到的产品中 NMP 的含量为 99.95%,水含量小于 100 mg/L。

赵宏等发明了一种超重力精馏提纯 NMP 的系统,如图 11-3 所示。工艺中有吸收塔、常压脱水精馏超重力机、减压超重力精馏机等设备。其中常压精馏塔的操作温度为 160 ℃左右,减压精馏塔的操作压力为 20 kPa 左右,温度为 150 ℃左右。两台超重力机的转子填料为整体式填料,转速为 50~2 000 r/min。经过提纯得到的产品中的 NMP 的含量大于 99.9%。超重力精馏设备与传统精馏塔相比,设备体积更小、费用更低,物料间传质效率更高,操作弹性大,可以得到更高品质的产品。

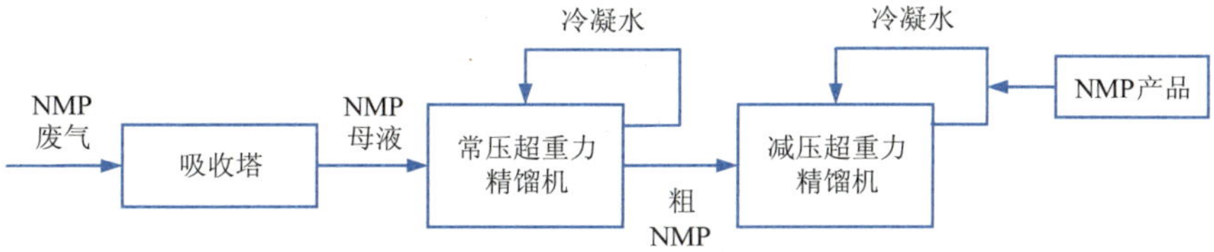

图 11-3 超重力精馏提纯 NMP 工艺

由此可以看出,吸收和处理 NMP 废气后主要采用精馏工艺进行 NMP 的提纯。这种工艺由于设置多个精馏塔,且精馏采用较高温度,设备与生产成本增加。

11.5.2 NMP 废液的回收工艺

1. 含 NMP 废液预处理

锂电池阳极废液中的主要组分有 NMP、PVDF、纳米碳粉和少量的镍钴锰酸锂等正极材料。为回收其中的 NMP，需要将其他组分与 NMP 分离，现有的方法主要有絮凝法和离心分离法。

许林俊等发明了一种锂电池废液中 NMP 的回收方法。该方法利用聚合硫酸铁、聚合氯化铁、聚合氯化铝等无机物对锂电池废液进行絮凝沉淀，静置时间大于 4 h，沉淀后所得的澄清液体为 NMP 水溶液，下层为黑色絮凝杂质，对其进行固液分离。之后向下层物质加入硅藻土，搅拌均匀后压滤，所得液体为含 NMP 的水溶液。具体流程如图 11-4 所示。其中硅藻土添加量会影响压滤效果，硅藻土越多，压滤后的滤饼越干燥。该工艺可将废液中 95%的 NMP 回收，经处理得到的 NMP 水溶液需要经过进一步提纯才能再利用。陈世鹏等利用离心机对正极废弃浆料进行固液分离，滤布孔径为 600~800 目，将得到的含有 NMP 的液相进行常压蒸馏，进一步提纯。

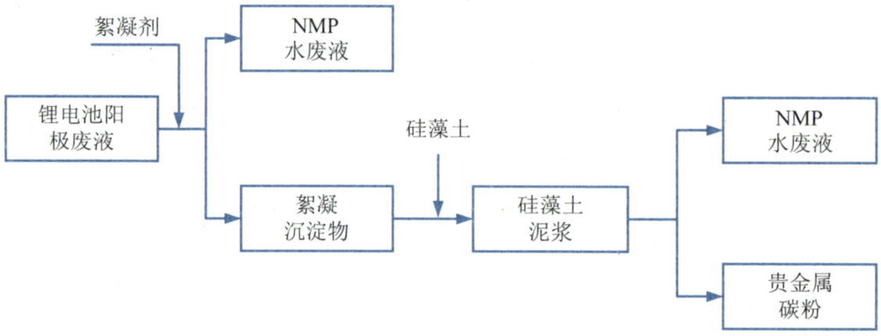

图 11-4 絮凝法回收锂电池阳极废液中的 NMP

2. 精馏

姚利等发明了一种单塔间歇减压精馏提纯 NMP 的方法。回收原液中 NMP 的含量为 65%~85%，水含量为 15%~35%，其他杂质含量为 1%~10%。回收过程：第一步，将 NMP 原液在 130~150 ℃、-0.099~-0.05 MPa 条件下精馏 6~8 h，得到纯度为 99%的 NMP 粗品；第二步，压力不变，温度提高至 160~210 ℃，精馏 8~10 h，得到纯度为 99.95%的 NMP 产品，其中含水量小于 0.05%。郑铁江等发明了一种单塔精馏与分子筛除水相结合的 NMP 提纯工艺。其原料为锂电池电解液精馏提纯后的 NMP 母液，其中水含量为 0.1%~0.5%。首先，原料经过单塔真空精馏得到 NMP 粗品，其中 NMP 含量为 99.8%，水含量为 0.01%~0.015%；然后将 NMP 粗品注入高效分子筛脱水装置，静置 8 h 后可将水量降至 0.001%。工艺流程如图 11-5 所示。该工艺利用分子筛脱水耗能低、无污染的特点，进一步降低了精馏产品中 NMP 的水分，满足电子级产品的要求。单塔精馏法设备投资较低，能耗也较低，但其精馏效率低，耗时很长，适用于中小型企业，可满足 NMP 的回收要求。

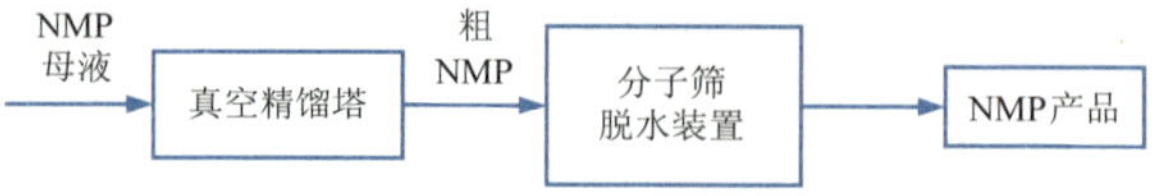

图 11-5 单塔精馏与分子筛脱水精制 NMP

丁龙奇等发明了一种双塔精馏提纯 NMP 的工艺，工艺流程如图 11-6 所示，其所处理的原料为 NMP 含量为 80%、水含量为 15%的回收液。将回收原液在 14~16 kPa、145~150 ℃条件下真空精馏，脱除大部分水分后送入产品塔再次精馏，NMP 产品塔的操作压力为 10~12 kPa，温度为 180~185 ℃，得到的产品中 NMP 的含量大于 99.9%。沈众等对 NMP 回收进行了双塔精馏的小试研究，考察了各项因素对精馏的影响，其研究结果为：当 pH 值为弱碱性，真空精馏塔的操作压力为 7.5 kPa，回流比为 3，成品塔压力为 5.5 kPa，回流比为 0.5 时，所得产品中 NMP 的含量为 99.98%，符合电子级 NMP 的纯度要求。双塔精馏法占地面积小，设备费用低，以真空精馏塔与成品塔相结合，最终可得到高纯度的产品。两塔精馏工艺的缺点在于，一旦一塔发生波动，无法保证能在二塔中得到高纯度的 NMP 产品。

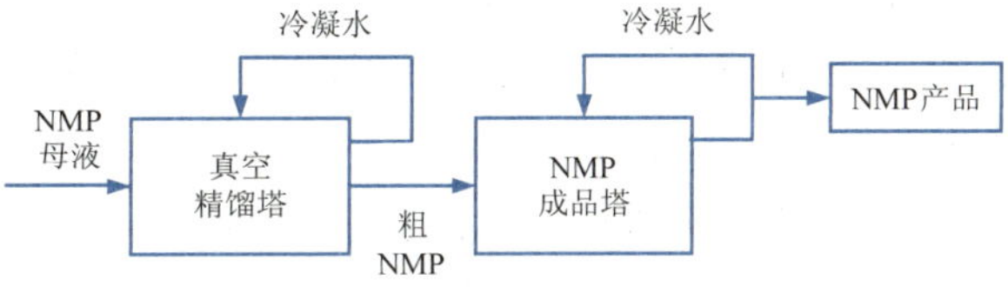

图 11-6　双塔精馏法提纯 NMP

黄小康等发明了一种回收 NMP 的三塔精馏工艺，主要包括原料预热、脱氧、脱水、精馏和精制五个步骤，最终处理的成品中水含量小于 0.003%。郑晓舟等设计了六个主要工段对 NMP 进行回收，分别是中和、过滤、一级脱水、二级脱水、精制和釜残回收，其工艺流程如图 11-7 所示。其中后四个塔的操作压力为负压，操作温度为 50~150℃，最终得到的塔顶馏出物中 NMP 的纯度大于 99.9%，含水量小于 0.01%。三塔精馏法具有良好的分离效果，可以得到高纯度的 NMP 产品，并且工艺具有极高的稳定性，其缺点是空间利用率低，设备成本高。

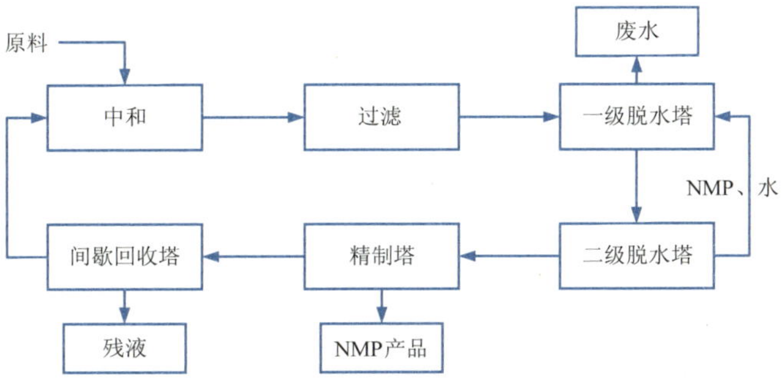

图 11-7　三塔精馏法提纯 NMP

由此可以看出，NMP 废液预处理后依然选择采用精馏过程进行 NMP 的提纯，有单塔精馏、双塔精馏、三塔精馏和超重力精馏等多种不同精馏工艺，这些工艺均需要较高的能源消耗量。

针对以上存在的问题，可设计的 NMP 回收工艺主要包括预处理、粗脱水、精脱水和精制四个单元。其工艺流程如图 11-8 所示。

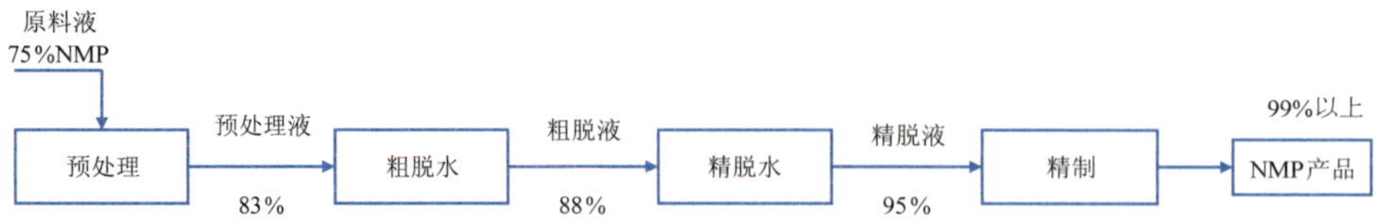

图 11-8 NMP 回收工艺流程

原料预处理：根据原料废液中含有的 PVDF 不溶于水的特点，首先向原料液中加入一定量的水，PVDF 与水产生的絮凝作用使原料中的碳粉等其他固相杂质共同形成黑色絮凝物，得到 NMP 含量约为 83%的澄清的预处理液。

粗脱水单元：该单元的任务是通过粗脱水剂，脱除预处理液中较大量的水。向预处理液中加入一定量的粗脱水剂，充分搅拌后通过抽滤去除脱水剂，得到初步提浓的粗脱液。实验中所用脱水剂经过加热再生处理后可循环使用。

精脱水单元：该单元的任务是将粗脱液经过精脱水剂脱水，进一步提浓，使所得精脱液中 NMP 的含量满足企业提出的要求，即 NMP 含量大于 95%，并将精脱水剂加热再生处理，循环使用。

精制单元：该单元的任务是对上述单元所得的精脱液进行精馏分离，塔釜采出纯度大于 99%的 NMP 产品。

第 12 章

纯碱生产工艺

12.1 概述

纯碱是许多工业的基础原料，其主要成分为碳酸钠（Na_2CO_3），广泛应用于人们的日常生活以及化工、轻工、有色金属、纺织、化学农药、建筑材料等工业，在国民经济发展建设过程中占据十分重要的地位，被誉为“化工之母”。纯碱的产量和消费量是衡量一个国家工业水平的重要指标之一。

我国纯碱工业始于 1917 年天津永利碱厂的创办，距今已有百年历史。1924 年后的 25 年间，我国共计生产纯碱 150 万 t，平均每年只有 6 万 t。1953 年开始实行“五年计划”之后，我国纯碱产能与产量持续发展，生产工艺从联碱为主，到联碱法、氨碱法、天然碱法并重。20 世纪 90 年代初，我国结束了纯碱长期依靠进口的局面，逐步成为纯碱净出口国。从 2003 年起，我国纯碱产能和产量位居世界第一。在下游产业的拉动下，我国纯碱工业发展呈现快速上升态势，产能迅速增加。2021 年是“十四五”规划的开局之年，在碳达峰碳中和目标下，国家对光伏产业的政策支持力度不断加大，光伏应用市场迎来市场化建设高峰。建筑行业的复苏，使得浮法玻璃的产能、产量持续扩张，从而拉动了重质纯碱的需求。2022 年国内对纯碱的需求逐步增加，新能源汽车的快速发展，也使碳酸锂产量明显增加，拉动了轻质纯碱的需求量。

12.2 纯碱的性质与用途

12.2.1 纯碱的物理性质

纯碱即碳酸钠（Na_2CO_3），又称苏打或碱灰，是白色粉末或粒状物，味涩，虽然碳酸钠俗称纯碱，但它其实属于盐类物质，是一种强碱弱酸盐，因其水溶液显弱碱性且氨碱法生产的产品较为纯净，故称为纯碱。纯碱易溶于水并能与水生成几种水合物，在 35.4 ℃时其溶解度最大，每 100 g 水中可溶解 49.7 g（0 ℃时为 7.0 g，100 ℃为 45.5 g），有吸湿性，露置在空气中会逐渐吸收水分。

纯碱依颗粒大小、堆密度不同可分为超轻质纯碱、轻质纯碱和重质纯碱。其中重质纯碱是由轻质纯碱在一定温度条件下与水发生水合反应生成的一水碳酸钠，两者在化学式上没有区别，但在堆密度、粒子大小和形状等物理性质上具有较大差异。一般轻质纯碱的密度为 500~600 kg/m^3，重质纯碱则为 1 000~1 200 kg/m^3。不同纯碱产品的堆密度如表 12-1 所示。

表 12-1 不同纯碱产品的堆密度

品种	堆密度/（t/m^3）
超轻质纯碱	0.3~0.44
轻质纯碱	0.45~0.69
重质纯碱	0.8~1.1

12.2.2 纯碱的化学性质

纯碱属于非危险化学品，稳定性较强，但在空气中易风化，高温下也会分解，生成氧化钠和二氧化碳。纯碱吸湿性很强，长期暴露在空气中可吸收空气中的水分及二氧化碳，生成碳酸氢钠，并结成硬块。纯碱有一定的腐蚀性，能与酸进行中和反应，生成相应的盐，并放出二氧化碳，纯碱的包装要求严格，以防吸潮结块。纯碱在存放时要保持干燥，切忌受潮，宜少开窗通风，减少空气流动；在运输时也要注意避免包装破损、污染。存放时需要与酸类、铵盐以及有毒物品隔离存放，储存区域应备有合适的材料收容泄漏物；搬运时应穿工作服、戴口罩以防其与汗水接触伤害皮肤；火灾可用水浇救。纯碱的理化特性见表 12-2。

表 12-2 纯碱的理化特性

名称	性质	名称	性质
外观与性状	白色粉末或细颗粒（无水纯品），味涩	溶解性	易溶于水，不溶于乙醇、乙醚等
分子式	Na_2CO_3	引燃温度/℃	无意义
相对分子质量	105.99	燃烧热/（kJ/mol）	无意义
pH 值	无意义	辛醇/水分配系数	无资料
相对密度（水为 1）	2.53	爆炸极限	无意义
相对蒸气密度（空气为 1）	无资料	临界温度	无意义
熔点/℃	851	临界压力	无意义
沸点/℃	无资料	闪点	无意义

12.2.3 纯碱的用途

纯碱工业是化学工业中的基础工业，纯碱有着广泛的用途，与国民经济各部门以及人民生活中的衣、食、住、行有着密切的联系，如玻璃制造、钢铁、有色冶金、铸造、化学、医药、石油炼制、搪瓷、纺织、印染、造纸等工业都以纯碱为原料，民用食用碱也在纯碱产量中占相当比重。在我国纯碱应用领域，4%的纯碱应用于食品行业，属于食用纯碱，其余 96%的纯碱应用于工业生产的原材料或辅助剂，属于工业用纯碱。下面介绍纯碱的几个重要用途。

（1）钢铁工业方面。在炼钢时使用纯碱来脱硫和加大熔渣的流动性，使熔渣和钢水分开。生铁中还有杂质，其中 S、P 的危害最大，在炼钢化铁时需要加入纯碱，使 S 变成 SO_2、SO_3 气体逸出，同时生成的 Na_2O 与 S、P 的氧化物发生反应，得到的熔渣也容易被除去。

（2）新能源方面。碳酸锂作为锂离子电池的正极必需材料，需求量迅速增加。碳酸锂的提取工艺主要分为以锂辉石为原料的矿石提取和从盐湖卤水中进行提取两大类，但无论哪种工艺都需要大量纯碱。

（3）玻璃工业方面。纯碱是玻璃工业的主要原料，用来提供制造玻璃的重要原料 Na_2O，同时降低石英砂的熔化温度，提升熔化速率。2020 年纯碱下游消费占比中，浮法玻璃的占比为 40%，且纯碱在浮法玻璃生产过程中无法替代。平板玻璃、日用玻璃以及光伏玻璃等玻璃生产需求占我国纯碱需求的 63%，三者占比分别为 40%、17%、6%，它们共同构成纯碱需求的主要部分。

（4）化学工业方面。纯碱经常作为原料用于化学原料、试剂中的钠盐和碳酸盐的制备，如硝酸钠、亚硝酸钠、硅酸钠、磷酸二氢钠、磷酸钠等钠盐以及碳酸钡、碳酸镍、碳酸镁、碳酸钙等碳酸盐。

（5）纺织印染工业方面。纯碱在印染行业的用途极为广泛，可作为除去水中钙、镁盐的软水剂，溶解织物上的油脂，乳化羊毛纤维上的脂肪杂质，软化蚕丝纤维中的丝胶质，辅助溶解染料，作为色浆碱剂，起到去污、固色、清晰剂等作用。

（6）生活应用方面。纯碱家用称碱面，可以去除面食发酵过程中产生的酸味。发酵的面食中加入纯碱后产生碳酸，碳酸遇热分解为二氧化碳，使得面食发胀，松软可口。洗涤油腻很大的餐具也可以用纯碱。纯碱还可以在家用洗涤剂中作为助剂，增强洗涤剂效果，维持洗涤剂的碱性，保持去污能力。

12.3 原料及产品情况

12.3.1 原料情况

1. 原盐

原盐是制碱工业中的主要原料，主要成分是氯化钠。纯氯化钠为无色等轴晶体，由于其由许多晶体组合而成，晶体之间的缝隙又含有卤水或者空气，因而变成白色且不透明体；有些因含有泥沙等杂质呈现灰褐色。氯化钠的理化性质见表 12-3。

表 12-3 氯化钠的理化性质

名称	性质	名称	性质
外观与性状	无色无味固体	沸点/℃	1 461
分子式	NaCl	燃点/℃	无资料
相对分子质量	58.44	爆炸极限	无资料
相对密度（水为 1）	2.16	闪点/℃	无资料
相对蒸气密度（空气为 1）	无资料	热分解温度/℃	> 500
熔点/℃	801	pH 值	4.5~7.0

原盐中因为含有氯化镁等杂质，容易吸收空气中的水分而潮解。与绝大多数易溶物质的溶解度随温度升高而增加的性质不同，氯化钠的溶解度随温度的升高而没有明显变化，因而其水溶液（卤水）在冷冻工业中被用作载冷体。

作为制碱工业的原料，要求原盐的主要成分 NaCl 的含量尽可能高，而泥沙及其他杂质，特别是钙、镁杂质的含量越低越好。因为原盐中的氯化镁、硫酸镁、硫酸钙等杂质，在盐水精制、吸氨、碳化过程中，会生成碳酸镁、碳酸钙及其他复盐等，使塔器与管道堵塞，这些杂质如不能在碳化以前清除掉，就会较多地混入纯碱中，使产品的品位降低，因此用于氨碱法的食盐一般需要符合以下标准：$NaCl \geqslant 90\%$；水分 $\leqslant 4.2\%$；$Mg^{2+} \leqslant 0.8\%$；$SO_4^{2-} \leqslant 0.8\%$。

在我国，原盐根据来源和生产方法可分为三类：以海水为原料晒制得到的盐为海盐；开采现代盐湖矿加工制得的盐为湖盐；开采地下天然卤水或古代岩盐矿床加工制得的盐则称井矿盐。我国井矿盐工艺通过钻井汲取地下天然卤水，进而真空蒸发结晶生产高品质盐，因此又称真空盐。

我国盐资源基本分布状况如下：东部为海盐，中部及西南部为井矿盐，西北部为湖盐。海水晒盐与国家的海岸线长度、滩涂面积及气候条件等有关，我国海盐以北方海盐区（含辽宁、河北、天津、山东和江苏）为主。井矿盐矿床广泛分布在河南、四川、湖北、湖南、江西、四川、重庆、云南、江苏、山东、安徽及陕西等 18 个省区。湖盐主要分布在内蒙古、青海、新疆及西藏等西北部地区，以青海盐湖最为丰富，生产成本较为低廉，但我国西北地区经济相对落后，对盐的需求也较低，远距离运输一直是制约其发展的瓶颈。

2. 石灰石

石灰石（$CaCO_3$）的颜色有灰白、茶色、褐色等，单纯从色泽不能判断其品质。典型的矿石是方解石、大理石，主要成分是碳酸钙，其结晶大部分为六方晶系。石灰石的理化性质见表 12-4。

表 12-4 石灰石的理化性质

名称	性质	名称	性质
外观与性状	白色晶体粉末	自燃温度	无资料
分子式	$CaCO_3$	临界温度	无资料
相对分子质量	100.09	饱和蒸气压	无资料
熔点/℃	825（α 型）;1 339（β 型）	引燃温度	无资料
沸点/℃	898.6（分解）	相对密度（水=1）	3.82（α 型）;2.7（β 型）
闪点/℃	无资料	爆炸极限	无资料

石灰石在石灰窑中煅烧，发生 $CaCO_3$ 的分解反应。生成的 CaO 被称为生石灰，为无色等轴晶系，熔点为 2 372 ℃，密度为 3.37 t/m^3。在氨碱厂将 CaO 用水消化而制得 $Ca(OH)_2$ 悬浊液，用于蒸氨反应。生成的 $Ca(OH)_2$ 被称为熟石灰或消石灰，为无色斜方晶系，无吸湿性，溶解度很小，而且温度越高，溶解度越小。$Ca(OH)_2$ 与水混合呈白色悬浊液即石灰乳，呈强碱性，用于蒸氨及盐水除镁过程。

纯碱工业中氨碱法的石灰石可以参照以下质量指标：$CaCO_3 \geqslant 90\%$；$SiO_2 \leqslant 5.5\%$；$MgCO_3 \leqslant 3.5\%$；$R_2O_3 \leqslant 0.5\%$（R_2O_3 为铁铝氧化物）。

我国是世界上石灰岩矿资源丰富的国家之一，除上海、香港、澳门外，在各省、自治区、直辖市均有分布。据统计，全国石灰岩分布面积达 43.8 万 km^2（未包括西藏和台湾），约占国土面积的 1/20。为了满足保护环境、维持生态平衡、防止水土流失、开发风景旅游资源等方面的需要，石灰石的开采量将减少。

3. 焦炭

烟煤在隔绝空气的条件下，加热到 950~1 050 ℃，经过干燥、热解、熔融、黏结、固化、收缩等阶段最终制成焦炭，这个过程称为高温炼焦（高温）。由高温炼焦得到的焦炭可用于高炉冶炼、铸造和气化。炼焦过程中产生的经回收、净化后的焦炉煤气既是高热值的燃料，又是重要的有机合成工业原料。

焦炭的物理性质包括筛分组成、真相对密度、视相对密度、气孔率、比热容、热导率、热应力、着火温度、热膨胀系数、收缩率、电阻率和透气性等。焦炭的物理性质与其常温机械强度和热强度及化学性质密切相关。焦炭的主要物理性质见表 12-5。

表 12-5 焦炭的主要物理性质

名称	性质	名称	性质
真密度/（g/cm^3）	1.8~1.95	平均比热容/[kJ/（kg·K）]	0.808（100 ℃） 1.465（1 000 ℃）
视密度/（g/cm^3）	0.88~1.08		
气孔率	35%~55%	热导率/[（W/（m·K）]	2.64（常温） 6.91（900 ℃）
着火温度（空气中）/℃	450~650		
干燥无灰基低热值/（kJ/g）	30~32	比表面积/（m^2/g）	0.6~0.8

焦炭质量标准：固定碳≥ 80%；挥发分≤ 5.0%；水分≤ 7.0%；灰分≤ 15.0%；发热值≥ 28 000 kJ/kg。

焦炭分布：从我国焦炭产量分布情况看，我国炼焦企业地域分布不平衡，主要分布于华北、华东和东北地区。

4. 氨

氨为无色气体，有强烈的刺激气味，易被液化成无色的液体，在常温下加压即可使其液化，也易被固化成雪状固体，溶于水、乙醇和乙醚；在高温时会分解成氮气和氢气，有还原作用；在有催化剂存在时可被氧化成一氧化氮；可以用于制液氮、氨水、硝酸、铵盐和胺类等；能灼伤皮肤、眼睛、呼吸器官的黏膜，人吸入过多时，能引起肺肿胀，导致死亡。氨的理化性质见表 12-6。联合制碱工业用氨主要来自合成氨工业。

表 12-6 氨的理化性质

名称	性质	名称	性质
外观与性状	无色、有刺激性恶臭气体	饱和蒸气压/kPa	506.62（4.7 ℃）
分子式	NH_3	燃烧热	无资料
相对分子质量	17.03	临界温度/℃	132.5
熔点/℃	-77.7	临界压力/MPa	11.4
沸点/℃	-33.5	引燃温度/℃	651
相对密度（水=1）	0.82（-79℃）	爆炸上限	27.4%
相对空气密度（空气=1）	0.6	爆炸下限	15.7%

5. 二氧化碳

二氧化碳在制碱工业中占有重要的地位。氨盐水通过二氧化碳的过程称为碳酸化，可得到重碱。二氧化碳可以通过煅烧石灰石或重碱获得并循环利用。

二氧化碳是空气中常见的化合物，其分子式为 CO_2，空气中有微量的二氧化碳，约占空气总体积的 0.03%。二氧化碳能溶于水中形成碳酸，碳酸是一种弱酸。由于空气中含有二氧化碳，所以通常情况下雨水的 pH≥5.6（CO_2 本身没有毒性，但当空气中的 CO_2 超过正常含量时，会对人体产生有害影响，使人无法呼吸）。二氧化碳的理化性质见表 12-7。纯碱工业所用的二氧化碳主要来自石灰石在石灰窑煅烧后产生的窑气，或者重碱煅烧后产生的炉气，部分回收氨过程中也会产生少量二氧化碳。

表 12-7 二氧化碳的理化性质

名称	性质	名称	性质
外观与性质	无色无臭的气体	临界压力/MPa	7.39
分子式	CO_2	相对密度（空气=1）	1.53
相对分子质量	44.01	相对密度（水=1）	1.56（-79 ℃）

续表

名称	性质	名称	性质
熔点/℃	−56.6（527 kPa）	临界温度/℃	31.3
沸点/℃	−78.5（升华）	辛醇/水分配系数	0.83

12.3.2 纯碱产品规格情况

工业碳酸钠按《工业碳酸钠》（GB/T 210—2022）可以分为两类：Ⅰ类为特种工业用重质碳酸钠，适于制造显像管玻壳、光学玻璃等；Ⅱ类为一般工业用碳酸钠，包括轻质碳酸钠和重质碳酸钠。工业碳酸钠应该符合如表 12-8 所示的指标要求。

表 12-8 工业碳酸钠质量要求

项目		质量指标				试验方法
		Ⅰ类			Ⅱ类	
		优等品	一等品	合格品		
外观		轻质碳酸钠为白色结晶粉末，重质碳酸钠为白色细小颗粒				目测
总碱量（以 Na_2CO_3 计，以干基计）		≥ 99.4%	≥ 99.2%	≥ 98.8%	≥ 98.0%	GB/T 210
总碱量（以 Na_2CO_3 计，以湿基计）①		≥ 98.1%	≥ 97.9%	≥ 97.5%	≥ 96.7%	
氯化钠（以 NaCl 计，以干基计）		≤ 0.30%	≥ 0.70%	≥ 0.90%	≥ 1.20%	
铁（Fe，以干基计）		≤ 0.002 5%	≥ 0.003 5%	≥ 0.005 0%	≥ 0.008 5%	
硫酸盐（以 SO_4^{2-} 计，以干基计）		≤ 0.03%	—	—	—	
不溶物		≤ 0.02%	≥ 0.03%	≥ 0.10%	≥ 0.15%	
堆密度②/（g/mL）		≥ 0.85	≥ 0.90	≥ 0.90	≥ 0.90	
粒度②	180 筛余物	≥ 75.0%	≥ 70.0%	≥ 65.0%	≥ 60.0%	
	1.18 筛余物	≥ 2.0%	—	—	—	

注：①包装时含量，交货时产品总碱量乘以交货产品质量再除以交货清单上产品的质量之值不应低于此数值。
②重碱碳酸钠控制指标。

纯碱在食品添加剂中的标准相对严格，应遵守《食品安全国家标准　食品添加剂　碳酸钠》（GB 1886.1—2021）的要求，具体指标见表 12-9。

表 12-9 食品添加剂碳酸钠质量要求

项目		质量指标	试验方法
外观		无色或白色晶粒，粒状或粉状	GB 1886.1
总碱量（以 Na_2CO_3 计，以干基计）		≥ 99.2%	
总碱量（以 Na_2CO_3 计，以湿基计）	无水碳酸钠	≥ 97.9%	
	十水碳酸钠	≥ 36.2%	
水不溶物（以干基计）		≤ 0.03%	
氯化物（以 NaCl 计，以干基计）		≤ 0.70%	

续表

项目	质量指标	试验方法
铁(Fe)(以干基计)/(mg/kg)	≤ 35.0	GB 1886.1 或 GB 5009.90
铅(Pb)(以干基计)/(mg/kg)	≤ 2.0	GB 1886.1
砷(As)(以干基计)/(mg/kg)	≤ 2.0	

12.4 纯碱的生产工艺

18 世纪以前，碱的来源依靠天然碱(碱矿)和草木灰，没有纯碱工业。纯碱工业最早可以追溯到 1791 年，法国医生路布兰通过煅烧硫酸钠、煤炭和石灰石成功制得纯碱，此法被称为路布兰法。路布兰法问世后，在很大程度上推动了化学工业的发展，但该法主要生产过程在固相中进行，需要高温条件，存在生产连续性差、原料利用不充分、产品质量差以及设备腐蚀严重等缺点。1863 年比利时索尔维提出利用氨作为媒介生产纯碱，即氨碱法(或称索尔维法)。该法主要生产工艺历经石灰石煅烧、盐水精制、吸氨、碳酸化、碳酸氢钠过滤、煅烧、母液蒸馏等，可制得纯碱。由于氨碱法比路布兰法具有原料价格低廉、普遍易得、产品纯度高、适合大规模生产等优点，因此取代了路布兰法，并被广泛沿用至今。1885 年，德国科学家施莱卜提出在制碱后的母液中添加固体盐，冷却析出固体氯化铵，使母液能够被循环利用。1924 年德国格鲁德及吕普曼做了类似研究，并于 1931 年取得成功，该法被称为察安法。1942 年我国侯德榜提出联合法制纯碱和氯化铵，即联合制碱法(或称侯氏制碱法)，能同时生产纯碱和氯化铵两种产品，目前广泛采用的是一次碳酸化、二次吸氨、一次加盐、冰机制冷的联合制碱工艺流程，联合制碱技术的成功，对推动国民经济发展具有重要意义。

从目前来看，世界上纯碱的生产方法主要有氨碱法、联碱法和天然碱法三种，其中合成法占 68%，天然碱法占 32%。我国是世界上唯一同时拥有上述三种生产方法的国家。本章内容围绕氨碱法以及联碱法进行介绍。

12.4.1 氨碱法工艺

1863 年索尔维以食盐、石灰石为原料，氨为中间辅助原料研究纯碱生产工艺，并于 1865 年开工。索尔维不断克服困难，逐步改良，扩充设备，于 1872 年使纯碱的日产量达 10 t。从此氨碱法宣告成功，世界其他各国相继建厂。氨碱法工艺流程如图 12-1 所示。

将原盐溶于水制成饱和盐水，盐水经精制、吸氨、碳化、过滤、煅烧等工序得到纯碱。向过滤分离出碳酸氢钠结晶后的母液中加入石灰乳，使氨蒸出，回收循环使用。该法主要化学式如下：

$$NaCl + NH_3 + H_2O + CO_2 = NaHCO_3 \downarrow + NH_4Cl$$

$$2NaHCO_3 \overset{\triangle}{=} Na_2CO_3 + H_2O\uparrow + CO_2\uparrow$$

$$2NH_4Cl + Ca(OH)_2 \overset{\triangle}{=} CaCl_2 + 2H_2O + 2NH_3\uparrow$$

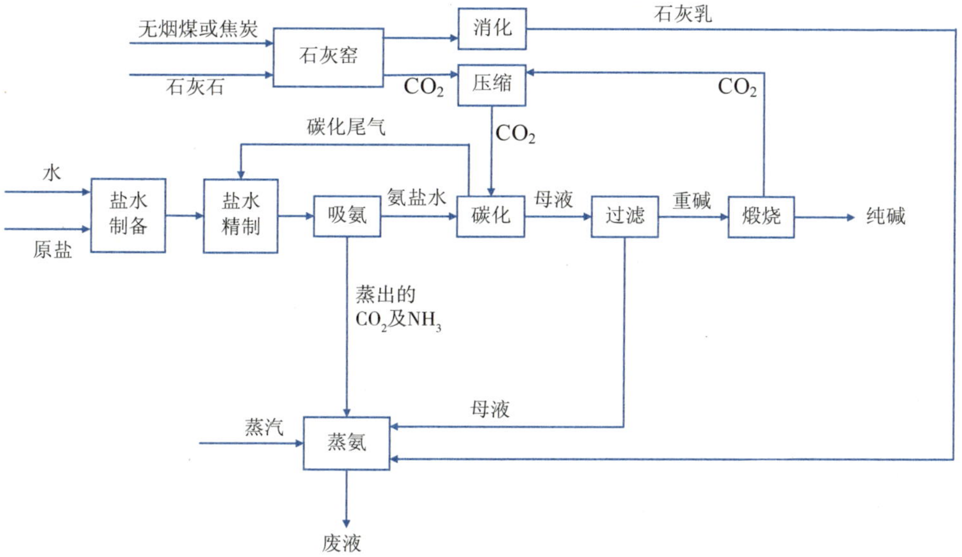

图 12-1 氨碱法工艺流程

氨碱法具有原料来源方便、生产连续、成本低、产量大等优点，但其本身也存在四大缺点：①原材料利用率低，如食盐利用率一般只有 70%左右，并且只有钠被利用，全部氯和其余的食盐均未被利用；②能量损失大，如蒸氨需用大量蒸汽，蒸氨后的蒸汽大部分随废液排出，很难回收利用，因此燃料的消耗很大；③设备高大笨重，钢铁用量大，投资也大；④流程复杂，工序繁多。

氨碱法生产分为以下基本工序：石灰石煅烧制生石灰和 CO_2；生石灰制石灰乳；食盐水的制备和精制；食盐水吸氨制氨盐水；氨盐水碳酸化；重碱过滤；煅烧制纯碱；氨的回收；等等。以下针对重要工序进行介绍。

1. 氨碱法生产纯碱

氨碱法生产纯碱的流程如图 12-2 所示。

原盐经过化盐桶制备饱和食盐水，再添加由石灰石经煅烧并水合制备的石灰乳除去盐水中的镁杂质，在除钙塔中吸收碳酸化塔尾气中的 CO_2，除去盐水中的钙。精制后的食盐水送入吸氨塔吸收氨气，氨气主要由蒸氨塔回收得到。吸氨所得的氨盐水送往碳酸化塔。

碳酸化塔是多塔切换操作的。氨盐水先经过处于清洗状态的碳酸化塔，在此塔中氨盐水溶解掉塔中沉淀的碳酸氢盐，同时吸收从塔底导入的石灰窑窑气中的 CO_2，吸收都是逆流操作。清洗塔出来的部分碳酸化的氨盐水送入处于制碱状态的碳酸化塔，进一步吸收 CO_2 而发生复分解反应，生成 $NaHCO_3$。碳酸化所需的 CO_2 按浓度从碳酸化塔的不同部位导入，中部导入含 CO_2 43%的石灰窑气，底部导入含 CO_2 90%以上的 $NaHCO_3$ 煅烧炉气。碳酸化塔顶的尾气用于食盐水精制，碳酸化塔底含 $NaHCO_3$ 结晶的悬浮液送往真空过滤机过滤。

滤得的 $NaHCO_3$ 送往煅烧炉，使重碱受热分解而生成纯碱作为产品，分解出的 CO_2 送去碳酸化。

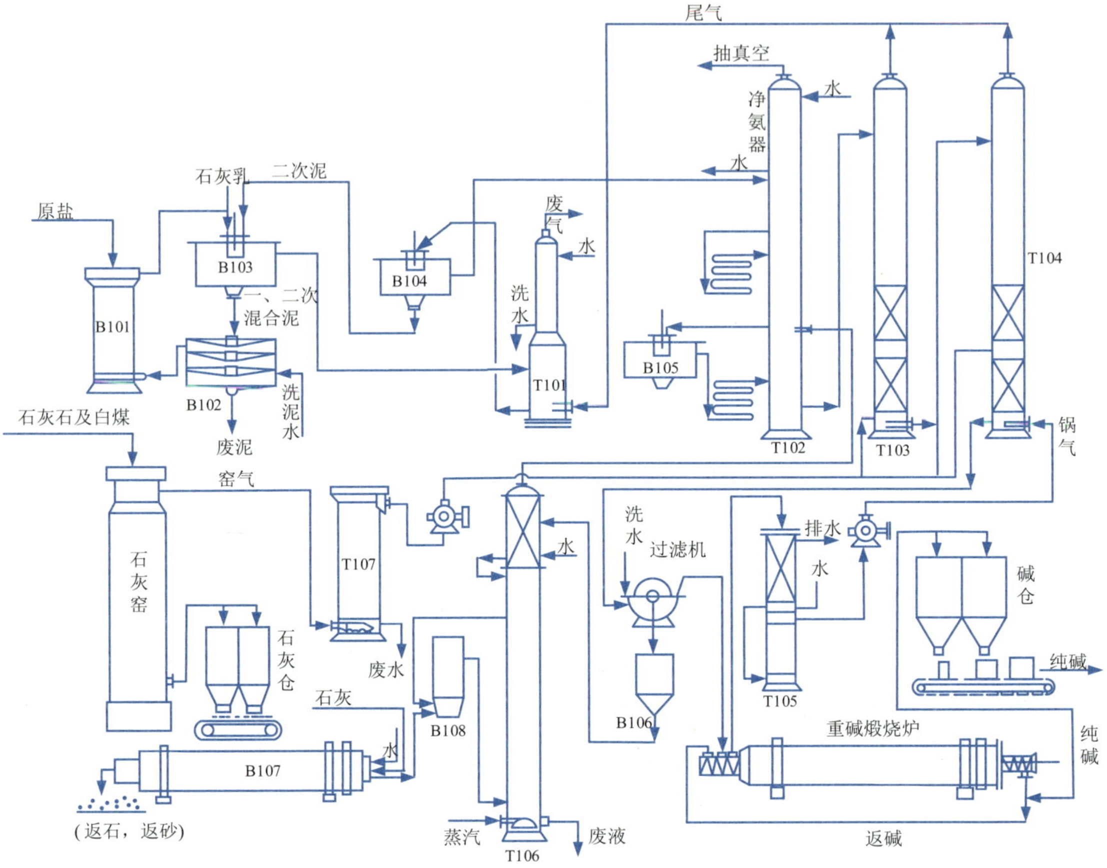

T101—除钙塔；T102—吸氨塔；T103—碳酸化塔（处于清洗状态）；T104—碳酸化塔（处于制碱状态）；T105—炉气洗涤塔；T106—蒸氨塔；T107—窑气洗涤塔；B101—化盐桶；B102—三次洗泥桶；B103——次澄清桶；B104— 二次澄清桶；B105—澄清桶；B106—母液桶；B107—化灰桶；B108—预灰桶

图 12-2 氨碱法工艺流程

真空过滤得到含 NH_4Cl 和未利用的 NaCl 的母液，送往蒸氨塔。蒸氨塔中加入石灰乳并在塔底通蒸汽加热并气提，回收的含 CO_2 的氨气送去吸氨。含 $CaCl_2$ 的废液排弃或做其他处理。

2. 氨碱法制碱的主要流程

（1）饱和盐水的制备和精制。氨碱法制碱过程中用的饱和盐水可以来自海盐、池盐、井盐、盐湖和岩盐等，其中含有少量钙、镁离子。NaCl 在水中的溶解度随温度的变化不大，室温下为 315 kg/m^3。工业上的饱和盐水因含钙、镁等杂质，室温下的溶解度为 300 kg/m^3 左右。

粗海盐中 NaCl 的含量只有 88%~92%，用海盐制得的饱和粗盐水的大致成分见表 12-10。

表 12-10 海盐制得的饱和粗盐水的大致成分

离子	Na^+	Cl^-	Ca^{2+}	SO_4^{2-}	Mg^{2+}
质量浓度/(kg/m^3)	118	183	1.7	3.4	0.9

其中，钙盐与镁盐为 6~7 kg/m^3，在制碱过程中 $Mg(OH)_2$ 和 $CaCO_3$ 沉淀，以及复盐的结晶沉淀，不仅会消耗原料，而且会影响产品质量，其沉淀物还会在设备和管道积垢结疤，阻碍气液流动，妨碍操作，所以盐水必须精制。一般盐水精制有石灰-碳酸铵法和石灰-纯碱法。

①石灰-碳酸铵法。先在粗盐水中加入石灰乳，使镁离子成为 $Mg(OH)_2$ 沉淀：

$$Mg^{2+} + Ca(OH)_2 = Mg(OH)_2 + Ca^{2+}$$

该过程中溶液的 pH 值控制在 10~11，同时加入适当的絮凝剂，加速 $Mg(OH)_2$ 沉淀（一次泥）。

除镁后的溶液被称为一次盐水，澄清后送往除钙塔。盐水从塔中部进入，由碳酸化塔塔顶来的含 NH_3 和 CO_2 的尾气从塔底送入，气液逆流接触，除去 Ca^{2+}，发生如下反应：

$$Ca^{2+} + 2NH_3 + H_2O + CO_2 = CaCO_3 + 2NH_4^+$$

除钙后的精制盐水被称为二次盐水，再经澄清后送去吸氨。为加速沉降，有时添加丙烯酰胺作为助沉剂，以形成絮状沉淀物，缩短沉降时间。

②石灰-纯碱法。此法是在除去镁后加入纯碱，使 Ca^{2+}形成 $CaCO_3$：

$$Ca^{2+} + Na_2CO_3 = CaCO_3 + 2Na^+$$

这种方法要消耗纯碱，但精制盐水中不会出现 NH_4Cl。NH_4Cl 是碳酸化反应的产物，它的存在对反应平衡是有影响的。采用这个方法时，钙、镁离子的沉淀过程是一次进行的，石灰的用量与镁的含量相等，而纯碱的用量是钙、镁含量之和。这种方法的生产流程相对简单，盐水精制度高，同时 Na^+保留在精制盐水中，使消耗的纯碱不浪费。

（2）盐水吸氨制氨盐水。盐水精制后即进行吸氨，制备适合碳酸化用的氨盐水。吸氨用的氨主要来自蒸氨塔，是用石灰乳处理碳酸化后的母液所回收的氨，其中含有少量 CO_2 和水蒸气。

吸氨时的主要反应为

$$NH_3+H_2O=NH_4OH \quad \Delta H= -35.2\ kJ$$

氨气中含有一些 CO_2，同时溶入溶液并发生反应：

$$2NH_3(l)+CO_2+H_2O=(NH_4)_2CO_3 \quad \Delta H= -95.2\ kJ$$

吸氨过程是显著放热的，包含 NH_3 和 CO_2 溶解于水的溶解热，NH_3 和 CO_2 反应放出的反应热，以及气相中夹带的水蒸气在吸收过程中冷凝放出的显热和潜热。这些热量使氨盐水的温度升高，进而阻碍吸氨的进行，所以在吸氨过程中充分冷却非常关键，因此吸氨塔有多个塔外水冷却器。

氨气由蒸氨塔送来，其中 NH_3 与 CO_2 的物质的量之比为（4~5）：1，吸氨是液相同时吸收 NH_3 和 CO_2 的过程，包括氨溶于水的物理吸收和氨水吸收 CO_2 的化学吸收。CO_2 与 NH_3 在溶液中相互作用而生成 $(NH_4)_2CO_3$，使 NH_3 分压低于同一浓度氨水的平衡分压，形成对氨吸收的有利条件。

吸氨的盐水已精制，除去 90%以上的钙、镁，但残余的少量杂质在吸氨时仍会形成碳酸盐和复盐沉淀，主要是碳酸镁的复盐。为了除去固体沉淀，吸氨后需要再经过澄清桶澄清，澄清的氨盐水中固体杂质的含量不大于 0.1 kg/m^3。盐水吸氨的工艺流程如图 12-3 所示。

需要注意的是，吸氨过程中存在一定的盐析效应，氨在水中的溶解度很大，但如果有 NaCl 存在，溶解度会有所降低。温度升高也会使氨的溶解度降低，不过在盐水吸氨过程中，会有一部分 CO_2 参与反应，生成碳酸铵，因此反而会提高氨在盐水中的溶解度。

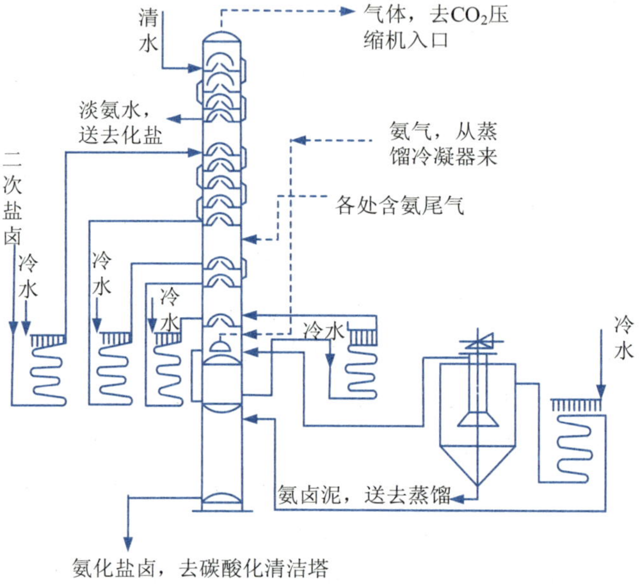

图 12-3 盐水吸氨工艺流程

（3）氨盐水的碳酸化。氨盐水吸收 CO_2 的过程称为碳酸化，氨盐水碳酸化的反应机理包括以下步骤。

①氨基甲酸铵的生成：当 CO_2 通过氨盐水时，出现氨基甲酸铵：

$$CO_2+2NH_3=NH_4^++NH_2COO^-$$

该反应是以下两个反应的结果：

$$NH_3+H^+=NH_4^+$$

$$CO_2+NH_3=H^++NH_2COO^-$$

氨基甲酸铵的反应是中等速率的反应，但仍然比 CO_2 的水化速率快得多，CO_2 的水化反应为

$$CO_2+OH^-=HCO_3^-$$

$$CO_2+H_2O=H_2CO_3$$

与此同时，碳酸化液中氨的浓度一直比 OH^- 的浓度大很多倍，吸收的 CO_2 绝大多数生成氨基甲酸铵。

②氨基甲酸铵的水解：碳酸化液中的 HCO_3^- 主要由氨基甲酸铵的水解生成：

$$NH_2COONH_4+H_2O \rightleftharpoons NH_4HCO_3+NH_3$$

氨基甲酸铵的水解速率很慢。水解生成的游离氨继续碳酸化：

$$CO_2+2NH_3=NH_2COONH_4$$

HCO_3^- 存在离子平衡：

$$HCO_3^- \rightleftharpoons H^++CO_3^{2-}$$

或写成

$$NH_3+HCO_3^- \rightleftharpoons CO_3^{2-}+NH_4^+$$

在碱性较强的溶液中主要形成 CO_3^{2-}，在 pH 值为 8~10.5 时主要形成 HCO_3^-。

③ $NaHCO_3$ 的析出：当碳酸化达到一定程度，HCO_3^- 在溶液中积累，HCO_3^- 与 Na^+ 的浓度的乘积超过该温度下 $NaHCO_3$ 的溶度积时，发生下列反应：

$$Na^++HCO_3^- \rightleftharpoons NaHCO_3\downarrow$$

或

$$NH_4HCO_3+NaCl=NaHCO_3\downarrow+NH_4Cl$$

碳酸化是氨碱法生产过程的核心，影响着整个工艺的消耗定额，它集吸收、结晶和传热单元过程于一体，相互关联又相互制约。

在碳酸化过程中，存在一定的热效应，为使 CO_2 充分吸收和碳酸化度提高，应适当对过程加以冷却。

$NaHCO_3$ 在碳化塔中生成并结晶形成重碱，$NaHCO_3$ 的晶形对产品质量有很大影响。结晶的颗粒越大，越有利于过滤洗涤，夹带的母液和水分越少，收率越高，煅烧后含盐量越低，制得的纯碱质量越高。

要在碳酸化塔底得到高质量的晶浆，需要严格控制碳酸化塔的冷却条件。$NaHCO_3$ 在溶液中容易形成过饱和状态，在结晶过程中，快速冷却时，晶核生成速率大于晶核成长速率，容易得到细小结晶；缓慢冷却时，晶粒生长速率大于晶核的成长速率，得到的是大粒结晶。晶核适合产生的位置在塔的中部，即 $NaHCO_3$ 开始析出的区域，因反应热使物系维持较高温度而不做冷却，可使物系产生适量的晶核并逐步成长。在塔下部通水逐渐冷却，既使 CO_2 能被充分吸收，也能使晶体逐步成长。冷却速率不宜过快，否则会形成结晶浆（又称浮碱），难以过滤分离。塔底的温度控制在 25~30 ℃，一般取决于冷却水的温度。塔底料浆含 45%~50%（体积分数）的结晶。

在结晶过程中，往往向饱和溶液中添加晶种作为核心，使其长大而析出晶体。同时要注意添加晶种的部位、时间和量。

在碳酸化过程中温度也是一个影响结晶的重要因素。在塔内进行的碳酸化反应是放热反应，使进塔液体的温度在液体沿塔下降的过程中由 30 ℃逐步升高至 60~65 ℃。温度升高，$NaHCO_3$ 溶解度增大，形成的晶粒较少，但晶粒较大。随着结晶析出，温度逐步下降，有利于 CO_2 的吸收和放热效应转化率的提高，析出更多的结晶，提高产率和钠的利用率。

（4）重碱过滤。前一步获得的碳酸氢钠，需经过滤后才可进行煅烧。从碳化塔取出的晶浆中含有 45%~50%(体积分数)的悬浮固体 $NaHCO_3$,生产中采用过滤单元操作使其与母液分离,分离后的固体 $NaHCO_3$ 送去煅烧,母液送回氨吸收系统蒸氨。

在制碱工业中经常用到的分离是离心分离与真空分离。

离心分离是利用离心原理使密度不同的液体和固体分离,使用离心机,工艺流程简单,动力消耗低,过滤出来的固体重碱含水量少,但对重碱的颗粒度要求较高,生产能力低,氨耗高,国内大厂采用得较少。

真空分离是利用真空使滤布两边产生压力差。真空过滤重碱采用的是真空旋转式过滤机。该机运行时,转鼓内被真空机抽成负压,母液被抽入鼓内形成流股被导出,重碱固体附着在鼓面滤布上被吸干,再经过洗涤、挤压,用刮刀刮下送入煅烧工序。该放大过程能连续操作,生产能力大,适合连续的大规模生产,缺点是固体重碱含水量较高,一般在 15%左右,高时可达到 20%。

(5)煅烧制纯碱。过滤后得到湿重碱,再经过煅烧得到成品纯碱。煅烧回收的二氧化碳用于氨水碳酸化。

重碱 $NaHCO_3$ 煅烧反应是简单的分解反应,$NaHCO_3$ 受热分解为碳酸钠:

$$2NaHCO_3=Na_2CO_3+CO_2\uparrow+H_2O\uparrow$$

重碱属于不稳定化合物,常温下即可以部分分解成碳酸钠。随着温度升高,分解速率会提高,分解压力也会随着温度的升高而急剧上升。不同温度下重碱 $NaHCO_3$ 的分解压力见表 12-11。

表 12-11 重碱 $NaHCO_3$ 的分解压力与温度的关系

温度/℃	30	50	70	90	100	110	115
分解压力/kPa	0.8	4.0	16	55	97	167	220

从表 12-11 可知,重碱的分解压力随温度升高而急剧上升,当分解压力为 101.325 kPa 时,温度应为 100~101 ℃,但速率慢。生产过程中为加快煅烧分解速率,采用提高分解温度的办法来实现,工业上采用的煅烧温度为 160~200 ℃。

在煅烧湿重碱的过程中,除了发生 $NaHCO_3$ 的分解和游离水分受热变成水蒸气外,还发生以下副反应:

$$(NH_4)_2CO_3=2NH_3\uparrow+CO_2\uparrow+H_2O\uparrow$$

$$NH_4HCO_3=NH_3\uparrow+CO_2\uparrow+H_2O\uparrow$$

$$NH_4Cl+NaHCO_3=NaCl+CO_2\uparrow+H_2O\uparrow+NH_3\uparrow$$

副反应的发生使热能消耗增加,同时使系统中氨的循环量增大,造成氯化钠夹带在纯碱中的量增大,氯化钠残留在成品中影响质量,所以在过滤操作中要适当用水洗涤滤饼,除去氯离子。

煅烧时需要将一部分煅烧过的纯碱与湿 $NaHCO_3$ 混合,调节煅烧料的水分含量,避免水分含量高,发生熔融粘壁和结块。这部分循环用碱称为返碱,返碱量与滤饼含水量及炉的结构有关。通常湿滤饼混合后将水分调节到 8%以下入炉，分解才能顺利进行。

通常生产的纯碱堆密度为 0.45~0.69 t/m³，被称为轻质纯碱或轻灰，这种纯碱占体积大，不方便运输，且在使用过程中容易飞散，损失大。目前生产中将堆密度加工到 0.8~1.1 t/m³，这种纯碱被称为重质纯碱或重灰。

重质纯碱的合成方法有水合生产法、机械挤压法和结晶法。水合生产法制得的重碱相对密度一般为 0.9~1.0；机械挤压法可以用不同孔径的电动筛任意选定粒度为 0.1~1.0 mm 的成品，相对堆密度为 1.0~1.1；结晶法是使结晶器内维持 105 ℃，加入来自煅烧工序的轻灰，同时加入适量的 Na_2CO_3，得到一水合碳酸钠结晶，经重灰炉煅烧得到重灰。在生产中让晶浆在结晶器中有足够的停留时间，是为了得到均匀、粒大的重灰，一般相对堆密度为 1.25~1.28。

（6）氨的回收。在氨碱法生产过程中，氨是循环利用的。通常采用蒸馏法回收循环氨，氨的回收可以降低制碱成本。向过滤重碱后含结合氨的母液中添加石灰乳，使结合氨分解转变成游离氨蒸出的过程，称为母液蒸馏；含氨的各种回收液中只含游离氨，直接加热蒸馏回收，称为淡液蒸馏。

蒸氨原理。过滤重碱后母液的大致组成非常复杂，因被洗涤水稀释而约为 6.0 m³/t。母液受热时，游离氨受热即从液相中去除，同时还发生一些复分解反应：

$$(NH_4)_2CO_3=2NH_3\uparrow+CO_2\uparrow+H_2O\uparrow$$

$$NH_4HCO_3=NH_3\uparrow+CO_2\uparrow+H_2O\uparrow$$

$$Na_2CO_3+2NH_4Cl=2NaCl+2NH_3\uparrow+CO_2\uparrow+H_2O\uparrow$$

$$NH_4Cl+NaHCO_3=NaCl+CO_2\uparrow+H_2O\uparrow+NH_3\uparrow$$

加入石灰乳时，结合氨分解成游离氨，并从液相中去除：

$$Ca(OH)_2+2NH_4Cl=CaCl_2+2NH_3\uparrow+2H_2O$$

$$Ca(OH)_2+CO_2=CaCO_3+H_2O$$

母液中存在的少量硫化铵和碳酸铵参与反应，游离出氨。

母液中虽然存在 NaCl 和 $CaCl_2$，但 $CaCl_2$ 与氨化合而降低氨的分压，实验证明 NaCl 可提高平衡氨分压，两者的作用近似抵消。因此蒸馏游离氨时，物系可看成“NH_3-CO_2-H_2O”体系。蒸馏结合氨时，物系可简化为“NH_3-H_2O”体系。

②蒸氨的工艺流程。母液蒸氨工艺流程见图 12-4，整个过程包含石灰乳蒸馏段、加热段、分液段、蒸馏和母液预热段。

从过滤工序来的母液打入蒸氨塔顶母液预热段的水箱内，加热至 70 ℃左右，从预热段最上层流入塔中部加热段。母液经分液槽加入，与下部来的热蒸汽直接接触，蒸出游离氨和 CO_2。含有结合氨的母液送入预灰桶，在搅拌作用下与石灰乳混合均匀，将结合氨转变成游离氨，液相再进入塔下部石灰乳蒸馏段的上部，与底部上升蒸汽直接逆流接触，使 99%以上的氨被蒸出，废液由塔底排放。

蒸氨塔各段蒸出的氨自下而上升至预热段，预热母液后温度降至 65~70 ℃，进入冷凝器被冷却，大部分水蒸气经冷凝后去吸氨塔。

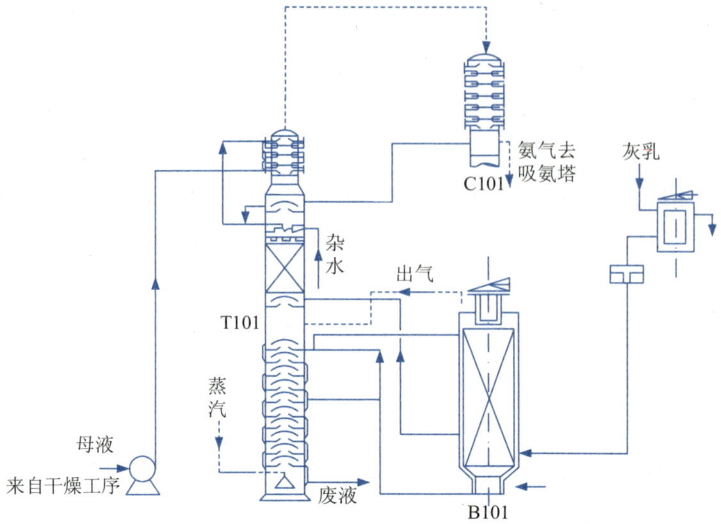

T101—蒸氨塔;B101—预灰桶;C101—冷凝器

图 12-4 母液蒸氨工艺流程

石灰乳调剂成较高浓度可减少蒸汽消耗量,但浓度太高时固体会沉降并堵塞管道。一般常用石灰乳中活性 CaO 的含量为 220~300 kg/m³,密度为 1 160~1 220 kg/m³,稍过量以使氨尽量去除。

蒸氨过程需要消耗大量热能,一般采用低压废蒸汽直接加热,可以省去庞大的换热设备的费用,常用 50~80 kPa 蒸汽。蒸汽用量的控制以除尽氨为准。蒸氨塔塔底温度一般保持在 110~117 ℃,塔顶为 80~85 ℃。

直接用蒸汽“气提”蒸出氨和 CO_2 并回收到生产系统中,这一过程为淡液(洗涤用水、冷凝液及其他含氨废水的总和)的蒸馏过程。淡液中结合氨的含量很少,几乎都是游离氨,这是因为 $NaHCO_3$ 煅烧炉的冷凝液中含少量碳酸钠,即使淡液中含有结晶氨也会被分解。淡液蒸馏通常使用填料塔。

(7)石灰消化制石灰乳。制碱过程中的石灰乳是石灰石消化而成的。石灰石是在石灰窑中经煅烧分解得到的,此反应为可逆吸热反应:

$$CaCO_3=CaO+CO_2\uparrow \quad \Delta H>0$$

石灰石中含有的 $MgCO_3$ 也会发生分解反应:

$$MgCO_3=MgO+CO_2\uparrow \quad \Delta H>0$$

要促进 $CaCO_3$ 分解,一是升高分解温度,提高分解压力;二是排出已产生的 CO_2,使气体中的 CO_2 的分压小于该温度下的分解压力,促使 $CaCO_3$ 连续分解,直至彻底分解。同时需要注意煅烧温度过高容易使石灰石熔融,造成炉料结瘤和挂壁,同时还会使石灰石变成坚硬、不易消化、化学性质差的块状物,出现过烧现象,所以在生产中一般控制煅烧温度为 950~1 200 ℃。

为了便于在工厂中输送和操作,同时也为了除去泥沙和生烧石灰石,将石灰窑排出的石灰加水进行消化,得到石灰乳。

$$CaO+H_2O=Ca(OH)_2 \quad \Delta H<0$$

$$MgO+H_2O=Mg(OH)_2 \quad \Delta H<0$$

消化时放出大量热，生石灰体积膨大、松散。因加水的量不同可得到消石灰（细粉末）、石灰膏（稠厚而不流动的膏状）、石灰乳（消石灰在水中的悬浮液）或石灰水（氢氧化钙水溶液）。工业上常用石灰乳，因其较稠，对生产有利，石灰乳中的消石灰固体颗粒细小均匀，反应活性好，不易沉降，常制备含 CaO 220~300 kg/m^3 的悬浮液，密度为 1 160~1 220 kg/m^3。石灰乳的密度与其 CaO 质量浓度存在线性关系，可直接根据密度求出其含量。

氢氧化钙在水中的溶解度很低，并且随着温度的升高而降低。石灰石的煅烧时间、石灰石的杂质、消化用水的温度以及石灰的颗粒大小都会影响石灰的消化速率。石灰石煅烧温度过高，所得石灰难于消化。稠的石灰乳对生产较有利，但黏度随稠厚度增加，太稠反而易沉淀并容易堵塞管道及设备。石灰乳中悬浮粒子的分散度也很重要，粒子小、支撑均匀而不下沉的乳状物，便于运输和使用。

12.4.2 联碱法工艺

从 1938 年开始，我国永利化学工业公司在侯德榜博士的带领下，进行改进氨碱法的研究。1941 年，永利化学工业公司宣布将新的制碱方法命名为“侯氏制碱法”，并得到专利权。该法将氨碱法和合成氨法两种工艺联合起来，可同时生产纯碱和氯化铵两种产品，简称联合制碱法。1961 年永利公司在大连建立了第一座联碱车间，之后又陆续建立了一些联碱厂。

联合制碱法以食盐、氨、二氧化碳为原料，经过两个生产过程，分别获得重碱和氯化铵，重碱再经煅烧得到纯碱。

联合制碱法有以下优点：原料利用率高，其中食盐利用率可达 90%以上；不需石灰石及焦炭，减少了原料、能量及运输等的消耗，使纯碱和氯化铵产品成本大幅度下降；纯碱部分不需要蒸氨塔、石灰窑等笨重设备，缩短了流程，节省了建厂投资；生产过程没有大量废液、废渣排放，减少了对环境的污染，为在内地建厂创造了条件；变换气制碱的联碱工艺是我国独创的，具有显著的节能效果。该法的主要缺点如下：氯化铵产量供大于求，设备腐蚀较为严重。

联碱法利用同离子效应，通过冷却或冷冻操作，使过滤碳酸氢钠以后母液中含有的氯化铵结晶出来，成为固态的氯化铵肥料；析出氯化铵后的母液循环利用，其过程不产生大量废弃物，可得纯碱和氯化铵两种产品。总反应式为

$$NaCl+NH_3+CO_2+H_2O=NaHCO_3\downarrow+NH_4Cl\downarrow$$

联合制碱法的特点是母液循环，其循环过程如图 12-5 所示。

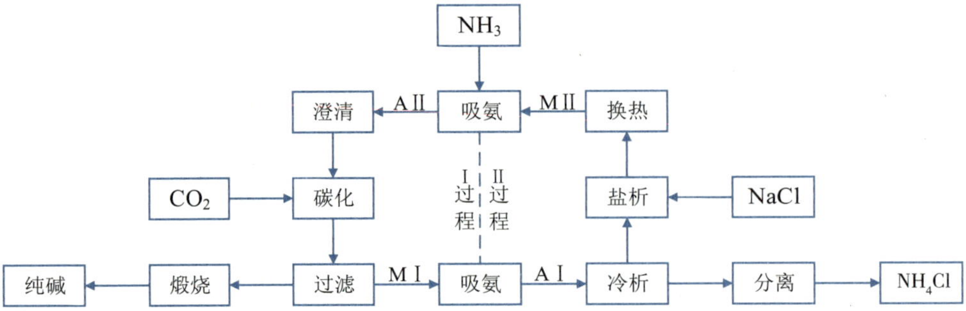

图 12-5 联合制碱法母液循环流程

联合法生产纯碱和氯化铵分为两个过程。

第一过程为生产纯碱的过程，称为制碱过程Ⅰ，与氨碱法生产纯碱相似。先令母液MⅡ（原始开车为精盐水）吸氨，然后吸收二氧化碳进行碳化，析出碳酸氢钠，碳化悬浮液经过滤得重碱结晶，滤液称为母液Ⅰ，重碱经煅烧即得纯碱产品。

第二过程是生产氯化铵的过程Ⅱ。该过程先令母液Ⅰ吸氨、降低温度并加入氯化钠，使氯化铵单独析出。分离出氯化铵的母液即母液Ⅱ。在母液循环的过程中不断得到纯碱和氯化铵两种产品。

联合制碱法总工艺流程见图 12-6。

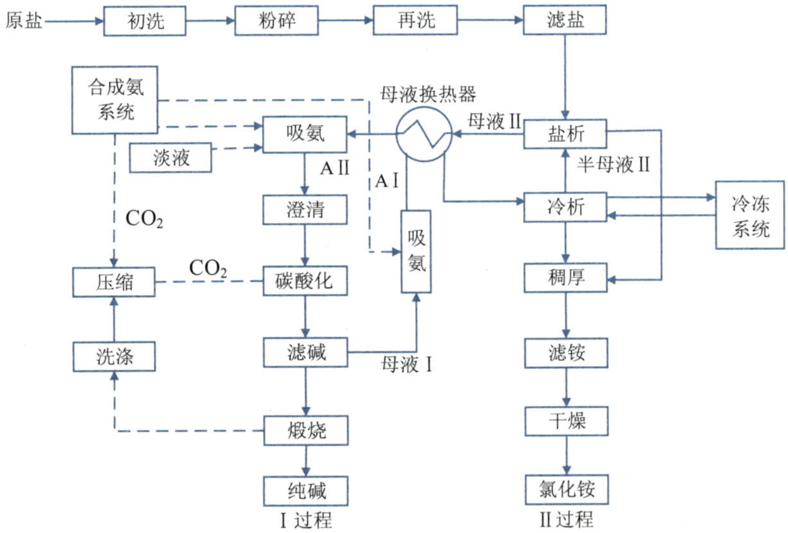

图 12-6 联合制碱总工艺流程

原料盐（氯化钠）在洗盐机内用饱和氯化钠水溶液洗涤，除去盐中大部分钙、镁杂质，再经粉碎机粉碎、立洗桶分级稠厚、滤盐机分离，制成符合规定纯度和粒度的“洗盐”送往盐析结晶器。

本流程原始开车时，饱和盐水在盐析结晶器中制备，经过吸氨器吸氨制成氨盐水，此氨盐水在碳化塔内与从合成氨系统来的二氧化碳进行碳酸化反应，得到重碱，经过滤分离，送煅烧炉加热分解得到纯碱。正常循环下进入碳化塔内的氨水为氨母液Ⅱ。

煅烧分解出的炉气经炉气冷凝塔和洗涤塔，回收炉气中的氨气及碱粉，同时降低水蒸气和炉气的温度。炉气（含90% CO_2）进入二氧化碳压缩机经压缩送回碳化塔供制碱用。

过滤重碱后的母液（称为母液Ⅰ）吸氨成为氨母液Ⅰ，然后送往冷析结晶器降温，此时碳酸氢铵和氯化铵接近饱和溶液，析出氯化铵，这一过程被称为"冷析"。冷析后的母液被称为"半母液Ⅱ"，由冷析结晶器溢流进入盐析结晶器，加入洗盐，产生同离子效应，可以再析出氯化铵，该过程被称为"盐析"。过滤后的母液Ⅰ如果不进行吸氨，直接在制铵过程中进行冷却或加盐，会使溶液中钠离子浓度增大，使一部分碳酸氢钠、碳酸氢铵和氯化铵同时析出，导致氯化铵质量下降。氯化铵悬浮液经冷析从盐析结晶器下部取出，经稠厚器、滤铵机，再经干燥得成品氯化铵，滤液送回盐析结晶器。盐析结晶器上部清液（母液Ⅱ）送入母液换热器与氨母液Ⅰ进行换热，母液Ⅱ进入制碱过程，开始新的循环。

1. 原盐洗涤工序

与氨碱法一样，在联合制碱工业中，用到的原盐中含有氯化镁、硫酸镁、硫酸钙等杂质，这些杂质的存在会降低产品的品质，使生产过程中各种母液的浊度变大，影响氯化铵和碳酸氢铵的结晶质量，不容易过滤和干燥，而且会在设备、管线上结疤，影响设备的运行，所以原盐在进入生产系统之前必须进行精制。

原盐的精制一般有两种方法：洗涤法和重结晶法。一般联碱法用洗涤法进行原盐的精制。原盐除去杂草、石块等杂物，洗涤时用饱和盐水，因其氯化钠已经是饱和状态，则洗涤过程中氯化钠晶体不再溶解，而原盐中可溶性的氯化镁、硫酸镁、硫酸钙等溶解到溶液中除去，再经过粉碎机粉碎，立洗桶分级稠厚，离心滤盐机分离，最后送入盐析结晶器。用洗涤法精制后的盐叫洗盐。

2. 吸氨工艺流程

在联合制碱工艺中，母液吸氨两次，均采用喷射吸氨。通过母液吸氨将定量的氨气溶于母液中，同时除去母液中的钙、镁杂质。两次吸氨制得的母液Ⅰ和母液Ⅱ分别在吸氨液中吸收氨，获得符合要求的氨母液Ⅰ和Ⅱ，为碳酸化制碱和氯化铵的结晶提供有利条件。

吸氨过程是将氨气溶于母液中，同时伴有化学反应的吸收过程，包含母液吸收氨、二氧化碳和除去钙、镁杂质两个部分。在吸氨过程中，由于碳酸铵的作用，母液中的钙、镁离子生成碳酸钙、碳酸镁等沉淀除去。此外，在母液中加入硫化钠，使母液中的铁离子生成沉淀。

$$2NH_4OH+CO_2=(NH_4)_2CO_3+H_2O \qquad \Delta H=-24.6\ kJ$$

$$NH_3+H_2O=NH_4OH \qquad \Delta H=-35.2\ kJ$$

在联碱法中，所用的氨大部分是常温、高浓度的氨气，而母液中含氨量最高的是氨母液Ⅱ，与氨的饱和浓度相差很远，所以母液吸氨的速率是很大的。

同氨碱法一样，吸氨过程会有大量热放出，所以在吸氨塔需安装多个塔外水冷凝器，用以控制吸氨后盐水的温度。母液Ⅱ吸氨后温度升高有利于碳酸化反应，得到颗粒较大的碳酸氢钠结晶，但母液Ⅰ吸氨后温度升高不利于氯化铵的结晶，因为冷冻量的消耗增加，必须适当地冷却降温。

3. 氯化铵的结晶与并料、逆料流程

氯化铵结晶是联碱法生产过程中一个重要的步骤，有产品氯化铵的生成，同时还影响着制碱的过程与质量。氯化铵的结晶方法有冷却法、蒸发法、真空冷却法以及盐析法，设备主要是结晶器。

影响氯化铵结晶颗粒大小的因素如下。

（1）溶液的组成。不同的母液组成有不同的过饱和极限，氨母液Ⅰ的介稳区较宽，而母液Ⅱ的介稳区较窄。

（2）搅拌强度。需选取适当的搅拌强度，降低溶液过饱和度。但过激的搅拌容易出现细晶、碎晶，不利于后续操作。

（3）冷却速率。冷却速率过快容易出现晶核，不利于得到大晶体。

（4）晶浆固液比。母液过饱和度的消失需要一定的结晶表面，固液比高，结晶表面积大，过饱和度消失较完全，不仅可以使已有晶体长大，还可以防止过饱和度积累，减少细晶的出现。因此生产中应保持适当的晶浆固液比。

（5）结晶停留时间。在结晶器中停留时间长有利于结晶粒子的长大，当结晶器内晶浆固液比一定时，结晶盘存量一定；当单位时间的产量较小时，停留时间较长，从而可以得到较大颗粒的结晶。

氯化铵的结晶是经冷析和盐析两步完成的。虽然可以一步完成结晶过程，从而节约冷冻量和简化流程，但由于这样做会导致 NH_4Cl 的过饱和度很大，在冷却器上容易结疤，堵死管路，影响工作，因此采用先在冷析结晶器中析出全部 NH_4Cl 的 1/3 左右后，再送入盐析结晶器加入 NaCl 进行盐析，此时温度虽略有回升，过饱和度也略有下降，但因为盐析结晶器不再设置冷却器，也就避免了 NH_4Cl 在冷却器表面结疤。依 NH_4Cl 晶体的流向，冷析-盐析流程可分为并料和逆料取出氯化铵晶体两种流程，如图 12-7 所示。

12.4.3 生产工艺比较

联碱法与氨碱法的工艺比较可以从以下方面进行分析。

1. 原料及原料利用率

氨碱法和联碱法工艺相比，联碱法的原料利用率高，其中钠和氯的利用率可达到 93%；氨碱法中钠的利用率只有 75%左右，氯的利用率为 0，几乎全部以氯化钙的形式排放。

对于原料质量，氨碱法因有盐水精制过程，所以对原盐的质量要求不高，有条件的地方还可以用卤水作为原料；联碱法必须用质量较高的固体盐作为原料，如果盐质不好，还需要增设洗涤盐的过程。

氨碱法由于氨回收和提供二氧化碳，生产每吨碱需要消耗石灰石 1.3 t 左右，焦炭 100 kg 左右；联碱法则利用合成氨的副产品二氧化碳作为原料，不消耗石灰石与焦炭。

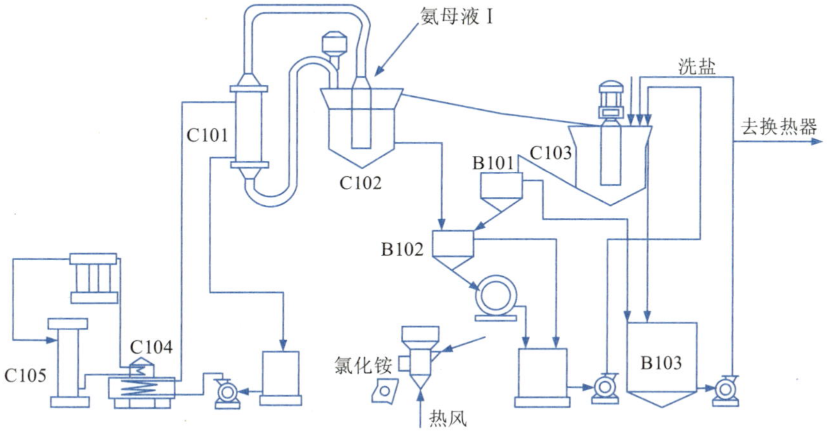

C101—外冷器;C102—冷析结晶器;C103—盐析结晶器;C104—氨蒸发器;C105—氨压缩机;B101—盐析稠厚器;B102—混合稠厚器;B103—母液 I 桶

(a)

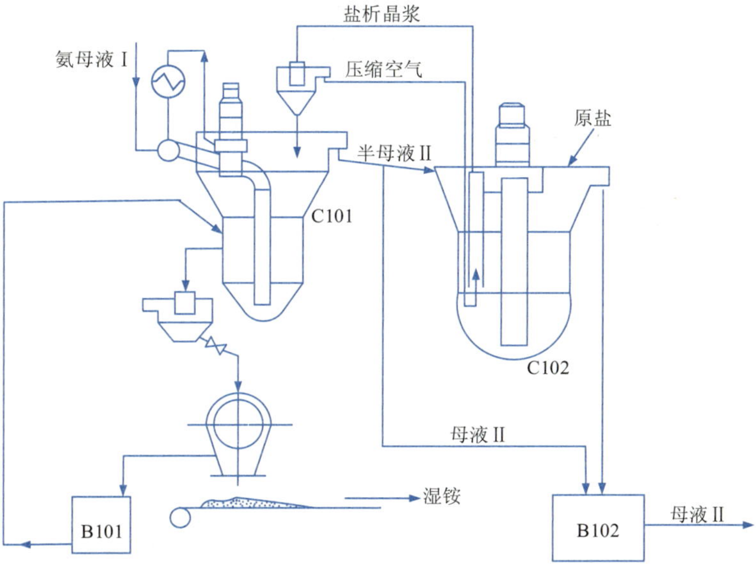

C101—冷析结晶器;C102—盐析结晶器;B102—母液 II 桶;B101—滤液桶

(b)

图 12-7 联碱法并料流程与逆料流程

(a)并料流程 (b)逆料流程

2. 废弃物的排放

氨碱法每生产 1 t 纯碱排放约 10 m^3 废液和 150~400 kg 废渣(与石灰石和盐的质量有关),对环境污染较严重;联碱法在生产过程中,每生产 1 t 纯碱产生的盐泥和氨泥只有几千克到几十千克,废渣、废液大大减少,建厂自由度较大,对环境的污染显著减少。

3. 能耗及生产成本

对于单位综合能耗,氨碱法每吨的能耗为 12~14 GJ,联碱法的能耗为 7.1~8.2 GJ。联碱法每吨生产纯碱的成本仅为氨碱法的 61%左右。

4. 产品质量

联碱法得到的纯碱纯度不如氨碱法高，其产品中含 NaCl 及不溶于水的杂质较多，但仍符合国家一级品的要求，有的联碱厂也可以生产出特级产品。但联碱法在生成纯碱的同时，产出等量的氯化铵肥料，在市场竞争中有明显的优势。

12.5 纯碱工艺“三废”处理

在纯碱生产中，尤其是氨碱法生产中，将产生大量废液、废渣和废气。大量废渣堆积如山，占地面积很大，严重影响生产和厂区建设。国内外氨碱厂排放废液及碱渣的方式大多是分别排放，在一定程度上解决了环境污染问题，但是却造成了大量资源浪费，因此对废液及碱渣的综合利用也成为重点研究内容。

1. 氨碱法制碱工艺“三废”的治理与综合利用

（1）废液的利用。氨碱法纯碱生产过程包括石灰乳制备，然后盐水吸收氨气形成氨盐水，经过碳酸化制得重碱，经过过滤洗涤之后煅烧制得成品纯碱和二氧化碳。蒸馏回收母液中的氨重复利用，实现氨的循环利用之后，母液蒸馏处理回收氨后的混合液即为废液。废液的 pH 值较高，由于不同厂家的生产要求以及操作不同，组成成分也有较大的差异，一般包括钠离子、钙离子、氯离子、氢氧根、硫酸根、碳酸根以及酸不溶物等。

废液治理可以得到氯化钙作为商品，可以加工成液体或块、片、粒、粉状等固体出售，主要应用于化学工业（制 $BaCl_2$、金属钙等）、交通公用事业（道路防冻剂、除尘剂等）以及建筑、石油、冶金、食品工业和轻工业等部门。

在使用煤炭资源发电时，需要对其进行脱硫处理，废液可以和二氧化硫发生酸碱中和反应，其中的钙、镁离子也可以和硫酸根形成不溶于水的沉淀，有效地解决了脱硫问题。

（2）废渣的治理与利用。碱渣的成分组成根据制纯碱原料的不同而有较大的差异，可以利用废泥渣生产重要的化工原料轻质碳酸镁，其广泛应用于橡胶保温材料、镁盐及医药等工业。

碱渣可以制备低温水泥基黏合剂，目前我国已经展开了这方面的试验，将碱渣和粉碎炉渣粉相融合，制得水泥熟料，处理之后制得水泥制品。低温水泥需要的碱渣量较大，而且工艺流程简单，能源消耗较低，在生产中不会产生二次气体污染，而且成本更低。在黏合剂的生产上，黏合力较好，并且可以短时间凝固，强度较高，也得到了广泛应用。

碱渣在农业方面可以综合利用，主要是在钙镁肥的生产上。废液在沉降池中沉降之后，悬浮液稀释后送入离心机，得到的滤饼和水镁矾混合，熟化 24 h 之后备用。钙镁肥本质上是硫酸钙、碳酸镁、氢氧化镁、氯化钙、氯化钾、氯化钠、硫酸镁和硫酸钾的混合物，外表呈灰色团粒状，经过了全面试验改良，得到了广泛应用。我国利用碱渣制得了钙镁肥，经过处理之后在很多农田进行试验应用，取得了较好的效果。

碱渣也可以用作土地改良使用。很多土地呈酸性，很难耕种，一般选择施以石灰中和，以改良土壤，每年需要的石灰量较大。碱渣本身的 pH 值就较高，可以将其作为主体代替大部分石灰完成土壤改良。改良之后的土壤，在一定程度上也会提高农作物产量。

2. 联碱法制碱工艺“三废”的治理

联碱生产系统废气处理的一个重要原则是在保证达到尾气净化和回收利用要求的基础上，尽量减少使用各种水量，保持母液平衡。联碱生产系统产生的废气可概括为三种：①以 NH_3 为主的废气，主要来自碳化制碱工艺，滤碱机产生的滤过尾气，普遍采用软水或淡液洗涤的方式进行净氨处理；②以粉尘为主的废气，主要来自凉碱尾气（碱尘）和干铵炉尾气（氯化尘），一般采用旋风除尘、布袋除尘或膜式湿法除尘器等回收废气中的粉尘；③联碱系统 NH_3、CO_2 共存且 CO_2 含量较高的废气，主要来自煅烧炉炉气，因 CO_2 也是联碱生产系统重要的原料，一般对煅烧炉炉气采用除尘、冷凝去水蒸气、洗水净氨从而回收利用 CO_2，净化后的炉气含 60%~90%的 CO_2，由压缩机抽送至联碱生产系统碳化塔作为原料使用。

联碱法生产过程中的废水主要包括各工序产生的淡液和关键设备的清洗水，这两种废水的氨氮含量较高，不能直接排入普通污水处理系统。在做好联碱系统设备运行及生产操作管理、有效应用淡液蒸馏、废水合理循环利用并返回母液的基础上，联碱系统在实际生产运行中也可以达到废水零排放的目标。

联碱生产系统中的废渣即氨Ⅱ泥，其主要成分为碳酸钙、碳酸镁及其复盐、硫化铁以及大量母液。氨泥不能直接外排，需要过滤后对母液进行回收，但是其黏性大、颗粒较细，因此分离很困难。氨Ⅱ泥的传统处理方法是压滤后堆存。但堆存易带来环境污染问题，并且由于氨Ⅱ泥在外排时夹带大量母液，又带来了原料浪费问题。于是人们尝试将氨泥与联碱系统淡液一并送淡液蒸馏塔回收氨，也有研究将氨泥作为土壤改良剂、建材、脱硫剂、饲料添加剂、硫酸铵镁复合肥等的原料。

纯碱生产“三废”治理工作还在不断探索创新，将会出现更多更好的治理方法，从而变废为宝，为国民经济服务。

参考文献

[1] AHMAD S I，HASHIM H，HASSIM M H，et al. Inherent safety assessment technique for separation equipment in preliminary engineering stage[J]. Chemical engineering transactions，2016，45：1123-1128.

[2] 李佩佩. 绿色化工技术在化工设计中的应用 [J]. 化学工程与装备，2023，12：37-39.

[3] 中国石油化工集团公司. 石油化工装置工艺设计包（成套技术工艺包）内容规定：SP-MP-STD-EM2001 [S]. 北京：中国石油化工集团公司，2016.

[4] 魏荣. NMP 法和 DMF 法丁二烯抽提工艺的对比 [J]. 炼油与化工，2022，33（1）：55-59.

[5] 方静，轩碧涵，李晓春，等. 萃取精馏复合溶剂的复配选择 [J]. 化工学报，2017，68（11）：4186-4200.

[6] 张旭之，马润宇，王松汉，等. 碳四碳五烯烃工学 [M]. 北京：化学工业出版社，1998.

[7] 全国化学标准化技术委员会石油化学分技术委员会. 工业用丁二烯：GB/T 13291—2021 [S]. 北京：中国标准出版社，2022.

[8] 梁敏. 1，3-丁二烯和异戊二烯的反应性与危险性研究 [D]. 南宁：广西大学，2023.

[9] 冯海强，朱跃辉，高继东，等. 从裂解 C5 中分离聚合级异戊二烯工艺的改进 [J]. 石油化工，2011，40（6）：644-649.

[10] 周召方. 碳五分离工艺中的反应精馏技术 [J]. 乙烯工业，2014，26（1）：24-27.

[11] 全国化学标准化技术委员会石油化学分技术委员会. 工业用异戊二烯：SH/T 1781—2016 [S]. 北京：中国标准出版社，2017.

[12] 陈来锁，陈明衍，白岩，等. 裂解碳五馏分分离 ACN 法和 DMF 法的技术经济对比 [J]. 石化技术与应用，2013，31（5）：407-411.

[13] HSU H C，WANG S J，OU J D Y，et al. Simplification and intensification of a C5 separation process[J]. Industrial and engineering chemistry research，2015，54（40）：9798-9804.

[14] 聂相奎. 芳烃抽提工艺研究 [D]. 上海：华东理工大学，2012.

[15] 全国石油产品和润滑剂标准化技术委员会石油燃料和润滑剂分技术委员会. 石油苯：GB/T 3405—2011 [S]. 北京：中国标准出版社，2011.

[16] 全国石油产品和润滑剂标准化技术委员会石油燃料和润滑剂分技术委员会. 石油甲苯：GB/T 3406—2010 [S]. 北京：中国标准出版社，2011.

[17] 全国石油产品和润滑剂标准化技术委员会. 石油混合二甲苯：GB/T 3407—2019 [S].

北京：中国标准出版社，2020.
[18] MEINDERSMA G W，PODT A J G，HAAN A B. Selection of ionic liquids for the extraction of aromatic hydrocarbons from aromatic/aliphatic mixtures[J]. Fuel processing technology，2005，87（1）：59-70.
[19] 袁忠勋. 几种芳烃抽提工艺技术的分析对比 [J]. 石油炼制与化工，1994，25（6）：35-40.
[20] 张玉荣. 芳烃抽提汽提塔压差波动的原因分析与优化 [J]. 石油炼制与化工，2024，55（7）：38-41.
[21] 韩瑞峥，葛金辉，党晓峰，等. 芳烃抽提劣化环丁砜溶剂系统优化 [J]. 聚酯工业，2016，19（2）：41-42.
[22] 董雁春. 苯乙烯生产工艺及技术经济分析 [J]. 石油化工技术与经济，2021，37（5）：10-14.
[23] 全国化学标准化技术委员会石油化学分技术委员会. 工业用苯乙烯：GB/T 3915—2021 [S]. 北京：中国标准出版社，2022.
[24] 全国化学标准化技术委员会. 聚合级丙烯：GB/T 7716—2024 [S]. 北京：中国标准出版社，2024.
[25] 吴边华，王玉枫. 苯乙烯装置低水比扩能改造方案 [J]. 石油化工技术与经济，2021，37（4）：47-50.
[26] 董雁春. 苯乙烯阻聚剂的研究及应用进展 [J]. 精细石油化工进展，2024，25（4）：36-42.
[27] 湛庆新，马世才. 环氧丙烷制备工艺及联产苯乙烯法技术探讨 [J]. 天津化工，2023，37（4）：67-71.
[28] KAINTHLA I，BHANUSHALI J T，KERI R S，et al. Activity studies of vanadium，iron，carbon and mixed oxides based catalysts for the oxidative dehydrogenation of ethylbenzene to styrene：a review[J]. Catalysis science and technology，2015，5（12）：5062-5076.
[29] 吕文玉，刘文. 影响丙酮产品质量的工艺分析及优化 [J]. 石化技术，2008，15（1）：28-32.
[30] 刘兴隆，刘睿，孙兰义. 基于夹点技术的苯酚丙酮装置能量分析与节能改造 [J]. 石油化工设计，2021，38（3）：68-74.
[31] 应子磊. 20 万吨苯酚丙酮项目技术路线的探讨 [J]. 化工管理，2019（21）：78-81.
[32] 陈亚军. 年产 37 万吨苯酚丙酮改扩建项目的可行性研究 [D]. 上海：华东理工大学，2011.
[33] MARCOS R M，MARIA A K. Liquid-liquid equilibrium of（water + acetone）with cumene or α-methylstyrene or phenol at temperatures of（323.15 and 333.15）K[J]. Journal of chemical and engineering data，2006，51（2）：753-756.
[34] ZAKOSHANSKY V M. The cumene process for phenol-acetone production[J]. Petroleum chemistry，2007，47：273-284.
[35] 宋世超. 甲基叔丁基醚/丁烯-1 装置工艺技术探讨 [J]. 石油化工安全环保技术，2024，40（4）：54-58，7-8.

[36] 龚琛荥. MTBE 装置甲醇回收系统腐蚀与能耗研究 [D]. 长沙:湖南大学,2015.
[37] 卓常平. 异丁烯生产甲基叔丁基醚甲醇萃取塔的操作优化 [J]. 今日制造与升级，2022(12):129-131.
[38] 侯宝珍,李治明. MTBE 装置催化剂运行后期出现的问题及优化对策 [J]. 云南化工,2023,50(10):116-119.
[39] JANA A K. Control of a reactive distillation process: MTBE synthesis[J]. International journal of automation and control,2011,5(1):61-78.
[40] 赵旭涛,刘大华. 合成橡胶工业手册 [M]. 2 版. 北京:化学工业出版社,2006.
[41] 王锡玉,焦永红. 合成橡胶生产工 [M]. 北京:化学工业出版社,2005.
[42] 刘大华,龚光壁,刘吉平,等. 乳液聚合丁苯橡胶 [M]. 北京:中国石化出版社,2011.
[43] 张洪林,于鹏. 乳聚丁苯橡胶生产技术进展 [J]. 橡胶科技市场,2008(18):15-19.
[44] 侯文顺. 高聚物生产技术 [M]. 北京:化学工业出版社,2003.
[45] 曹同玉,刘庆普,胡金生. 聚合物乳液合成原理、性能及应用 [M]. 2 版. 北京:化学工业出版社,2007.
[46] 赵德仁,张慰盛. 高聚物合成工艺学 [M]. 北京:化学工业出版社,2013.
[47] MINARI R J，GUGLIOTTA L M，VEGA J R，et al. Continuous emulsion styrene-butadiene rubber(SBR) process: computer simulation study for increasing production and for reducing transients between steady states[J]. Industrial and engineering chemistry research,2006,45(1):245-257.
[48] 刘美,刘金东,盖钰垚,等. N-甲基吡咯烷酮(NMP)在石油化工中的应用进展 [J]. 应用化工,2017,46(5):991-994.
[49] 刘乐丹. 锂电池废液中 N-甲基吡咯烷酮回收工艺研究 [D]. 北京:北京化工大学,2022.
[50] 李钰. 7000 吨/年 N-甲基吡咯烷酮主要生产工艺过程的优化与设计 [D]. 合肥:合肥工业大学,2012.
[51] 姜国庆. 合成氨工艺研究 [J]. 辽宁化工,2024,53(11):1770-1772.
[52] 温倩,冯伟扬,杨铮,等. 合成氨行业发展趋势和绿氨成本竞争力分析 [J]. 化学工业,2024,42(2):1-7.
[53] 程桂花,张志华. 合成氨 [M]. 北京:化学工业出版社,2016.
[54] 李凤娟. 合成氨工艺技术的现状及其发展趋势 [J]. 化学工程与装备，2023(5): 205-206.
[55] 全国肥料和土壤调理剂标准化技术委员会氮肥分技术委员会. 液体无水氨: GB/T 536—2017 [S]. 北京:中国标准出版社,2017.
[56] 张小军. 煤气化技术在合成氨生产中的运用 [J]. 中国石油和化工标准与质量,2023,43(9):160-162.
[57] 孙蕾. 基于数据挖掘的间歇性煤造气生产分析及异常诊断研究 [D]. 福州:福建农林大学,2017.

[58] 高培培,张忠孝,郭欣维,等. Texaco 水煤浆气化技术现状与展望 [J]. 煤化工, 2019, 47(4):76-81.

[59] 张庆华. 德士古水煤浆全废锅流程气化工艺生产优化分析研究 [D]. 上海:华东理工大学,2019.

[60] 柴曹江. 煤化工行业脱硫工艺的优化研究 [J]. 煤化工,2024,47(3):136-139.

[61] 王远强,周鹏,周鸽. 湿法脱硫系统运行及改造总结 [J]. 肥料与健康, 2021, 48(3):23-26.

[62] 邓金智. 酞菁钴脱硫剂在焦炉气中脱除硫化氢的工业应用 [J]. 化学工程与装备, 2010(1):54-56.

[63] 左子民. CO 变换反应异常工况时的危害分析与工艺调整 [J]. 氮肥与合成气, 2024, 52(10):23-28.

[64] 李红伟,李好,金于恒. 中温变换催化剂三段同时氧化总结 [J]. 氮肥技术,2013,34(2):37-38.

[65] 杨春升. 中小型合成氨厂生产操作问答 [M]. 北京:化学工业出版社,2010.

[66] 樊涛. NHD 脱硫脱碳工艺在合成氨装置的应用 [J]. 中国石油和化工标准与质量, 2019,39(24):211-212.

[67] 魏有福,张静. 热钾碱法脱碳溶液双塔变压再生改造及余热回收 [J]. 化肥设计, 2013, 51(5):49-51,55.

[68] 张咏. 合成氨装置脱碳过程工艺分析 [D]. 天津:天津大学,2010.

[69] 冯统新. 碳酸丙烯酯脱碳工艺优化运行总结 [J]. 中氮肥,2014,5:15-18.

[70] 张培勤. 浅谈合成氨原料气精制工艺的发展 [J]. 氮肥技术,2011,32(4):19-22.

[71] 张志峰. 新型氨合成工艺技术应用优势比较 [J]. 化工设计通讯,2021,47(8):1-2.

[72] 梁木荣. 凯洛格与布朗合成氨工艺的技术特点及其节能降耗技术 [J]. 化工设计通讯, 2020,46(8):104.

[73] 肖锋,闫风凯,邓雷,等. 吉化化肥厂公用工程节能优化改造小结 [J]. 中氮肥,2021(8):1-2.

[74] 李晖,孙力,贺高红. 某合成氨生产公用工程系统的模拟与分析 [J]. 化工进展, 2011, 30:11-14.

[75] 盛娜. 合成氨工艺技术的应用现状及其发展趋势 [J]. 中国石油和化工标准与质量, 2023,43(3):189-197.

[76] 孙启文,吴建民,张宗森. 费托合成基础油加工技术研究进展 [J]. 化工进展, 2016, 35(S1):135-140.

[77] 吴建民,孙启文,董满祥,等. 高温固定流化床费托合成技术及其产物加工路线 [J]. 化工进展,2020,39(S1):12-20.

[78] 宋昆朋,高扬乐,李莹,等. 费托合成详细产物分析方法及产物分布自动生成策略 [J]. 低碳化学与化工,2024,49(4):31-43.

[79] 韩玉杰. 煤制油费托合成产物烯烃分离工艺分析 [J]. 山西化工,2023,43(10):63-66.

[80] 张琪,王涛,张雪冰,等. 费托合成产物中含氧组分资源化利用技术进展 [J]. 化工进展,2020,39(8):3320-3332.

[81] 张宇,吴涛,唐文龙,等. 煤基费托合成含蜡滤渣中重质蜡的萃取分离研究 [J]. 煤化工,2024,52(5):23-26,40.

[82] 张妍,徐润,牛传峰. 高温费托合成技术的研究进展 [J]. 化工进展, 2017, 36(1): 142-148.

[83] 郝学民,张浩勤. 煤液化技术进展及展望 [J]. 煤化工,2008,4:28-32.

[84] 周心悦,薛同晖,李福双,等. 费托合成铁基催化剂研究进展 [J]. 当代化工, 2022, 51(12):2957-2963.

[85] XU J, WEI J, ZHANG J, et al. Highly selective production of long-chain aldehydes, ketones or alcohols via syngas at a mild condition[J]. Applied catalysis B: environmental, 2022,307:121155.

[86] LOHITHARN N, GOODWIN J G, LOTERO E. Fe-based Fischer-Tropsch synthesis catalysts containing carbide-forming transition metal promoters[J]. Journal of catalysis, 2008, 255:104-113.

[87] 李声笛,肖海成,吴志杰. 费托合成 Co 基催化剂的研究进展 [J]. 石油化工高等学校学报,2024,37(1):34-42.

[88] 李尚. Rh 基催化剂精准设计与 CO/CO2 加氢选择性调控研究 [D]. 合肥:中国科学技术大学,2023.

[89] 潘毅. 基于 Aspen Plus 的费托合成产物分布模拟计算 [D]. 乌鲁木齐:新疆大学,2018.

[90] 石勇. 费托合成反应器的进展 [J]. 化工技术与开发,2008,37(5):31-38.

[91] 刘家明,郭志雄,吴德飞,等. 一种用于费托合成的浆态床反应器: CN 201735386U [P]. 2010-03-07.

[92] 杜冰,刘潇,王涛,等. 费托合成反应器应用研究进展及展望 [J]. 洁净煤技术, 2016, 22(5):35-40.

[93] 黄小珠,王泽爱,宫卫国,等. 费托合成基础油加工技术研究进展 [J]. 化工进展, 2016, 35(1):135-140.

[94] 孙启文. 煤炭间接液化 [M]. 北京:化学工业出版社,2012.

[95] 张晓方,冯留海,卜亿峰,等. 费托合成浆态床反应器结构与工程放大研究进展 [J]. 石油化工高等学校学报,2018,31(5):1-10.

[96] 孙启文,朱继承,庞利峰,等. 用于费托合成的流化床反应器: CN 201006420 [P]. 2006-01-25.

[97] 刘钧. 煤间接液化工艺流程的模拟与优化 [D]. 西安:西安科技大学,2009.

[98] 全国化学标准化技术委员会无机化工分技术委员会. 工业碳酸钠: GB/T 210—2022 [S]. 北京:中国标准出版社,2022.

[99] 阮建荣. 2022—2023 年度中国纯碱行业市场分析报告 [J]. 广州化工，2022，50(23)：1-11.

[100] 柴常盛. 纯碱工业(上)[J]. 化工管理,2014(16):97-101.

[101] 柴常盛. 纯碱工业(下)[J]. 化工管理,2014(19):101-103.

[102] 高淑霞. 纯碱工业辉煌 60 年 [J]. 中国石油和化工经济分析,2009(10):36-39.

[103] 朱春来,刘素芹. 基于氨碱法纯碱生产中废液及碱渣的综合利用研究 [J]. 化工管理，2018(14):144-145.

[104] 中华人民共和国国家卫生健康委员会,国家市场监督管理总局. 食品安全国家标准　食品添加剂　碳酸钠:GB 1886.1—2021 [S]. 北京:中国标准出版社,2021.

[105] 马渊,雷和波,刘程琳. 双碳战略下百年纯碱发展机遇与挑战 [J]. 化学世界，2023，64(5):289-294.

[106] 高建军,李彦涛,王建党,等. 探究轻质纯碱对浮法玻璃质量的影响 [J]. 玻璃,2024,51(8):23-26.

[107] 符德学. 无机化工工艺学 [M]. 西安:西安交通大学出版社,2005.

[108] 高红. 纯碱和烧碱生产技术 [M]. 北京:北京工业大学出版社,2016.

[109] 滕晓旭. 化工工艺学 [M]. 北京:北京工业大学出版社,2022.

[110] 谭世语,魏顺安. 化工工艺学 [M]. 4 版. 重庆:重庆大学出版社,2015.